巧手姐姐 编著

人民邮电出版社
北京

图书在版编目（CIP）数据

超有趣的黏土魔法书 ： 视频教学版 / 巧手姐姐编著
. -- 北京 ： 人民邮电出版社, 2018.12
ISBN 978-7-115-49467-2

Ⅰ. ①超… Ⅱ. ①巧… Ⅲ. ①粘土—手工艺品—制作
Ⅳ. ①TS973.5

中国版本图书馆CIP数据核字(2018)第224473号

内容提要

手作，温暖我们的生活。超轻黏土手作，可以创造出奇幻世界、讲述精彩的故事。翻开本书，巧手姐姐带你走入神奇的黏土手作之旅！

本书为超轻黏土新手入门教程，共有 6 章。前两章为基础知识讲解，第 1 章介绍黏土材料和制作工具；第 2 章通过简单的小蔬果及小动物案例，讲解简单好玩的“捏扁揉圆”黏土制作手法，帮你轻松入门。第 3 章到第 6 章，运用大量案例教你黏土作品的制作，案例包括美食、花草、动物、二次元萌物和童话人物等，种类丰富、造型可爱，制作手法精细、步骤详尽，并配有视频教程。一本书，从易到难，帮助你创作出属于自己的黏土世界。

本书既适合喜欢黏土手工的年轻人阅读，也可作为亲子互动的趣味手工课程用书，还可作为幼教或相关手作教学机构的参考用书。

◆ 编　　著　巧手姐姐
责任编辑　王雅倩
责任印制　陈　犇
◆ 人民邮电出版社出版发行　北京市丰台区成寿寺路 11 号
邮编　100164　电子邮件　315@ptpress.com.cn
网址　http://www.ptpress.com.cn
北京天宇星印刷厂印刷
◆ 开本：787×1092　1/16
印张：11.5　2018 年 12 月第 1 版
字数：200 千字　2025 年 4 月北京第 22 次印刷

定价：59.80 元

读者服务热线：(010)81055296　印装质量热线：(010)81055316
反盗版热线：(010)81055315

前言

我的好朋友们：

你们好！我们终于见面了。我是你们的巧手姐姐，真的非常开心在这里和你们相遇。当你们翻开这本书的时候，我相信我与你们的神奇的手作冒险之旅就要开始啦！

入坑超轻黏土手作已经三年多了，在这漫长的岁月里手作几乎温暖了我的整个生活。看着每一个自己亲手一点点儿捏出来的作品，就好像是自己的孩子一般珍贵，甚至会觉得它们都拥有灵魂，在某一个你熟睡的夜晚，它们会像《玩具总动员》里的玩偶一样，开心地去冒险、去玩乐。我喜欢静下心做手工的感觉，这个过程是很让人开心，很有趣的。虽然曾经也遇到过很多问题，好在我并没有放弃。任何事情只要坚持，那么出现的问题就会有办法解决。

这本书是我的第一本关于黏土作品的图书，非常适合初学者学习。从工具介绍到简单上手捏个萌物，再到捏出一个完整的可爱场景，教程案例由易到难，包含了很多种类：蔬菜、水果、动物、植物、美食、二次元萌物，还有深受大家喜爱的动漫人物。每一个作品的制作步骤非常详细，可以说你喜欢的全都有，你想学的都教给你。

在此真的非常感谢大家对我的喜欢，对我的作品的认可，也真心希望喜欢我作品的你们可以一如既往地支持我，让我更加有动力带你们一起玩转手工。捏土使我们快乐，手作温暖我们的生活，让我们一起把喜爱的事情做到极致吧！

最爱你们的巧手姐姐

目录

第三章 迷你黏土美食

3.1 美味水果

3.2 甜点和面包

第四章 黏土小世界

4.1 植物小世界

4.2 动物小世界

第五章 黏土童话小镇

5.1 暖心宝宝来聚会

5.2 幽默宝宝来卖萌

第六章黏土Q版人物

6.1 黏土Q版人物制作基础

6.2 Q版人物登场

第一章 材料工具介绍

1.1 材料

超轻黏土

超轻黏土是一种兴起于日本的新型环保手工材料。具有不粘手、无毒、可以自然风干的特点，简称超轻土。手感柔软，易捏塑、造型，可以捏造出很多造型不同且非常可爱的作品，并且通过自然风干后就可以保存下来。

超轻黏土的特征：

1. 质地很轻并且非常柔软，干净、不粘手、容易塑形，揉捏过程中不留残渣。

2. 颜色丰富，可以用基础的颜色按比例调配出多种颜色，混色简单、易操作。

3. 作品无需烘烤，自然风干即可。干燥后会变硬且有弹性不会出现裂纹。

4. 与其他材质的结合度很高，与纸张、玻璃、金属、蕾丝、珠片等都有极佳的密合度。干燥定型以后，还可以用水彩、油彩、亚克力颜料、指甲油等上色，包容性很强。

5. 干燥速度取决于制作作品的大小，作品越小，干燥速度越快，越大则越慢。一般表面干燥的时间为 3 小时左右。

6. 作品完成后可以保存 4 ～ 5 年不发霉，环境良好的话甚至可以永久保存下来。

7. 原材料容易保存。感觉快干的时候加一些水保湿，就又能恢复使用了。

超轻黏土的用途：

1. 制作手工人偶、公仔、发卡、胸针、浮雕壁画、镜框、仿真花卉等手工捏塑作品。

2. 制作宝宝手足印。因为它无毒环保，宝宝皮肤直接接触是没有伤害的，是首选的绝佳素材。

3. 美劳教育最佳素材之一。可以用于中小学美术教学和亲子 DIY 活动，是很多家庭、个人、陶吧及各类娱乐场所的手工艺捏塑材料。

其他黏土

纸黏土：

纸黏土是黏土中的一个大类，以纸浆混合树脂和黏土制成。我们常说的纸黏土含有粗细长短不一的纸质纤维，不比超轻黏土质地细腻。做出来的成品可以用丙烯颜料上色。价格相比其他黏土经济实惠，应用也很广，与面土、陶土等同属于常用的捏土素材。

纸黏土因材料特质，较易被压出明显的纹路，所以很适合做美食类的作品，如蛋糕、冰激凌等。当然给宝宝制作手足印也是可以的。

纸黏土制作的冰激凌

纸黏土制作的蛋糕

奶油黏土：

“奶油黏土”一听名字就知道和吃的有关，它是一种新型黏土材料，可通过挤花嘴挤出想要的形状，再搭配其他黏土做成极其逼真、又能永久保存的“舌尖上的黏土美食”，如蛋糕、冰激凌、马卡龙、布丁、巧克力、饼干、糖果等，想想就很“美味”。还可以组合在镜子、相框、收纳罐、时钟、手机壳等器物上作为装饰，美观又很新颖独特，可以说应用非常广泛。

“奶油黏土”用法和真的奶油用法相似，做出来的成品效果也非常逼真，很有立体感，同样可以长久保存。它可拉至很细很长而不断，可做出很小的字体及其他造型，用来做装饰效果非常好。自然风干后质地很轻，富有弹性。

书中的甜品案例用到的仿真果酱等即是奶油黏土。

奶油黏土做的茶水效果

奶油黏土做的奶油效果

1.2 工具

常用工具

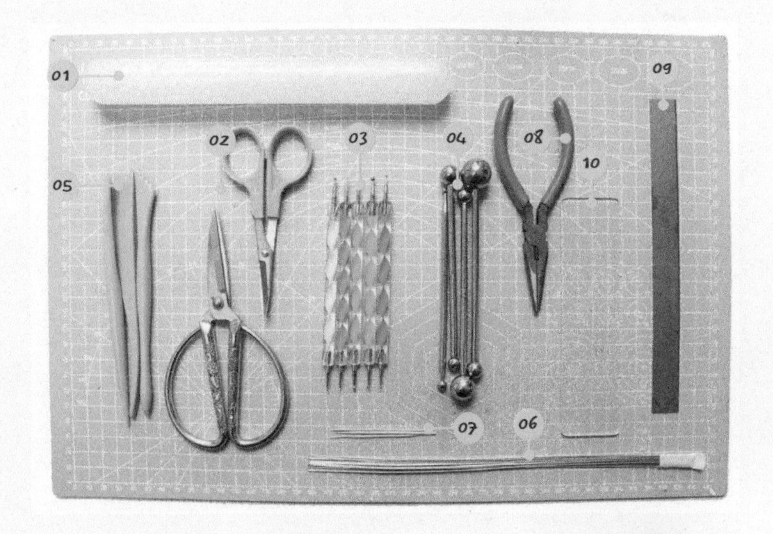

01 擀泥杖
02 剪刀
03 点压痕笔棒
04 丸棒
05 黏土三件套
06 铁丝
07 牙签
08 钳子
09 刀片
10 压板

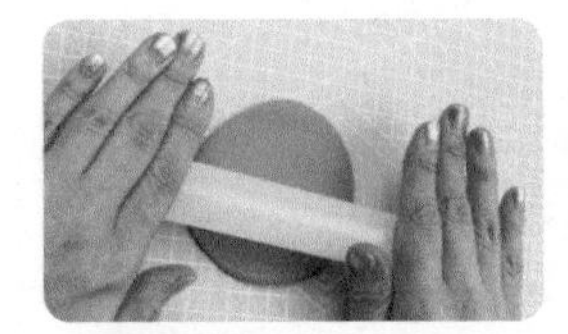

擀泥杖用途

将揉好的超轻黏土擀成片，擀的次数越多面片越薄。

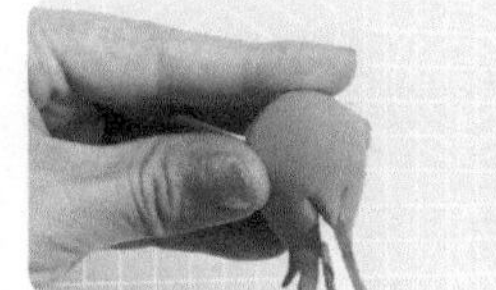

剪刀用途

剪刀常用于剪断物体或者将黏土剪出花形。

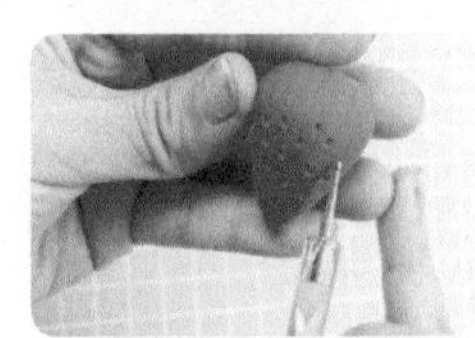

点压痕笔棒用途

一些物品有小的圆形凹痕，可以使用它来制作。

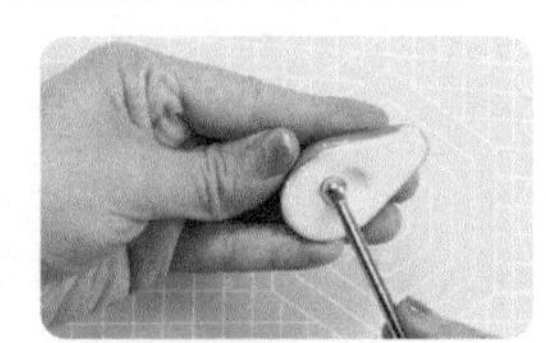

丸棒用途

在需要制作大面积圆形凹痕时，我们选择不锈钢丸棒。

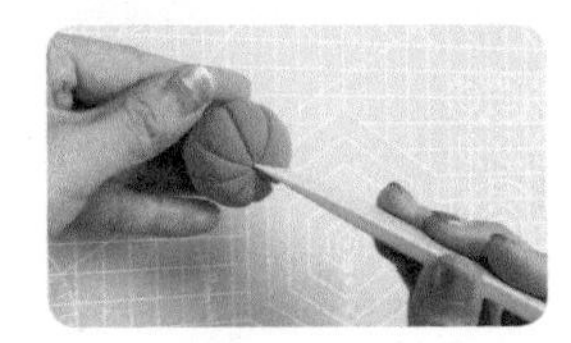

黏土三件套用途

黏土三件套是用于制作压痕的常用工具。

刀片用途

刀片可以将黏土切成方形和圆弧形，切出整齐的边缘。

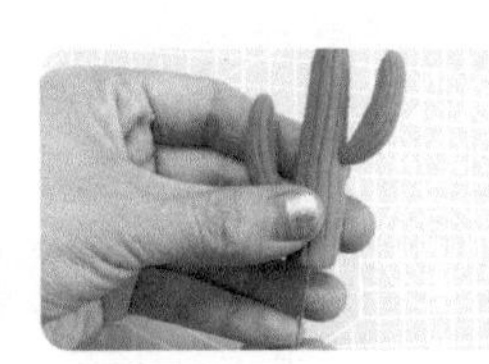

铁丝用途

铁丝在黏土手工中起固定作用，将需要固定的物体用铁丝串起来。

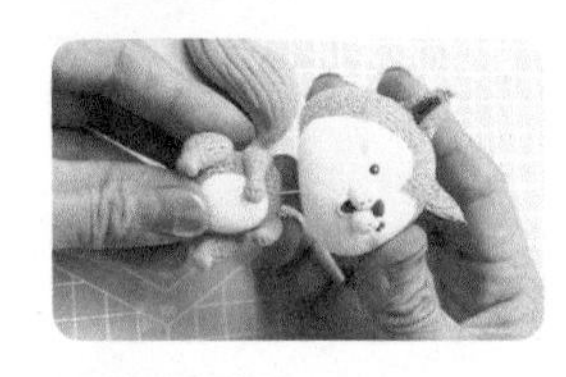

牙签用途

牙签与铁丝的用途相同，但是牙签常用于头部与身体的固定连接。

压板用途

压板可用于压扁，也可用于搓圆柱。压板工具制作的黏土外形平滑、表面整洁。

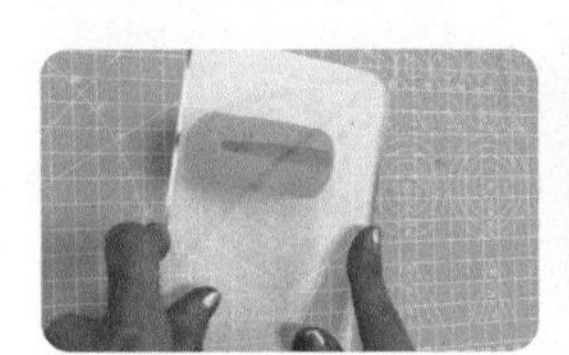

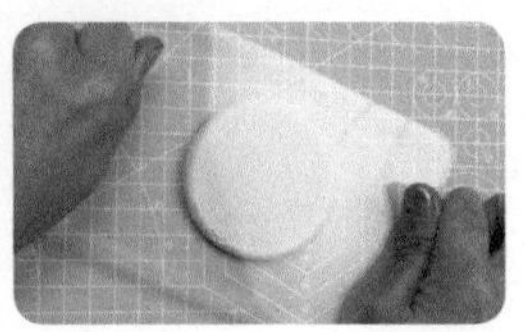

绘画工具

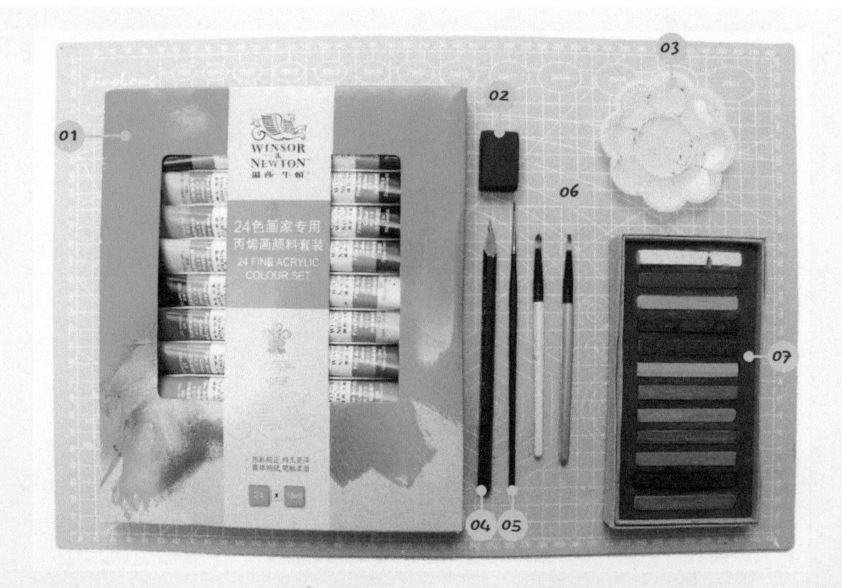

01 丙烯颜料
02 橡皮
03 调色盘
04 铅笔
05 勾线笔
06 刷子
07 色粉

勾线笔、丙烯颜料用途

勾线笔适合绘制小纹理或者细节，用笔蘸取丙烯颜料在黏土表面绘制。

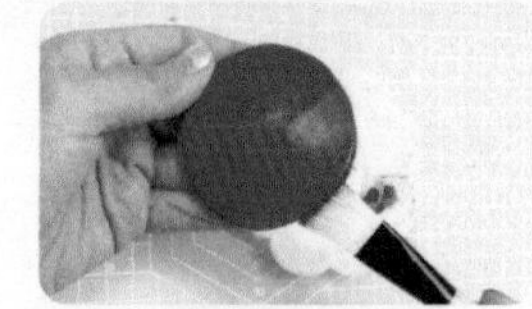

刷子、丙烯颜料用途

用刷子蘸取颜料给黏土涂色。根据上色面积，选择合适的型号。

色粉用途

色粉一般是在黏土表面染上一点颜色，比如多肉的叶尖、人物的腮红。

调色盘用途

调色盘用于盛放颜料，是调试颜色深浅的盛具。

其他工具

还有很多工具可以帮我们制作出更精细的作品。

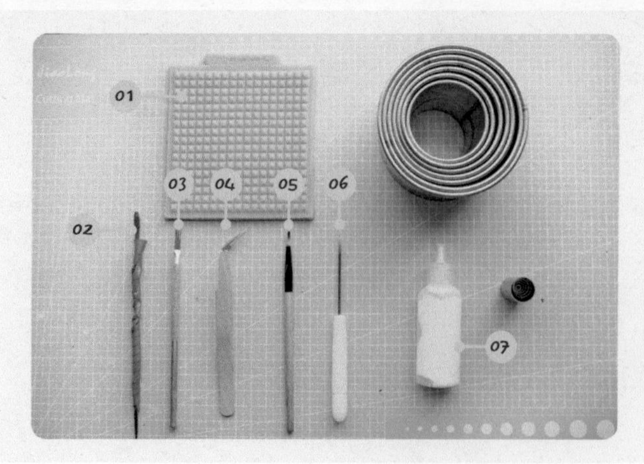

01 硅胶模具
（样式多种，可根据需求选择购买）
02 不锈钢压痕工具
03 七本针
04 镊子
05 化妆刷
06 细节针
07 白乳胶
08 切圆模具
09 小切圆模具

第二章 “捏扁揉圆”黏土基础

2.1 超轻黏土基础制作手法

揉圆球

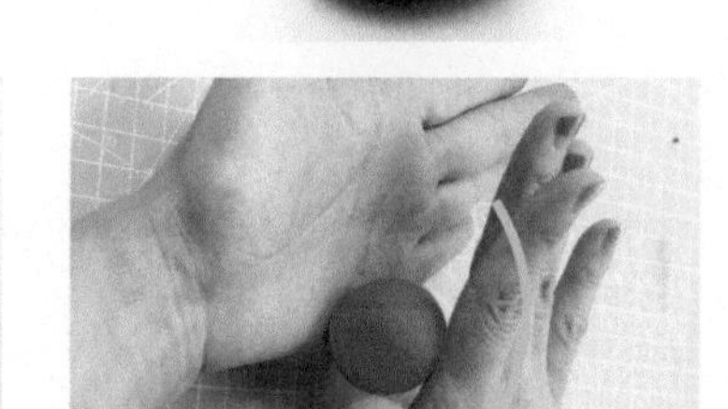

揉圆球的手法：

1. 先将一团黏土置于手掌中。

2. 以顺时针的方向转动上方的手掌，带动黏土在手掌中揉转。

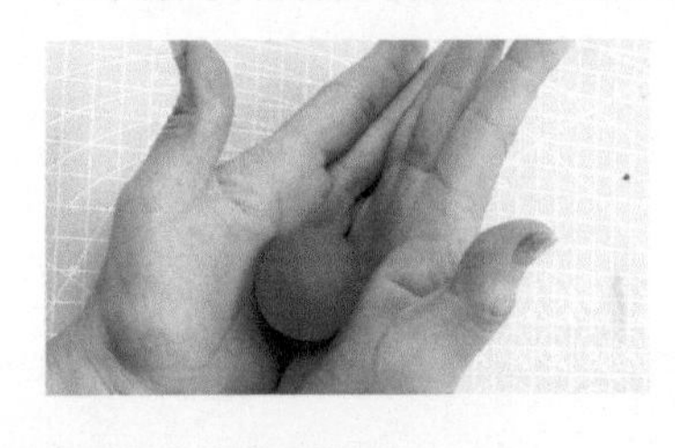

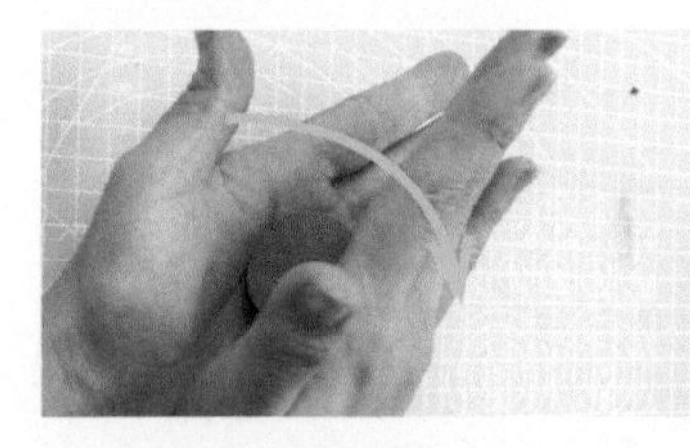

揉水滴形

揉水滴形的手法：

1. 先将一团圆形黏土置于手掌中。

2. 手掌上方展开，下方挤压，前后搓动，将黏土下方揉尖。

3. 用双指调整尖头一端。

揉梭形

揉梭形手法：

1. 以揉水滴形的手法先揉出一端，再反转黏土揉另一端。

2. 双手捏住两端调整梭形。

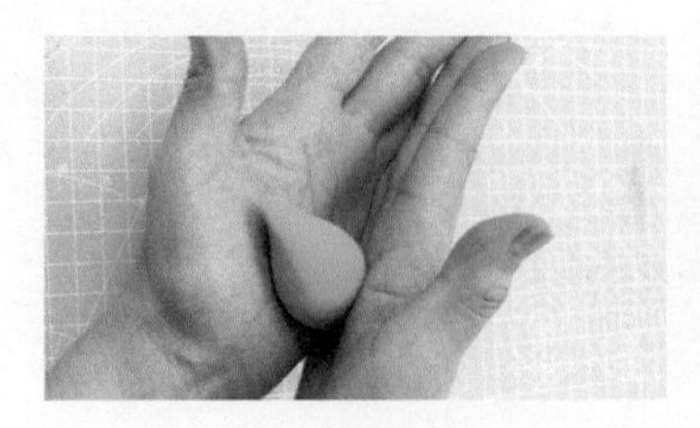

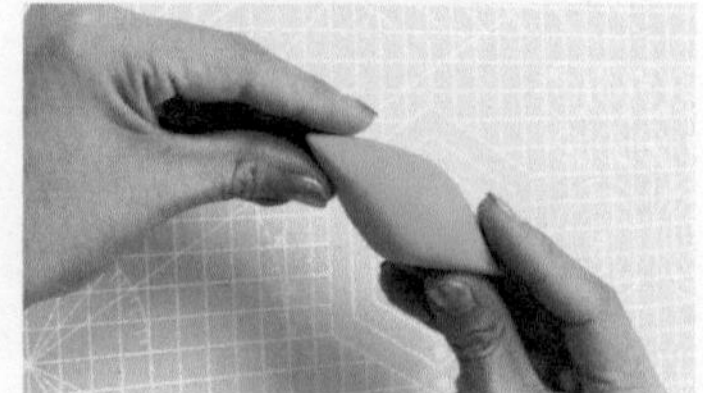

搓长条

搓长条的手法：

1. 将一团黏土置于手掌中心，双手一前一后搓动。

2. 再将柱体放置在手工板上，用手掌前后搓动。

3. 长条需要拉长时，双手手指搓动黏土，由中间向边缘移动。

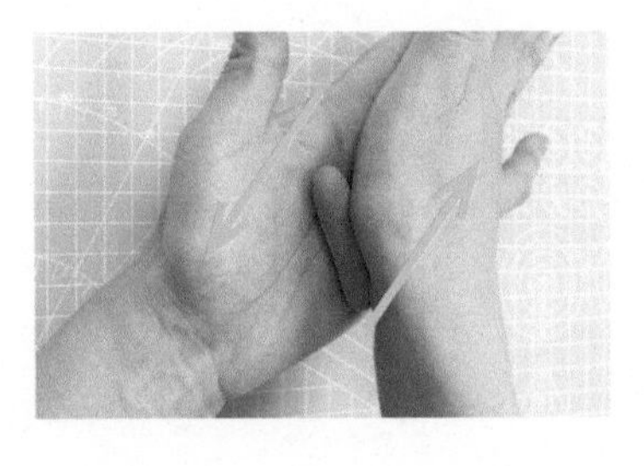
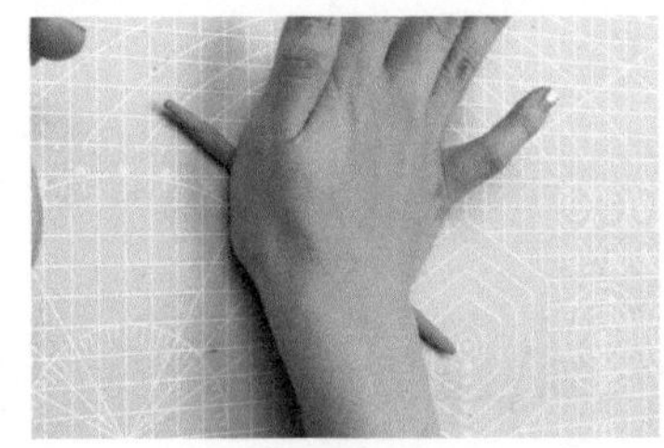
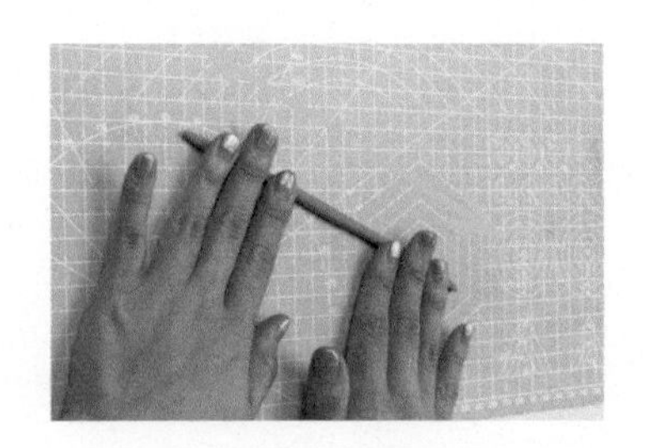

捏方体

捏方体的手法：

1. 将一团黏土揉成圆球。

2. 用双指从上下或左右面向中间挤压，相同动作反复几次。

3. 再用手指把每个面揉平整。

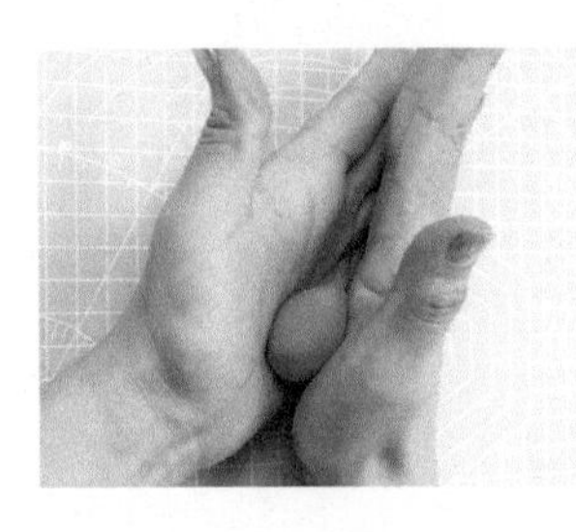
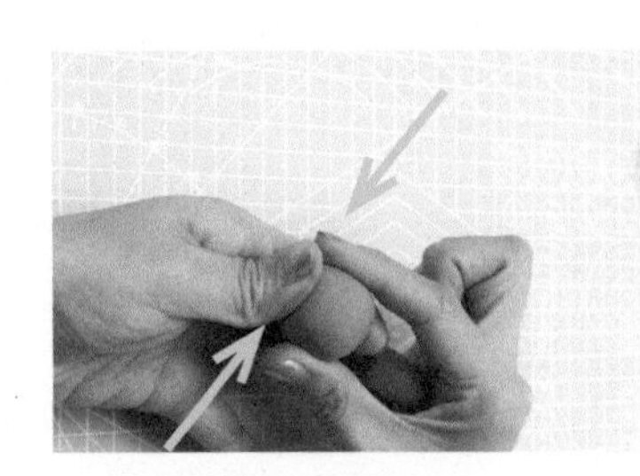
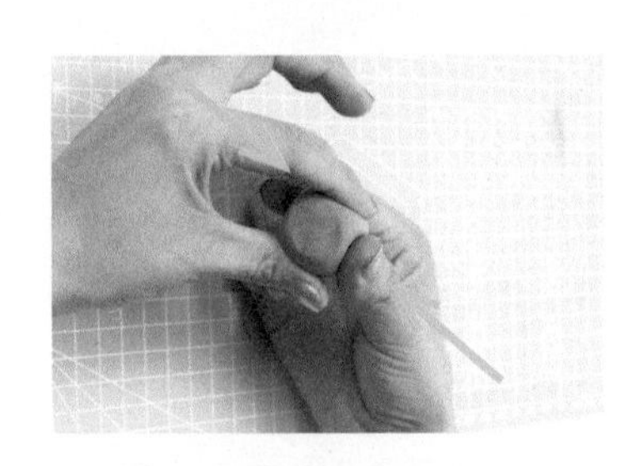
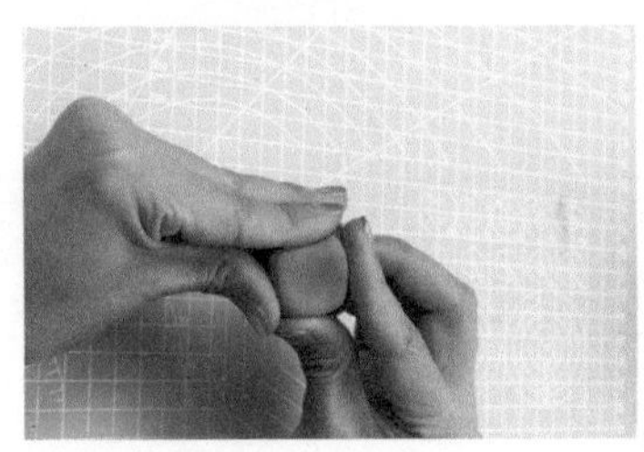
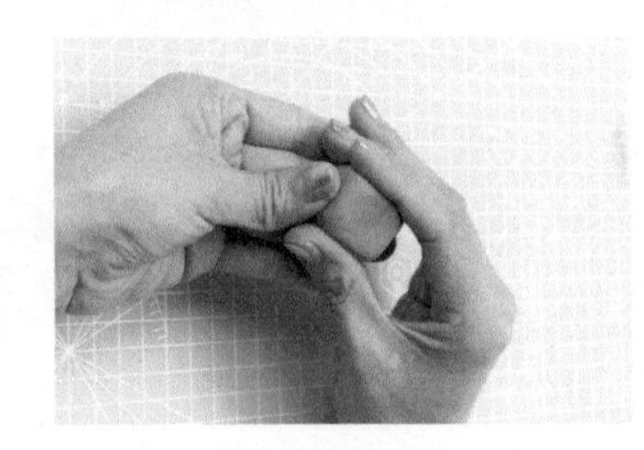
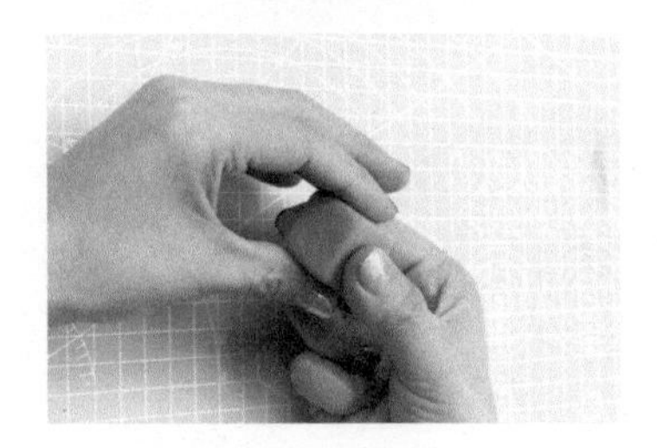

压扁

压扁的手法：

1. 先将黏土揉成一个圆球。

2. 把圆球置于手工板上，再用压板压平。

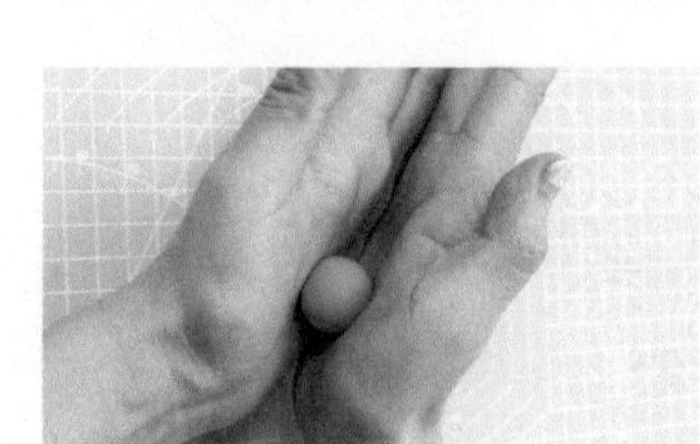
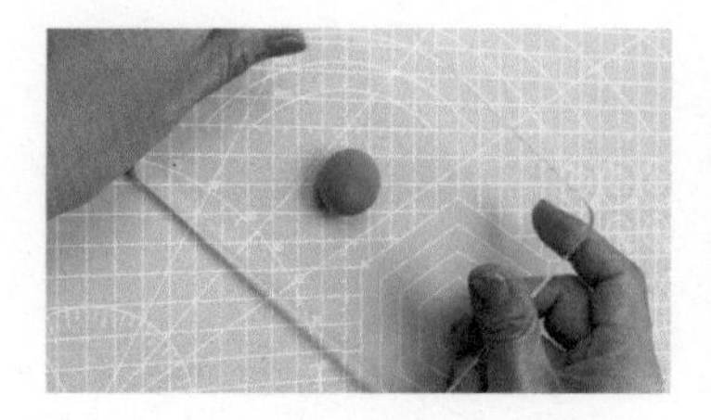

擀片

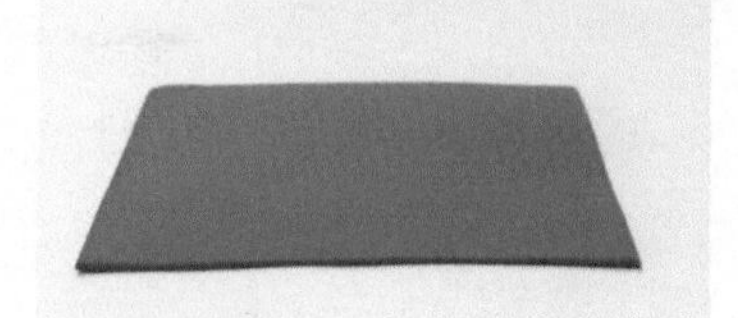

擀片的手法：

1. 先将黏土揉成一个圆球。

2. 把圆球置于手工板上，再用擀泥杖将黏土擀薄。

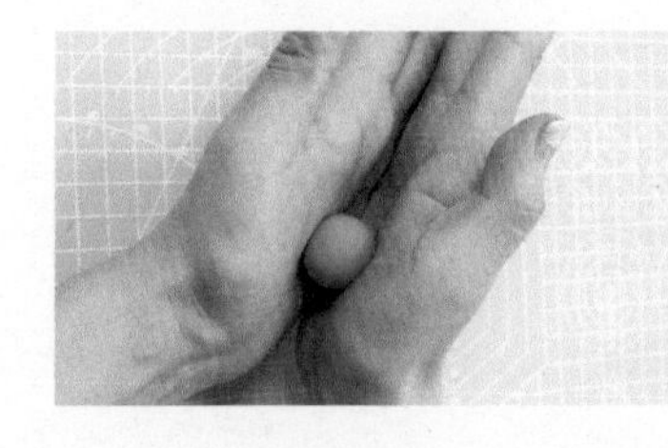
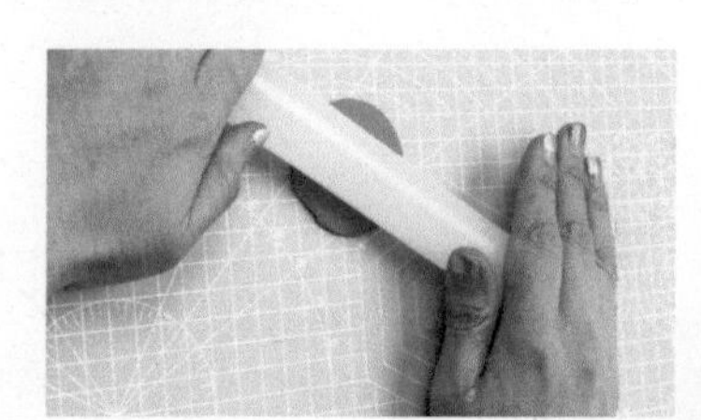
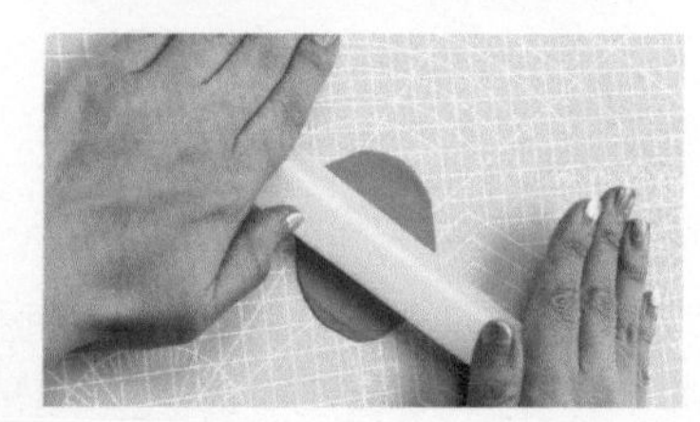

2.2 超轻黏土的颜色基础

黏土的基础颜色

三原色是基础颜色，红、黄、蓝三色的组合可搭配出其他的间色和复色。黑色和白色属于无色相的颜色，在准备基础颜色时必须采买。

黏土基础配色原理

黏土配色比较简单，两种或者三种颜色混合揉捏均匀基本就能调制出想要的颜色。下面罗列了一些简单的配色方案，可供参考。

原色之间的混色

两种原色相互混合，可以调和出其他颜色，即间色，又称“二次色”。根据各原色加入比例的不同可配出多种颜色。大家可以多多尝试。

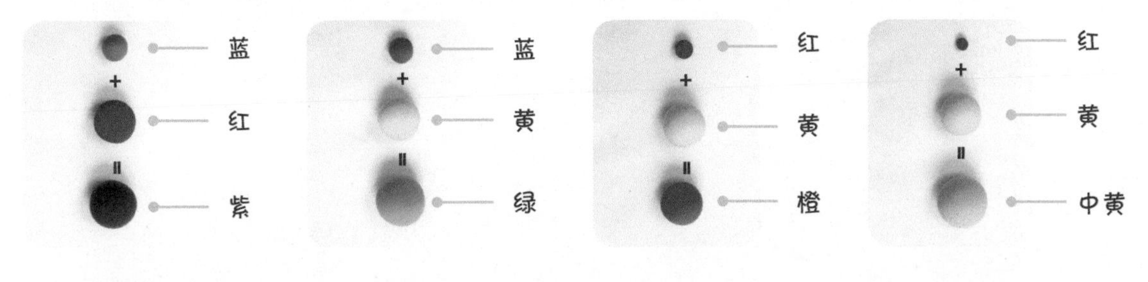

两种颜色的混色

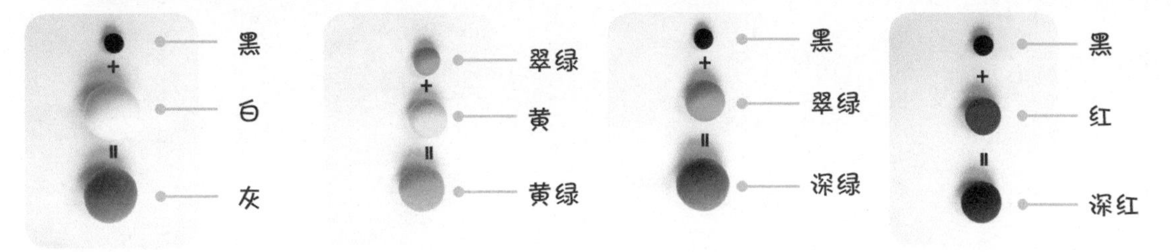

与白色的混色

白色可以协调色彩的明暗程度，一个颜色加入的白色越多，明度越高，视觉上会更显通透。

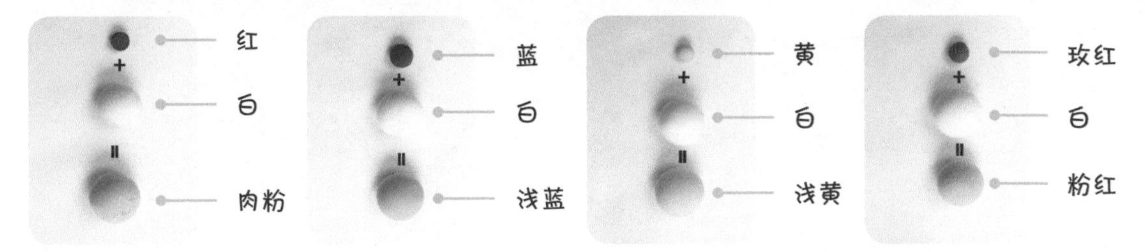

复色的混色

三种或者三种以上的颜色相混合产生的颜色称为复色。在调配时，由于各颜色配比上有所不同，所以能产生丰富的颜色变化。

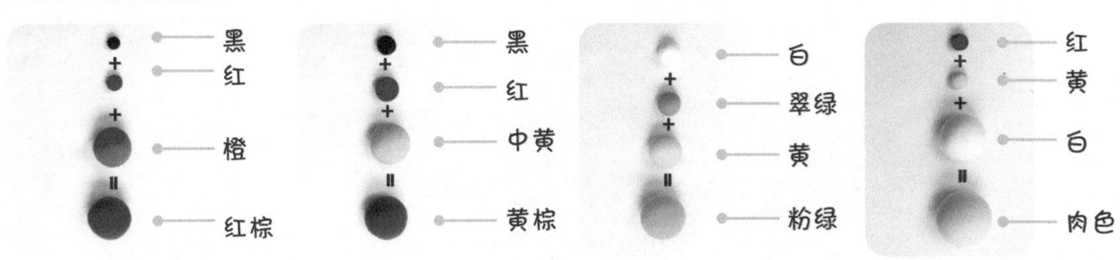

2.3 "捏扁揉圆"小农场

揉小蔬果

辣椒

辣椒的制作用到红色和绿色黏土，主要采用揉与捏两种手法。

制作

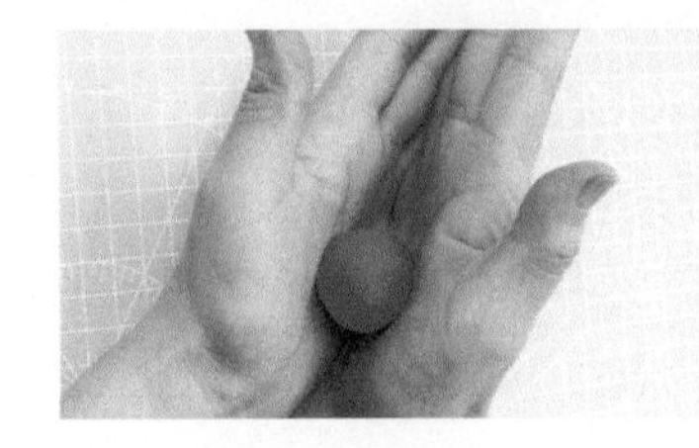

01 揉

取红色的黏土，先将其揉成一个圆球。

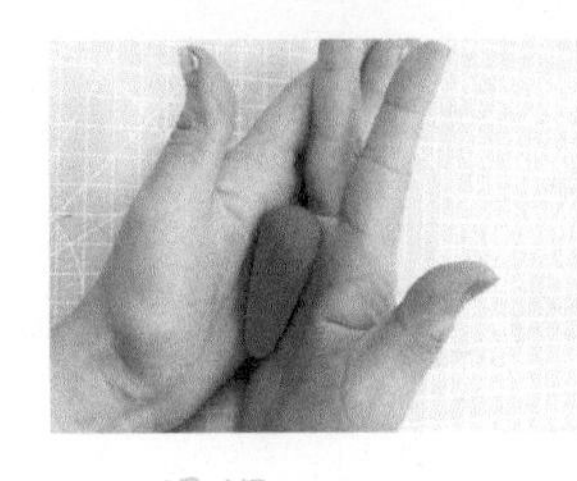

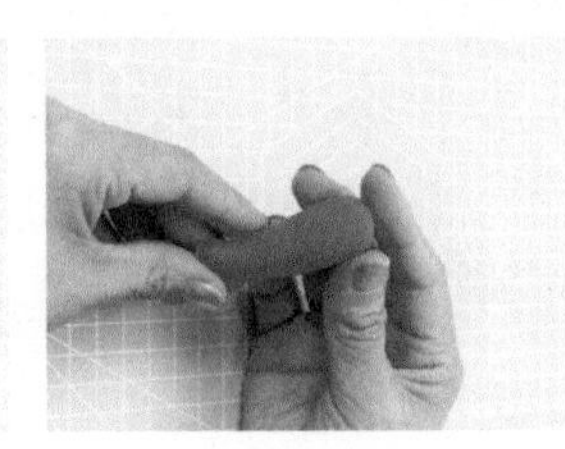

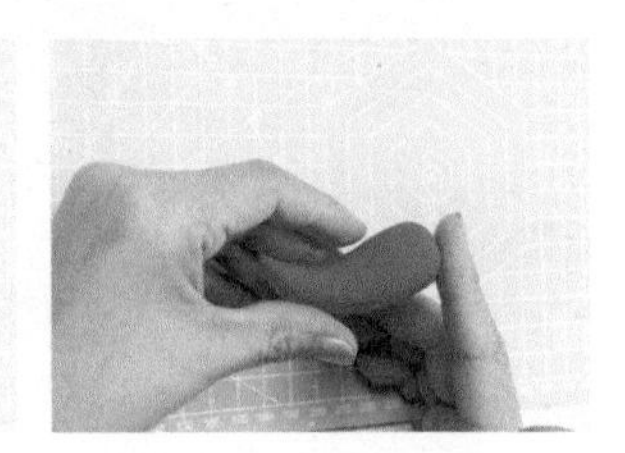

02 揉捏

用揉水滴形的手法将圆球揉为一头尖、一头圆的形状，再用手指捏出尖角。在底端三分之一的位置捏一个弧形，使其弯曲。

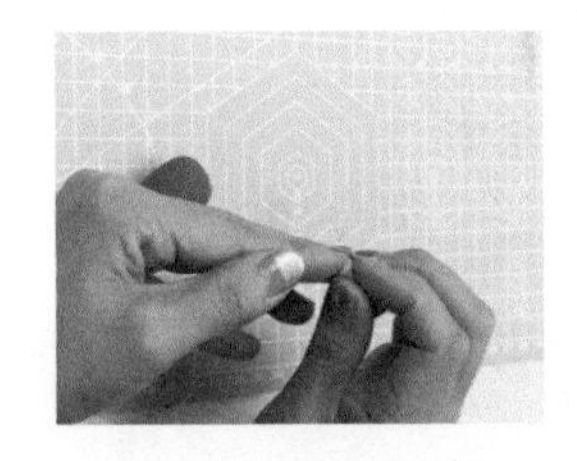

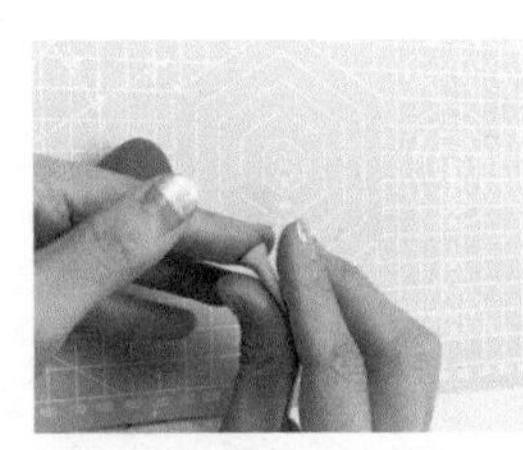

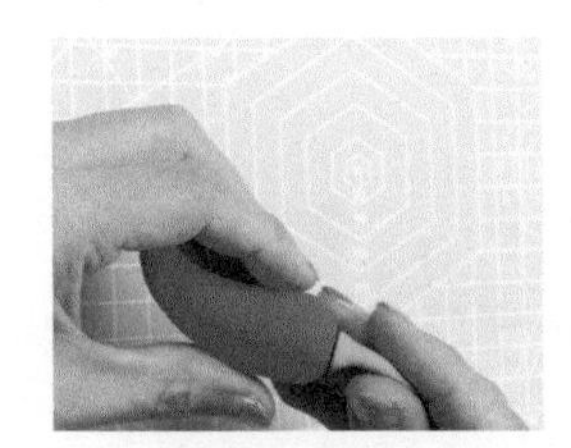

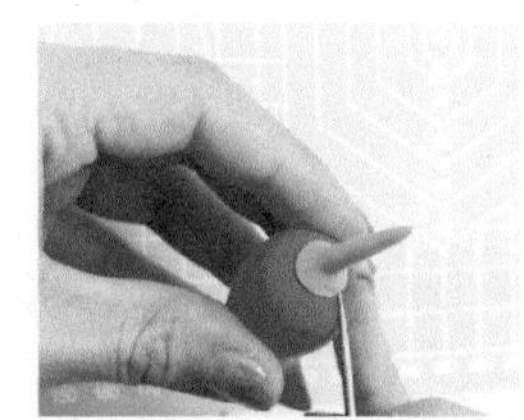

03 取一团绿色的黏土用食指托住一端，另一端用手指揉成细长圆柱做成辣椒柄，将其居中粘在辣椒圆头一端。

西红柿

西红柿的制作用到红色和绿色黏土，主要采用揉与压两种手法。

制作

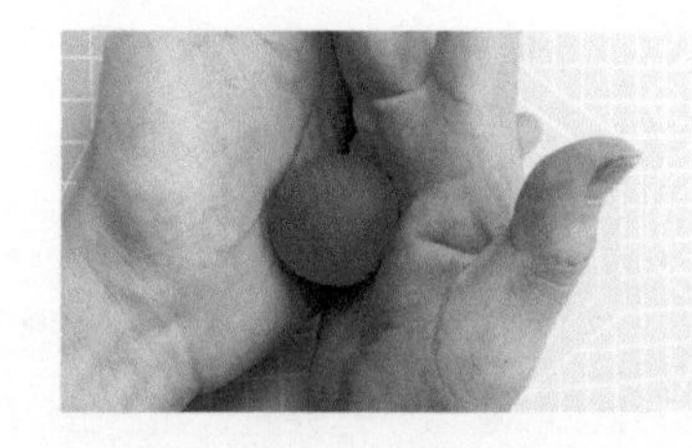

01 揉

取红色的黏土，先将其揉成圆球，两端轻轻压扁。

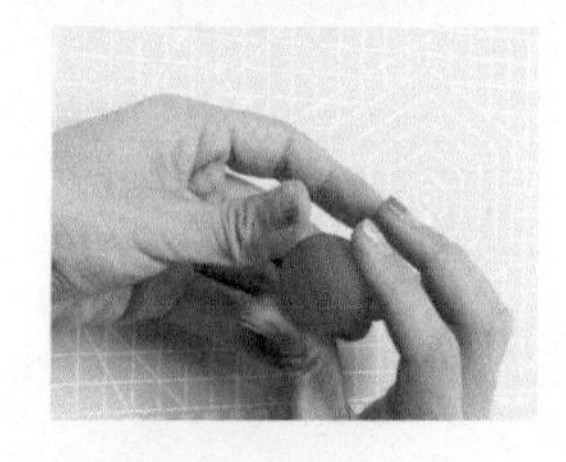
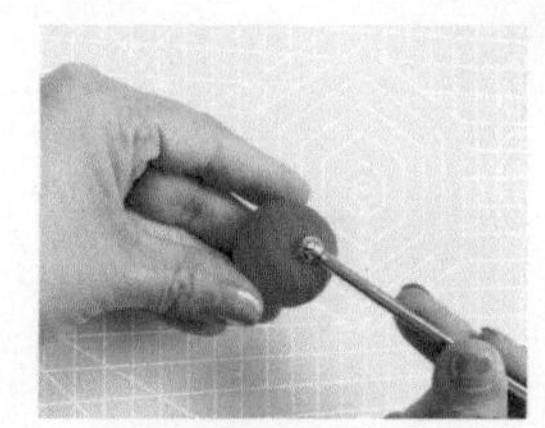
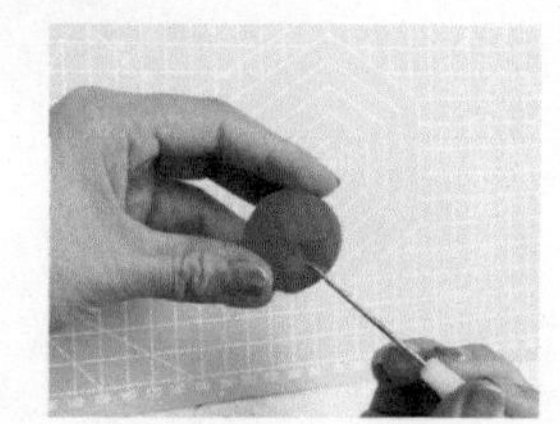
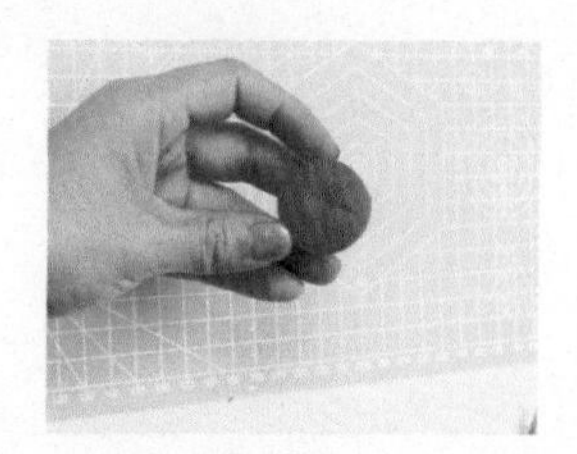

02 压

先用丸棒在黏土顶端中央压一下，再取细节针在刚才的凹槽四周压出番茄的纹路。

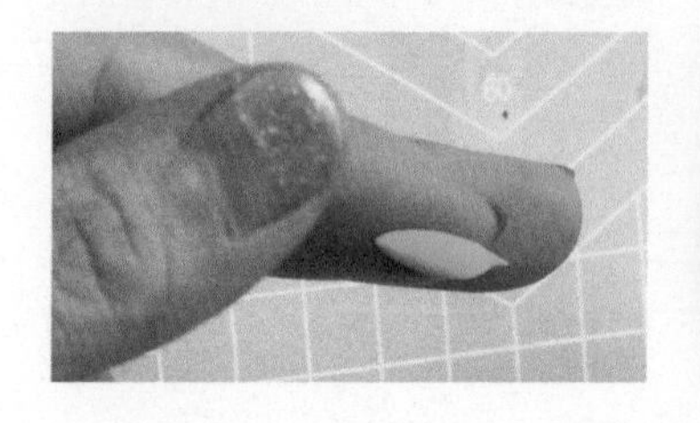
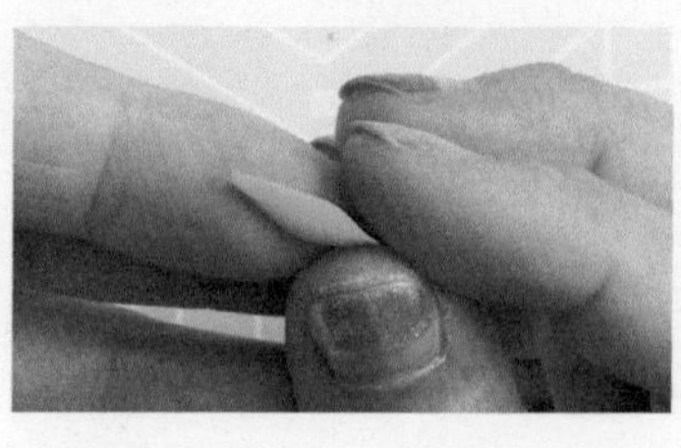

03 揉压

将绿色黏土先揉出米粒形状，再压扁。做出两头尖尖的叶子。

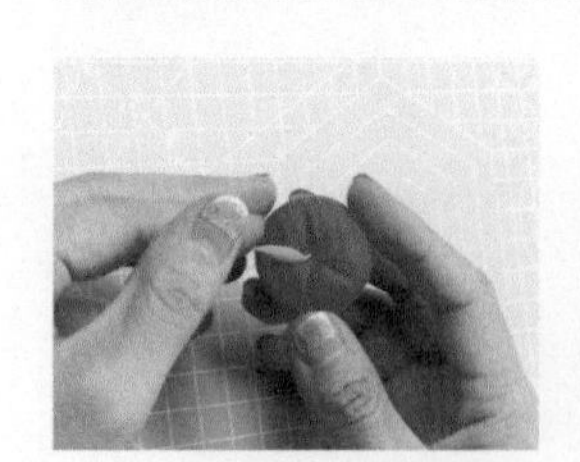
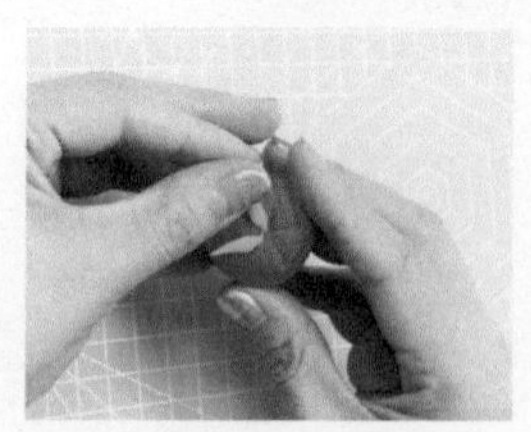
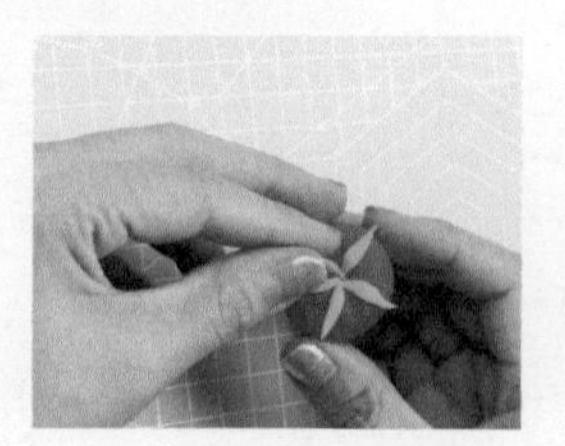

04 将叶子粘在番茄的顶部，最后给番茄加上瓣儿。

玉米

玉米的制作用到黄色和绿色黏土，主要采用揉、搓、压三种手法。

制作

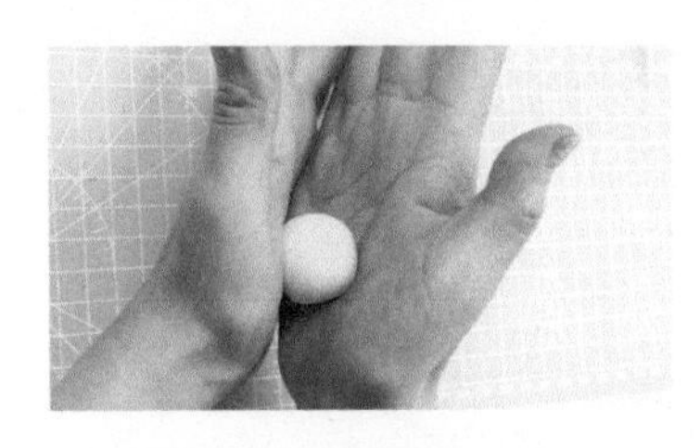

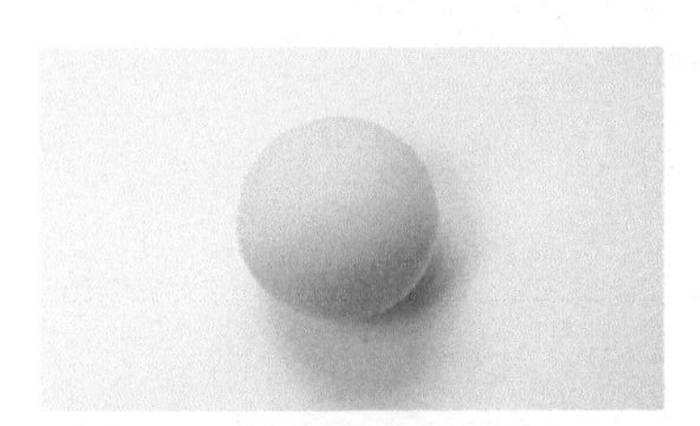

01 揉

先将黄色黏土揉成圆球。

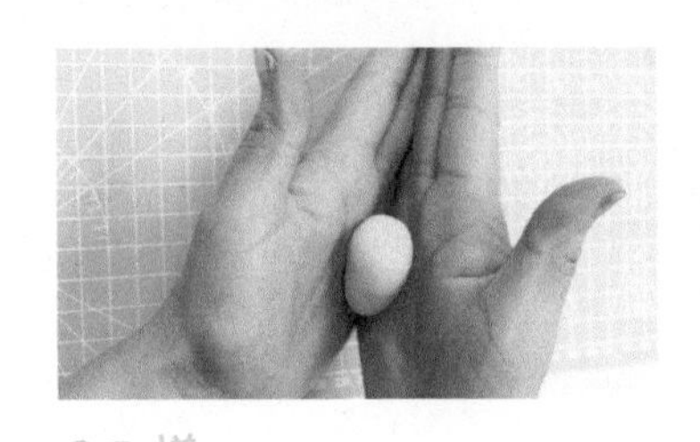

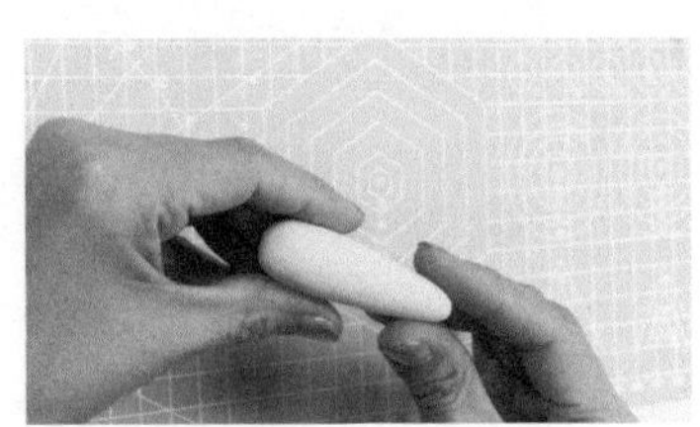

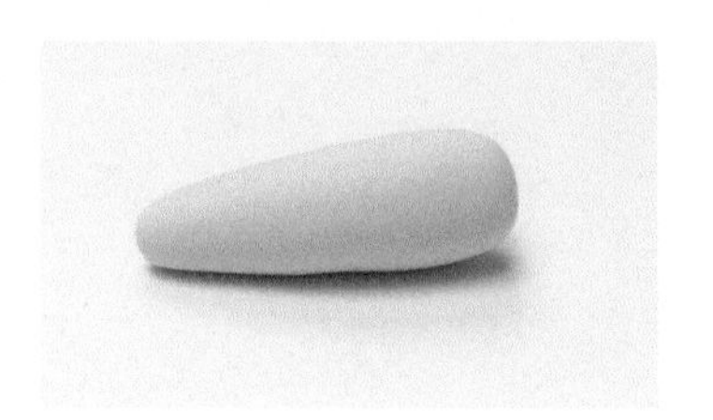

02 搓

用手掌滚动圆形黏土，搓出玉米一头尖、一头胖的形状。

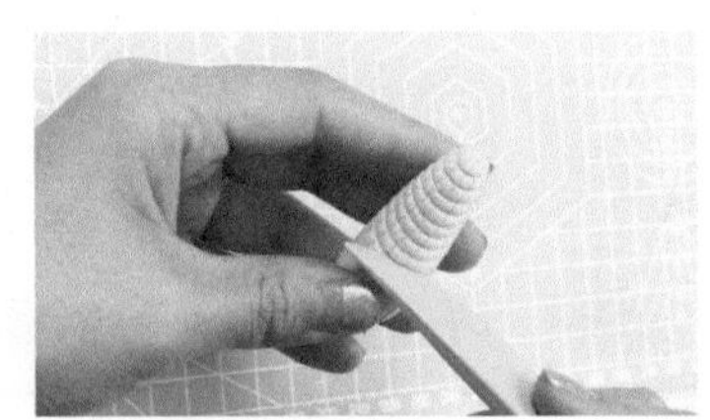

03 压

用压痕工具压出玉米颗粒的形状。

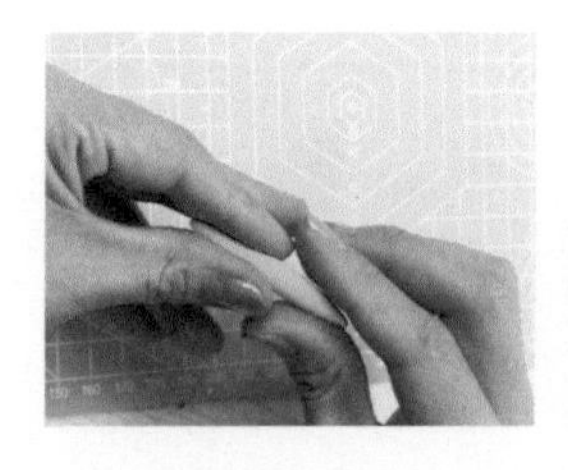
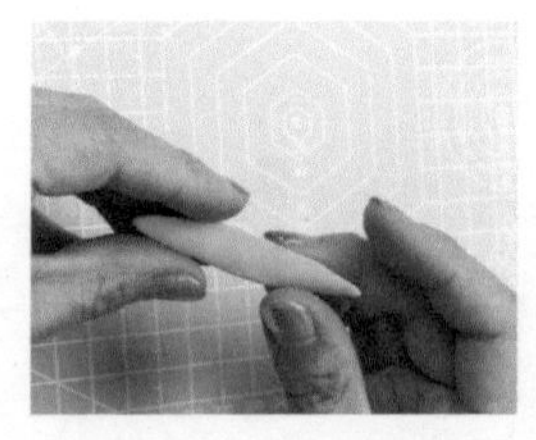

04 用绿色黏土做出叶子的形状，用刀片压出叶子的纹路。

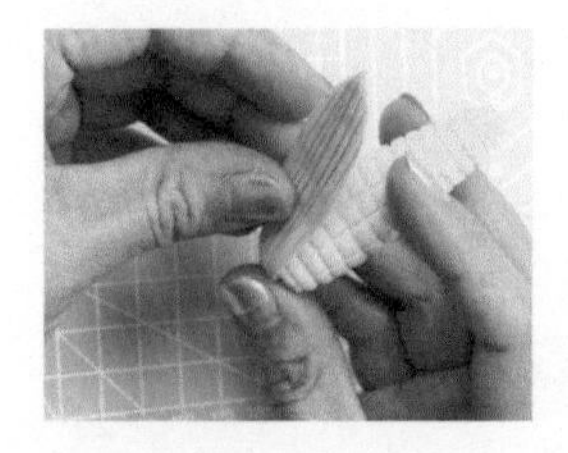

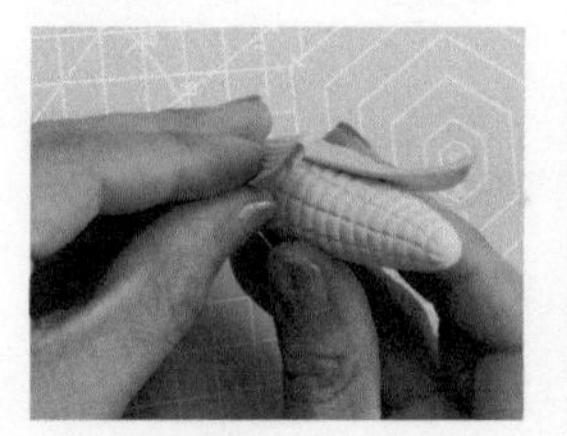
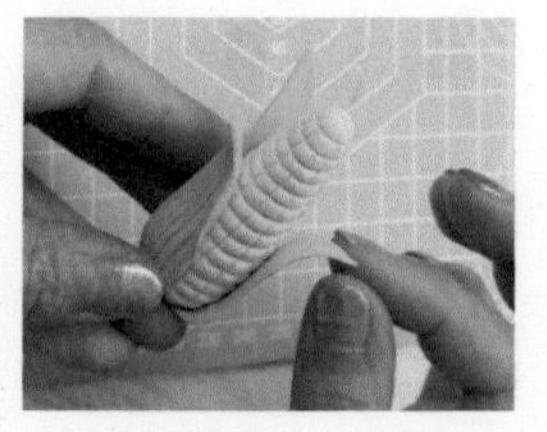

05 最后把叶子一片一片粘在玉米上就制作完成了！

南瓜

南瓜的制作用到橙色和绿色黏土，主要采用揉与压两种手法。

制作

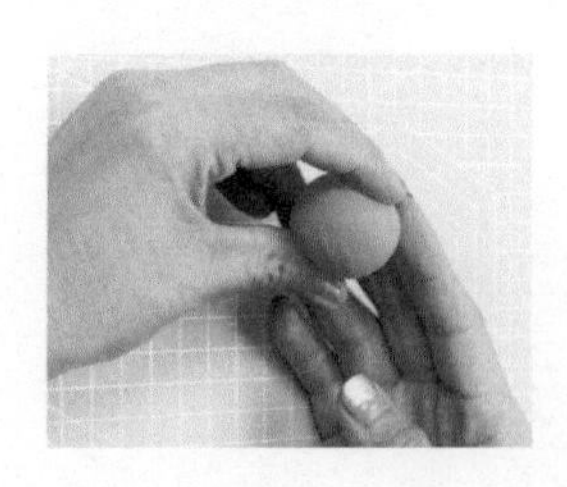

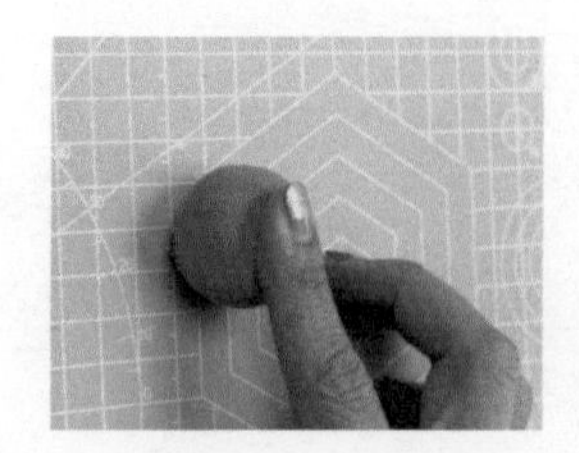

01 揉压

首先拿出橙色黏土揉成圆球，两端微微压扁。

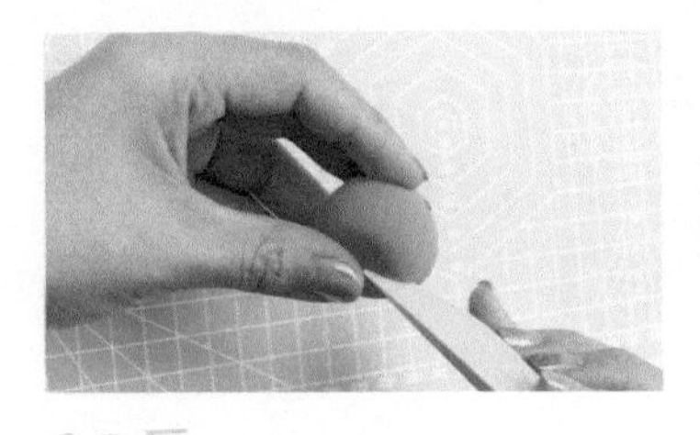

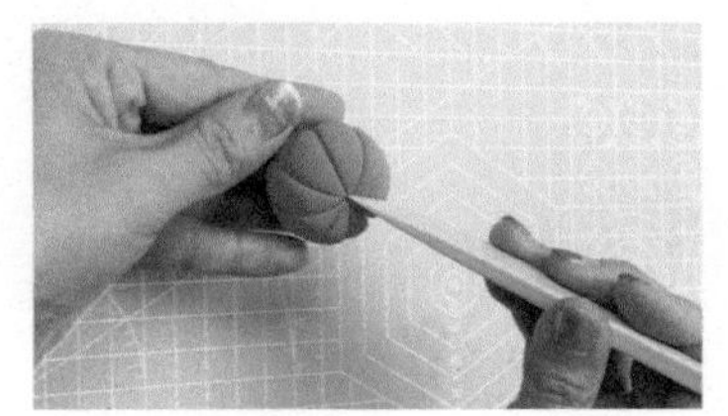

02 压

用压痕工具压出南瓜上的纹路。

03 用丸棒在南瓜顶端压一下，把南瓜瓣儿粘在其中。

豌豆

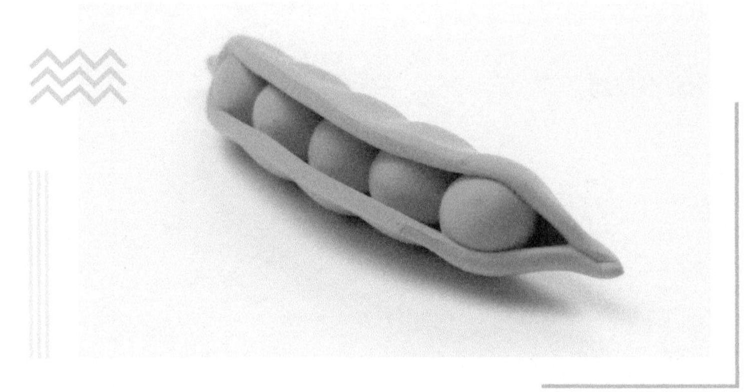

豌豆的制作用到黄色和青色黏土，主要采用揉、切、擀三种手法。

制作

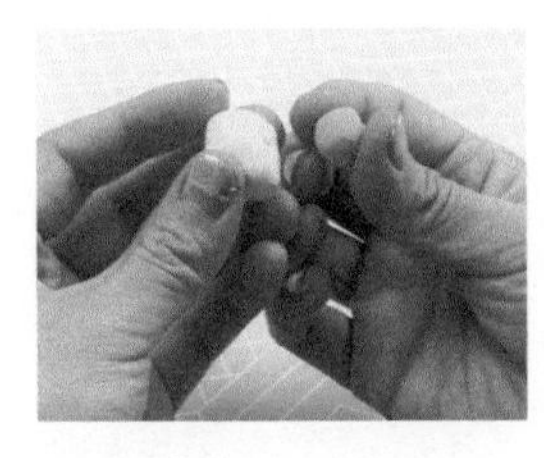

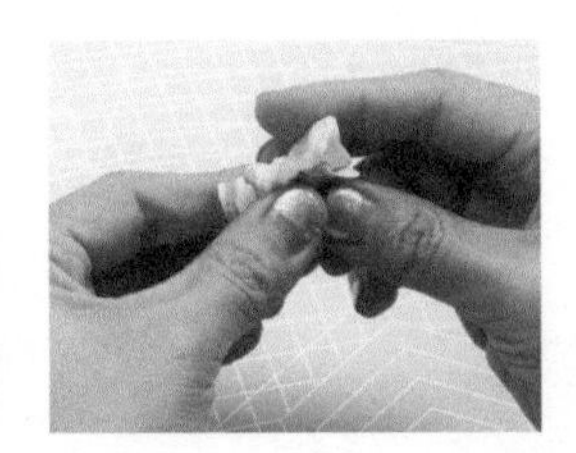

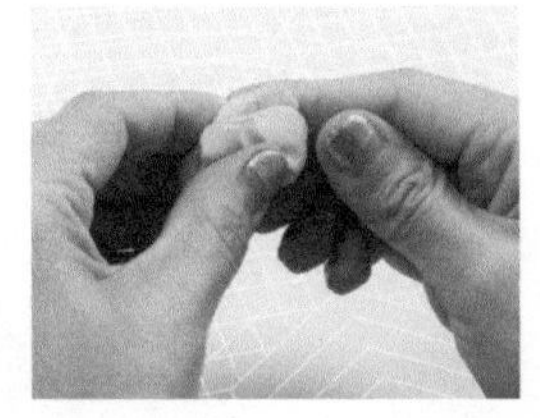

01 揉

豌豆的颜色是嫩绿色，如果没有这种颜色可以用黄色加青色混合，比例是 2 : 1，黄色多青色少。混合颜色时可以多取一些黏土。

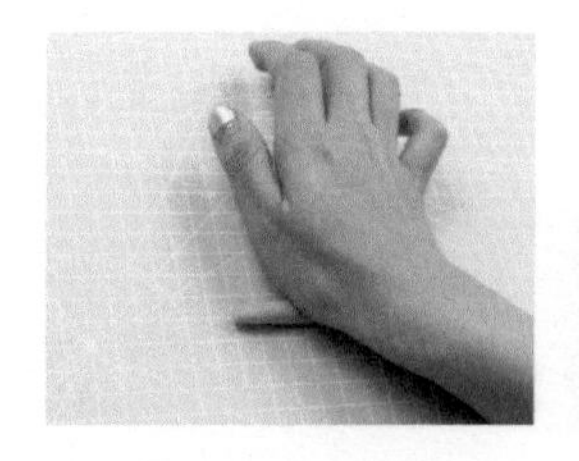  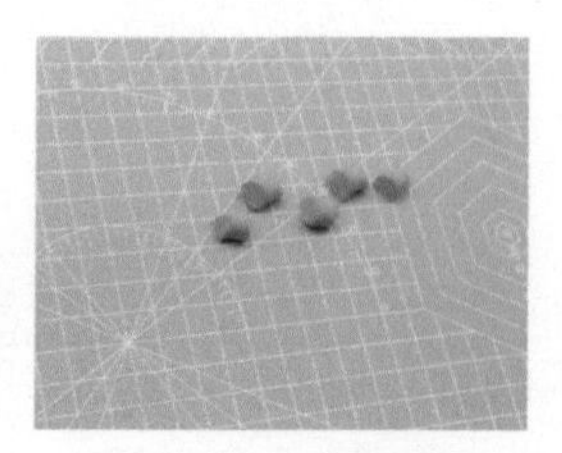 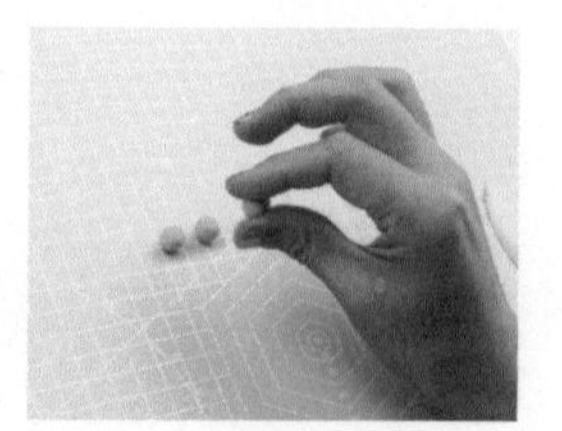

02 切

分出一部分绿色黏土制作豌豆。先将其搓成长条，再切成五份，中间大、两边小。将五份黏土分别揉成圆球。

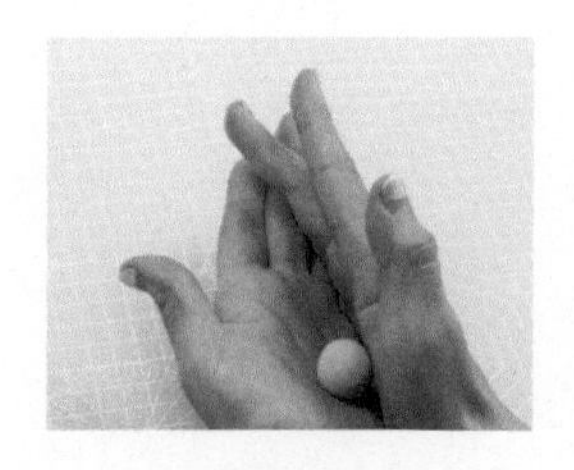 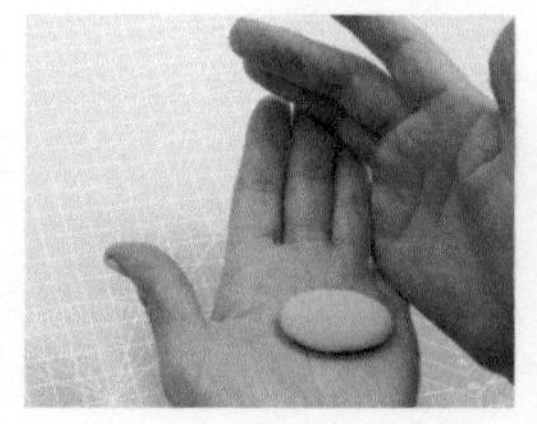 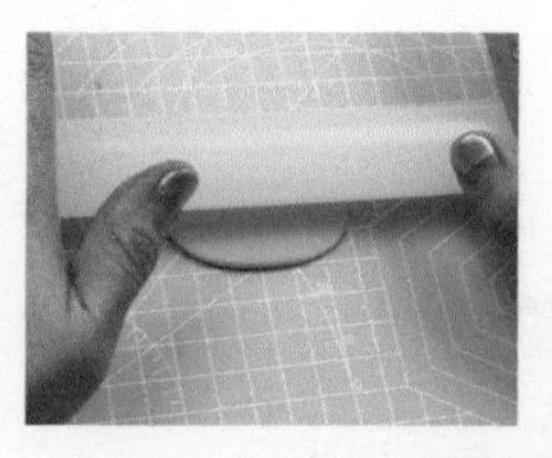 

03 擀

另一部分绿色黏土制作豌豆荚。先揉圆、再压扁，用擀泥杖将黏土擀成片状。再取刀片扭成弧形切割面片，两边对称切割，制作树叶形。

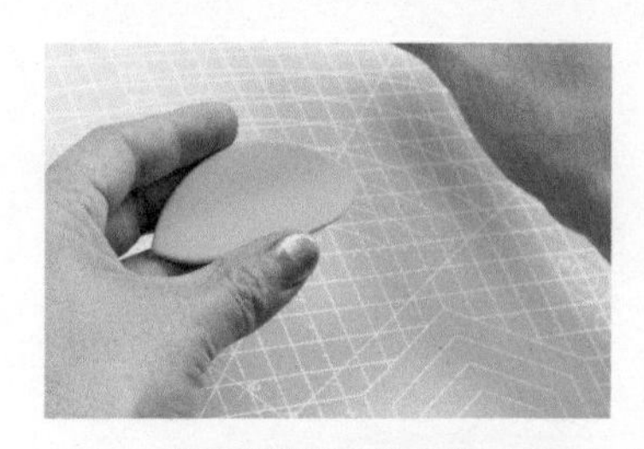 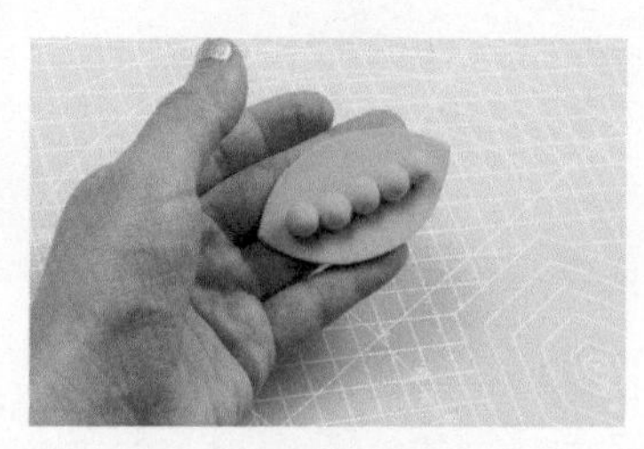 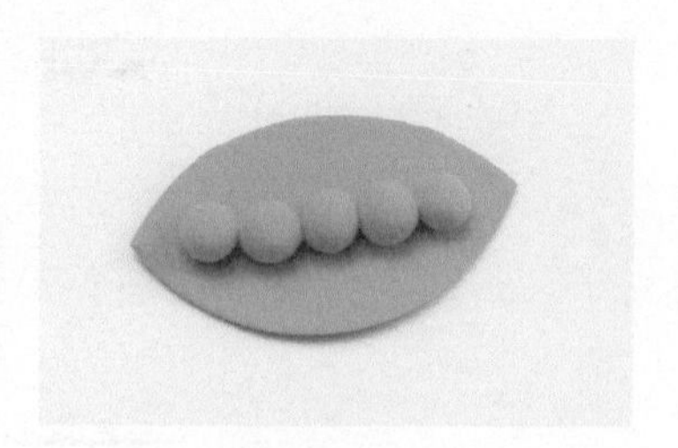

04

将五颗圆豆按中间大两边小排放在树叶形的面片中间。

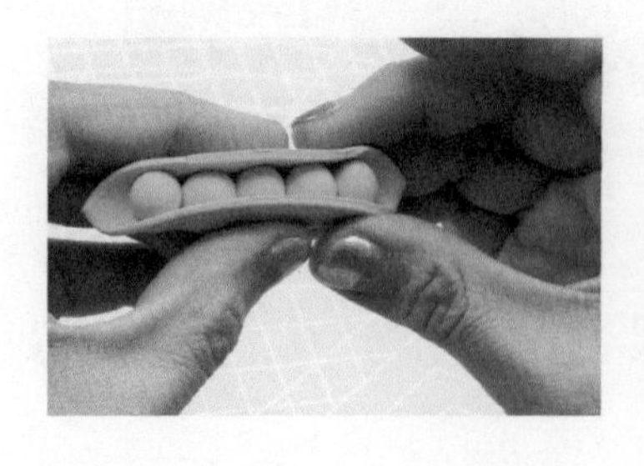 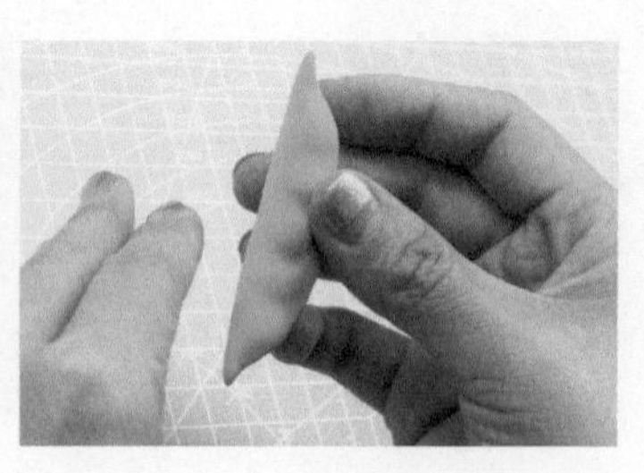

05

树叶形的面片包裹中间的圆豆。将面片向中间对折轻轻捏好，不用闭合。中间圆豆间隔区域向下捏，凸出豆子的形状，豆荚两端捏尖。

茄子

茄子的制作用到紫色和绿色黏土，主要采用揉与压两种手法。

制作

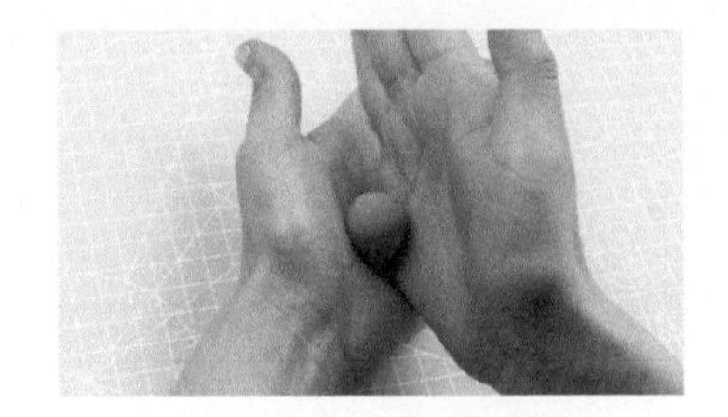
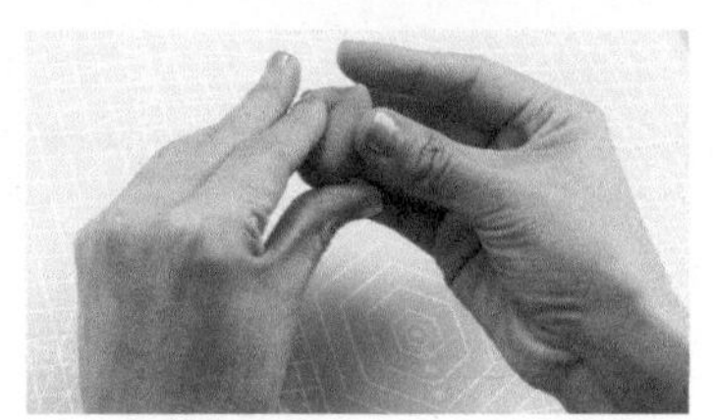
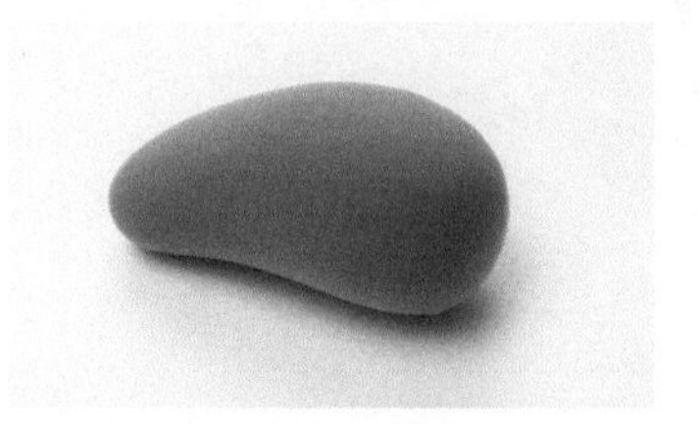

01 揉

取紫色黏土先揉圆球，再调整成茄子的形状。

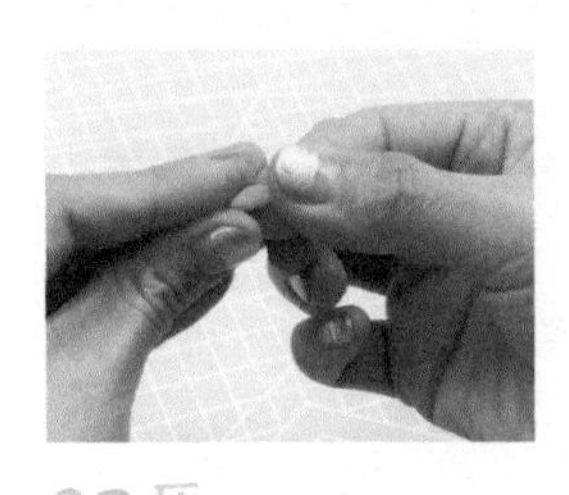
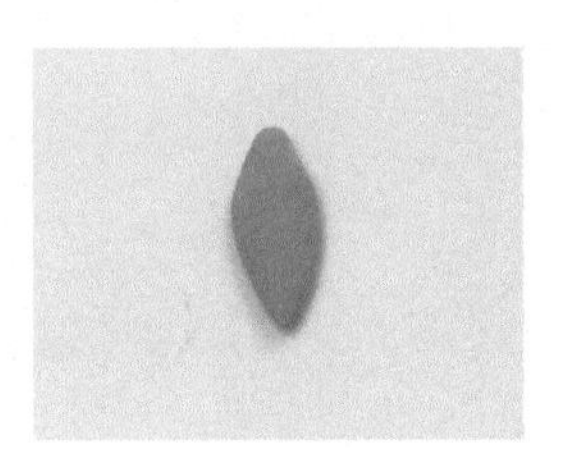
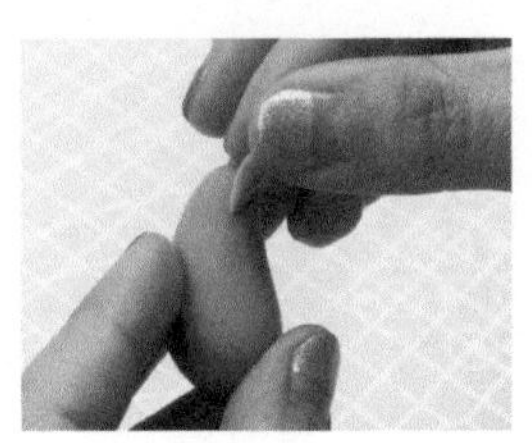

02 压

取绿色黏土先揉圆、再压扁，捏出叶子的形状。粘在茄子顶端。

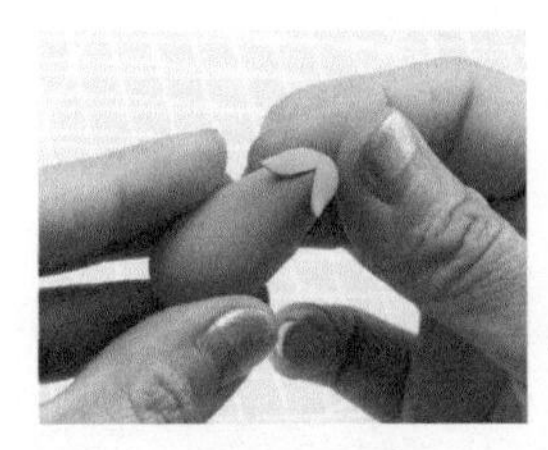

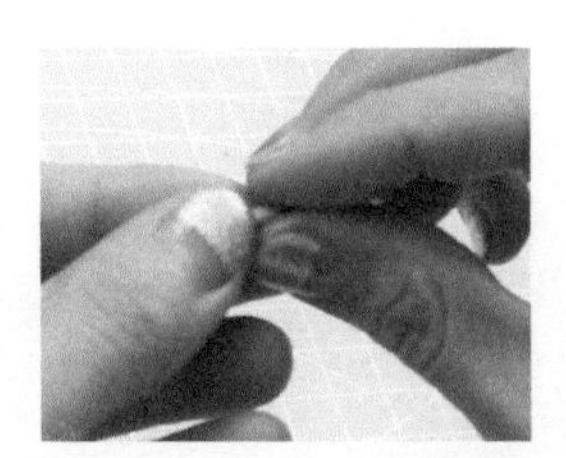
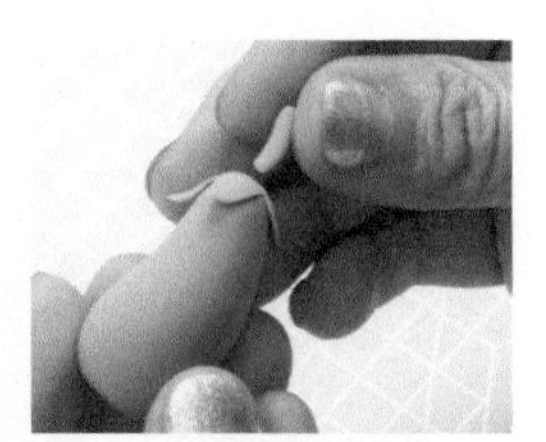

03 再做几片小叶子，依次粘在茄子的顶端。最后用绿色黏土做一个瓣儿粘于叶子中间茄子顶端。

黄瓜

黄瓜的制作用到绿色和黄色黏土，主要采用搓与特殊肌理处理的手法。

制作

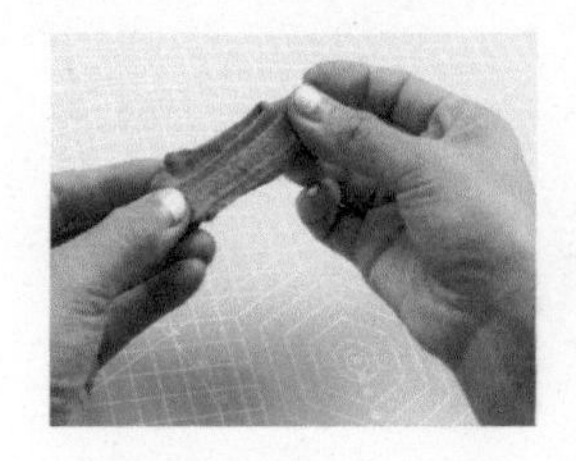
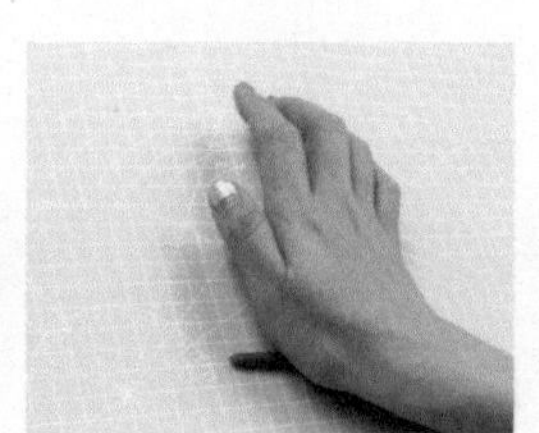
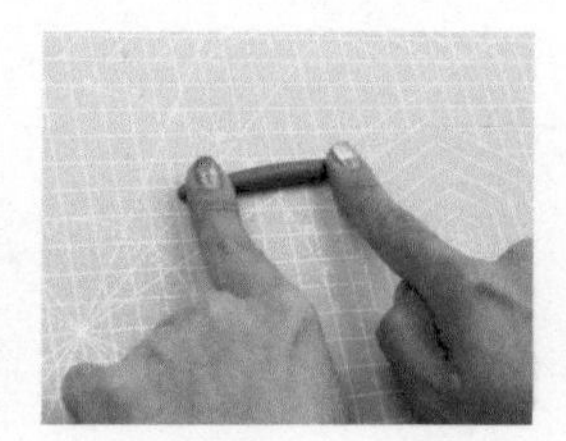

01 搓

取绿色黏土搓成长条，两头要稍微细一点，做出黄瓜的形状。

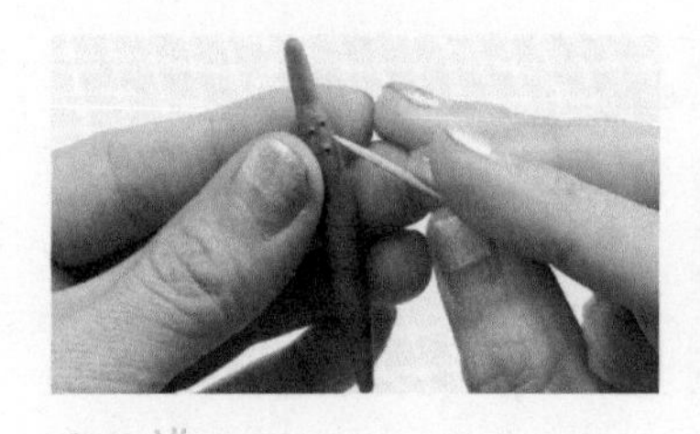
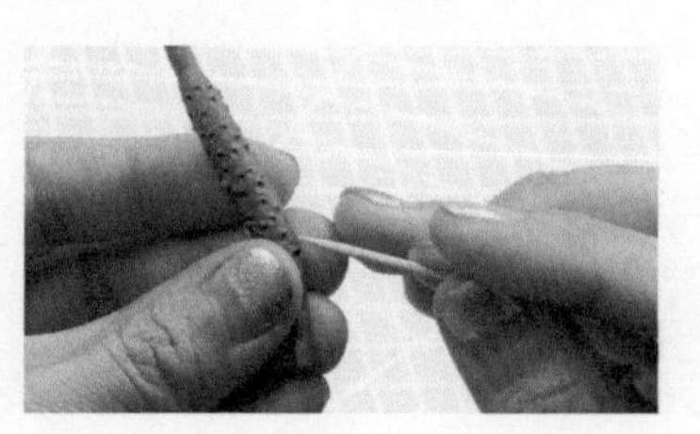
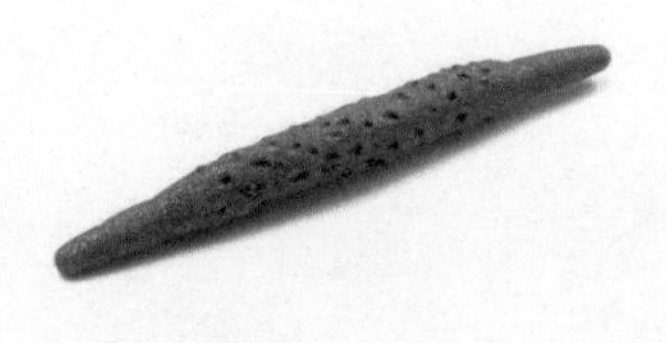

02 挑

用牙签或者细节针向上挑黏土，制作出黄瓜表皮的小刺。

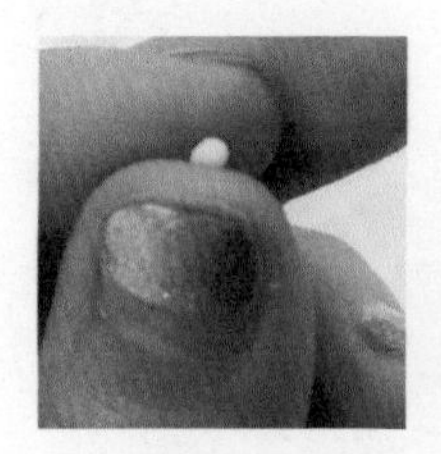
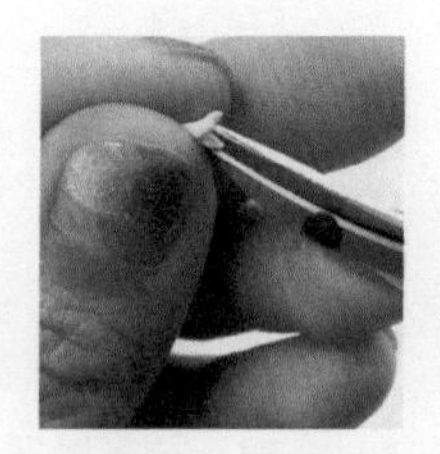
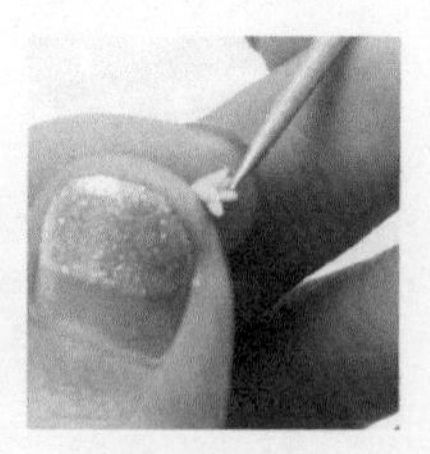

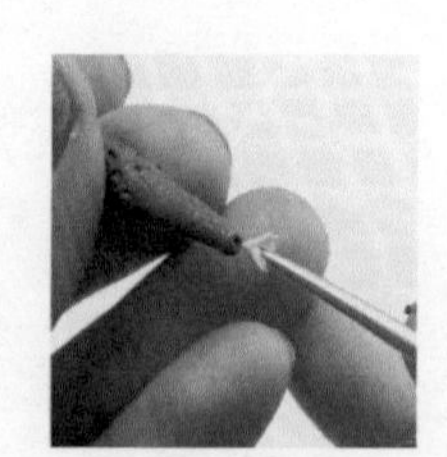

03 将一点点黄色黏土揉圆，再剪出五瓣，做出一朵小黄花粘在黄瓜顶端。

捏小动物

蛋卷猫咪

猫咪的制作主要用到的基础手法有揉、搓、压、擀，以及用丙烯颜料上色。

制作

猫咪头部：揉、捏

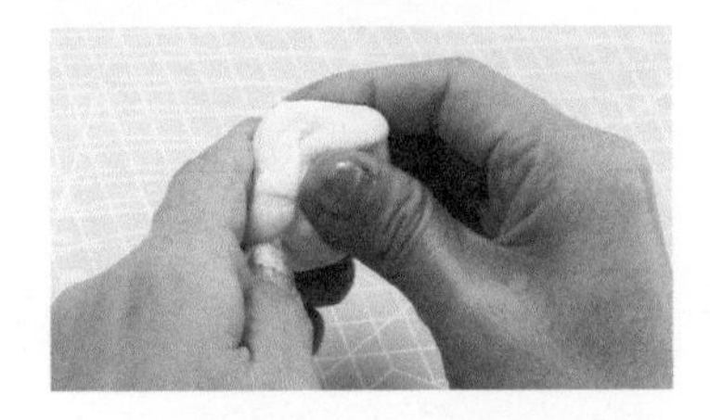

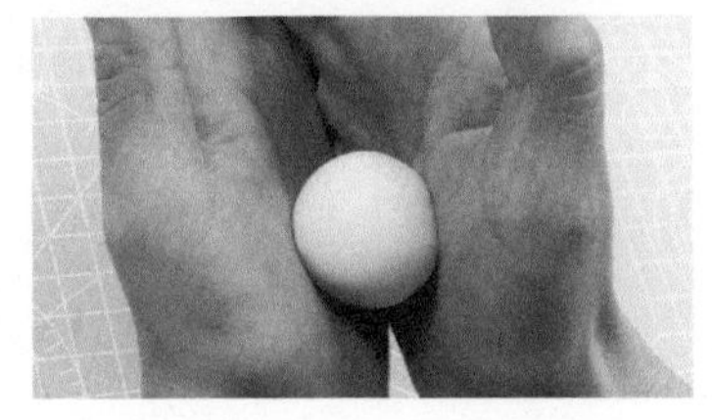

01 将白色黏土揉成圆球，做猫咪的头部。

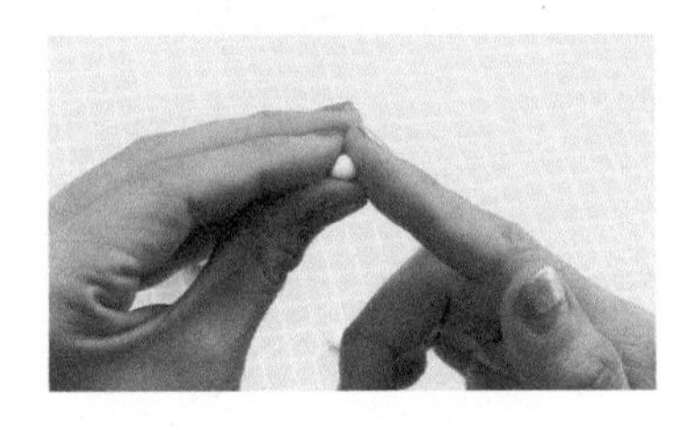

02

将小块白色黏土捏成小三角形，做猫咪的小耳朵。

猫咪身体：揉圆球

03

同第一步一样，揉个圆球来做猫咪的身体。

猫咪五官：揉、搓

04

用黑色黏土揉圆球做猫咪的眼睛，眼睛大小要一致，位置要对称，最后给眼睛加上白色黏土做的高光。

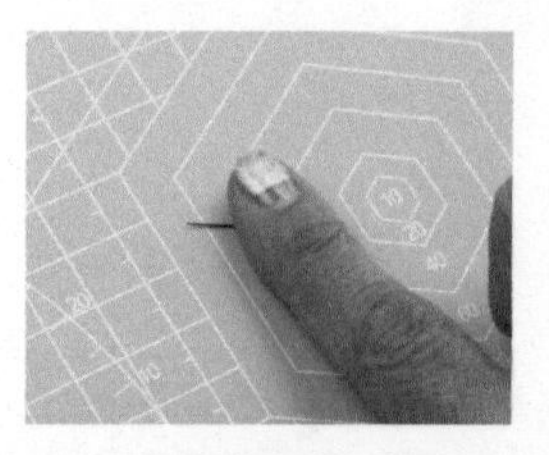

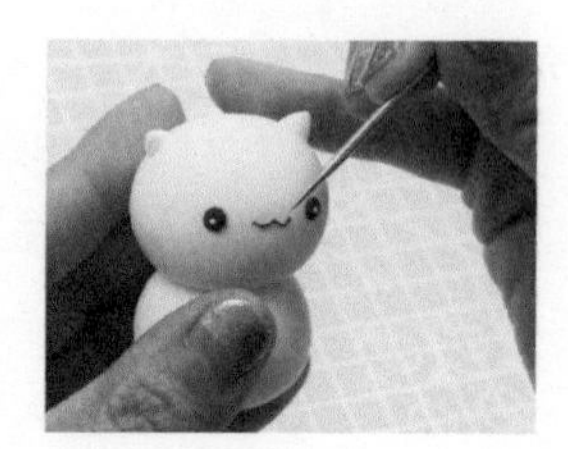

05 把黑色黏土搓成细条来做猫咪的嘴巴。

06

将粉色黏土揉成小圆球，再稍微压扁给猫咪做两个可爱的小腮红。

猫咪四肢：搓、压

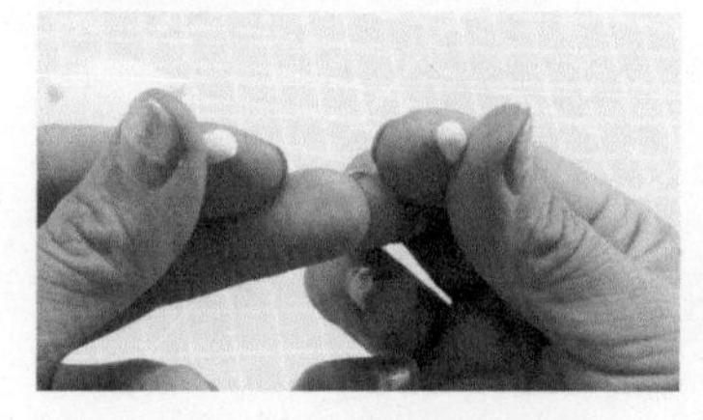

07 用白色黏土搓成小圆柱，分别粘在身体两侧做前肢，身体下侧做小脚，用压痕工具压出脚趾。

猫咪尾巴：搓

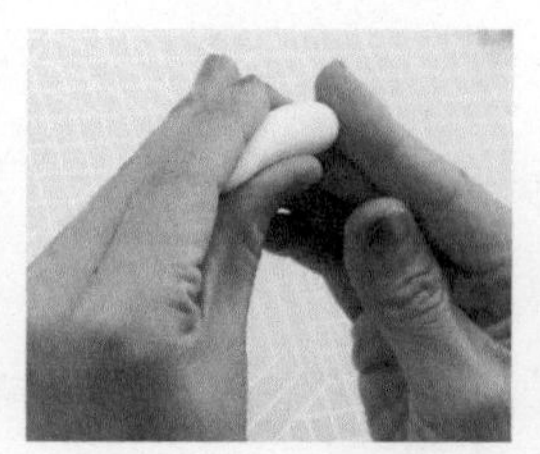
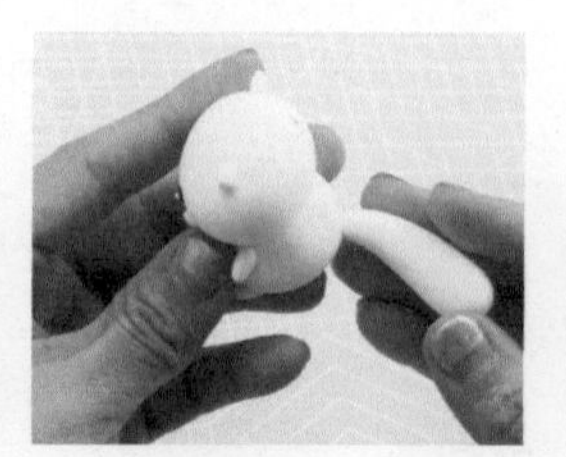
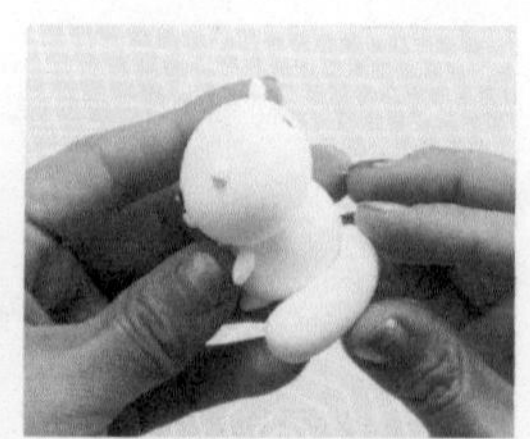

08 用压板搓出一个长长的水滴形，用手调整弧度，粘在身体后方并将其绕到一侧做猫咪的尾巴。

猫咪花纹：画

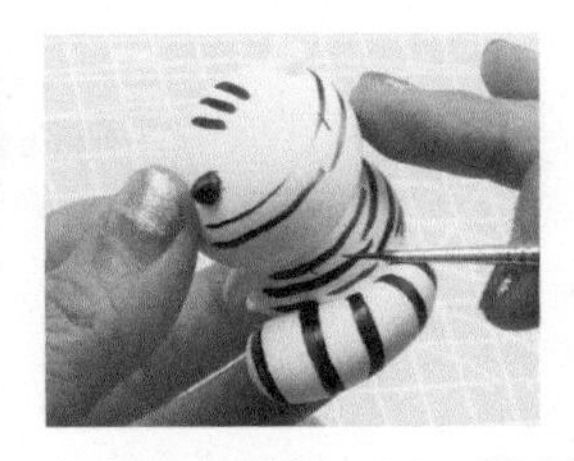

09 将黑色丙烯颜料加一点点清水稀释一下，画出猫咪身上的花纹。

蛋糕卷：搓、压

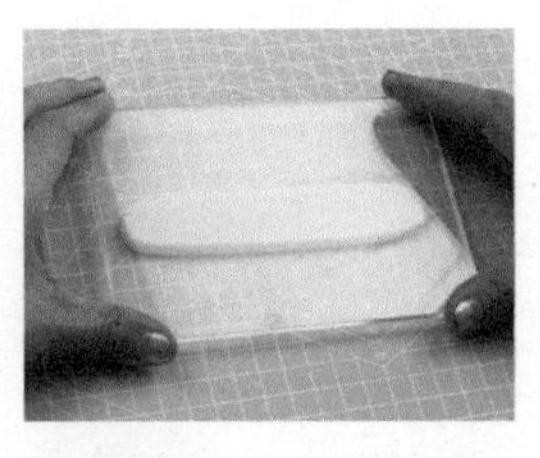
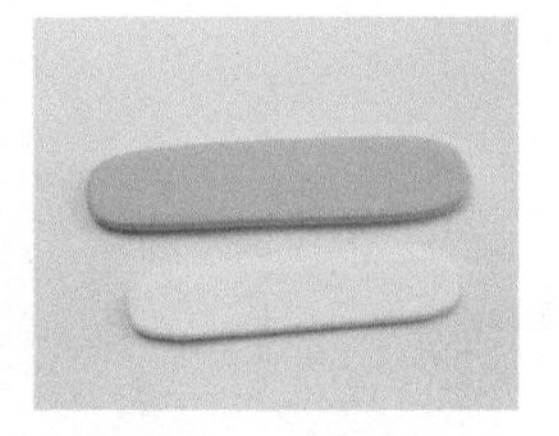

10 取白色和薄荷绿色黏土分别搓长条压扁，要有一定厚度。

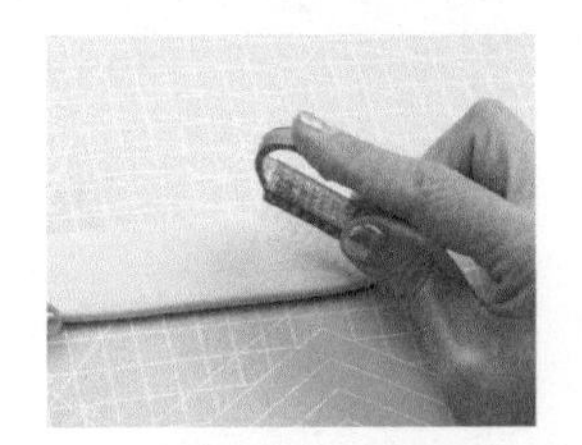

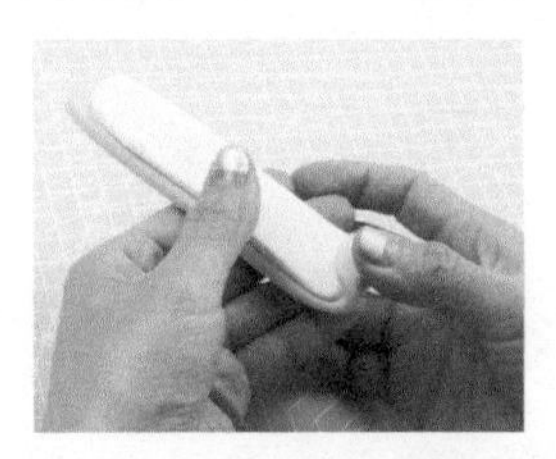
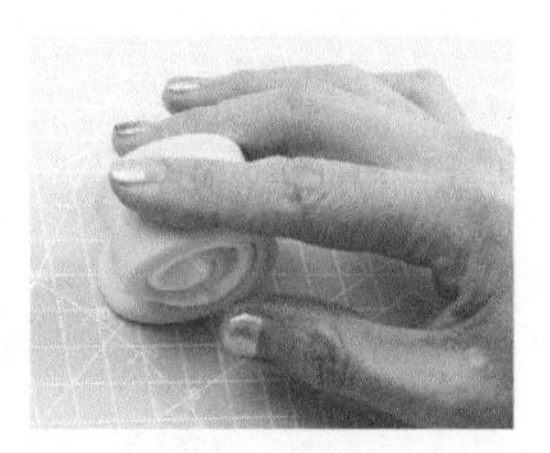

11 绿色黏土表面要用羊角刷做出蛋糕卷的纹路肌理，把白色长条放到绿色黏土光滑的一侧，从一端开始慢慢卷起来，蛋糕卷的基本形状就制作完成了。

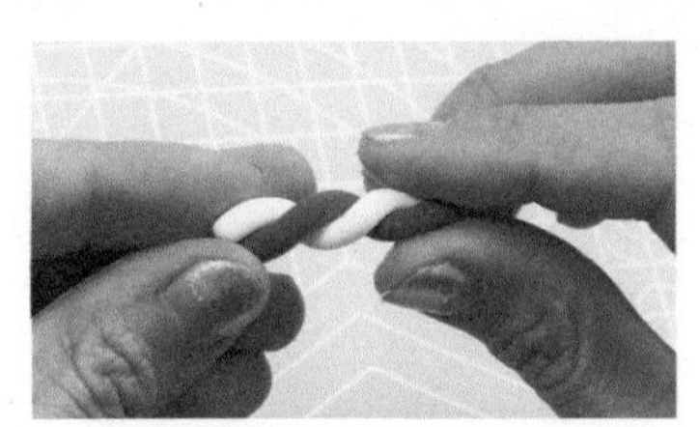

12 用白色和棕色黏土搓长条，两条颜色扭在一起，做出一个巧克力棒。

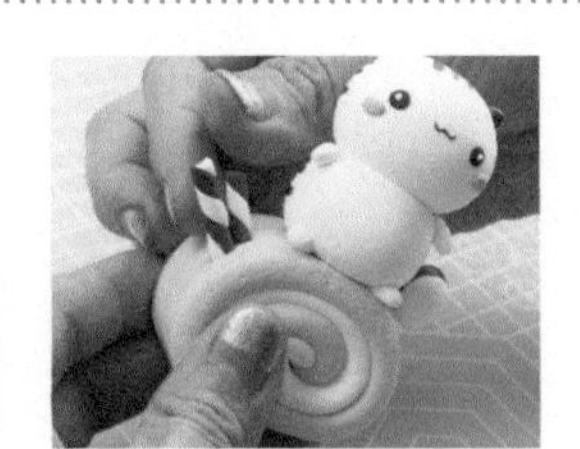

13 最后把猫咪固定在蛋糕卷上，装饰上巧克力棒。

爱心小柯基

柯基的制作主要用到的基本手法有揉、压和搓。

制作

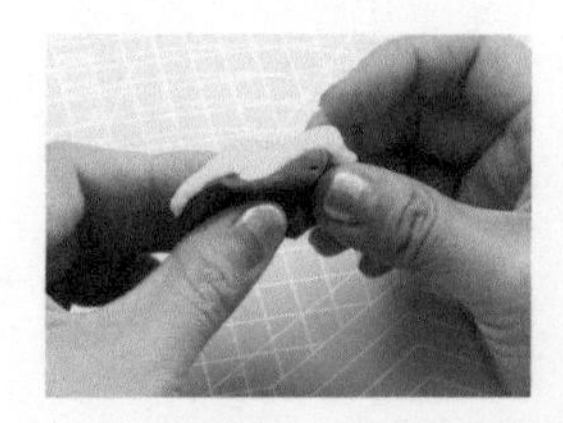

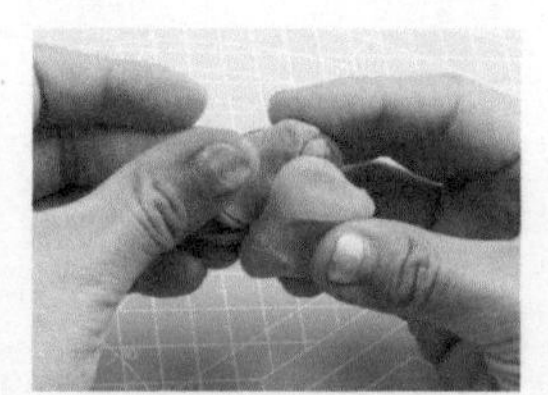

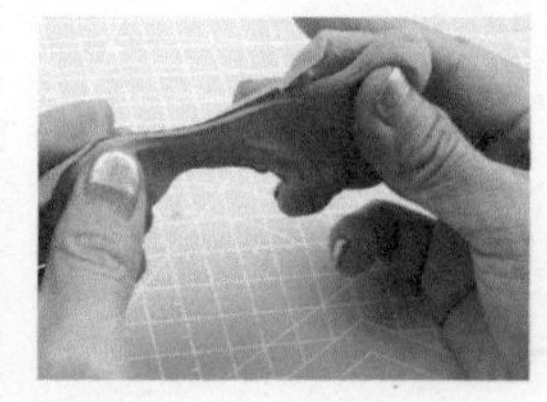

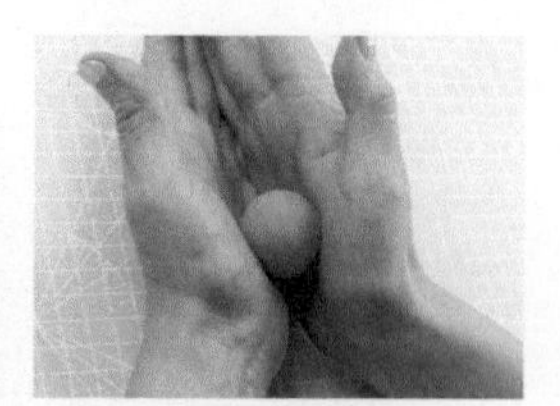

01 将黄色、棕色、橘色黏土混色，调制出柯基身体的颜色。

柯基头部：揉、捏、搓

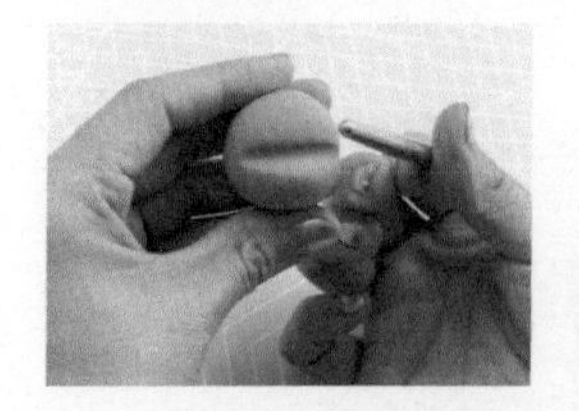

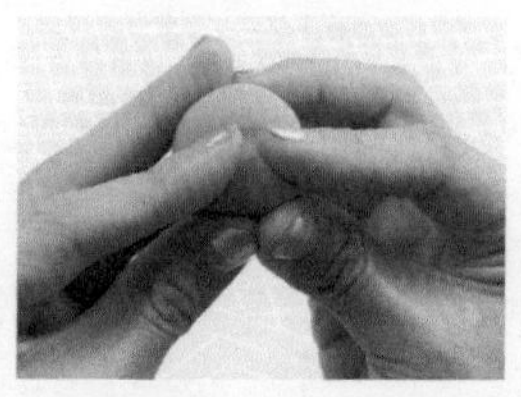

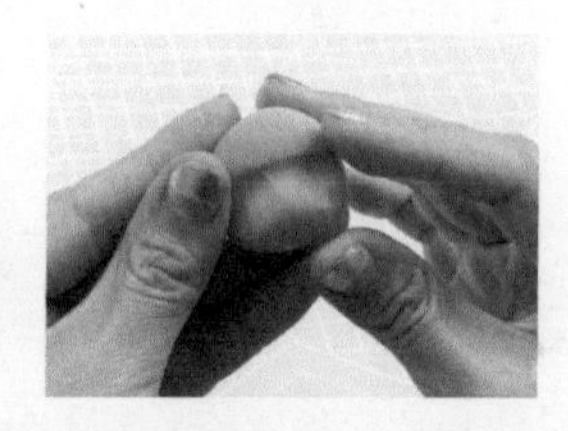

02 将调好的黏土揉圆球，在圆球二分之一处定出柯基眼睛的位置，捏出如图所示的形状做柯基的头部。

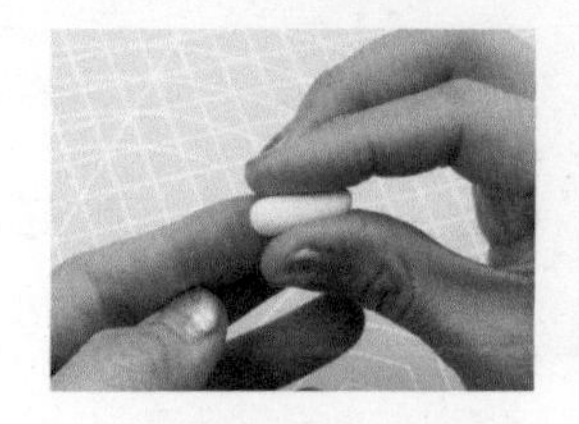

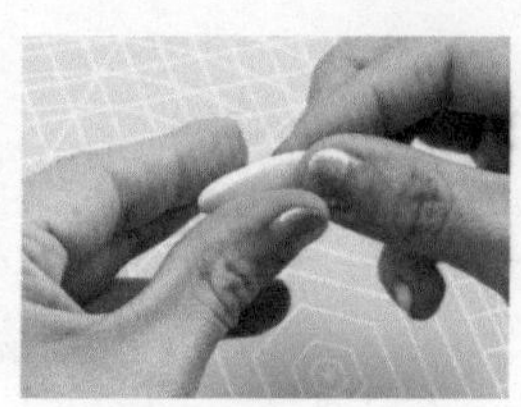

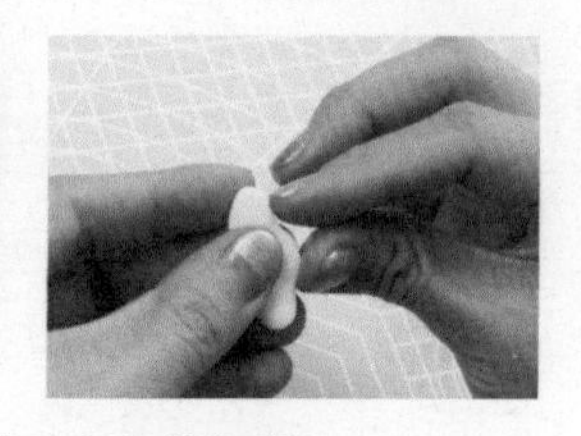

03 将白色黏土搓圆柱、再压扁，捏出柯基脸部前面白色的部分。

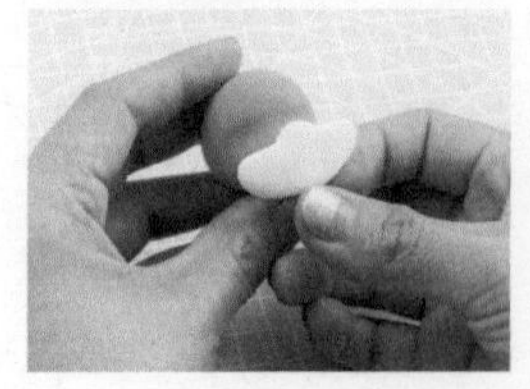

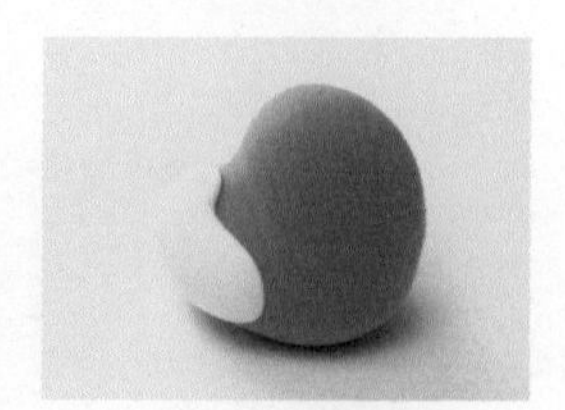

04 捏出如图所示的形状之后贴在先前做好的柯基头部，要粘合牢固。

柯基五官：揉、捏、搓

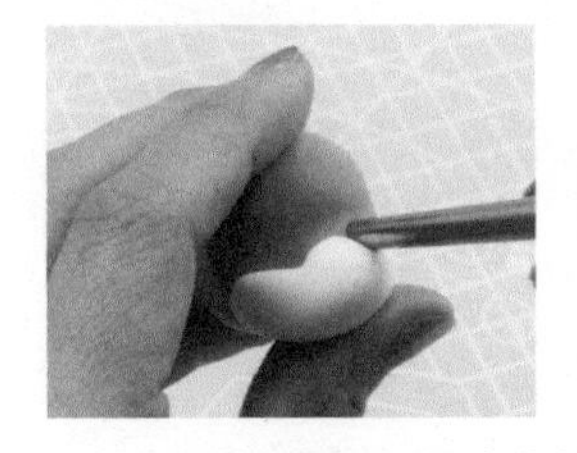

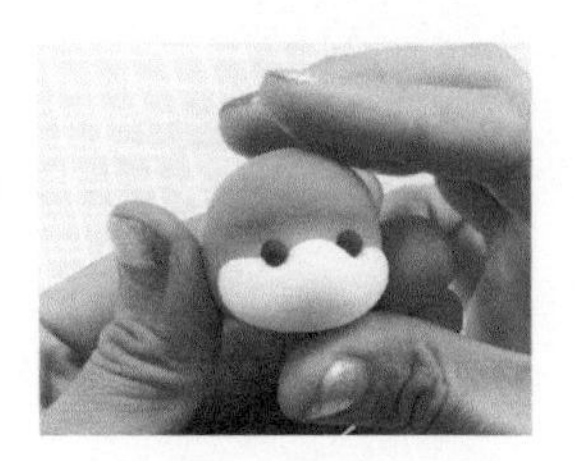

05 用丸棒定出眼睛的位置，将黑色黏土揉小圆球粘在定好的位置做眼睛。

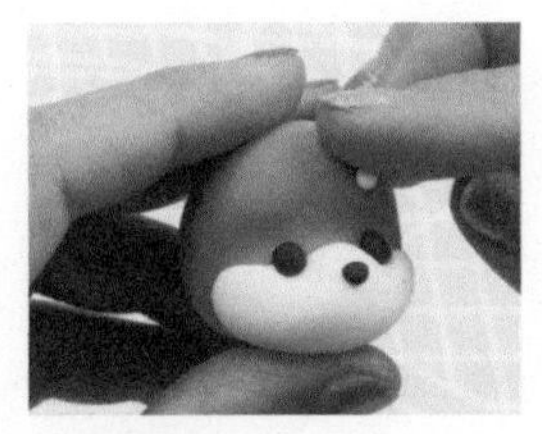
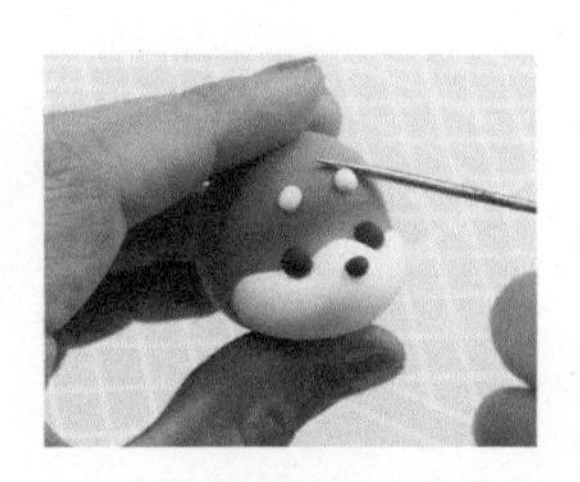

06 同样一小块小圆球做柯基的鼻子粘在中间部位。用白色黏土给柯基做眉毛。

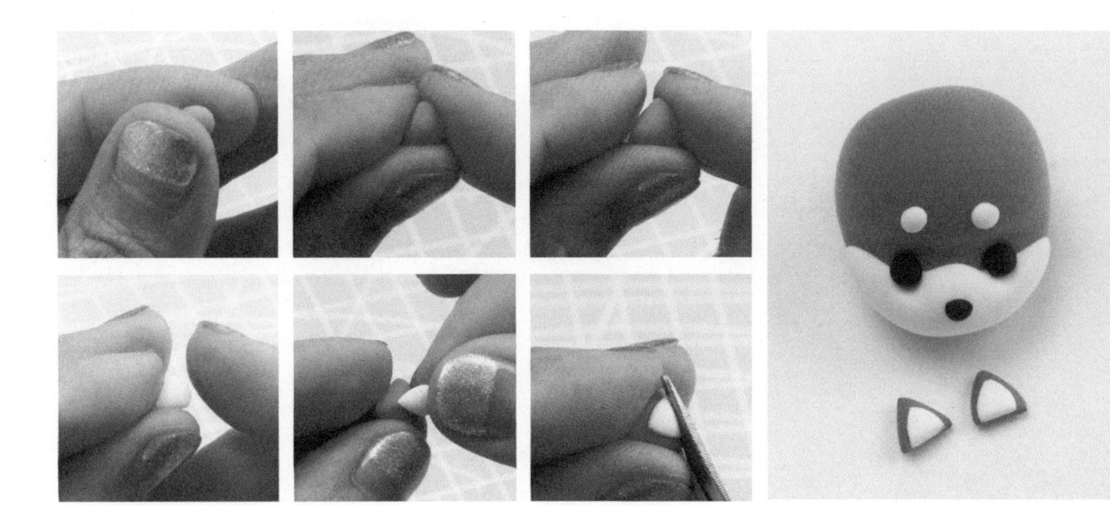

07 将棕色和白色黏土揉球、压扁，再捏出三角形，棕色三角要比白色三角大一点儿。棕色三角中间粘上白色三角，来做柯基的耳朵。

08

把三角形耳朵粘在柯基的头部。

09 用小小的白色圆球做眼睛的高光，用黑色黏土搓细条做柯基的嘴巴。

柯基身体：揉、搓、擀

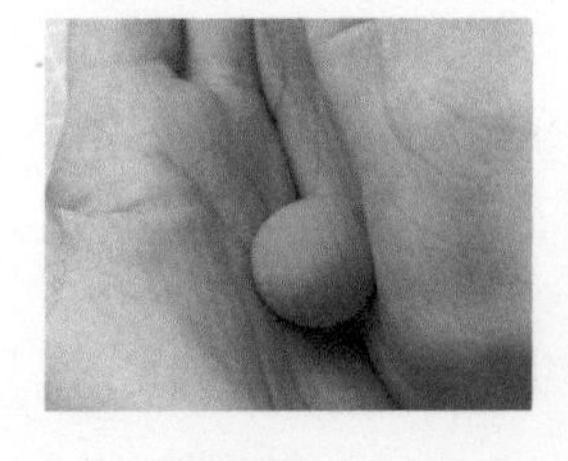
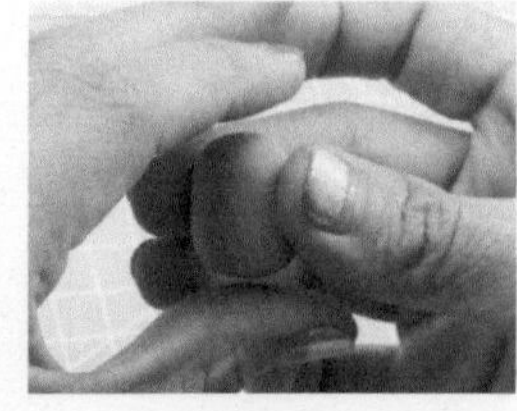

10 揉圆球，再搓成圆柱的形状，做柯基的身体。

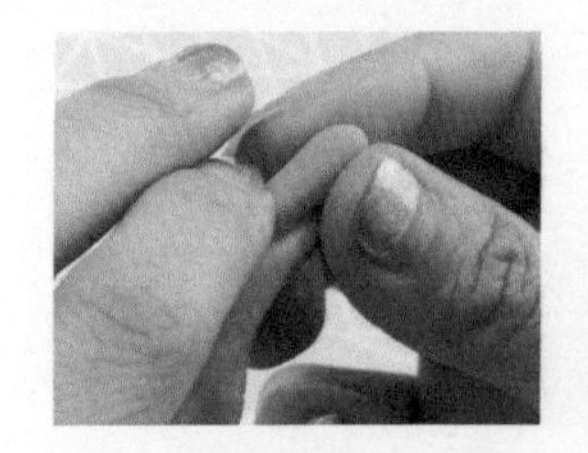
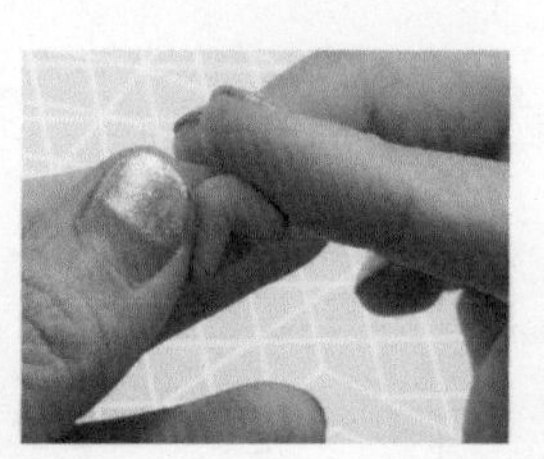
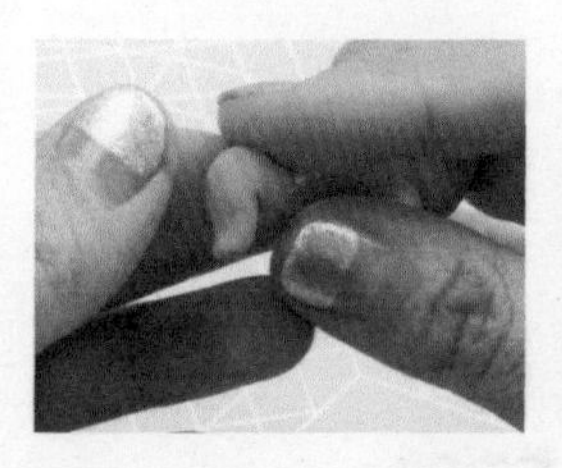
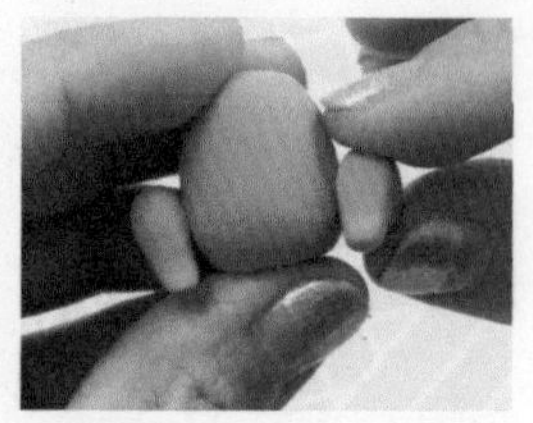

11 搓长条形状，稍微掰弯捏出小脚，做成柯基的后腿。把做好的后腿粘在身体的两侧。

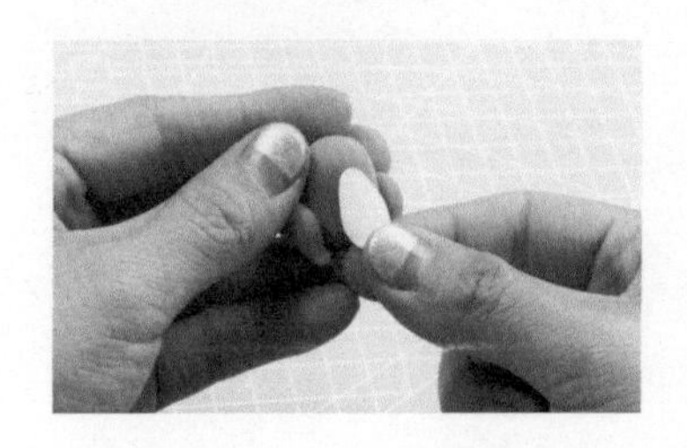

12

将白色黏土擀片做柯基白色的肚皮。

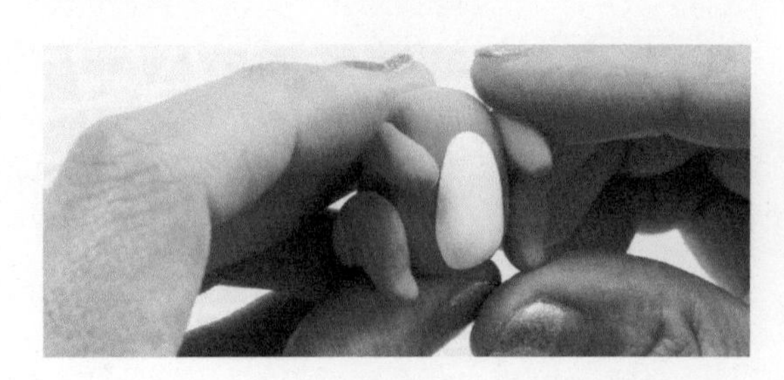

13

将黏土搓小圆柱做柯基的前腿，同样粘在身体两侧。

爱心：揉、捏、压

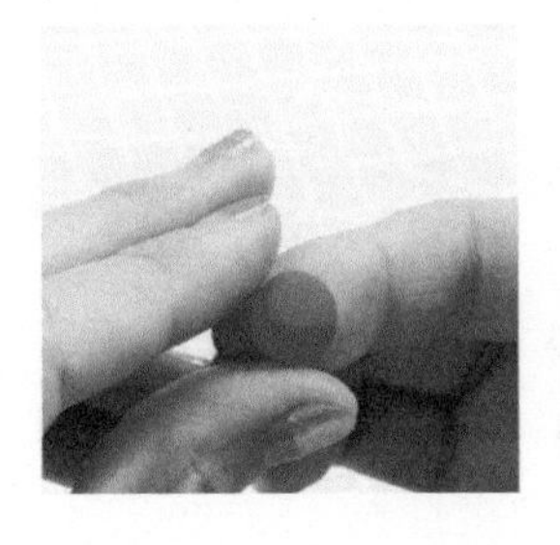
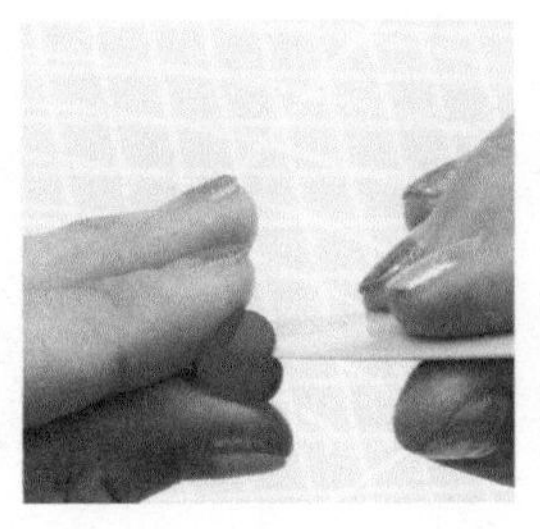
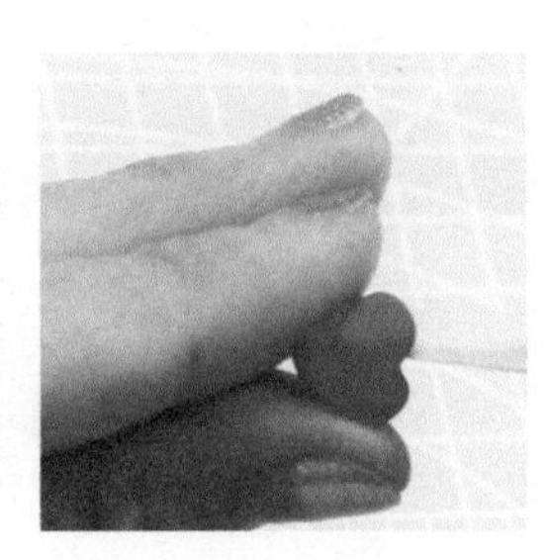

14

用红色黏土做一颗小爱心。先揉圆、再压扁，用双指将一头捏尖。用压痕工具在圆头中间压出凹形。

组合

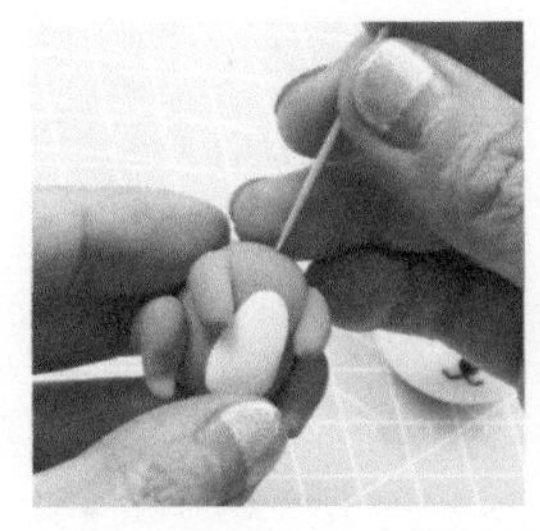

15 用牙签把柯基的身体和头部组合在一起。让柯基把小爱心抱在胸前。

柯基尾巴：搓

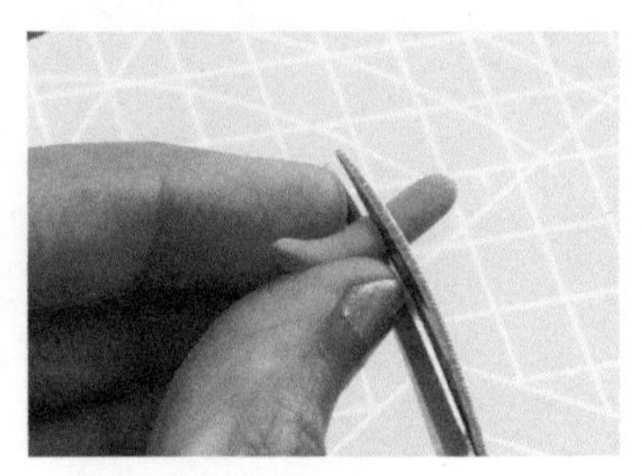
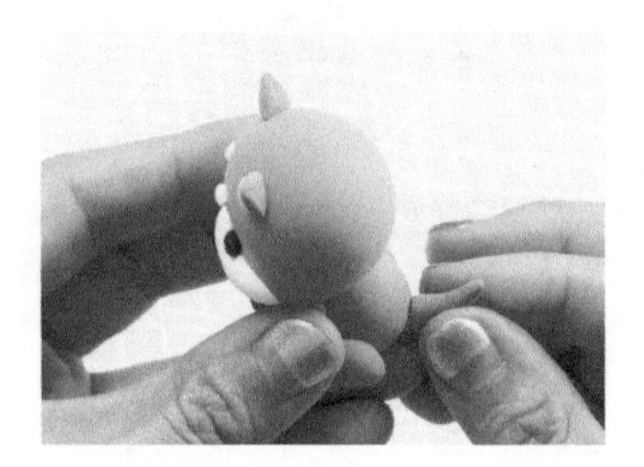

16 用黏土搓长条给柯基做个尾巴，粘在身体后方。

腮红：画

17

最后用色粉给柯基画上腮红就制作完成了！

泳圈小黄鸭

泳圈小黄鸭制作用到的主要是黄色、粉色、橘色、白色、蓝色和黑色黏土。基本的手法主要有揉、压、擀，以及鸭毛的特殊肌理制作。

制作

小黄鸭头部：揉、压、肌理制作

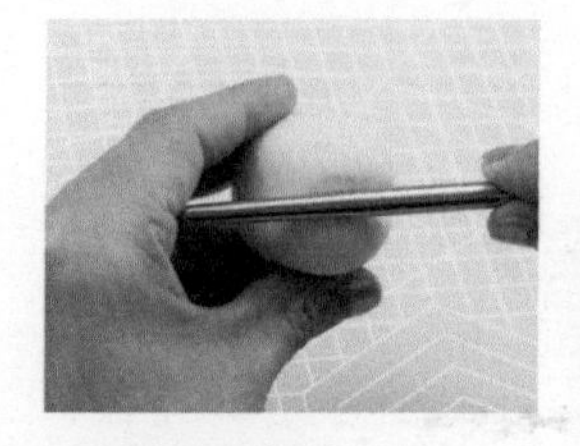
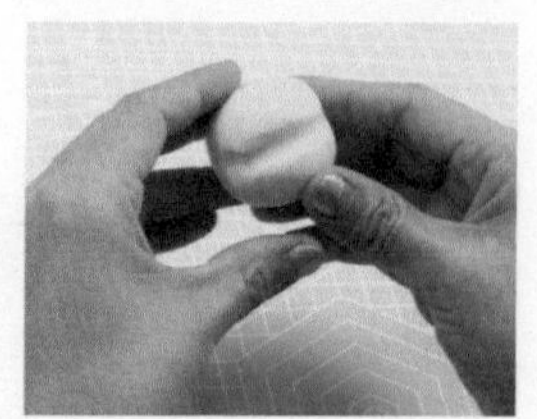

01 用黄色黏土揉成圆球制作鸭子的头部。用工具定出眼窝凹陷的位置。

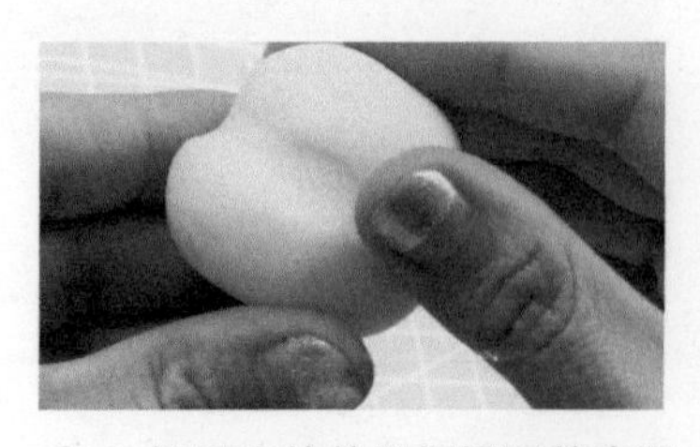
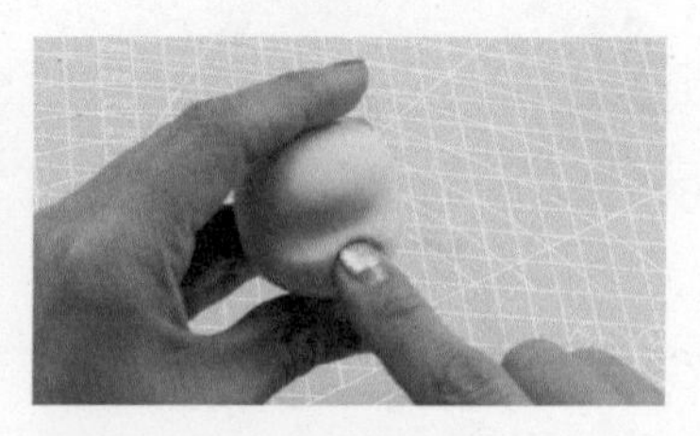

02 把压出的位置慢慢调整光滑。用食指压出鸭子嘴巴的位置，做成如图所示的形状。

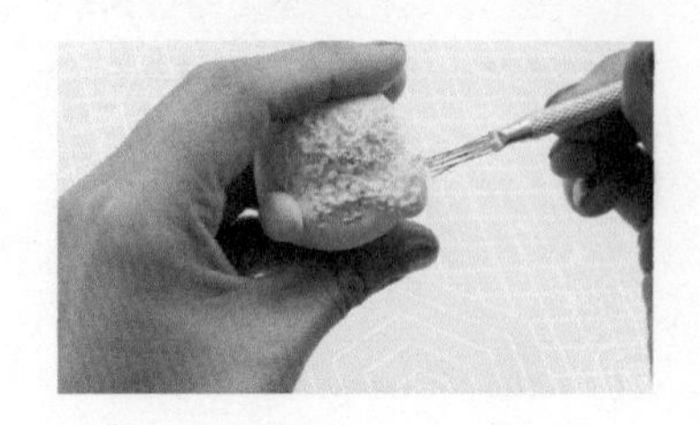

03 用七本针戳进黏土，再转圈扭一下出来。把整个鸭子头部都戳出毛绒质感。

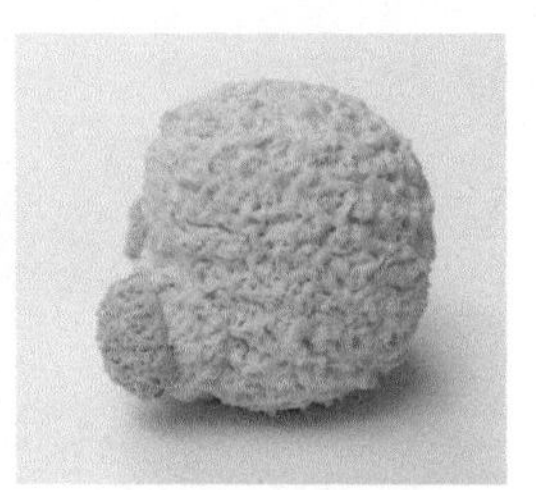

04 用粉色黏土给小鸭粘上两个粉嫩嫩的大腮红，也用七本针戳出毛绒质感。

小黄鸭五官：揉、压、捏、剪

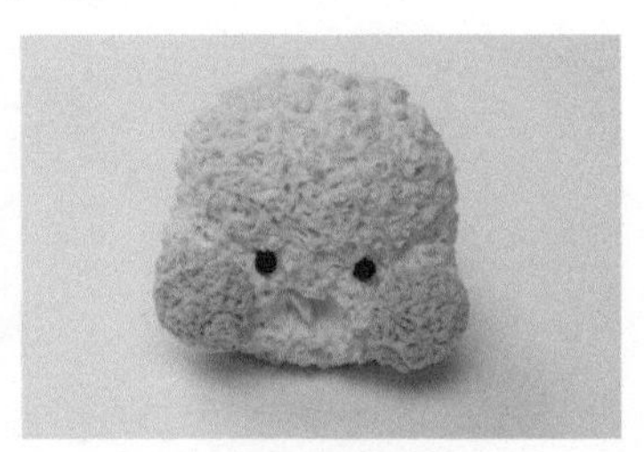

05 用黑色黏土揉成小圆球做鸭子的眼睛，要小一点儿且对称。

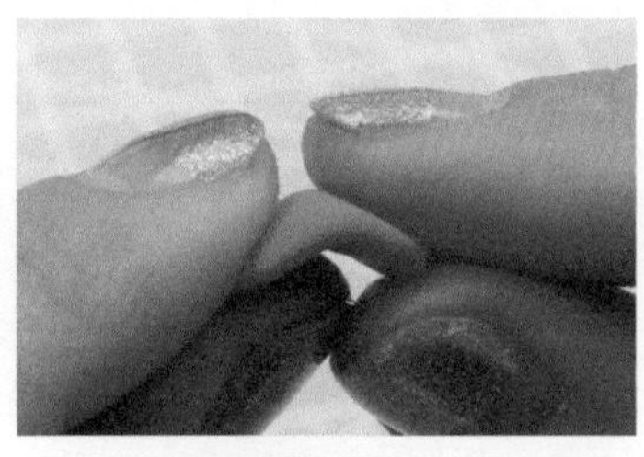

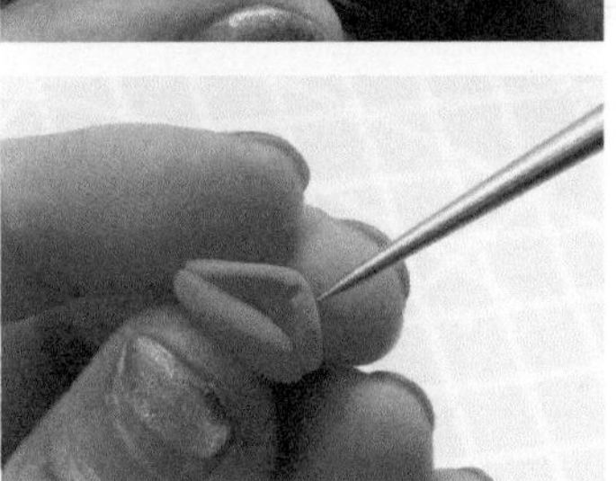

06 用橙色黏土揉两个圆球，其中一个圆球压扁，另一个圆球同样压扁再微微掰弯，把两个扁圆捏合在一起，多余的部分剪掉，做鸭子嘴巴。

07 把嘴巴粘在眼睛下放、两腮中间的位置。

小黄鸭身体：揉、肌理制作

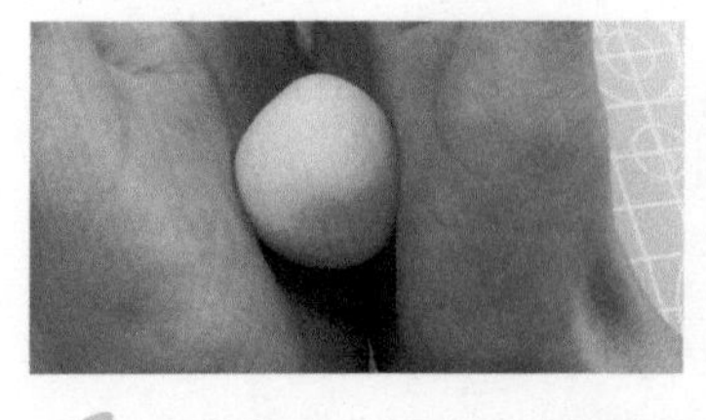

08 用黄色黏土揉成圆球做鸭子的身体，同样用七本针戳出毛茸茸的鸭毛。

泳圈：揉、压、搓、擀、切

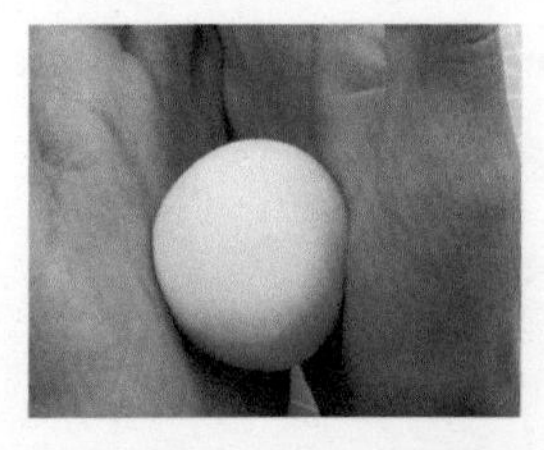

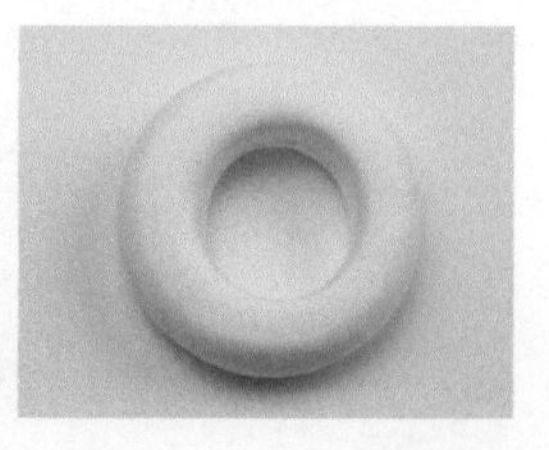

09 用白色黏土揉成圆球，再轻轻压扁，用圆形切模工具在中间切掉一个圆形。

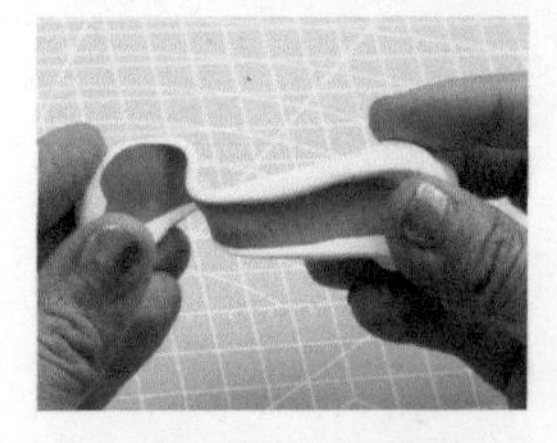
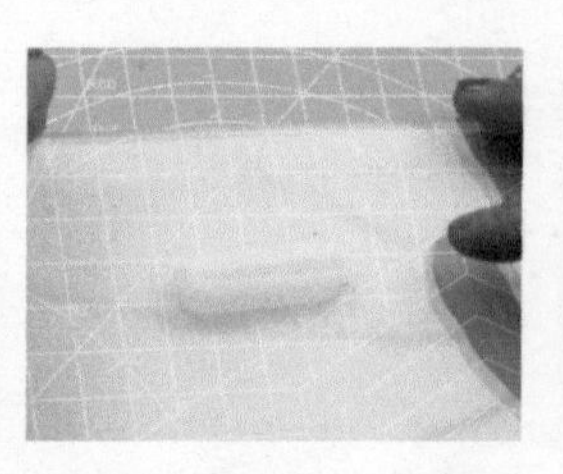
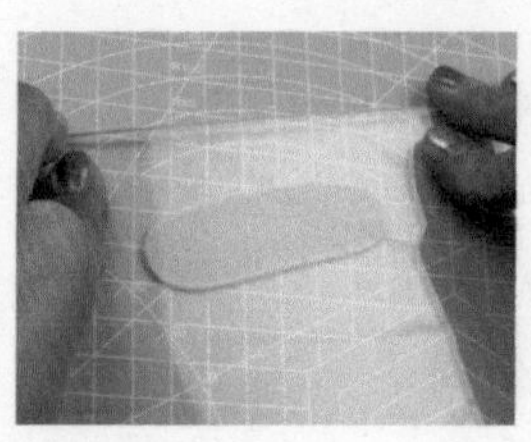
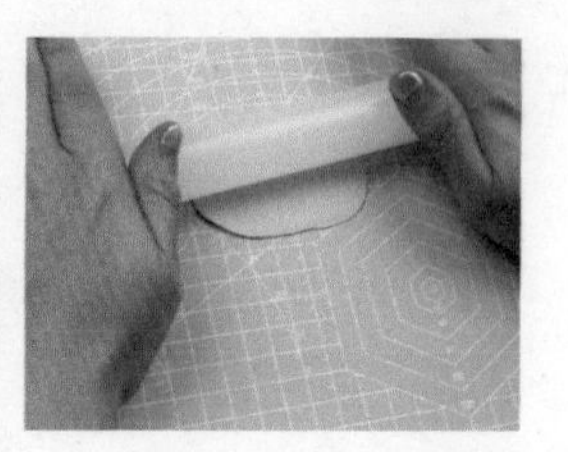

10 用白色加深蓝色黏土配出浅蓝色黏土，搓长条、压扁，再擀成薄片。

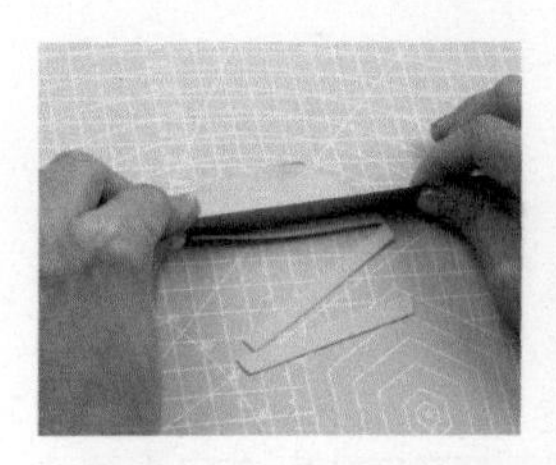
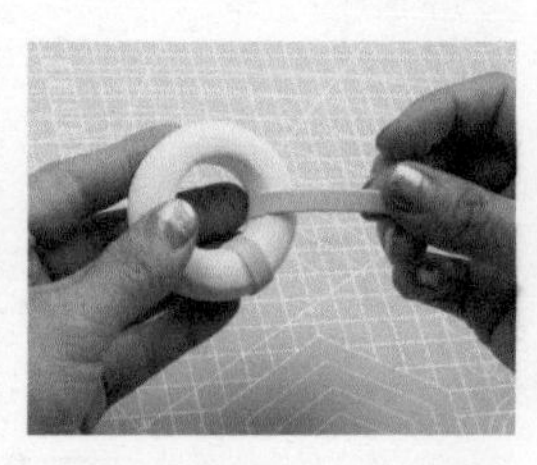
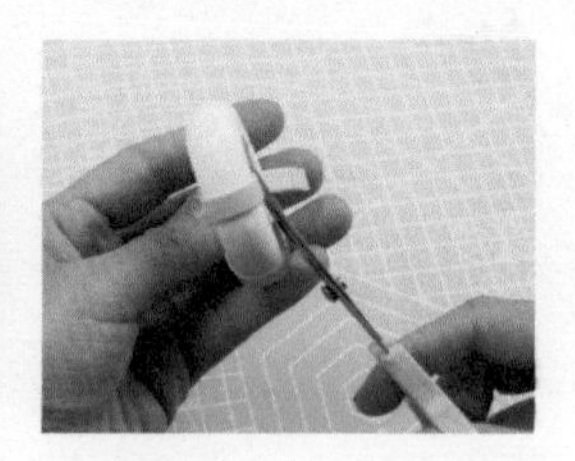
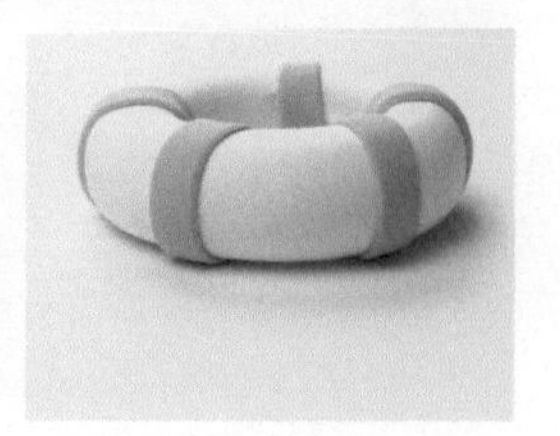

11 用长刀片把薄片切成长条，围在白色游泳圈上。

小黄鸭四肢：揉、压、肌理制作、捏

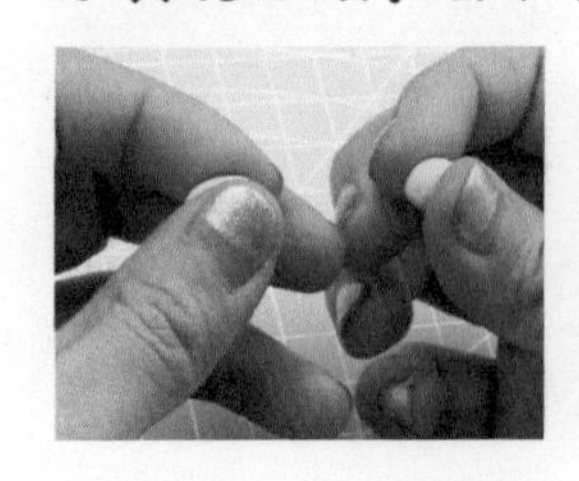

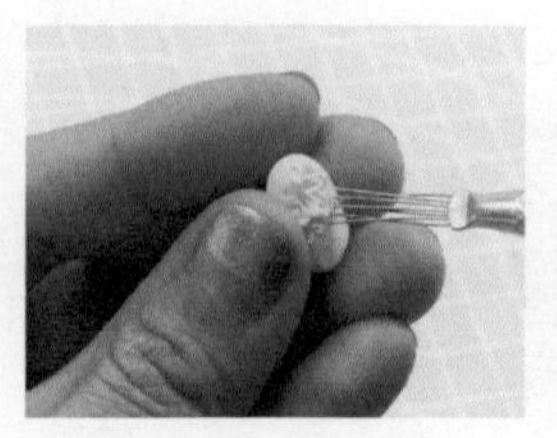
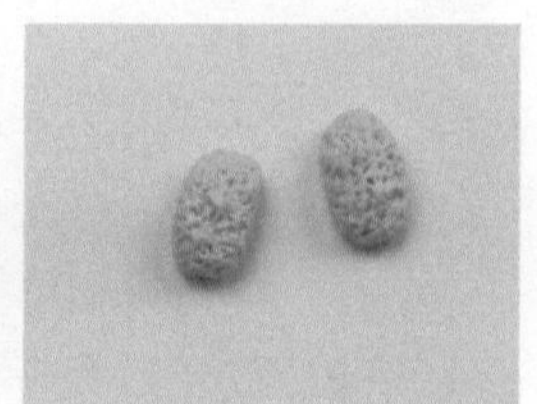

12 揉两个胖水滴、压扁，用七本针戳出毛绒质感，做鸭子的翅膀。

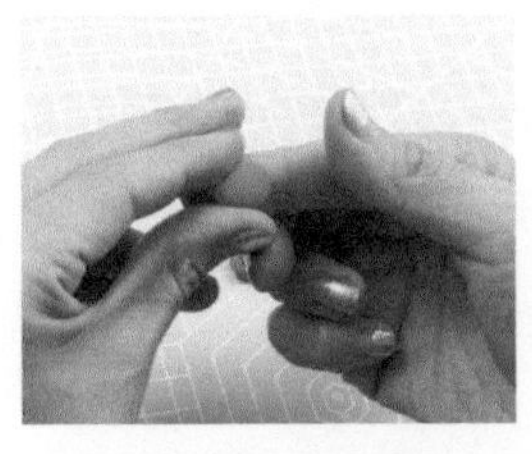
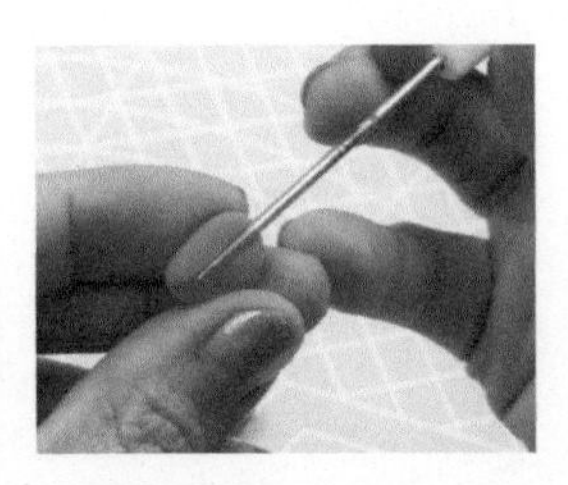

13 用橙色黏土捏出鸭子脚掌的形状，用压痕工具压出脚掌的纹路。

组合

14 把做好的脚掌粘在鸭子的身体上。

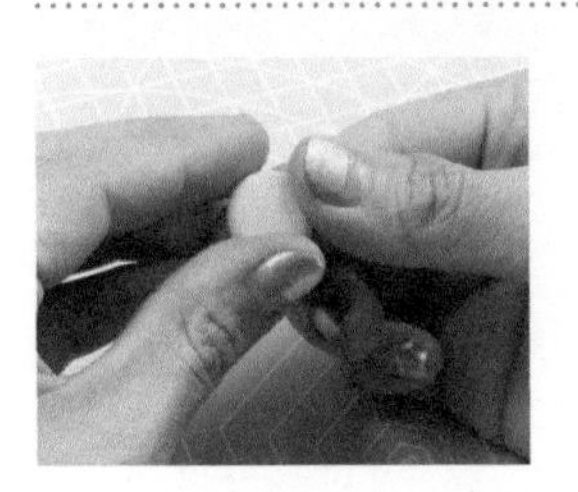

15 将粉色黏土揉成圆球、再压扁，用来做脖子上的粉色项圈，粘在鸭子的身体上。再把鸭子的头部放上去。

16 在鸭子头顶放上白色小圆球，用七本针戳出毛绒质感。

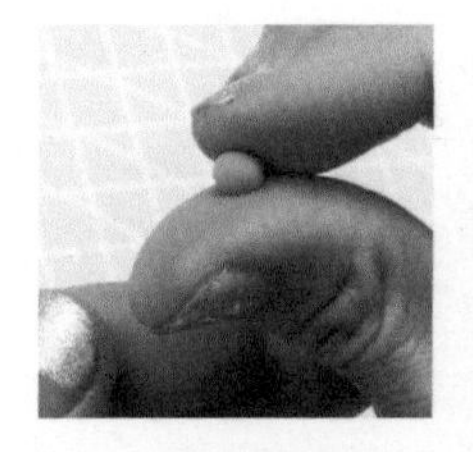
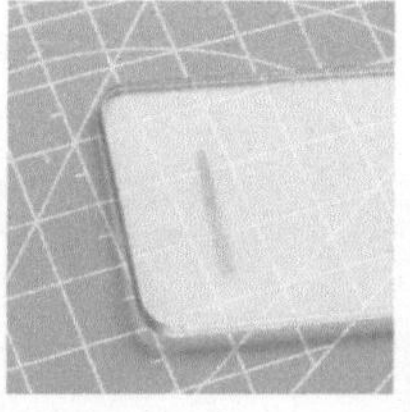
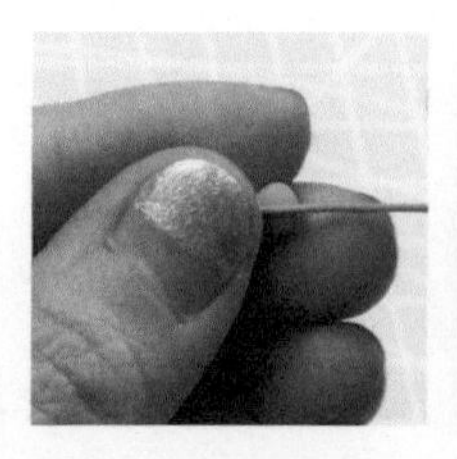
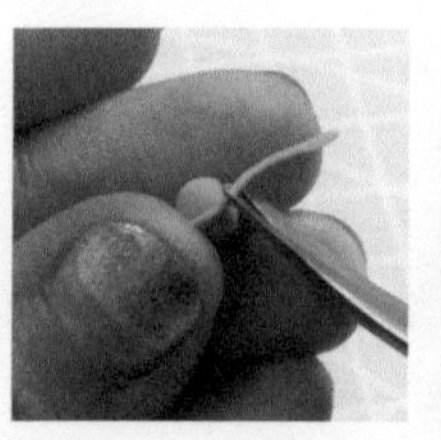
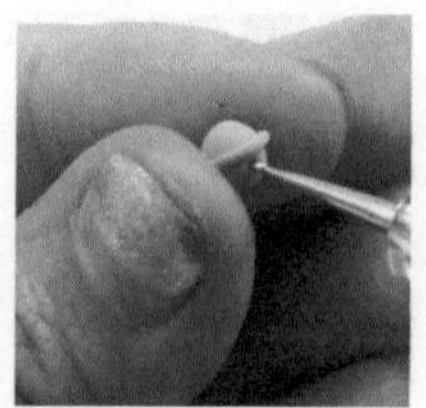

17 用蓝色黏土做一个圆球和长条，长条围在小圆球的中间，用丸棒在下边戳个小洞，做成一个小铃铛。

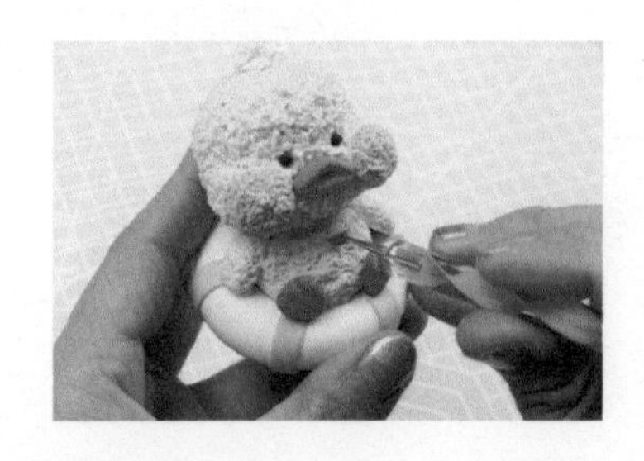

18 最后把铃铛组粘到项圈中间，小黄鸭就制作完成了！

读书小猪

读书小猪的制作主要用到白色、肉色、粉色、蓝色、黑色、红色和黄色黏土，制作手法主要是揉、压和擀。

制作

小猪头部：揉、压

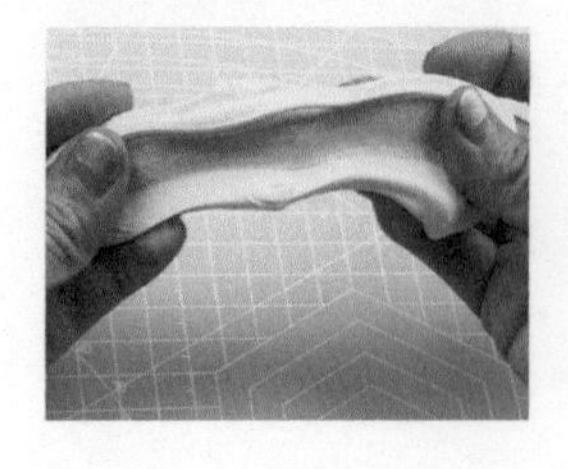

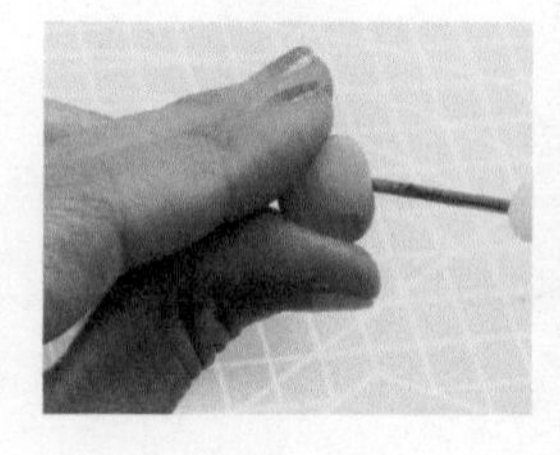

01 先取肉色黏土揉一个圆球做小猪的头部。肉色黏土加点红色黏土一个扁桃心当小猪的鼻子，将鼻子粘在圆球中间。

小猪五官：戳、揉、压

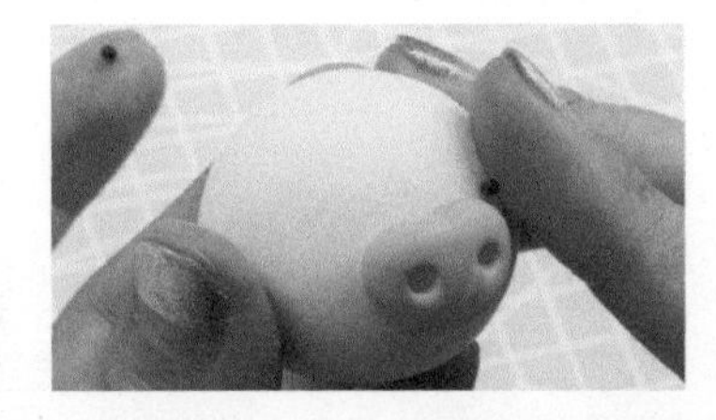

02 拿丸棒戳出小猪的鼻孔、嘴巴。取黑色黏土揉小圆球做小猪的眼睛，大小要一致，位置要对称。

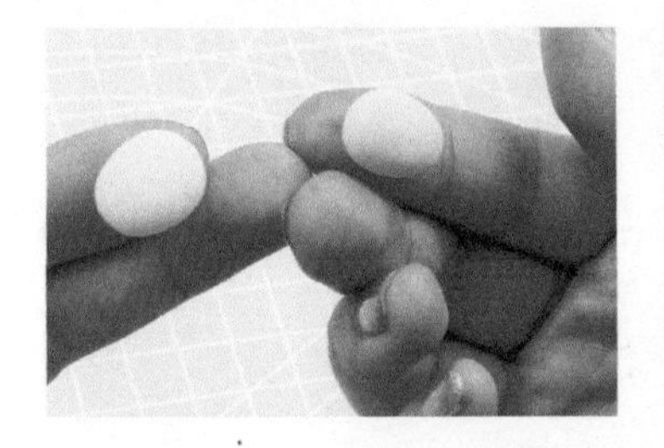

03 用肉色黏土揉成小圆球，轻轻压扁做出小猪耳朵的形状。粘在小猪头顶两侧的位置。

小猪身体：搓、擀、切

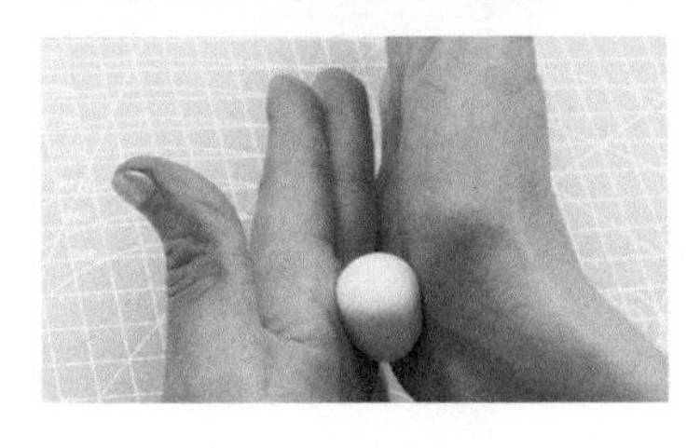

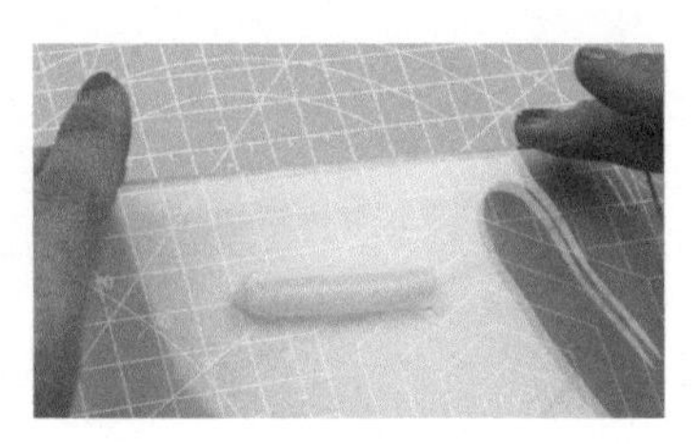

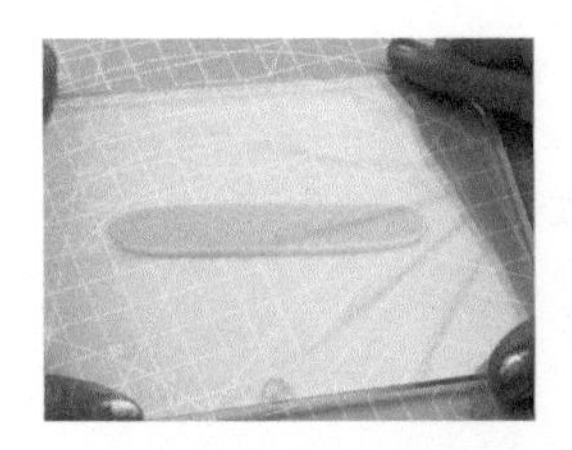
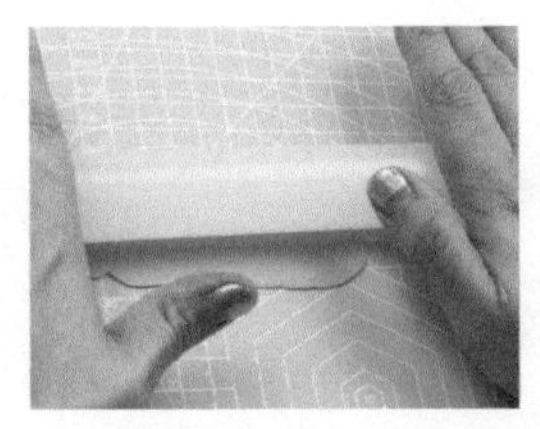

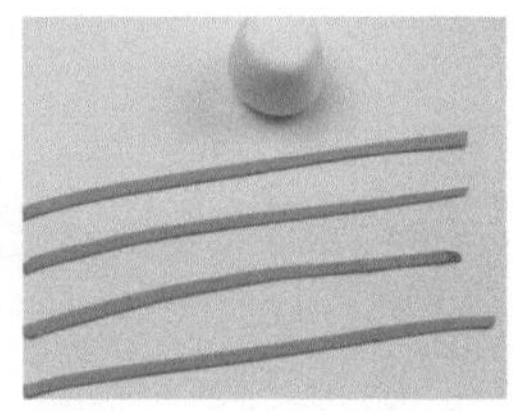

04 取白色黏土搓成圆柱的形状做小猪的身体。将蓝色黏土擀成薄片、切成条，来做小猪衣服上的蓝色条纹。

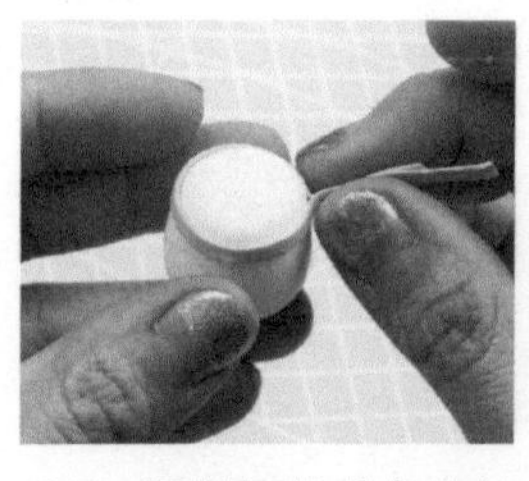
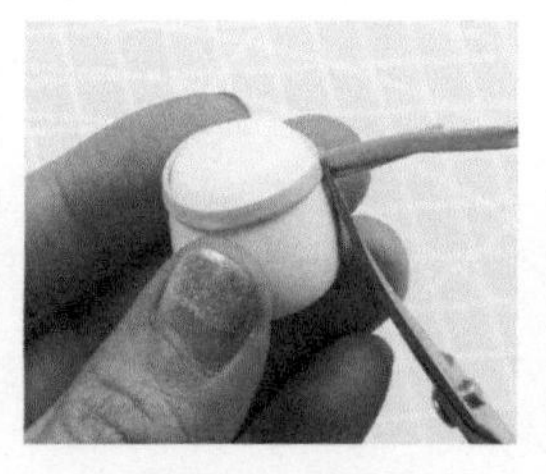

05 把做好的蓝色条纹一条一条围在小猪白色的衣服上，做出蓝白条纹的衣服。

小猪四肢：搓、揉

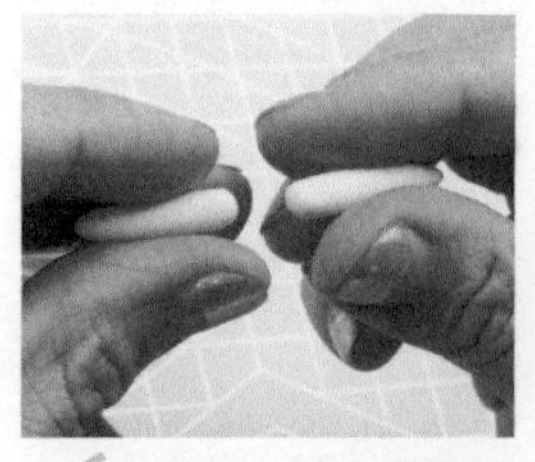
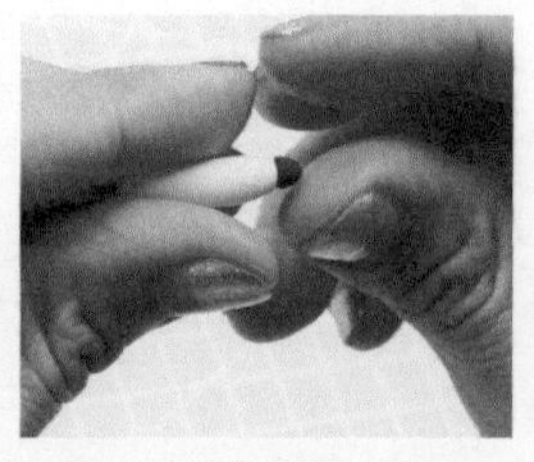
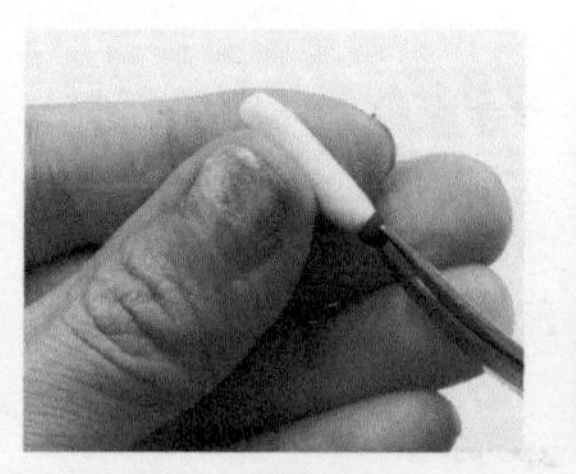
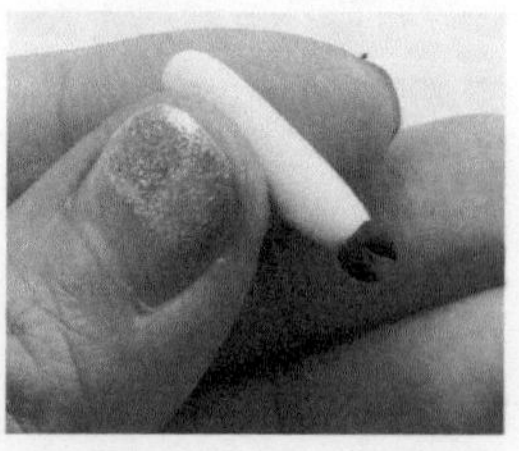

06 用肉色黏土搓成细长条做小猪的前腿。揉一小块黑色黏土做猪脚，用剪刀在中间剪出一个三角形。

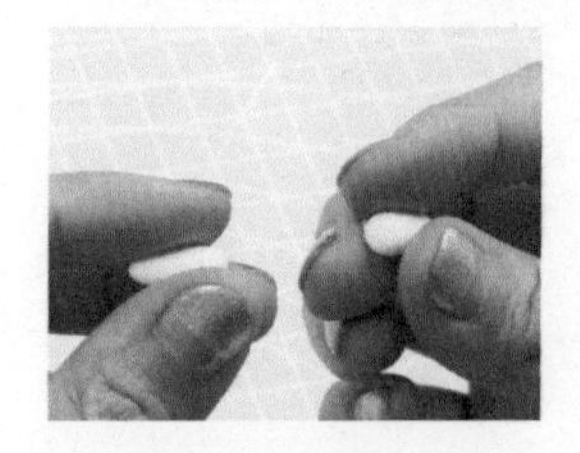
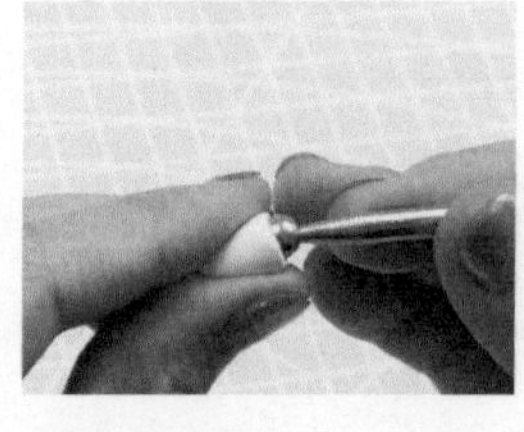
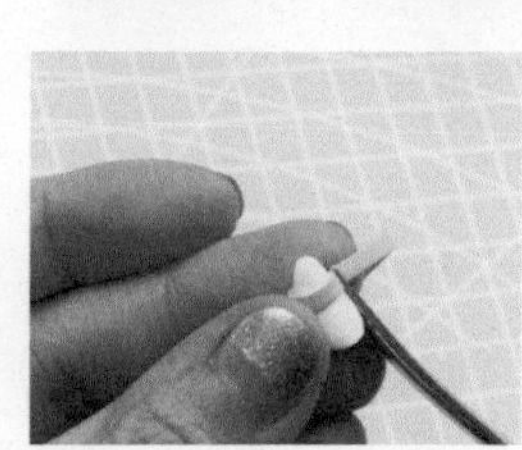

07 将白色黏土做成圆锥的形状，用丸棒在底部戳洞。在白色圆锥体上贴上蓝色条纹，用来做小猪衣服的袖子。

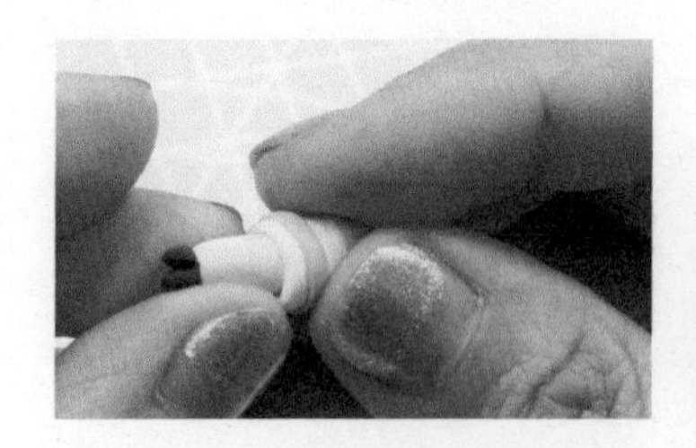

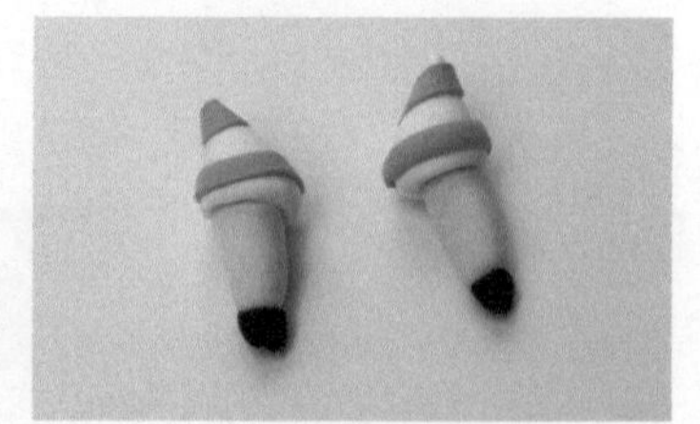

08 把做好的前腿和袖子粘在一起，用剪刀在袖子上剪出一个斜面。

组合

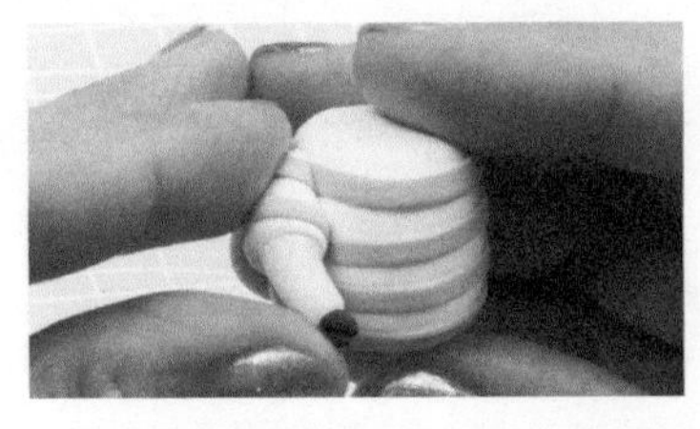
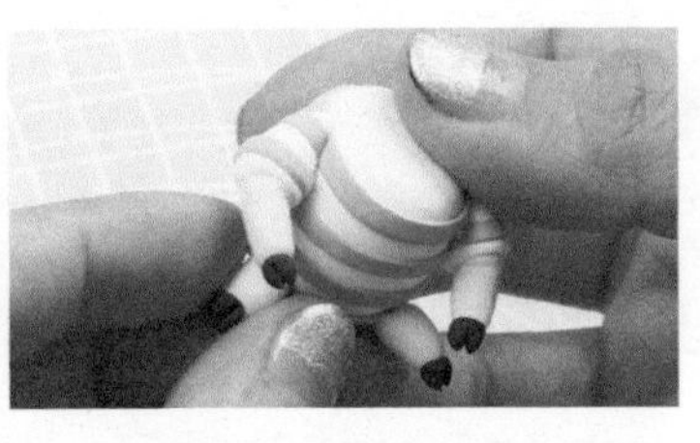

09 把做好的前腿粘在小猪身体两侧，把小猪的后腿粘在身体下边。

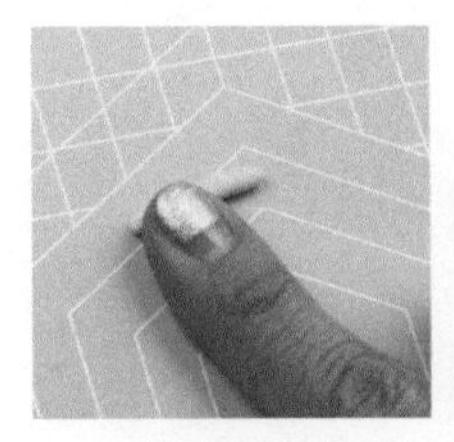
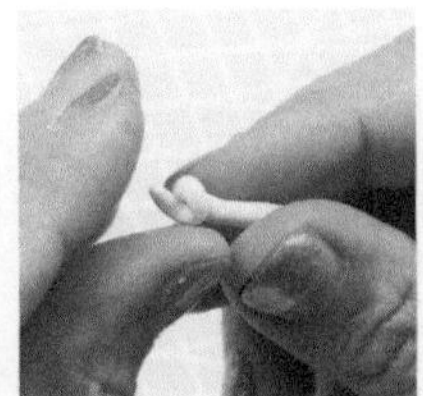
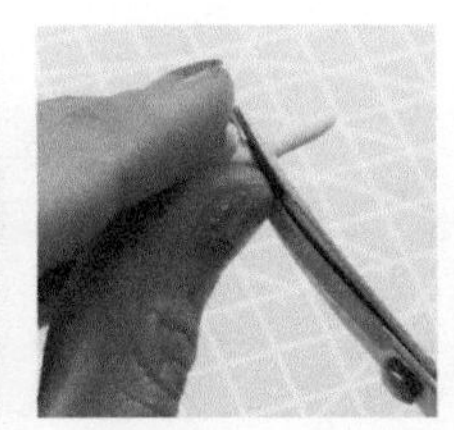
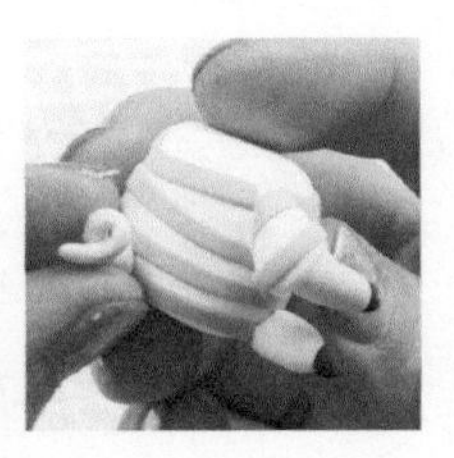

10 用肉色黏土搓成细条，给小猪做一个尾巴，粘在身体的后方。

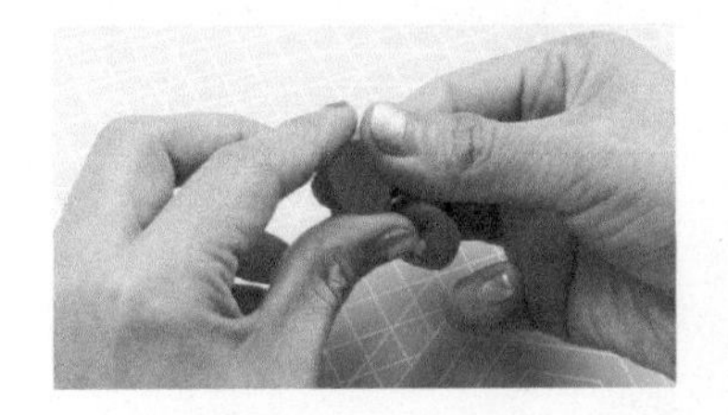
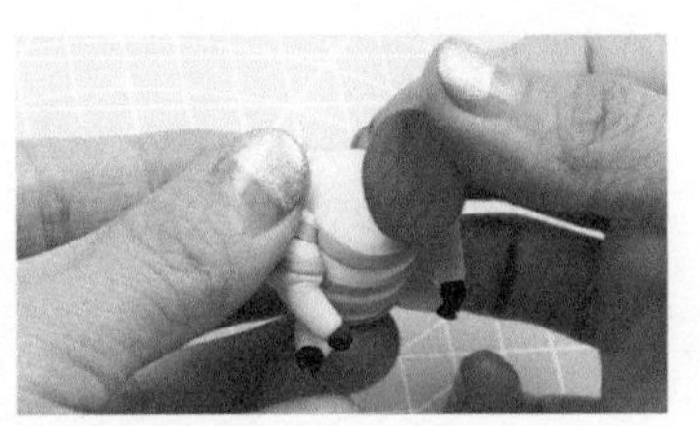

11 将红色黏土压成片状，粘在身体的上边。

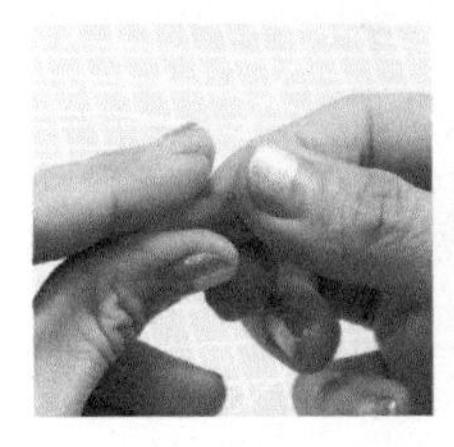

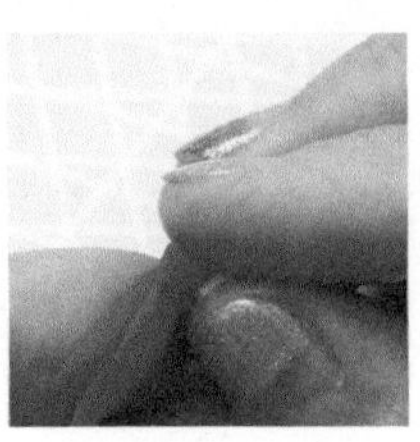
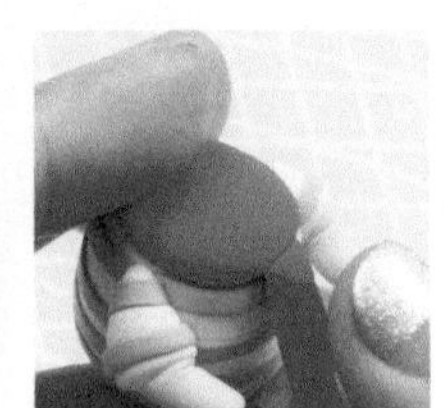

12 用红色黏土做出一个红领巾的样子，粘在胸前。

13 最后把小猪头部和身体连接到一起，小猪就制作完成了！

书：捏、压、擀、切

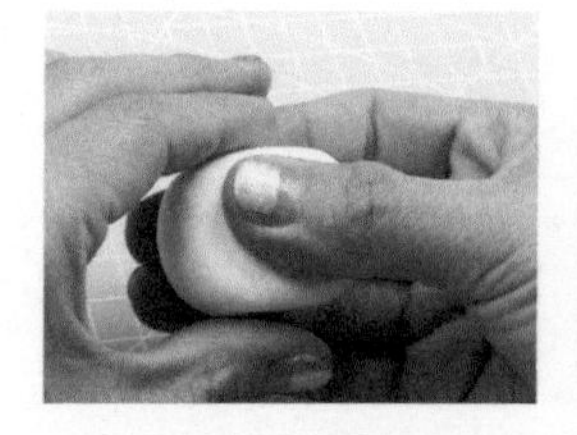
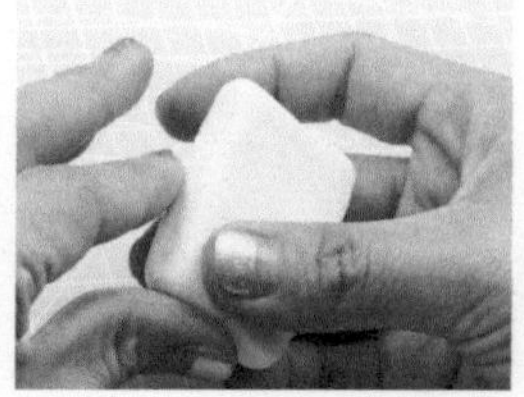
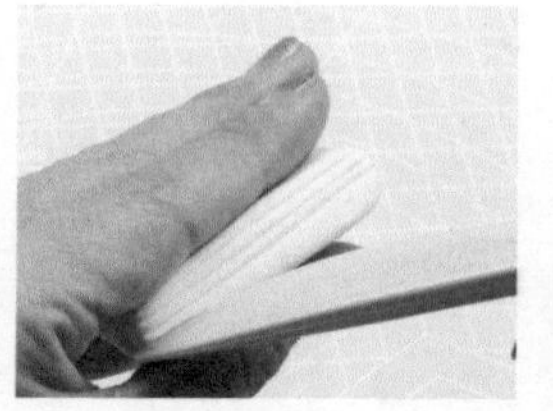
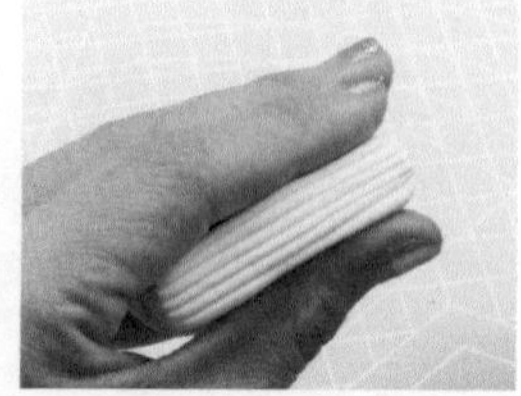

14 这是一只爱学习的猪宝宝，所以我们给它做两本书。用白色黏土捏出长方体，是书的形状。用压痕工具压出条痕做书的内页。

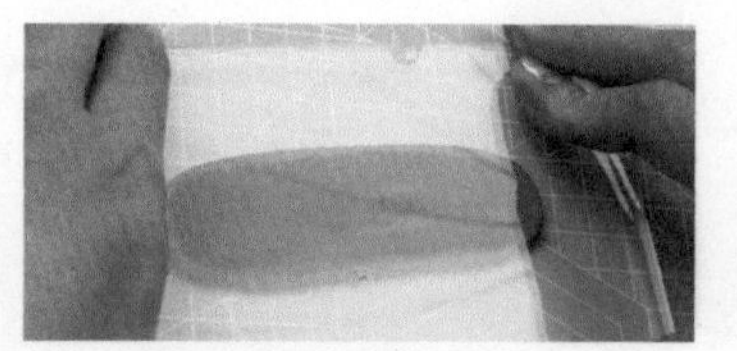

15 将红色黏土用压板压扁，再用擀泥杖擀开做书皮。

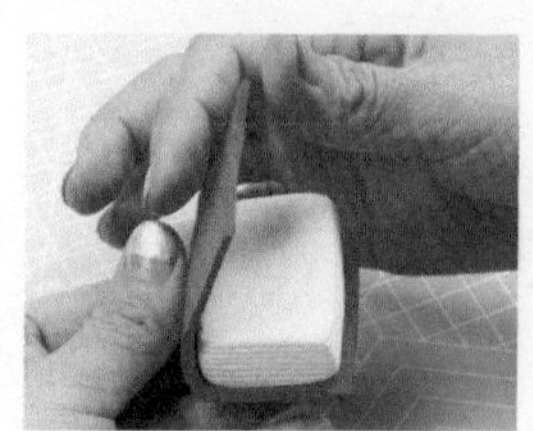

16 擀好的书皮用刀片把边缘切割整齐，定出书的厚度大小，把做好的白色书页粘在书皮里包起来，书就制作完成了！

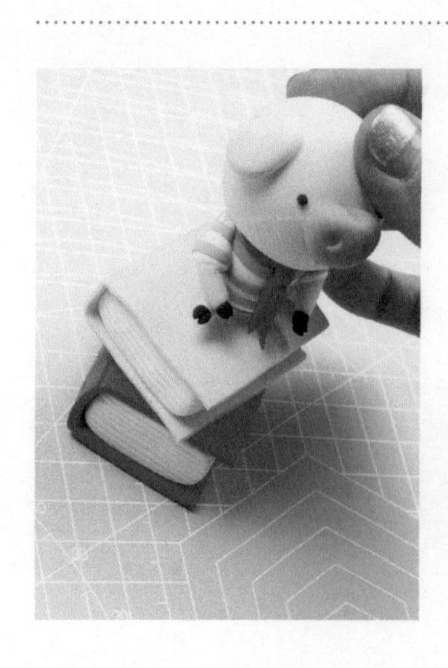

17 搭配两本不同颜色的书，然后把小猪放在上边，爱学习的猪宝宝就制作完成了！

蓝兔子

蓝兔子的制作主要用到白色、蓝色、粉色和黑色黏土，制作手法主要是揉和压。

制作

兔子头部：揉、捏、压

01 拿出蓝色黏土揉成圆球做兔子的脑袋。

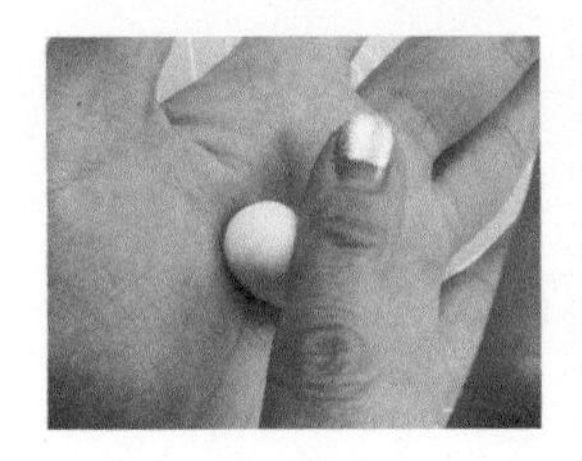

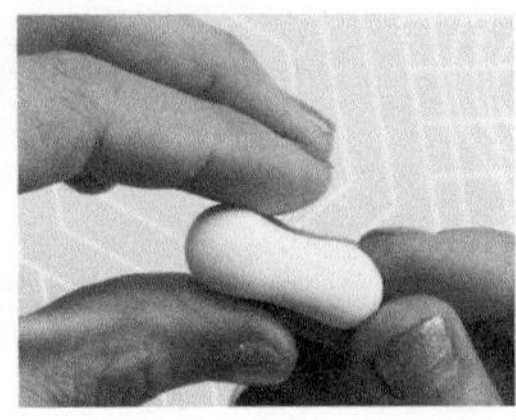

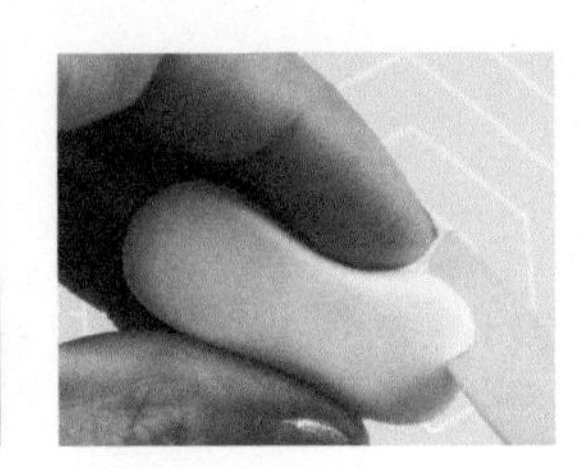

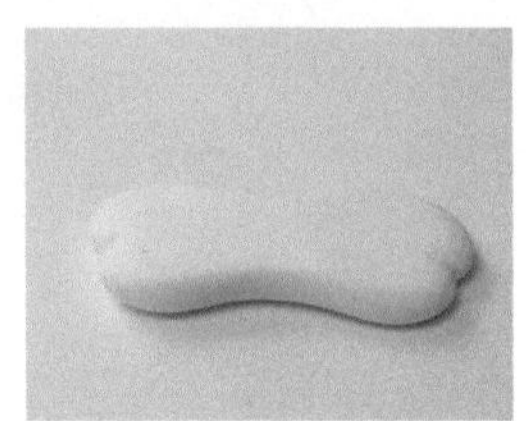

02 将白色黏土捏成骨头的样子再压扁，两边用压痕工具压出纹路。

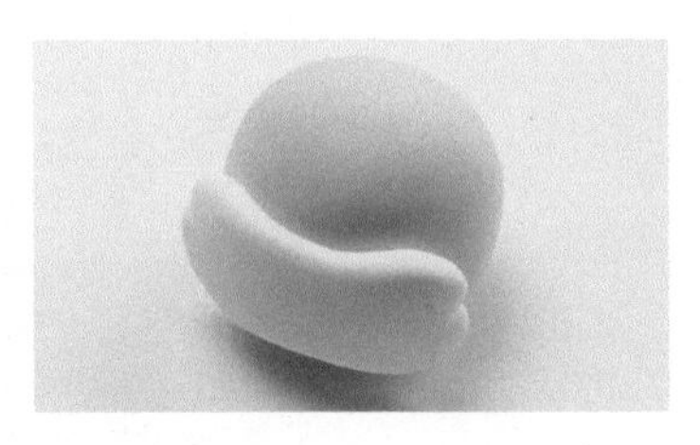

03 把做好的白色部分粘在小兔头部前面。

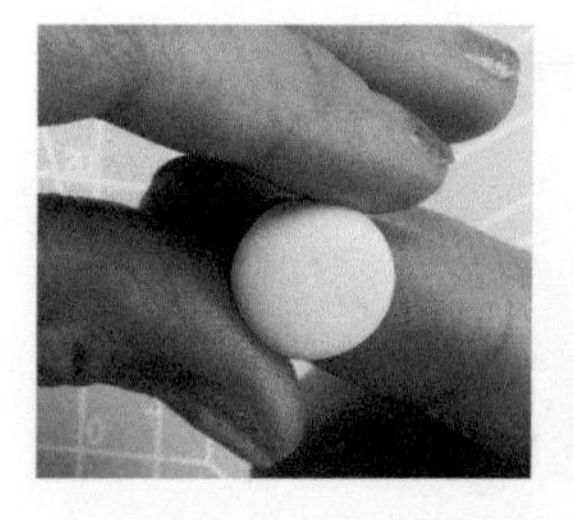
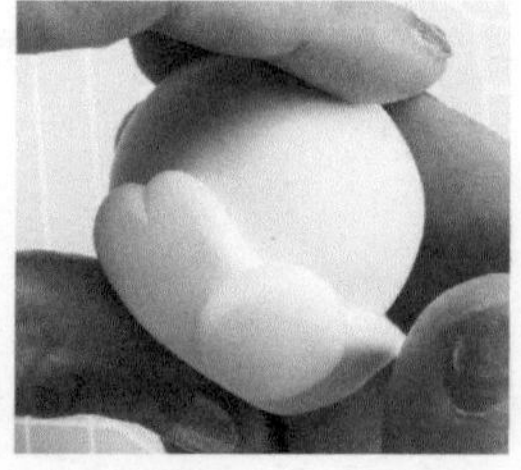
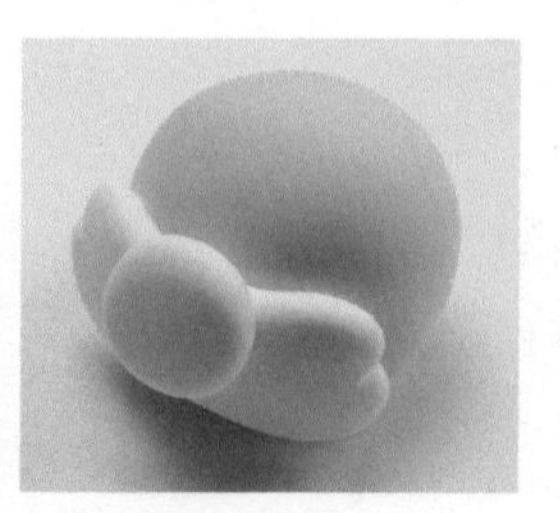

04 再揉一个圆球压扁，贴在白色部分的上边中间位置。

兔子五官：揉、戳、压

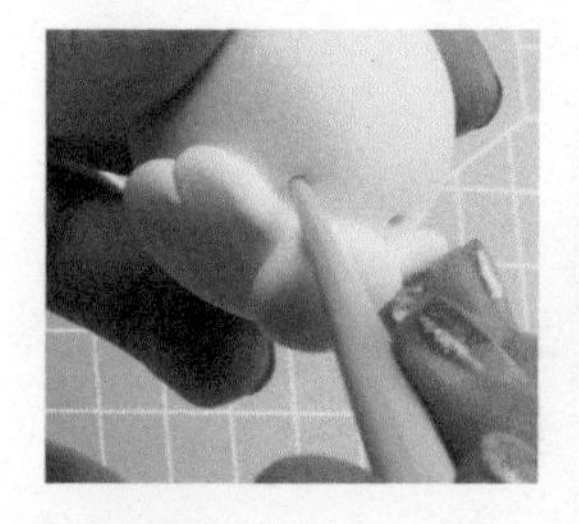

05 用工具给小兔定出眼睛的位置，用黑色黏土揉圆球粘在眼睛的位置。

06 用粉色黏土揉个小圆球，做小兔鼻子。用工具给小兔戳一个小嘴巴。

07 用蓝色黏土揉长长的水滴形，然后压扁。做小兔的耳朵。

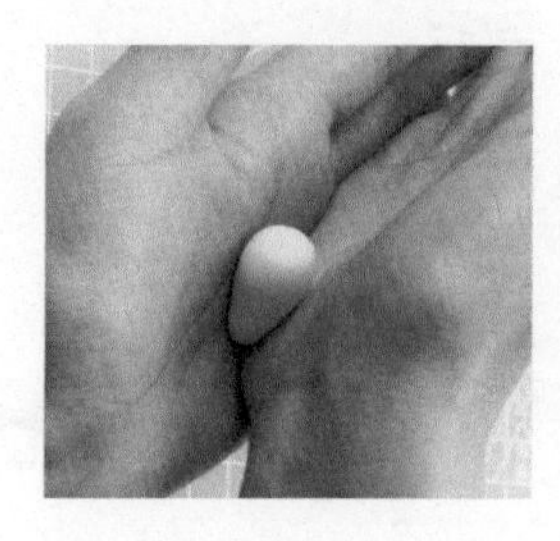
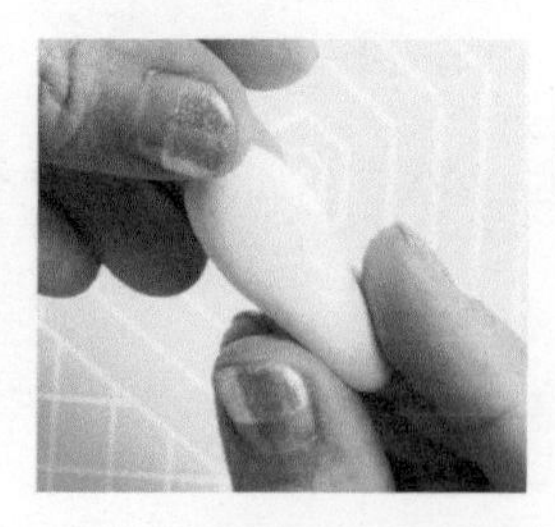

08 同样用粉色黏土做出一个扁平的水滴形状，要比蓝色的水滴小一点，粘在蓝色耳朵前面。

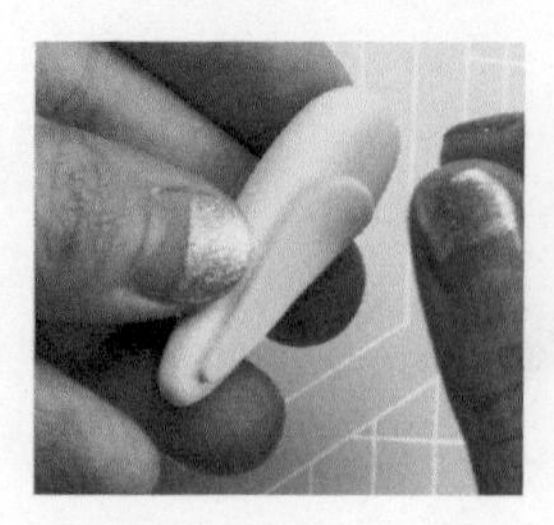
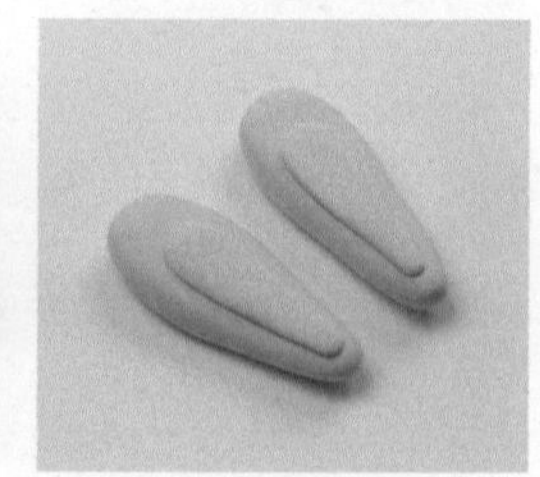

09 把做好的兔子耳朵粘在兔子的头部。

兔子身体：揉、压

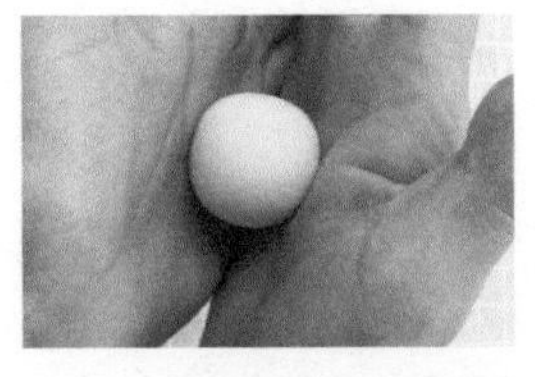

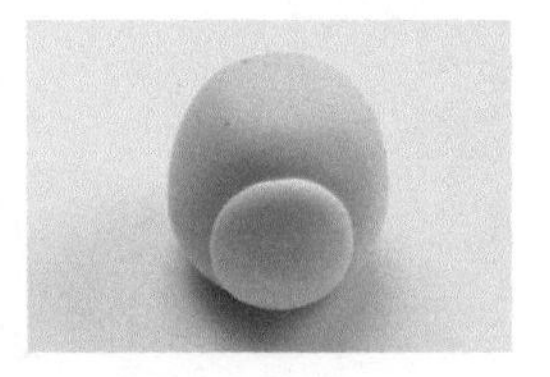

10 用蓝色黏土揉成圆球做小兔的身体。压一个白色薄片做小兔的肚皮。

兔子四肢：搓、捏、剪

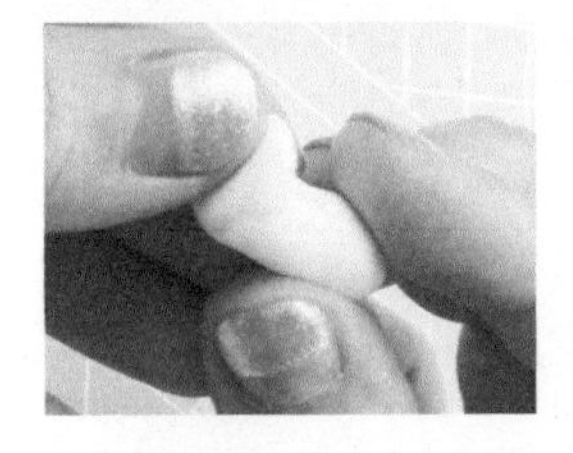
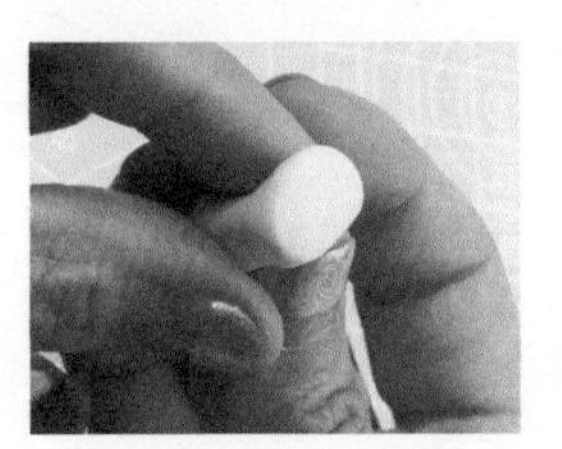
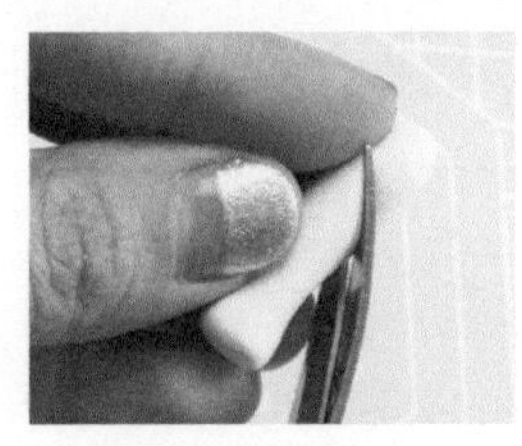
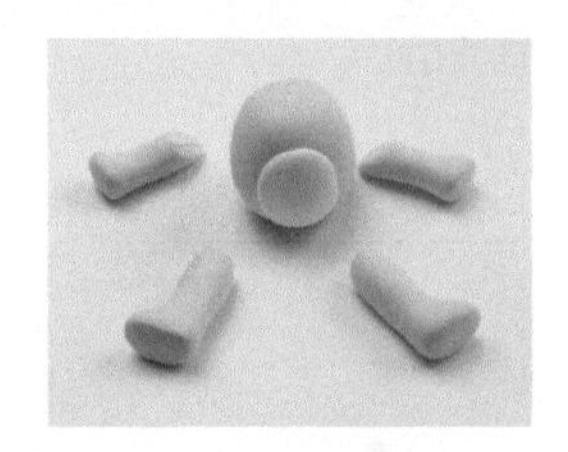

11 用蓝色黏土搓长条，前段轻微压平捏出脚掌的外形，做小兔的腿和脚，连接处用剪刀剪出一个斜面。

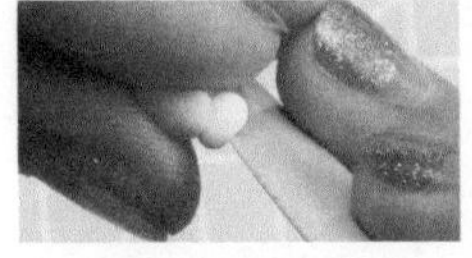
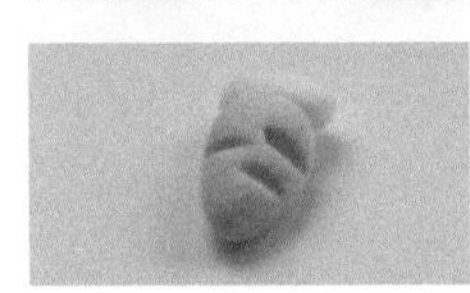

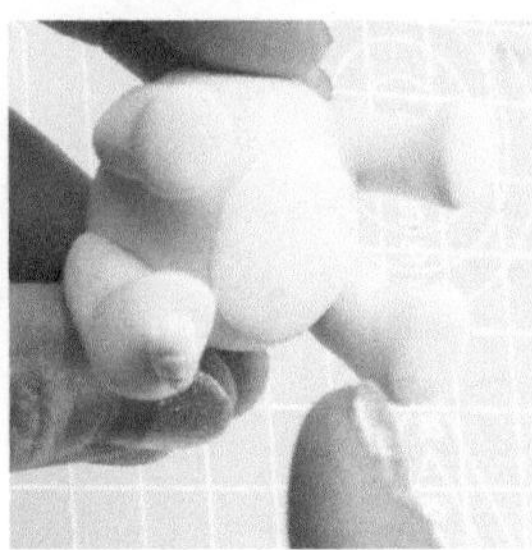

12 把做好的腿粘在身体上，小兔的脚掌可以装饰上小爱心或小萝卜，会更可爱。

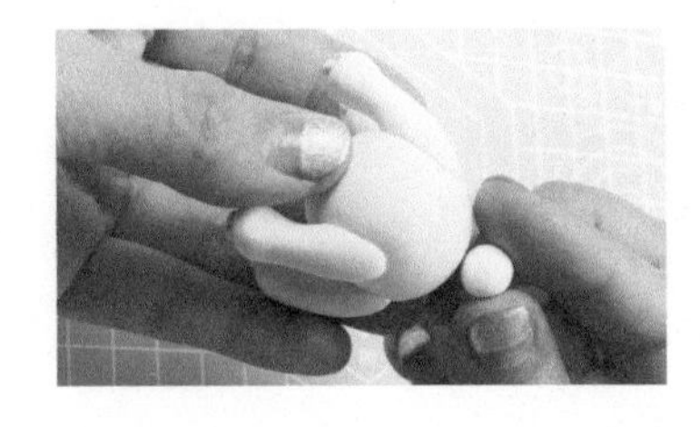
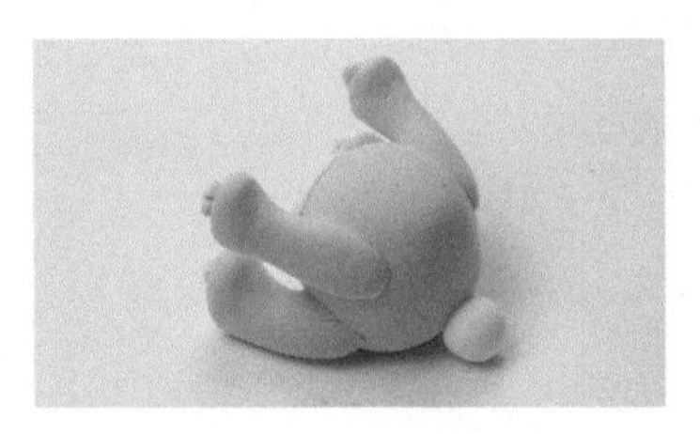

兔子尾巴：揉

13 将白色黏土揉成圆球，给小兔做一个小尾巴。

兔子装饰：揉、压、剪、搓

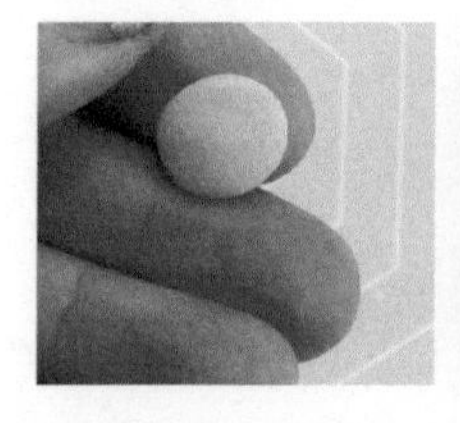
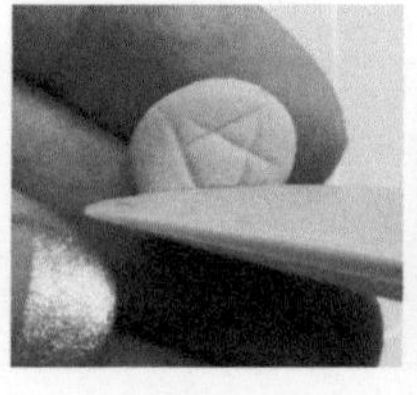
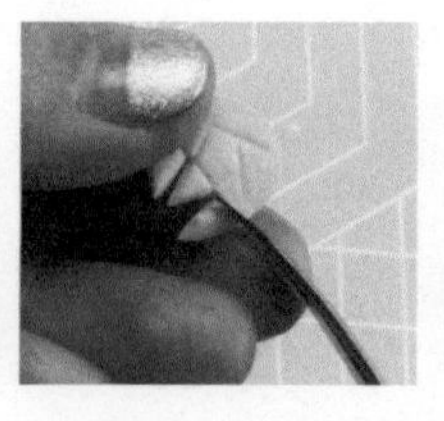

14 将黄色黏土揉圆、压平，剪切成一颗闪亮的五角星。

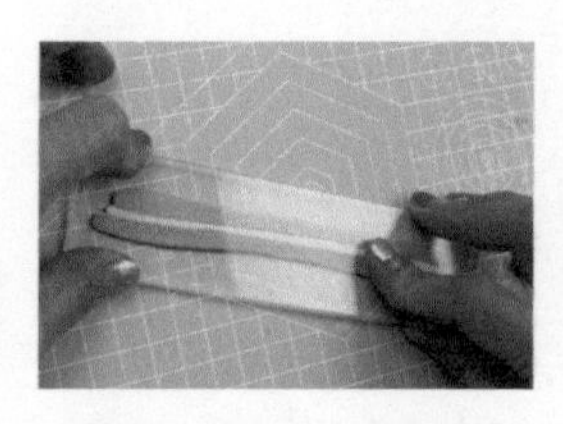
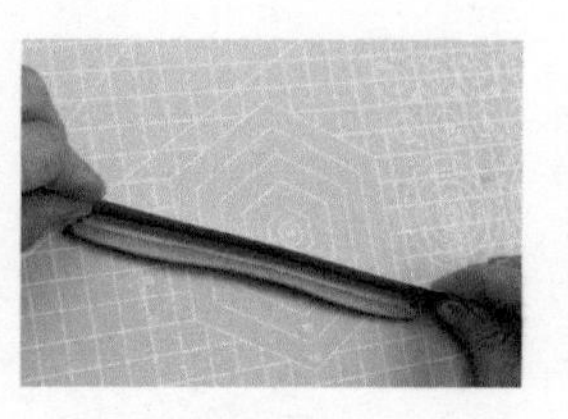
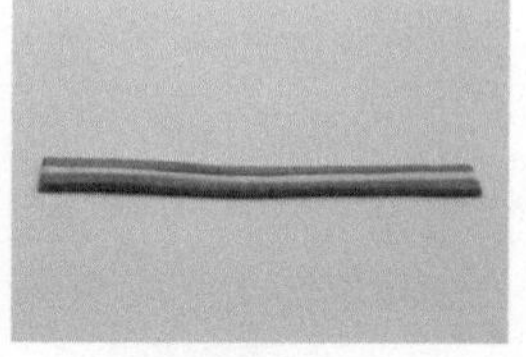

15 用几种不同黏土搓条，拼在一起轻轻压扁成薄片，边缘切割整齐，给小兔做一个彩色的围巾。

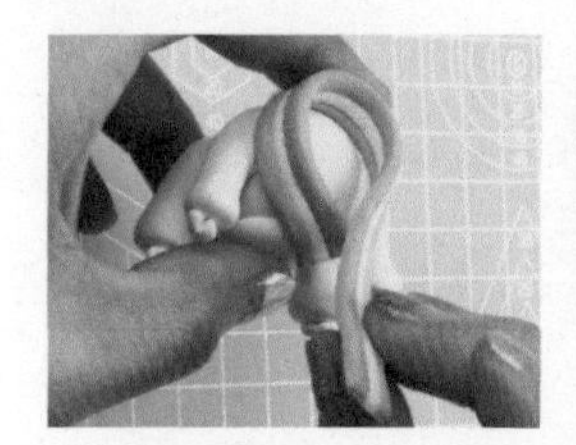
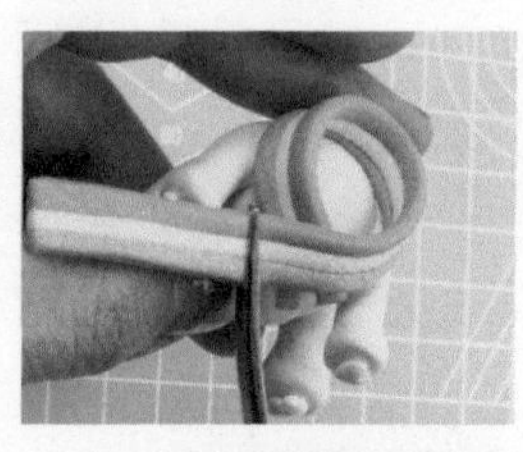
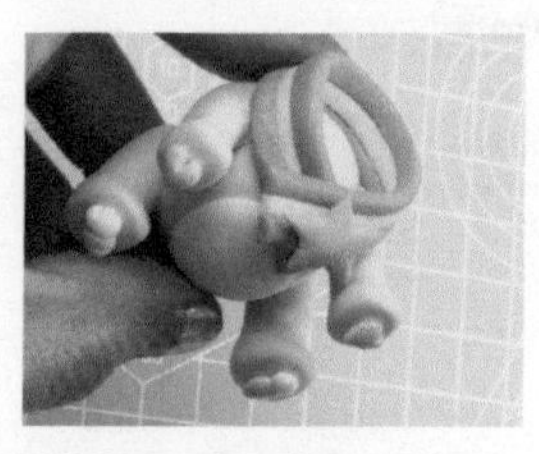

16 把做好的彩色围巾围在小兔身体和头部连接处，做好的五角星粘在上边。

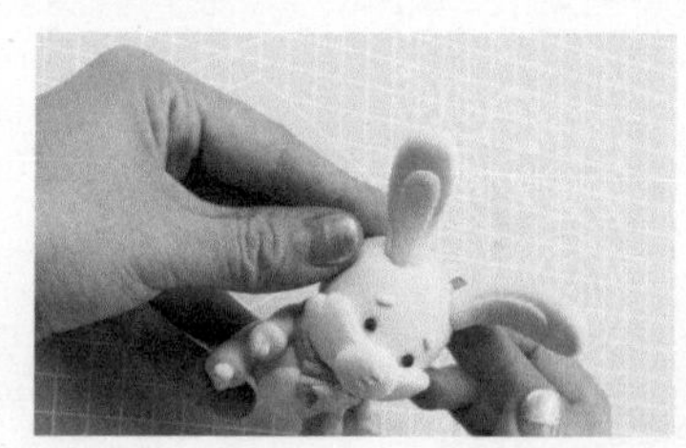

17 拿出牙签把身体和头部连接在一起。

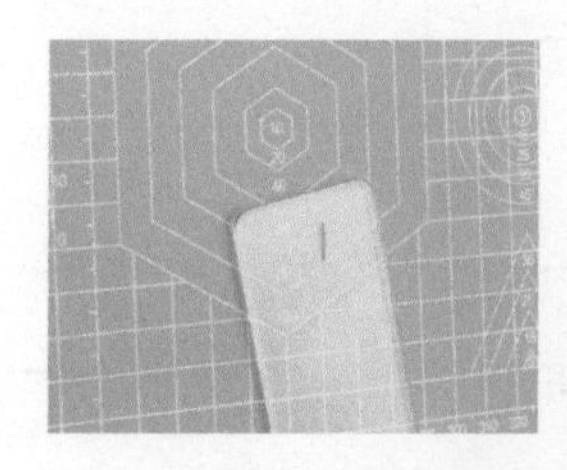
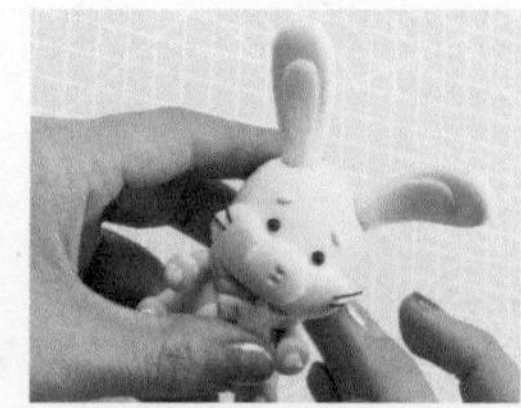

18 最后用压板搓很细很细的条，做小兔的胡须，粘在小兔脸上。再用色粉涂上腮红就制作完成了。

第三章 迷你黏土美食

3.1 美味水果 

橘子

制作

制作橘子的形状

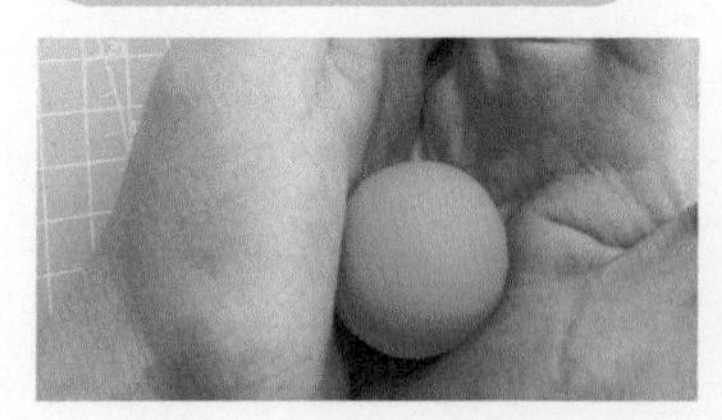
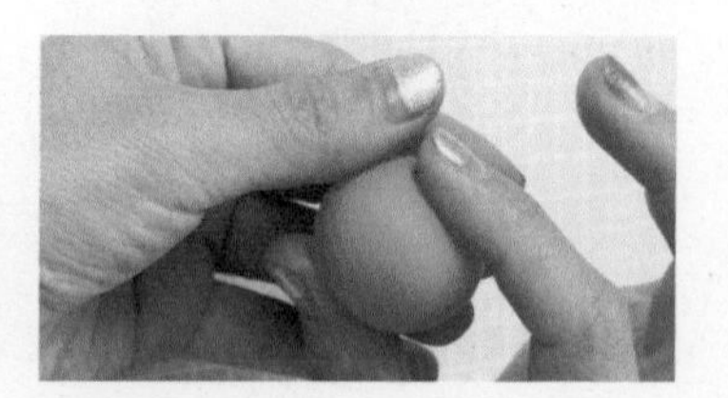

01 揉、压

将橙色黏土揉圆，两头用手指轻轻压扁一点。

制作橘子的肌理

02 压

拿出羊角刷（也可以用牙刷代替），压出橘子表皮的肌理。

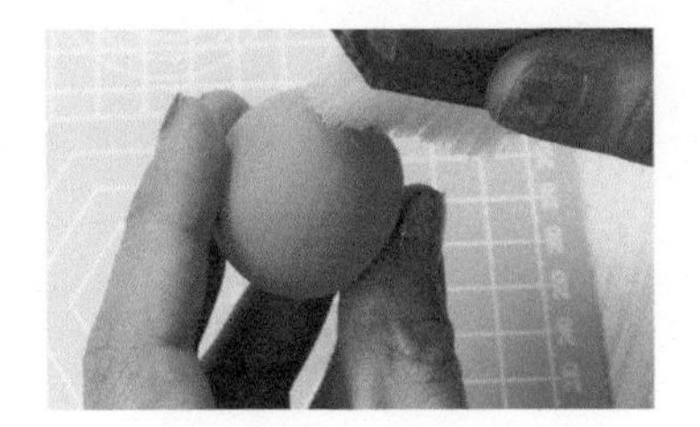

制作橘子的果蒂

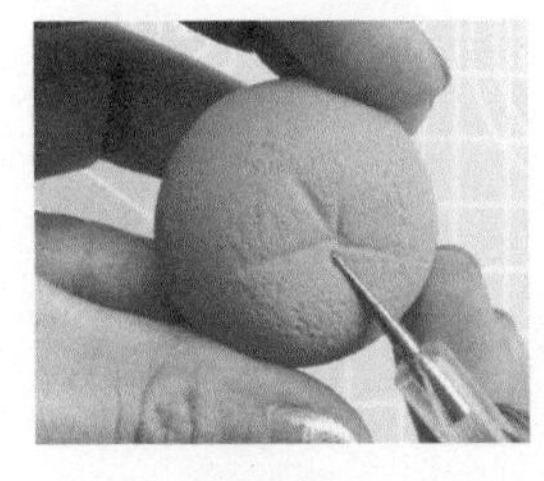
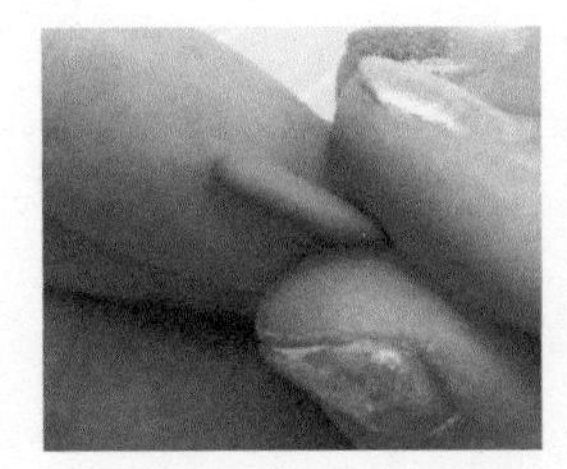
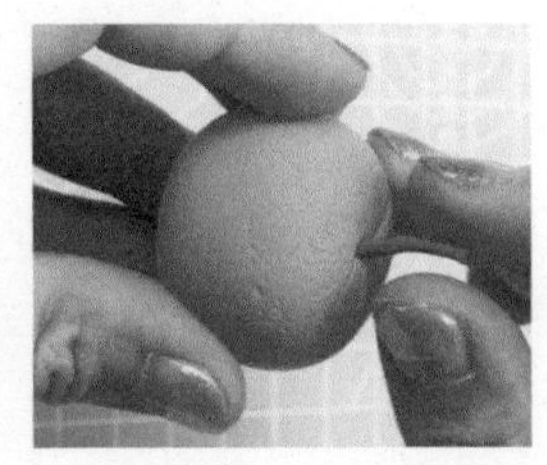

03 压、搓

用丸棒在顶部中间压出橘子蒂口上的纹路。用绿色黏土搓长条，粘在橘子蒂口处。

制作橘子的叶子

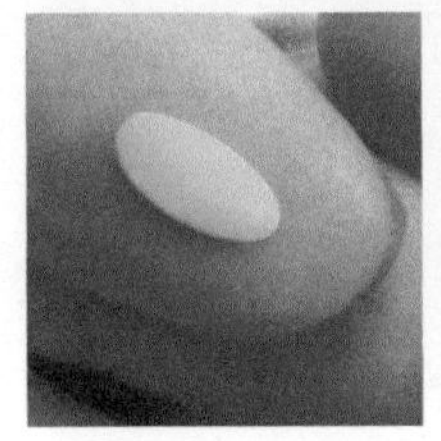
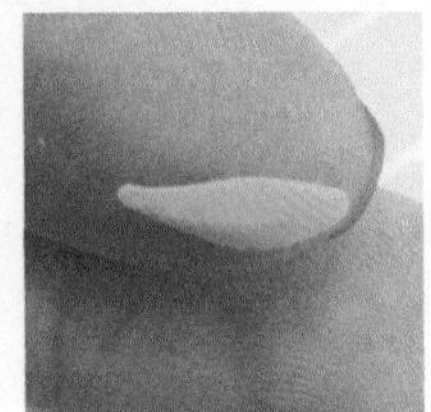
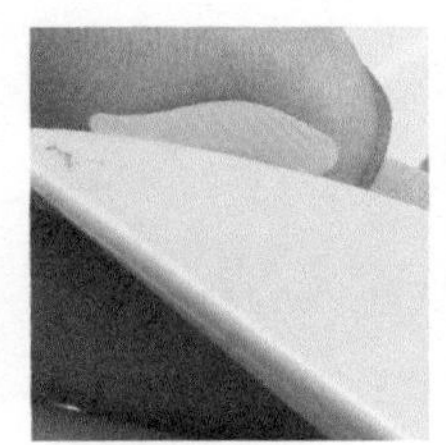
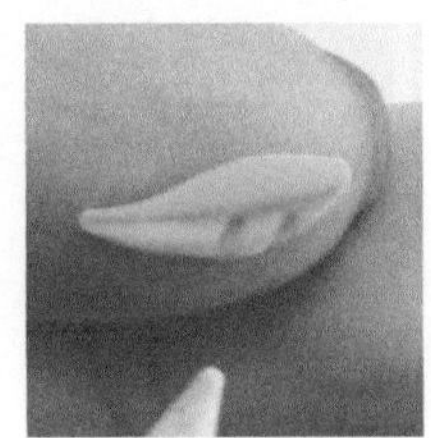

04 揉、压

将绿色黏土揉圆、压扁，做出叶子的形状，用压痕工具划出叶子的纹路。

组合

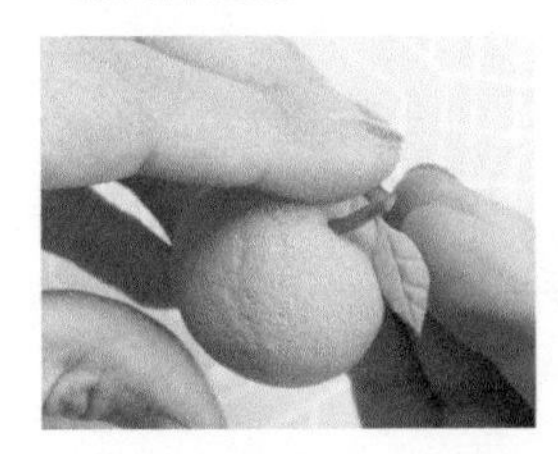
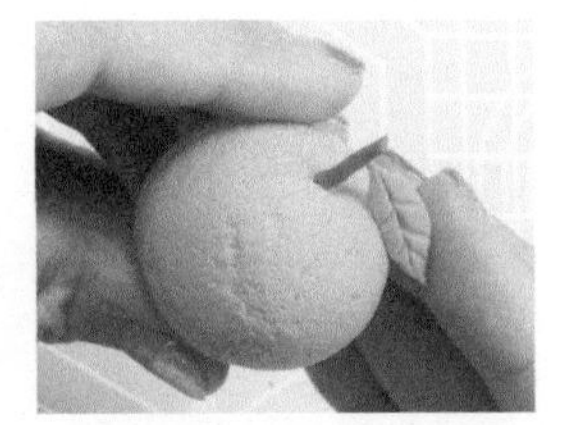

05 把做好的小叶子粘在橘子的果蒂上就制作完成了！

草莓

制作

制作草莓的形状

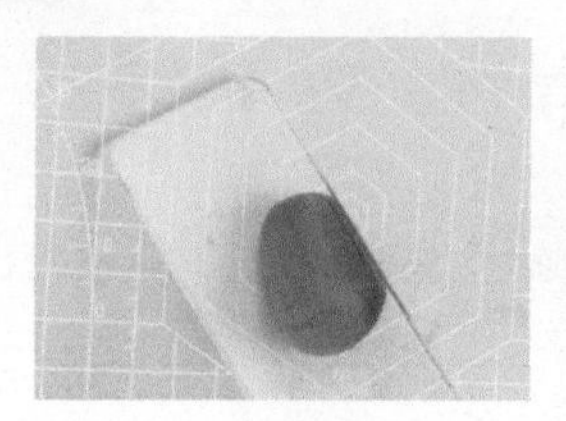
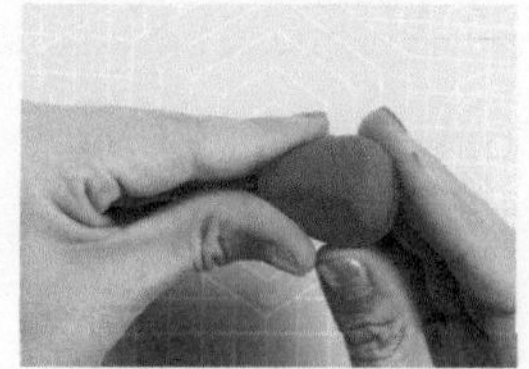

01 揉、搓

用红色黏土揉成圆球，用压板工具搓出一头尖、一头圆的水滴形状，最后用双手调整出草莓的形状。

制作草莓的肌理

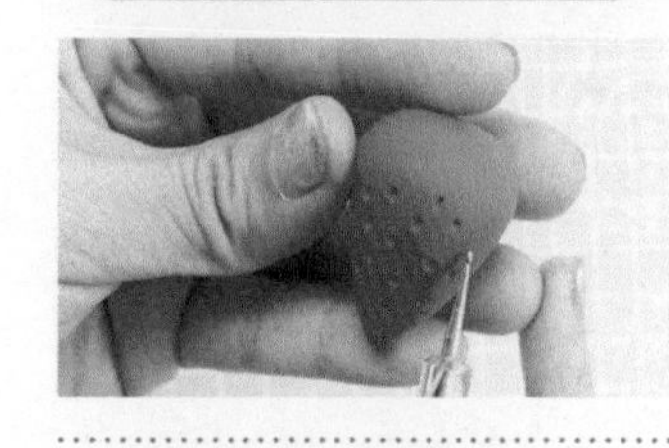

02 戳

用丸棒戳出草莓身上的斑点。

制作草莓的叶子

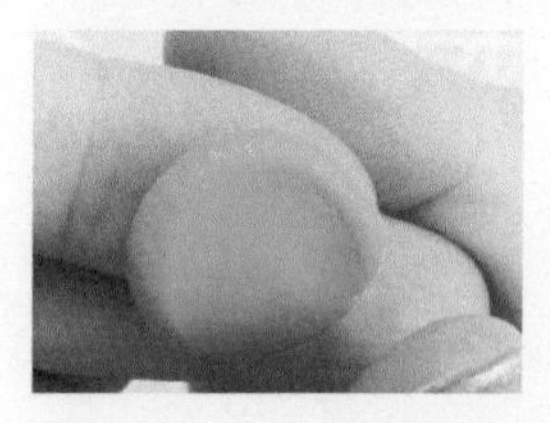

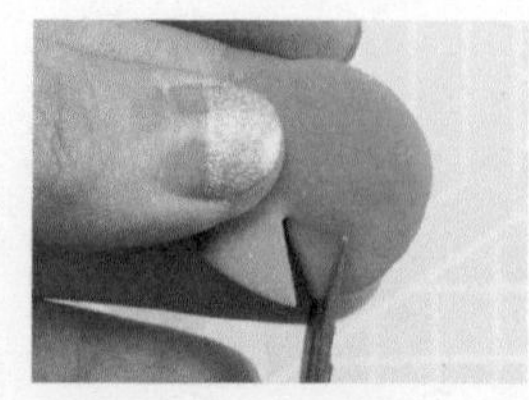

03 揉、压、剪

将绿色黏土揉圆、压扁，用剪刀剪出草莓上的绿色叶子。

组合

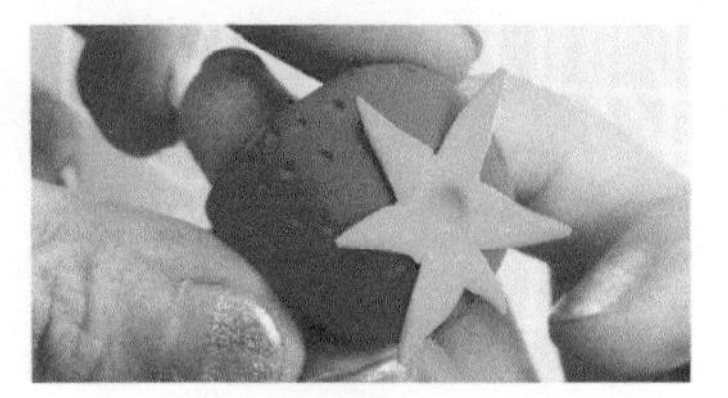

04 压

把做好的叶子粘在草莓上，用丸棒在中间压一个凹槽。

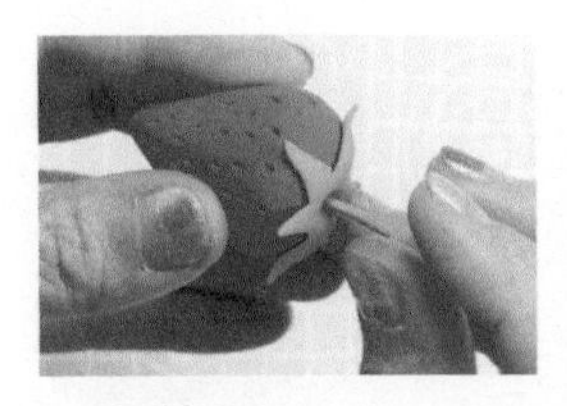
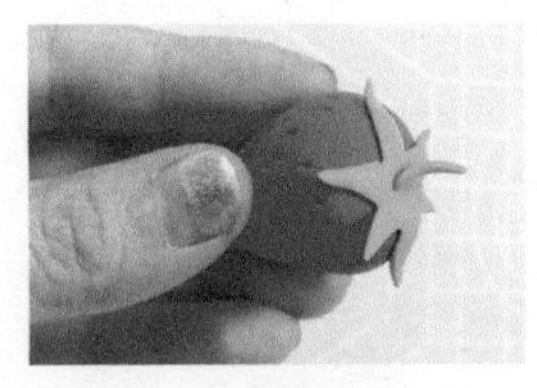
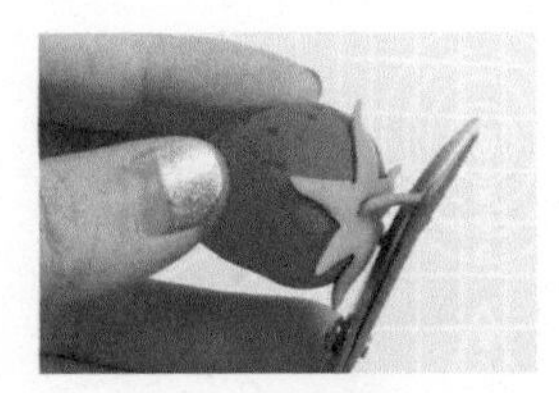

05 搓

将绿色黏土搓长条，做一个草莓上的小秆儿，粘在凹槽里，草莓就制作完成了。

火龙果

制作

制作火龙果的形状

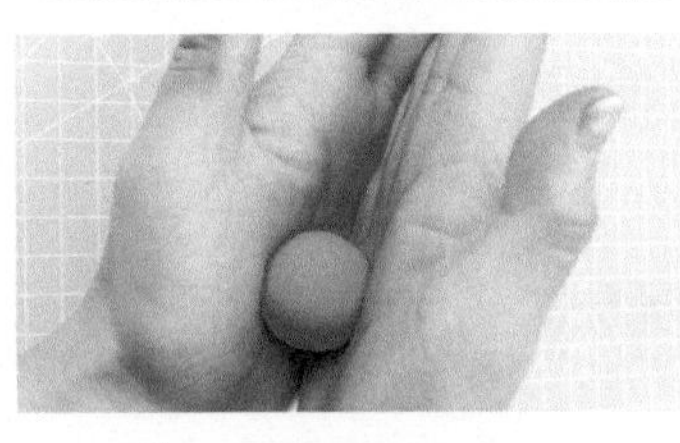
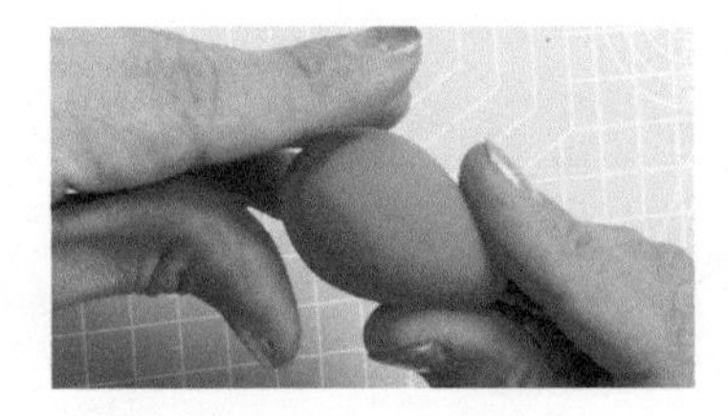

01 揉、捏

将玫红色黏土揉成圆球，再捏出水滴的形状。

制作火龙果的叶状体

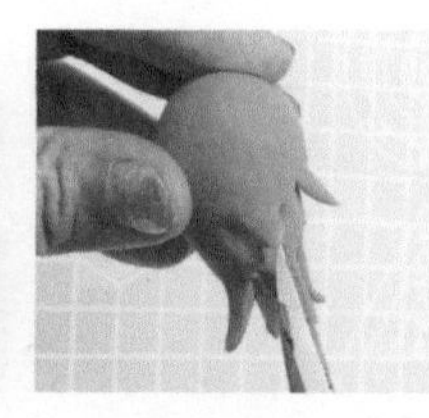

02 剪、捏

拿出剪刀先从水滴形尖端剪四次，再往下剪。剪出火龙果身上的叶状体，再用手捏出弯曲弧度。同理依次向下剪出火龙果身上的叶状体。

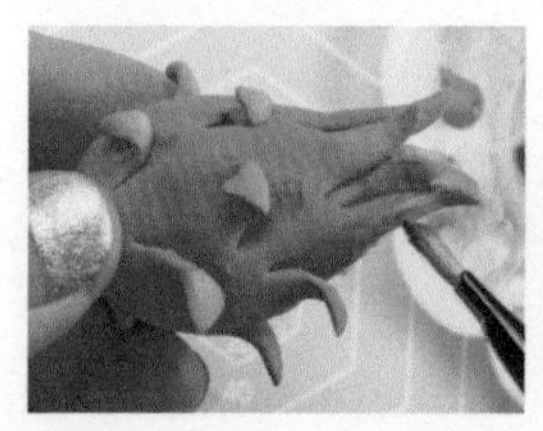
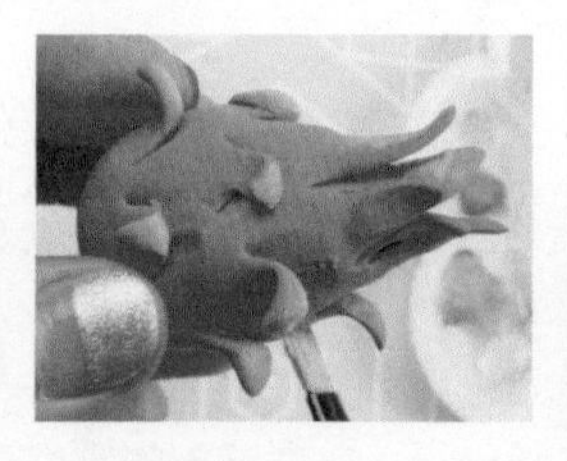

03 上色

拿出丙烯颜料，用黄绿色颜料给叶子上色，火龙果就制作完成了！

牛油果

制作

制作牛油果的形状

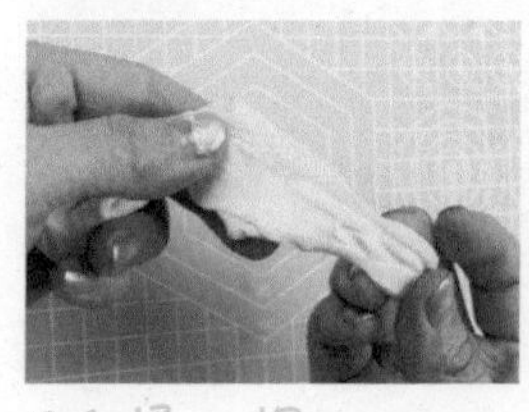
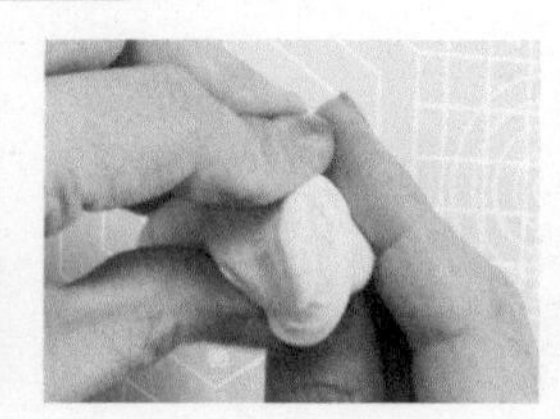
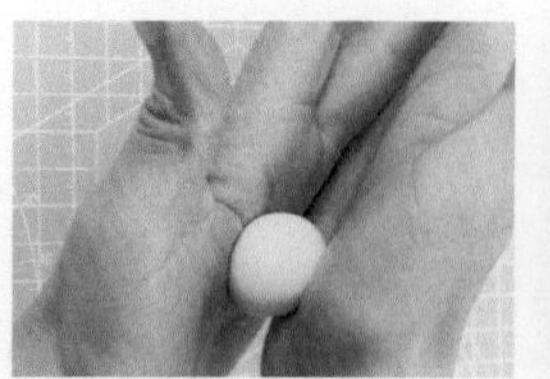

01 揉、捏

取黄色、白色黏土混合为浅黄色，揉成圆球。再用手指慢慢捏出牛油果的形状。

制作牛油果的果皮

02 压

做好形状后用羊角刷压出牛油果表皮的肌理，再对半切开。

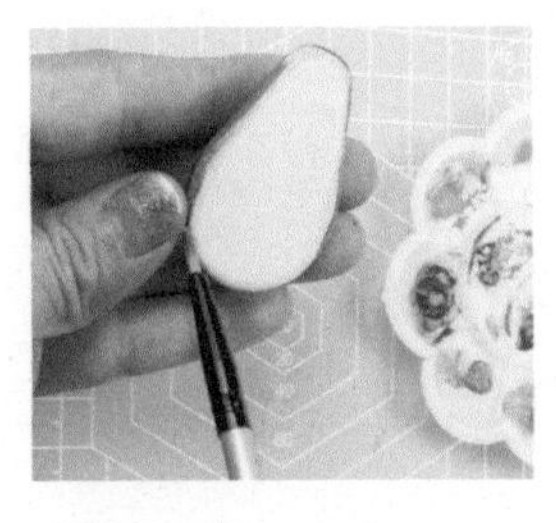
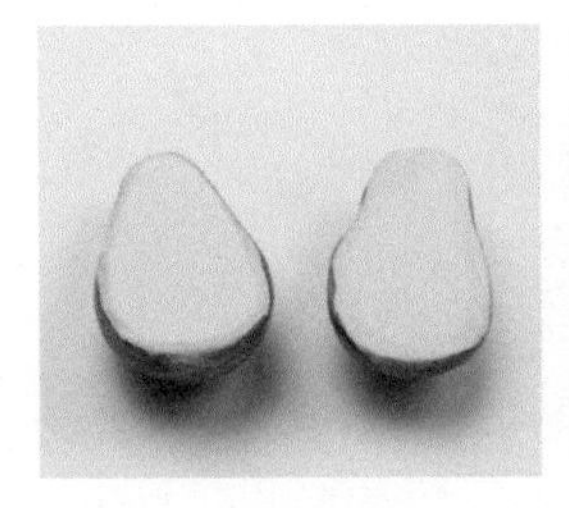
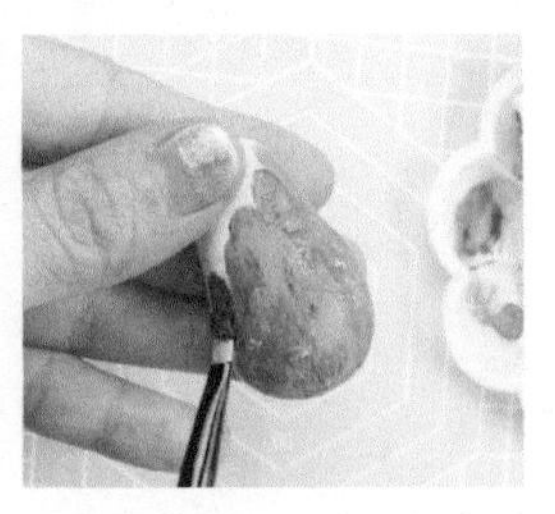

03 上色

取深绿色丙烯颜料挤入调色盘中，加点水调和，给牛油果的表皮上色。边缘也要上色整齐。

制作牛油果的果核

04 压

用丸棒把中央部分压出一个凹槽。

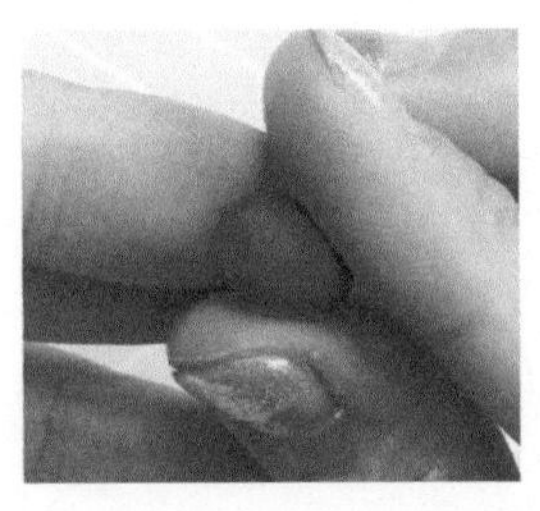

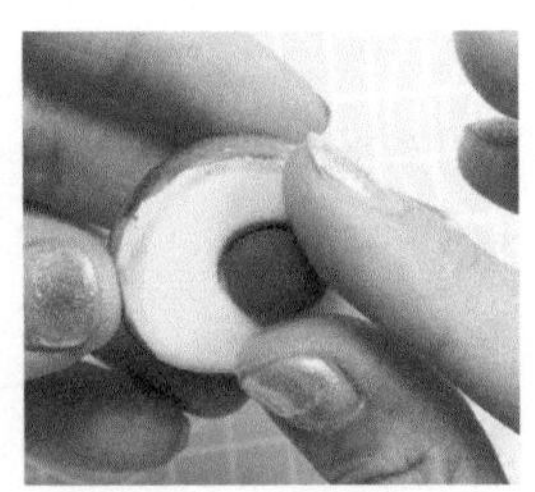

05 揉

用棕色黏土揉出一个和凹槽大小相同的圆核，装在凹槽中，切开的牛油果就制作完成了！

西瓜

制作

制作西瓜的瓜瓤

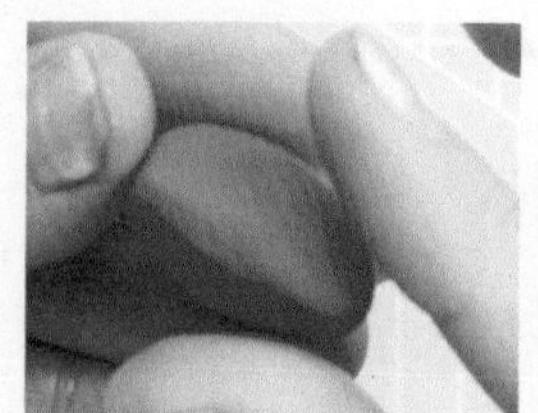

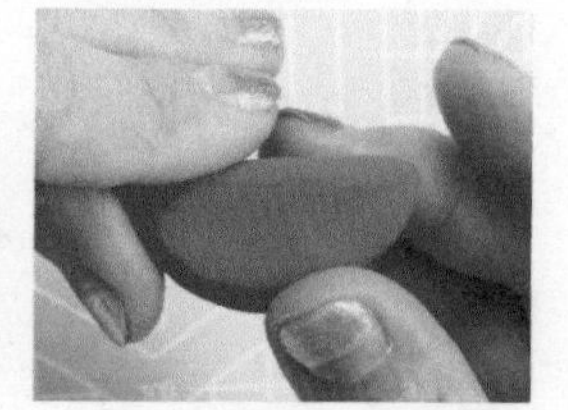

01 揉、捏

用红色黏土揉成圆球，用双手捏出西瓜切片的形状。

制作西瓜的果皮

02 揉、搓、捏

取绿色和白色黏土分别做出两头尖尖的长条状。

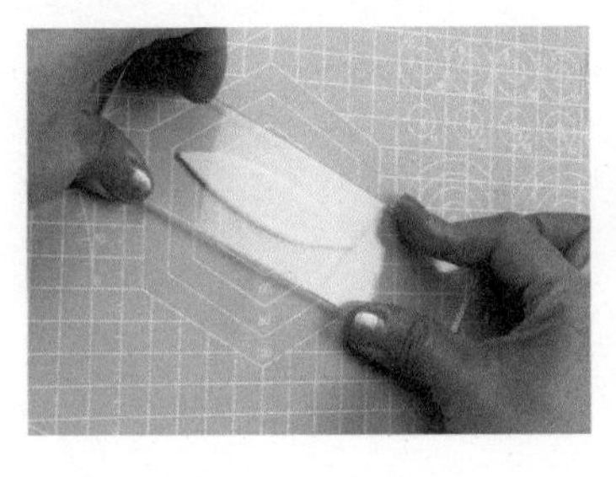
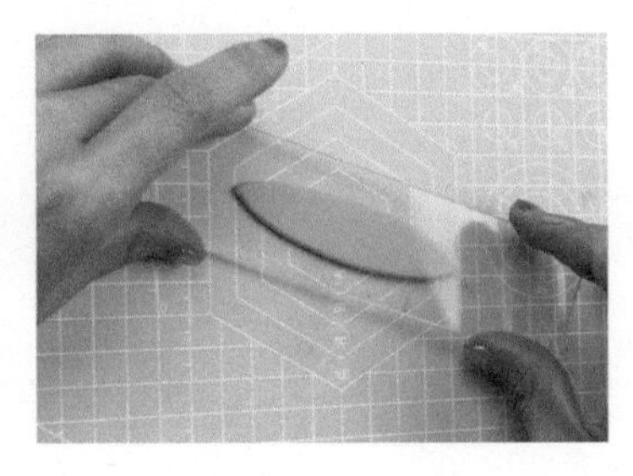

03 压

用压板分别把它们压扁，大小要刚好与做好的西瓜切片底部相同。

组合

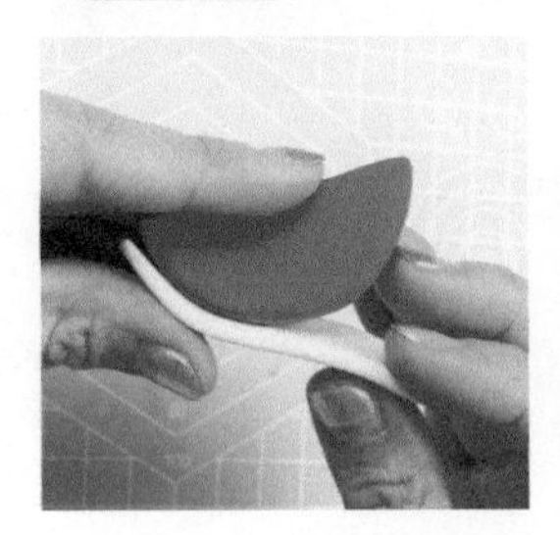
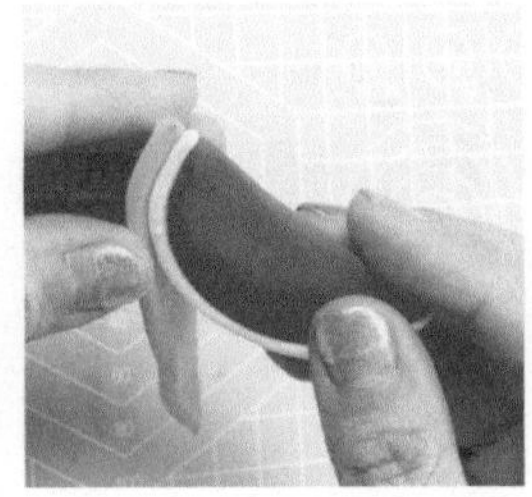
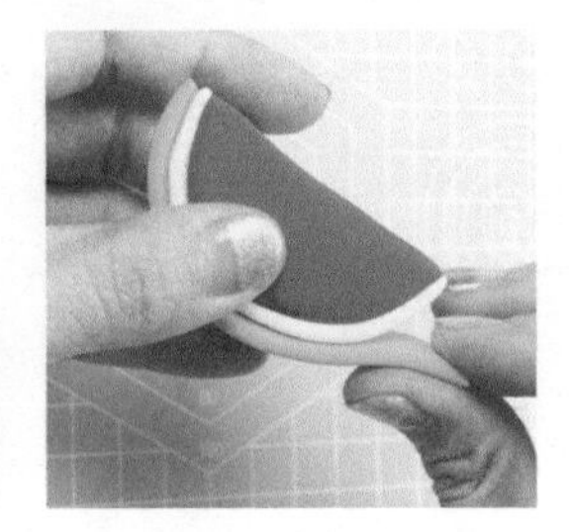

04 先把做好的白色薄片粘在红色的西瓜上，再把绿色的瓜皮粘上。

制作西瓜的瓜子

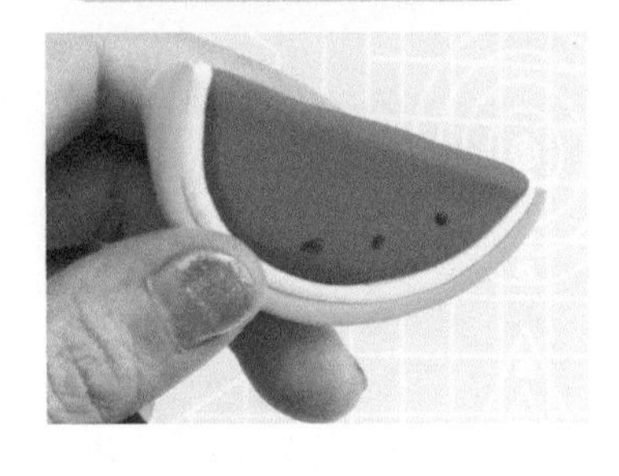

05 搓

用黑色黏土搓小颗粒，粘在瓜瓤上做西瓜的瓜籽儿。

制作西瓜的花纹

06 描画

用深绿色丙烯颜料画出西瓜皮的花纹，切开的西瓜就制作完成了。

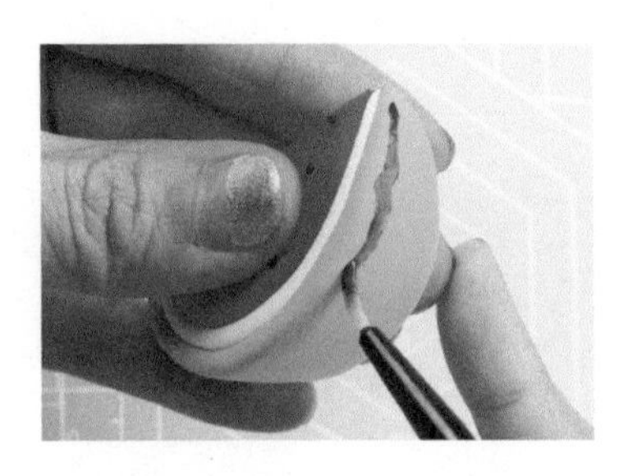

制作

制作菠萝的外形

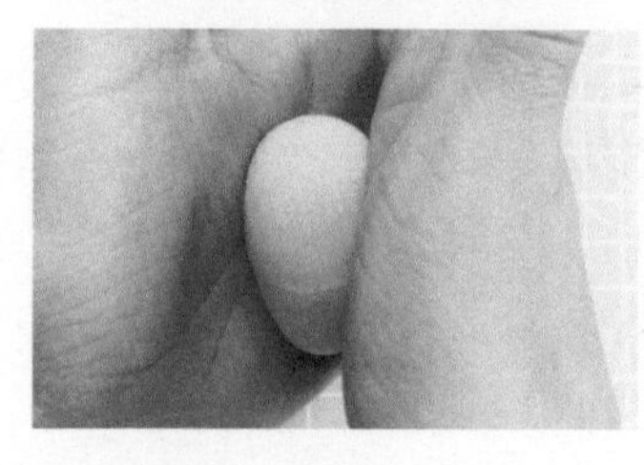
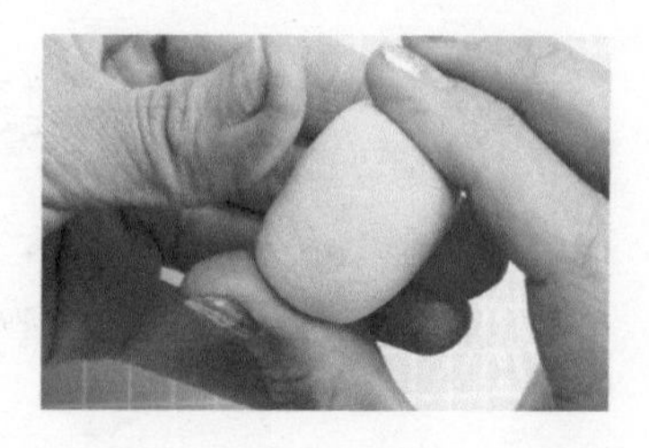

01 揉、搓、压

拿黄色黏土先揉圆，再搓成长条，用手指将两头压一下，调整出菠萝的圆柱形状。

制作菠萝的肌理

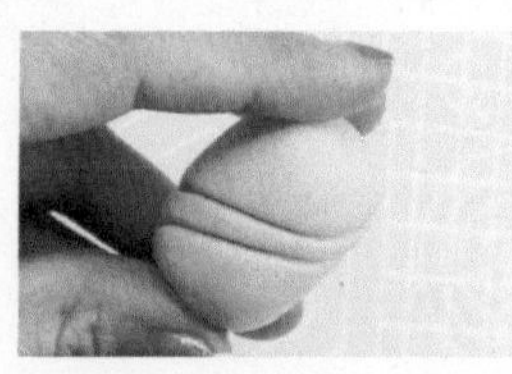
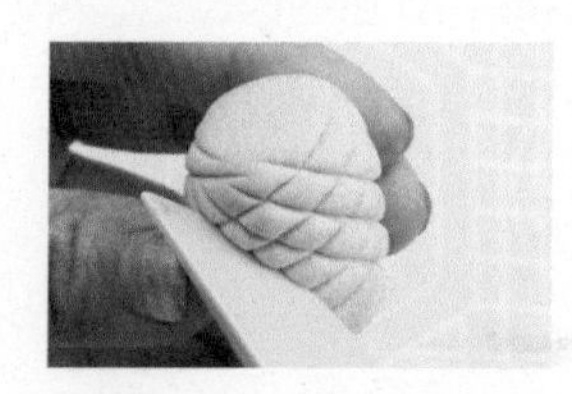

02 压

拿出压痕工具，压出菠萝的纹路。纹路似菱形。

制作菠萝的叶子

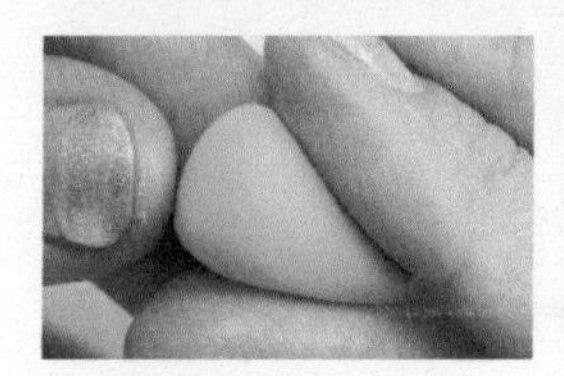

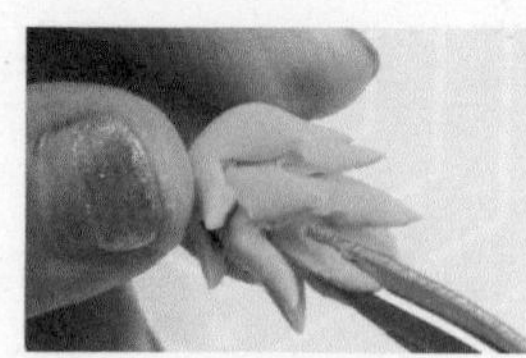

03 揉、剪

取绿色黏土揉出一个水滴形，用剪刀从上向下剪出菠萝的叶子。

组合

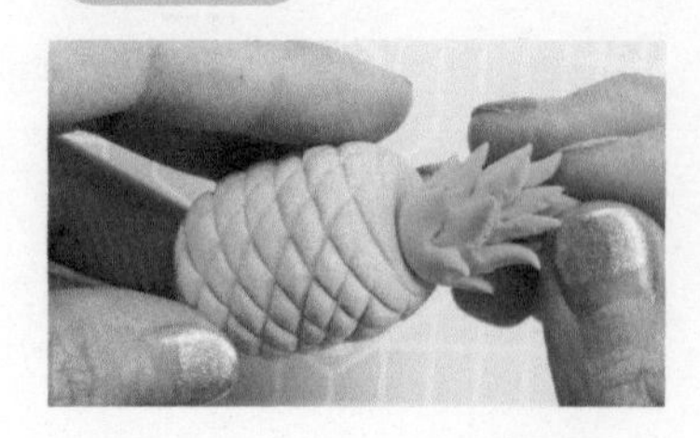

04 把做好的叶子粘在菠萝的顶部，菠萝就制作完成了！

3.2 甜点和面包

铜锣烧

制作

制作铜锣烧的饼皮、豆沙

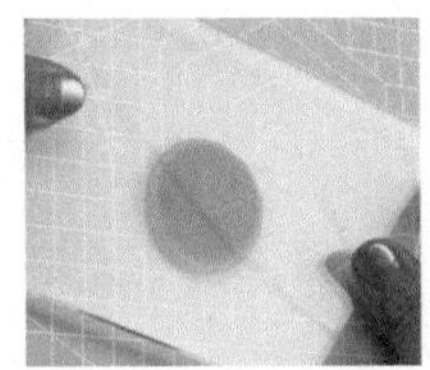

01 揉、压

将黄色黏土揉成圆球，置于手掌中心压扁，注意顶部要有些弧度。将棕色黏土揉圆球，用压板压扁。把棕色黏土夹在黄色饼皮的中间。

制作铜锣烧纹理

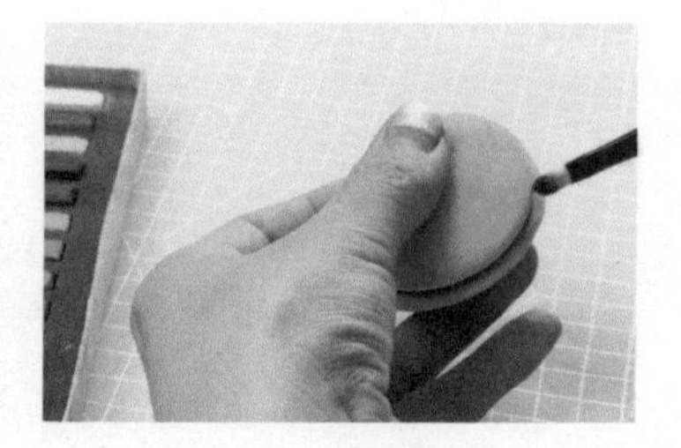

02 上色

用色粉上色，刷出铜锣烧表皮焦黄的颜色就制作完成了！

马卡龙

制作

制作马卡龙的饼皮

01 揉、压

将黏土揉圆球、压扁，注意要留有厚度。做出两个大小一样的饼皮。

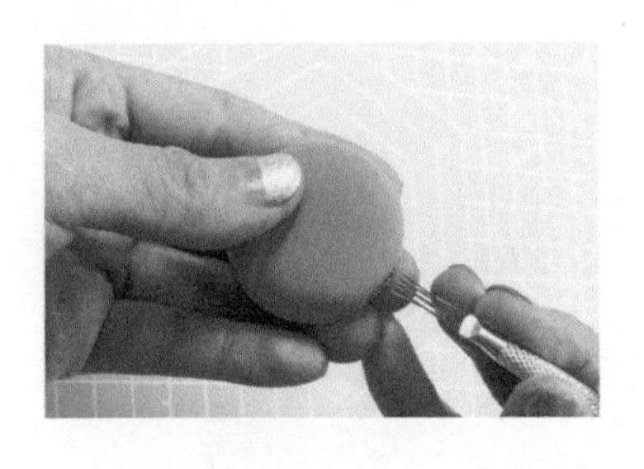

02 戳

用七本针把做好的马卡龙饼皮底部戳出一圈花边。

制作马卡龙的夹心

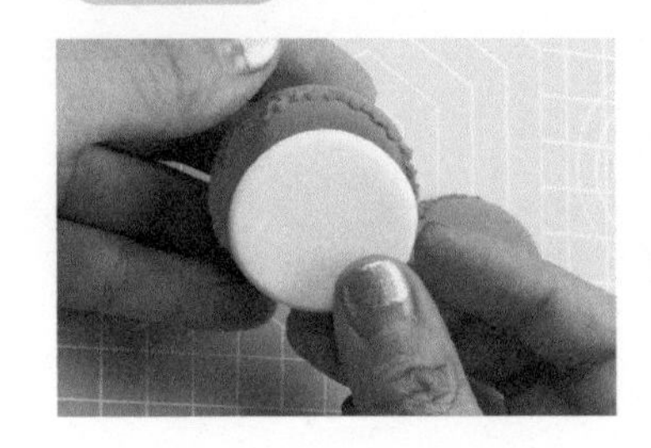
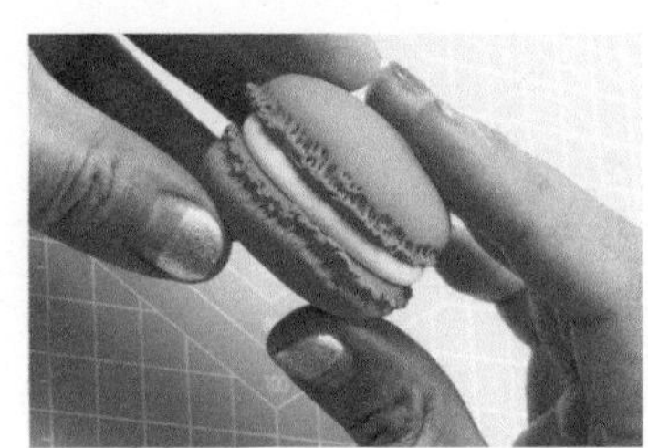

03 揉、压

将白色黏土揉圆、压扁，做夹心的奶油。

组合

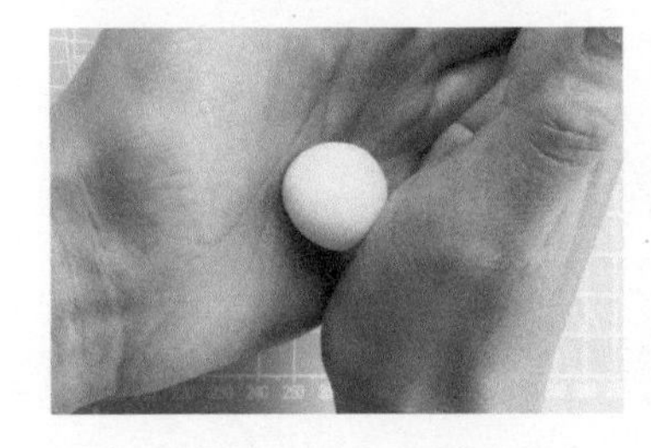
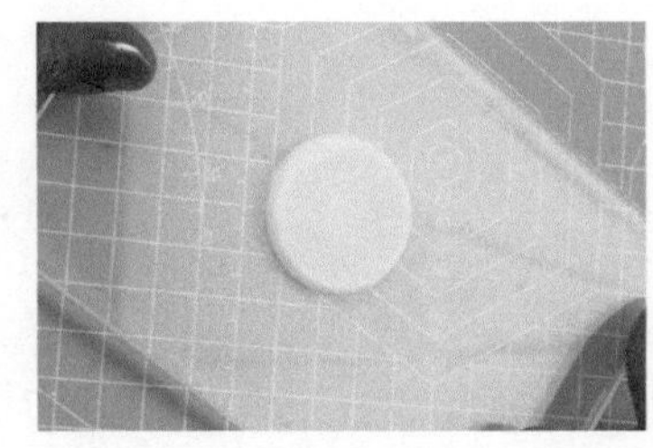

04 把白色奶油夹在马卡龙饼皮中间，轻轻压合牢固，马卡龙就制作完成了。

制作

制作甜甜圈的外形

01 揉、压

将黏土揉成圆球、压扁一点儿，做出甜甜圈的圆形形状。

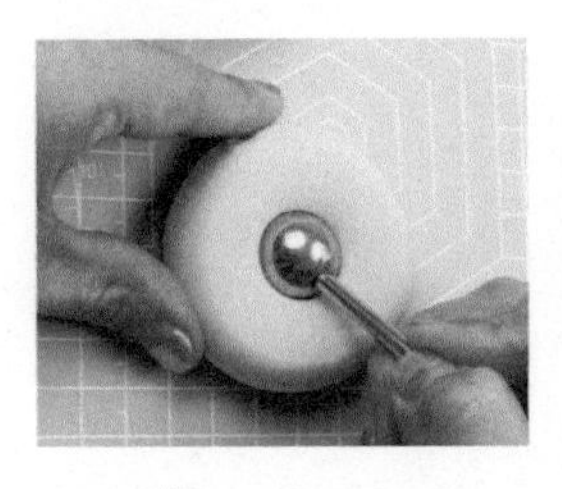

02 压

用丸棒把中间掏出一个洞。

制作甜甜圈的糖衣

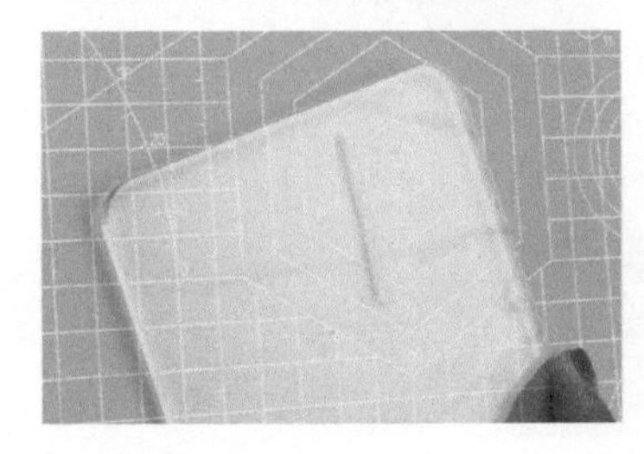
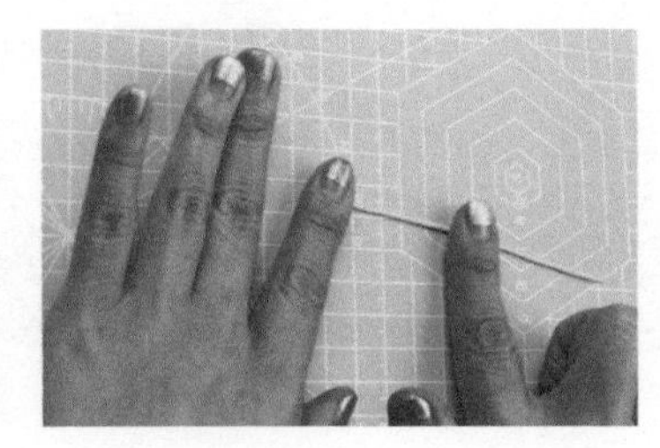
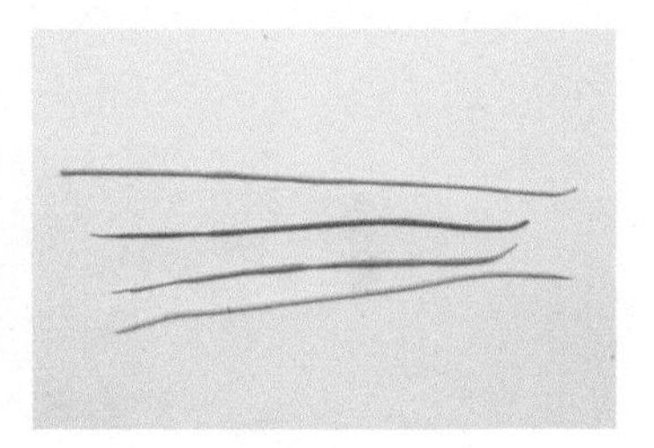

03 搓

选鲜艳的黏土搓细条，颜色可以多色，用来做糖果粒。

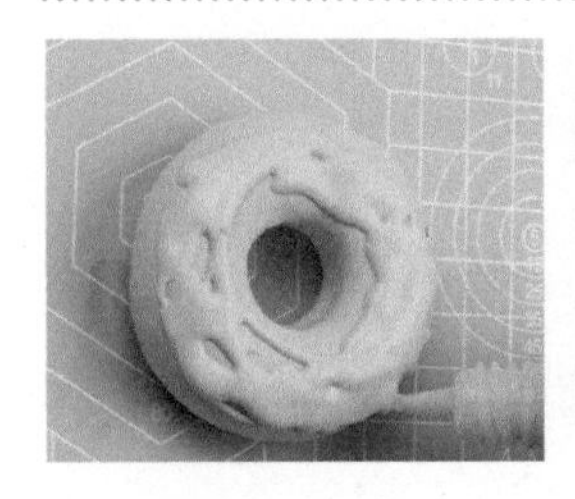
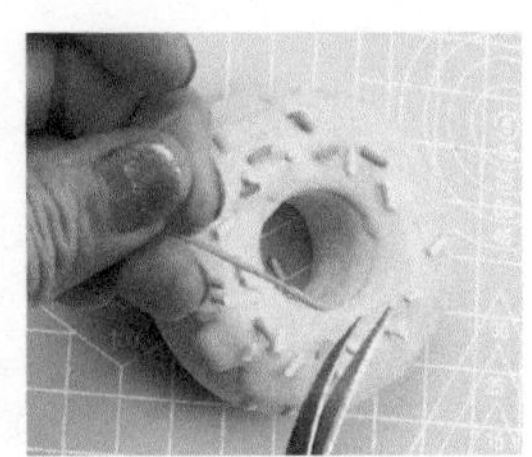

04 涂抹、剪

将仿真奶油果酱（奶油黏土）均匀地涂抹在甜甜圈上。做好的彩色细条用剪刀剪成糖果粒的大小，撒在甜甜圈上。

甜甜圈糖衣的其他形式

05 同样做出甜甜圈的基本形状，配上仿真奶油果酱。根据个人喜好还可以做出不同造型的甜甜圈。

冰激凌

制作

制作冰激凌的面片

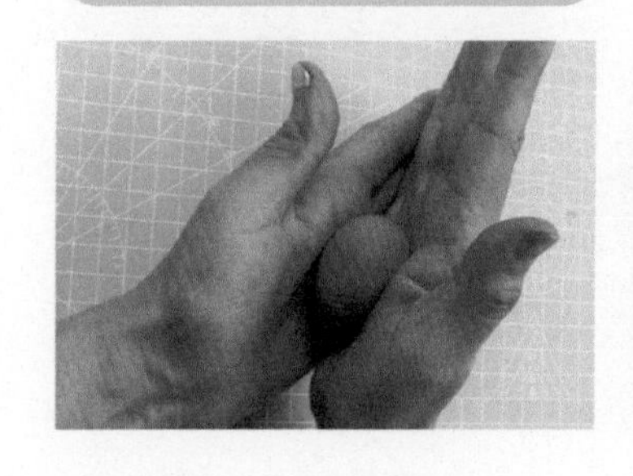

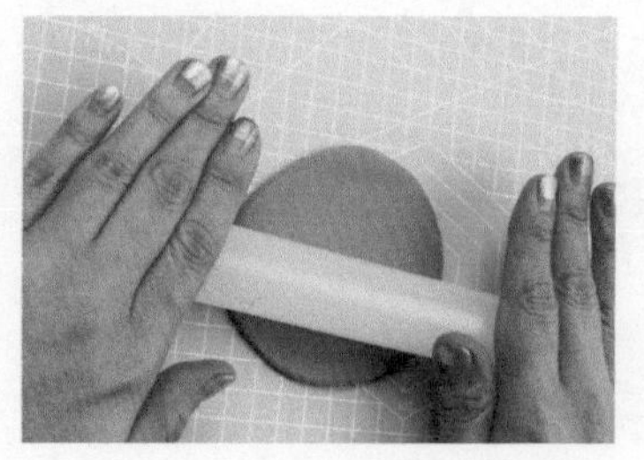

01 揉、擀

拿赤黄色黏土揉成圆球，用擀泥杖擀成片状，做冰激凌的外皮。

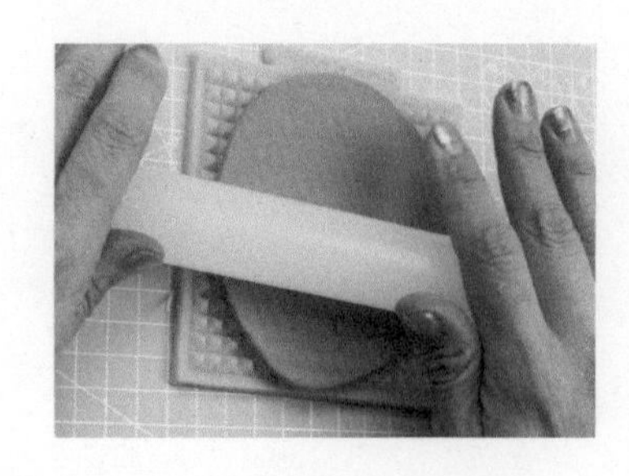

02 压

用小方格的硅胶磨具，将做好的外皮压出纹路。

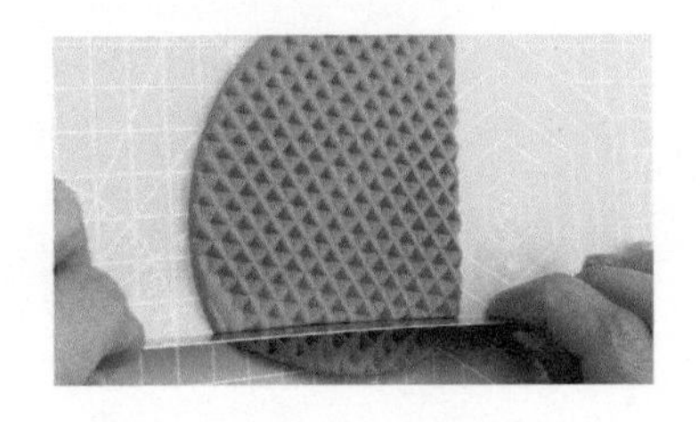

03 切

再用长刀片切出如图所示的形状。

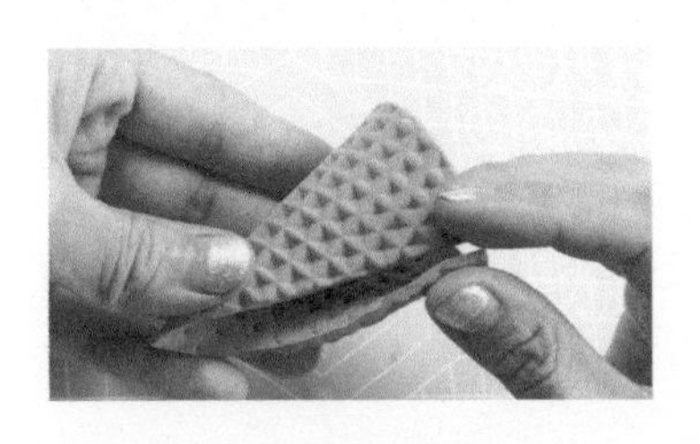

04 把切好的外皮围起来。

制作小熊冰激凌球

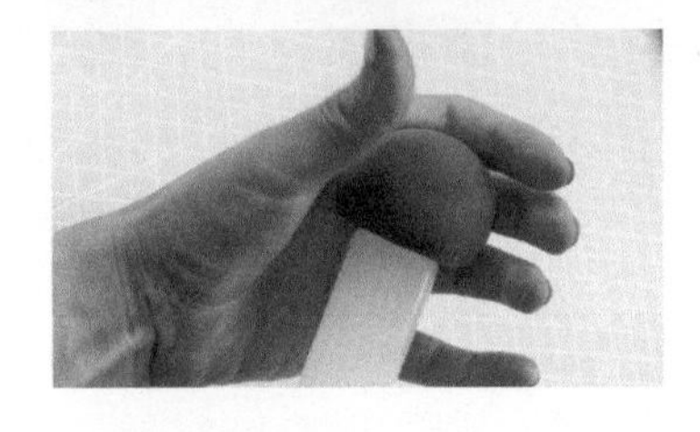

05 揉、压

先将黏土揉圆，再用工具将底部压平。

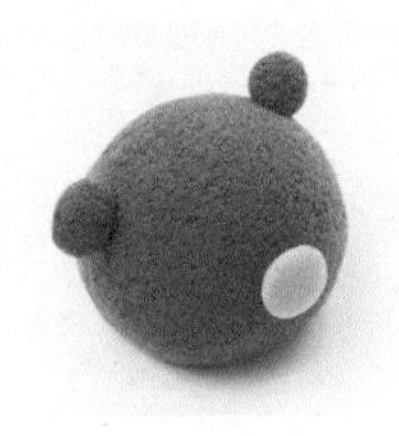

06 小熊头部：压、揉

把做好的冰激凌球用羊角刷压出肌理，加上耳朵做成小熊的头部。用浅色黏土揉成圆球、压扁做小熊的嘴巴。

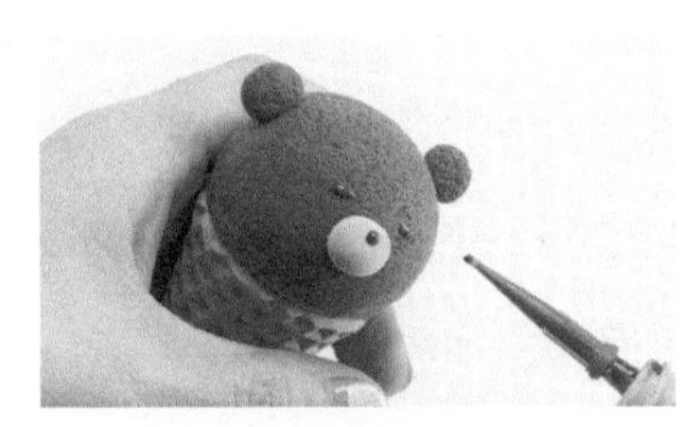
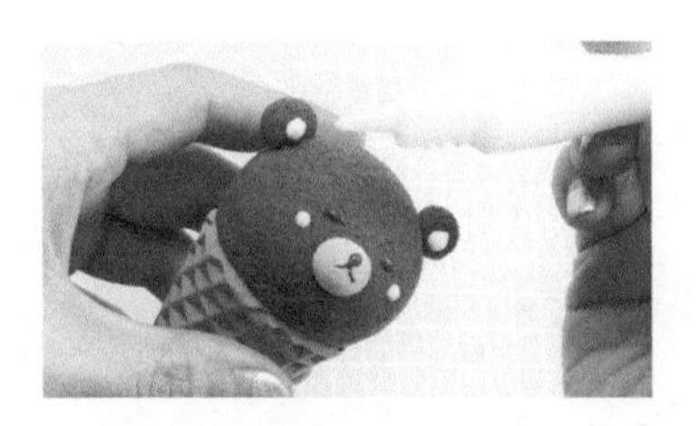
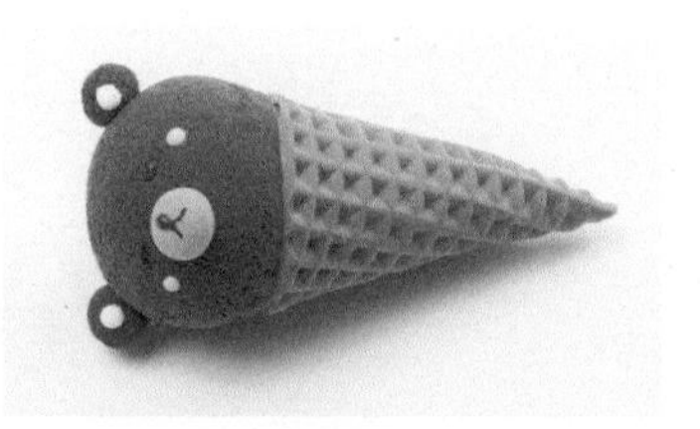

07 小熊五官：画

用尖嘴仿真棕色果酱画出小熊的眼睛和鼻子、嘴巴。用粉色果酱画腮红，用白色果酱画耳朵。

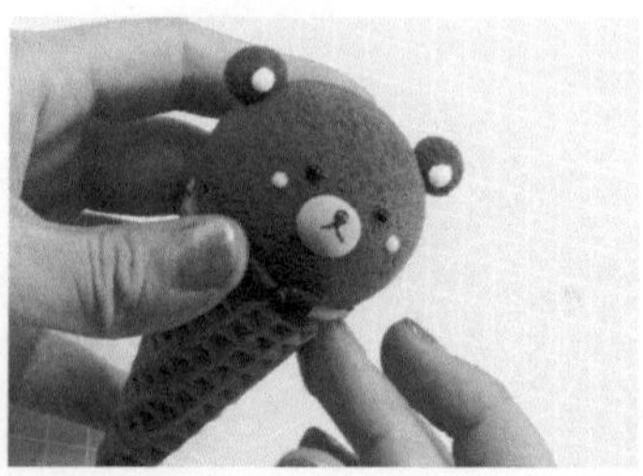

08 眼睛不够黑的话可以多挤点儿黑色果酱。再做一个蝴蝶结装饰。

制作小黄鸭冰激凌球

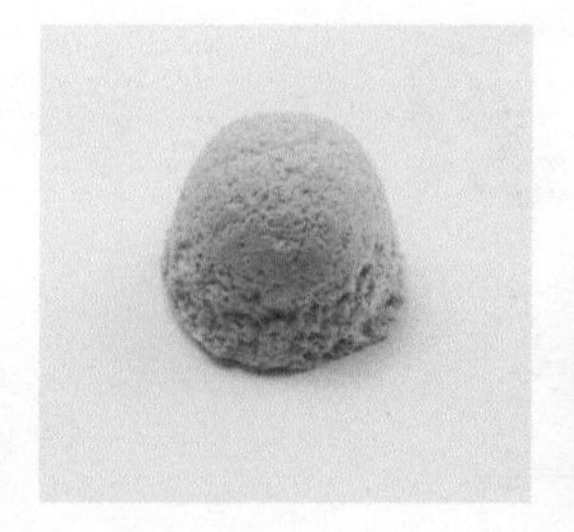

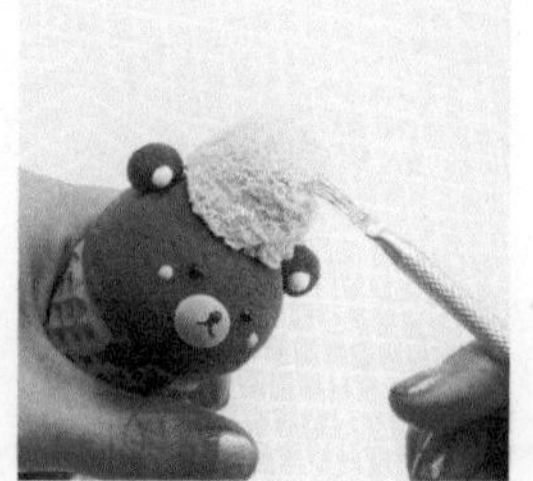

09 揉、压

取黄色黏土先揉成圆球，再调整形状，用羊角刷压出纹理。

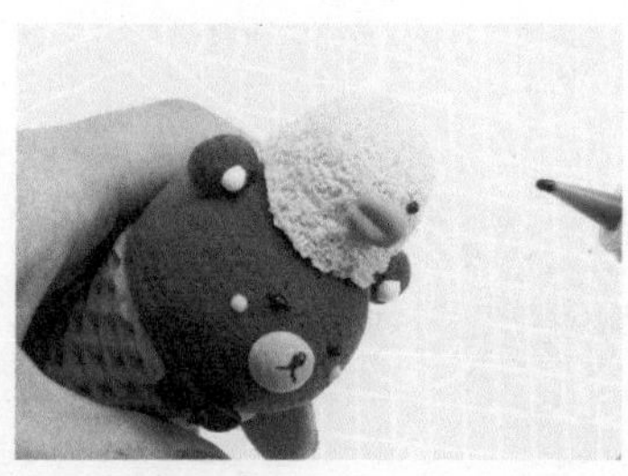

10 搓、捏、画

用橘黄色黏土搓长条再对折，捏出鸭嘴形状，给做好的小鸭头加上嘴巴。眼睛用奶油黏土画上去，冰激凌就制作完成了！

苹果派

制作

制作苹果派的外形

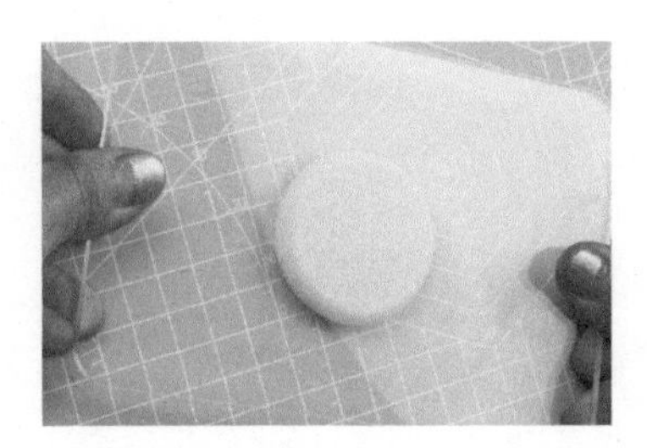

01 揉、压

将黄色黏土揉成圆球，再用压板压扁，要有点儿厚度。

制作苹果派的纹理

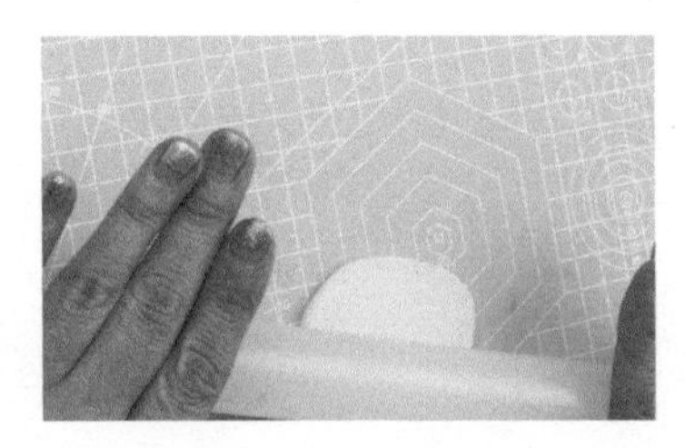

02 压、擀

取黄色黏土压扁，再用擀泥杖擀成薄片。

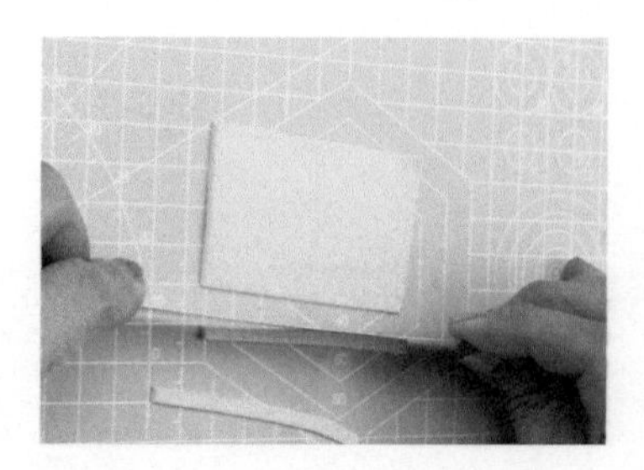
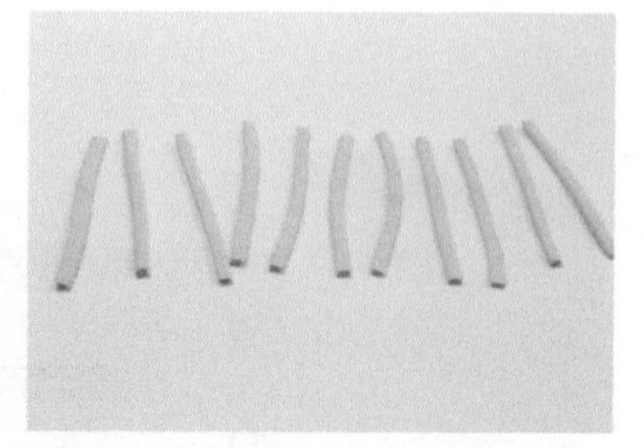

03 切

用长刀片把薄片边缘切整齐，然后切成条状。

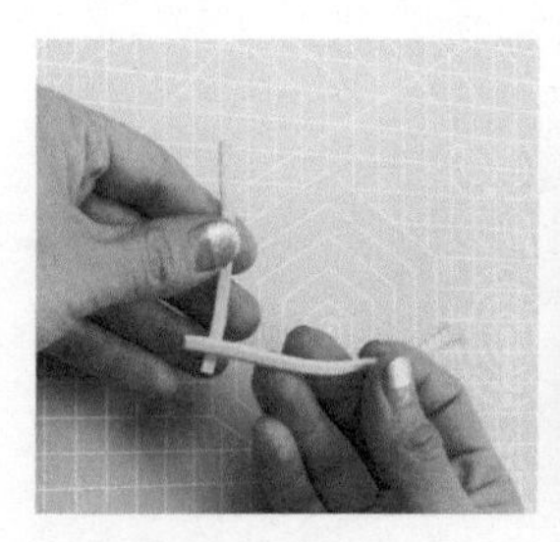
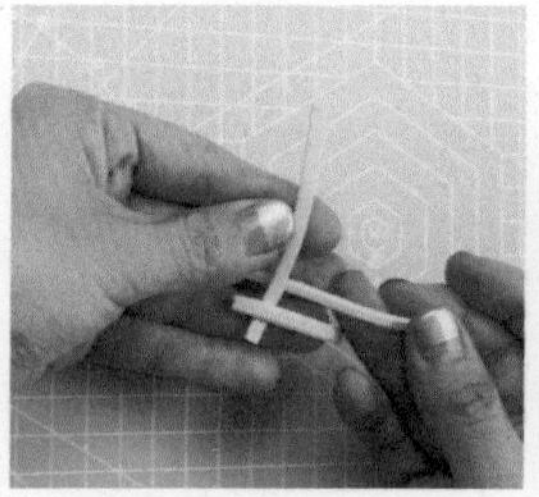
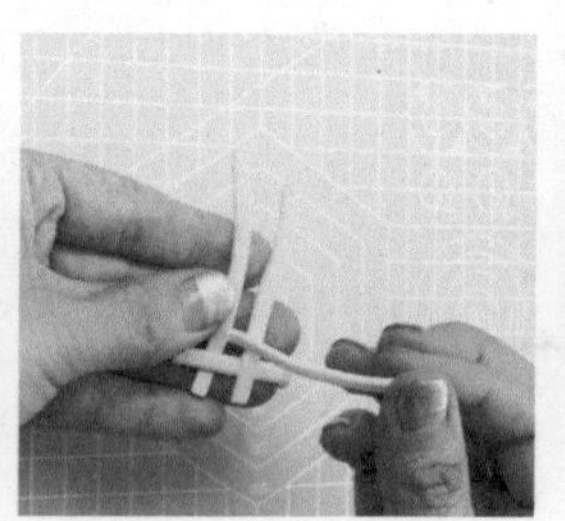
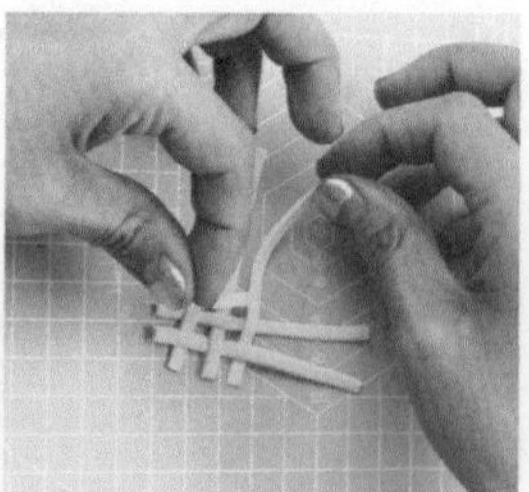

04 编

如图所示把做好的长条编起来。

05 压、剪

用丸棒把已经做好的圆形饼皮中间压一下，然后把编织好的长条放在饼皮上边，多余的剪掉。

06 上色

用色粉上色，刷出烤黄的颜色。

制作苹果派的包边

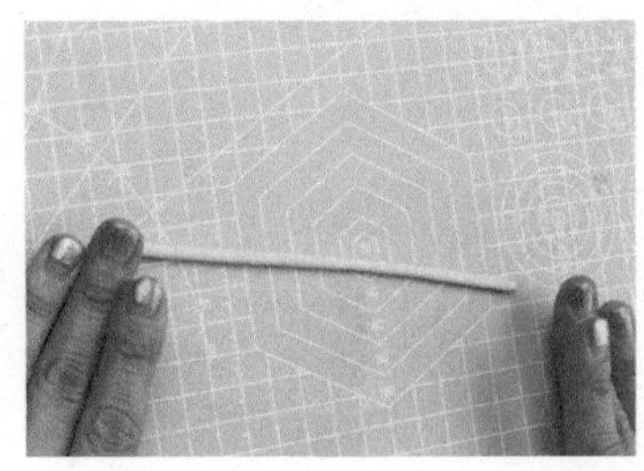
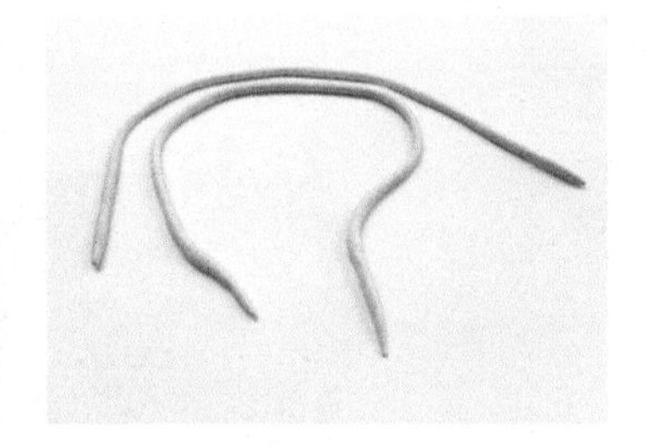

07 搓

用压板搓出两条细条。

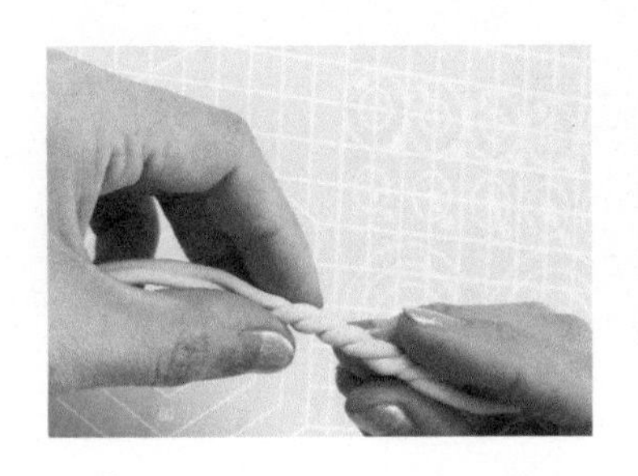
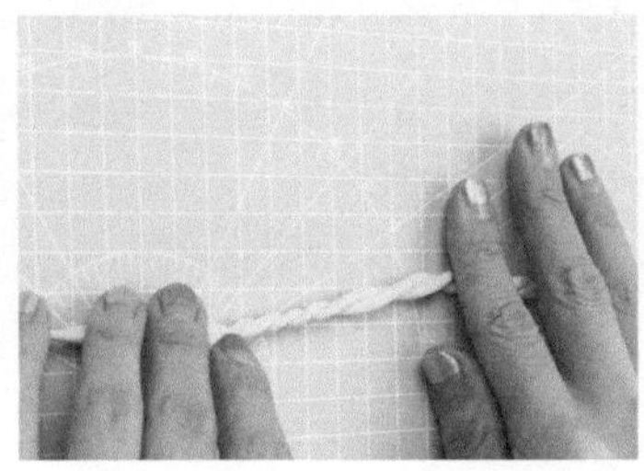

08 拧

把做好的细条拧在一起，呈麻绳状。

09 缠绕、剪

将麻绳状的包边围在做好的饼皮外围，多余的部分剪掉。

10 上色

最后用色粉上色，调整，直到制作完成。

制作

制作长条面包

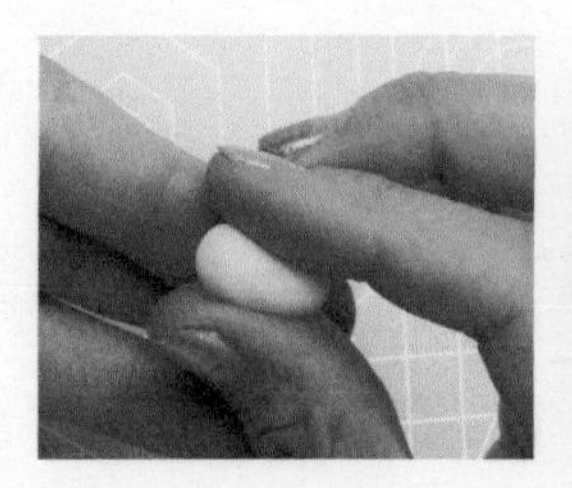
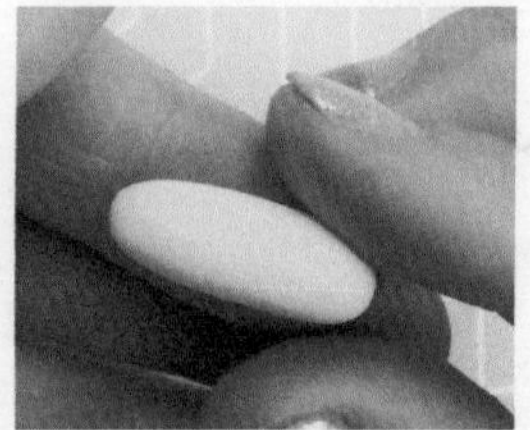
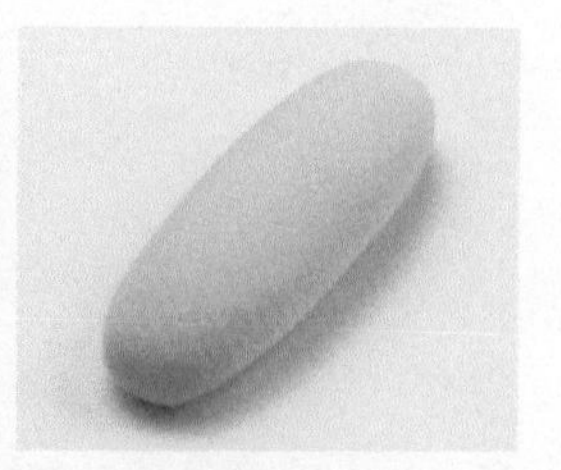

01 揉、搓

将黄色黏土揉成圆球，再搓成长条，调整成面包的长圆柱形状。

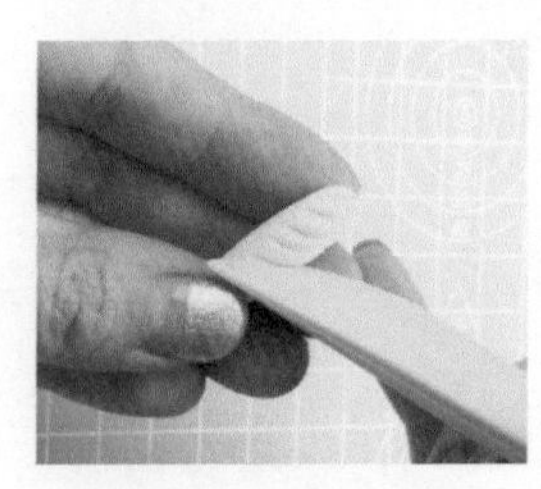

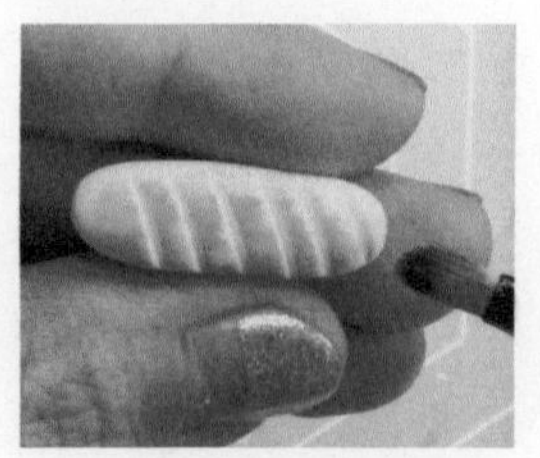

02 压、上色

用压痕工具压出面包上的痕迹。然后用色粉上色，长条面包就制作完成了！

制作牛角面包

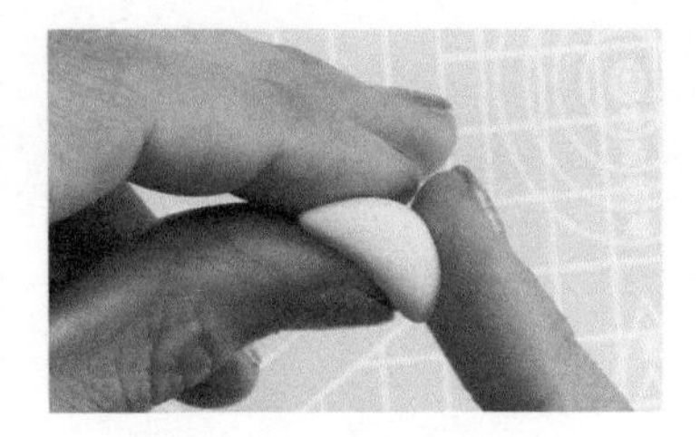
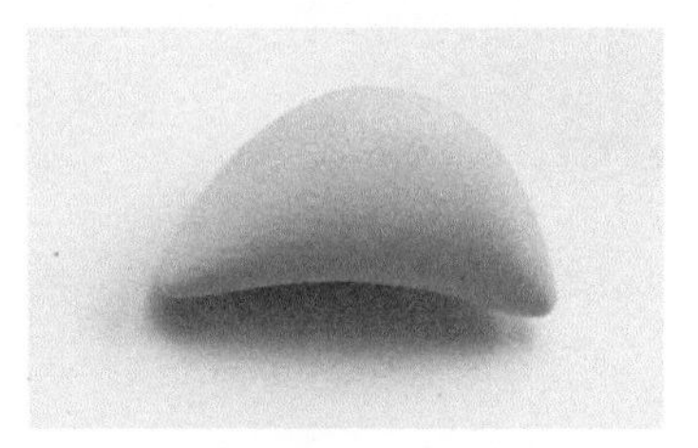

03 揉、捏

将黄色黏土先揉成圆球，再用拇指抵在下面，用食指将两边向下压，捏出牛角的形状。

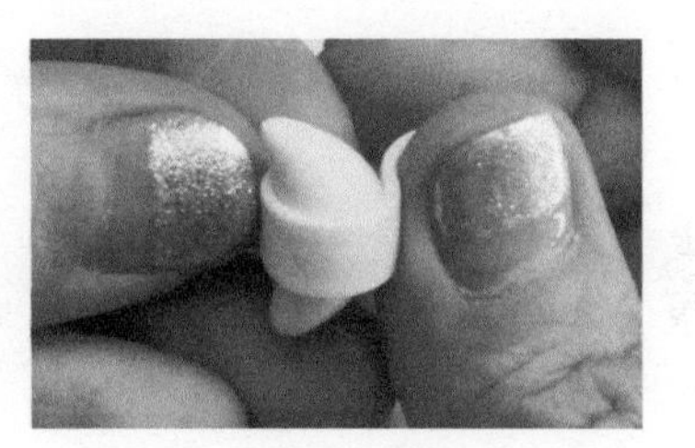

04 搓、压

搓出细条，再用压板压扁，将薄片围在做好的牛角包中间。

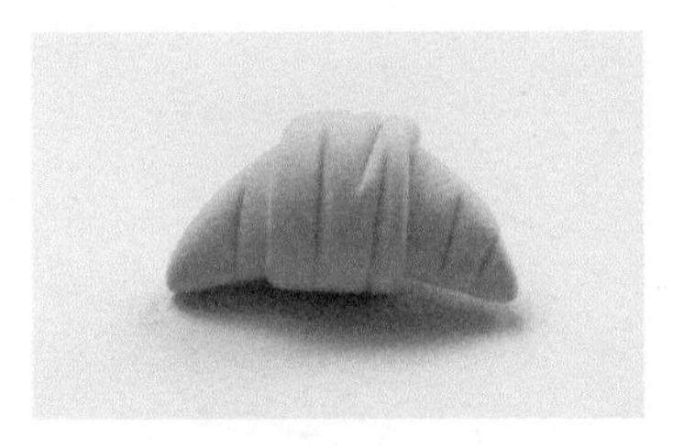
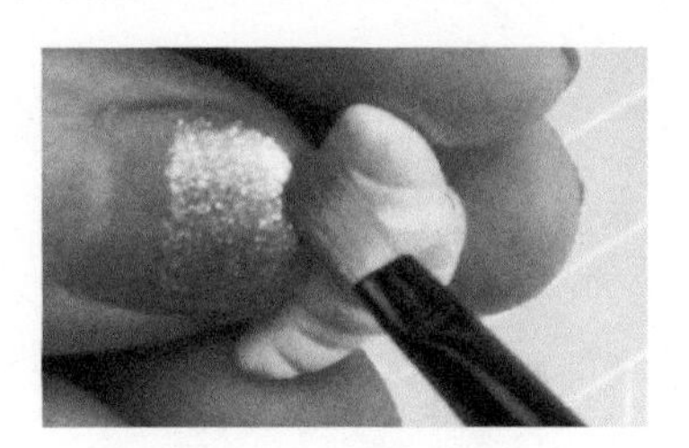

05 压、上色

用压痕工具压出痕迹，用色粉上色，牛角包就制作完成了！

制作蔬菜面包

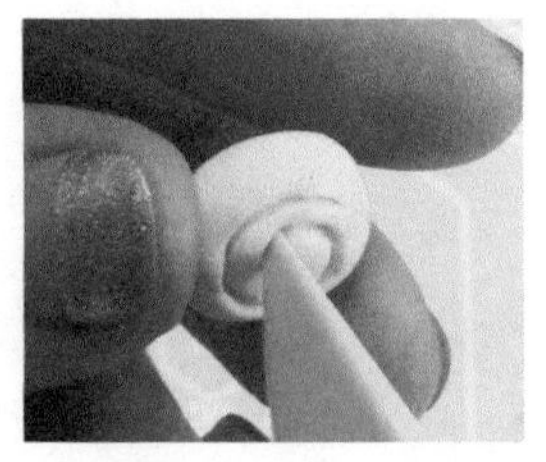

06 揉、压

将黄色黏土揉圆，再用手掌中心压扁，形状一面平、一面突起。用压痕工具从中间开始划出痕迹。

07 上色、搓

用色粉给面包上色，将红绿色黏土搓小颗粒粘在面包上，蔬菜面包就制作完成了。

制作奶油面包

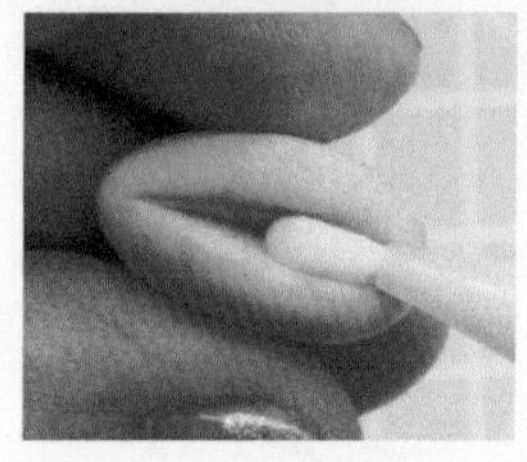

08 搓、压

将黏土搓成椭圆形，中间用压痕工具压出凹口，在中间挤上仿真白色奶油，奶油面包就制作完成了！

制作巧克力面包

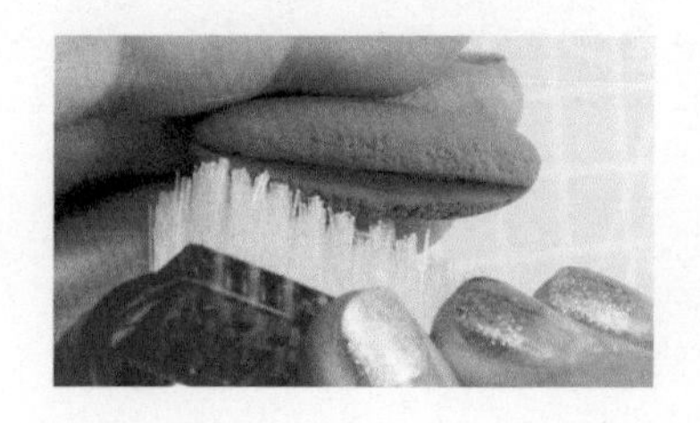

09 搓、压、上色

用棕色黏土做一个中间有凹口的长条面包，再用羊角刷压出肌理，用白色色粉上色。

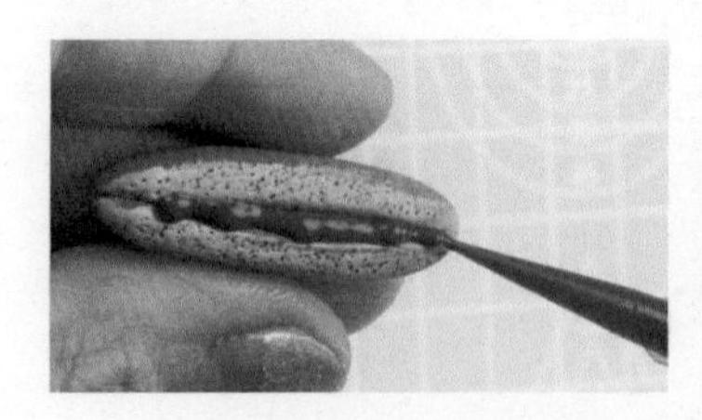

10 在凹口中挤上仿真巧克力果酱，再挤上一层仿真奶油，巧克力面包就制作完成了！

蛋糕

制作

制作蛋糕的胚子

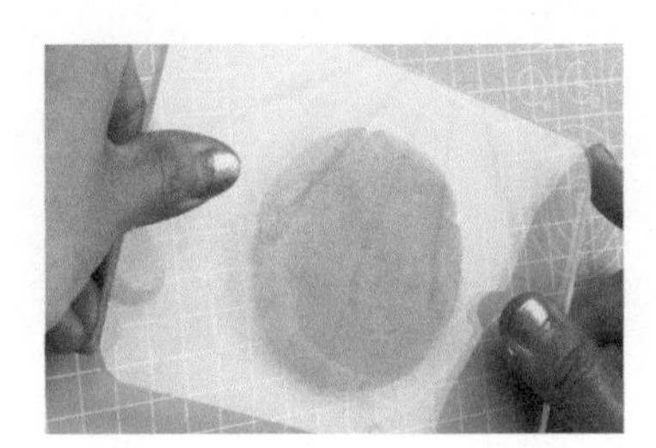

01 揉、压

取棕色、白色两种黏土，揉圆后用压板压扁，做两个巧克力色和一个白色的圆饼。

02 如图所示叠加起来。

03 切

用圆形切模工具将蛋糕胚切成圆形。

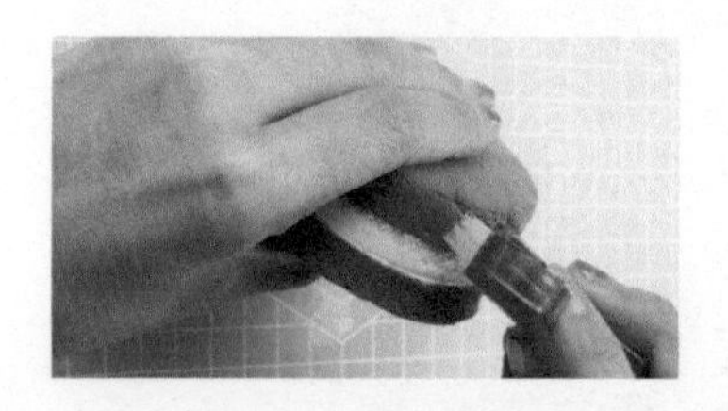

04 压

侧面用羊角刷压出蛋糕的肌理。

制作蛋糕的奶油和水果等

05 将仿真巧克力果酱均匀地挤在蛋糕表层，可以做出巧克力滴落的样子。

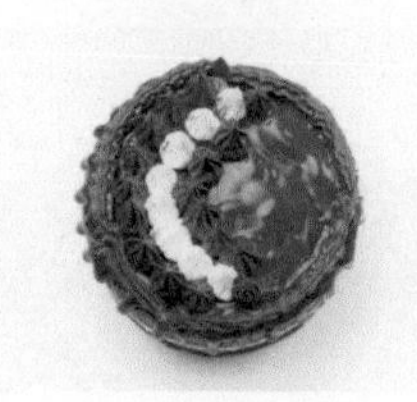

06 在蛋糕表层挤一些仿真巧克力奶油球。

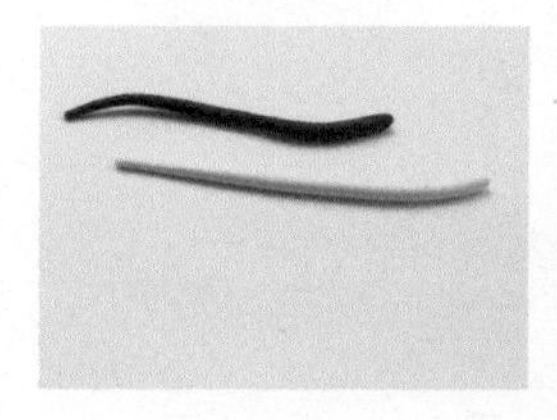
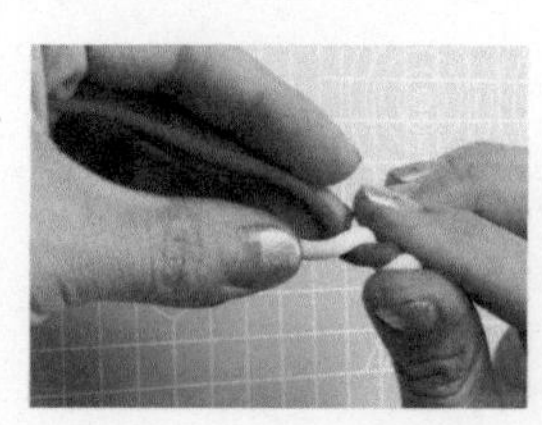
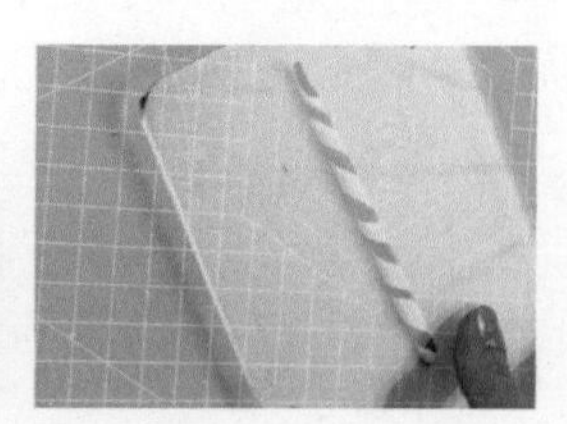

07 搓、拧

将棕色黏土和白色黏土搓长条，拧在一起做成巧克力棒。

08 用“巧克力棒”和一些小“水果”装饰，这里我用的是“草莓”。再将黄色黏土切碎做芝士粒。

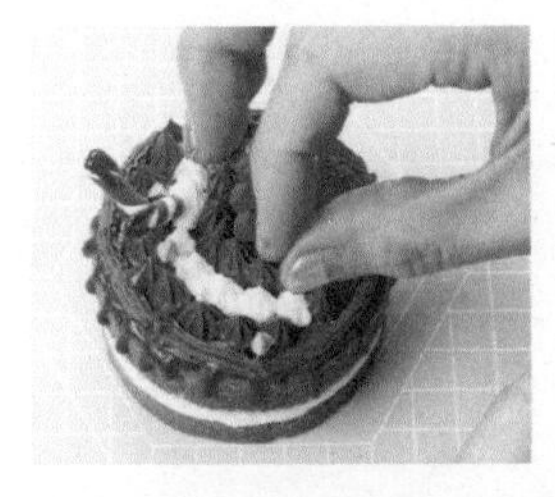
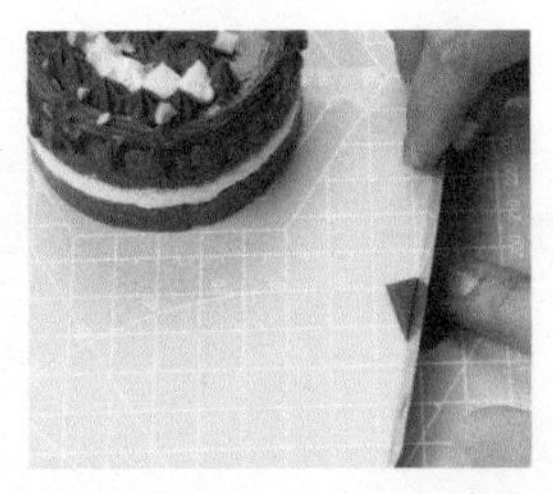

09 拿棕色黏土擀片，切成三角形，装饰在奶油上。

10 用透明指甲油在水果上刷一层，使水果鲜艳，用色粉撒一些白色颗粒当糖霜。

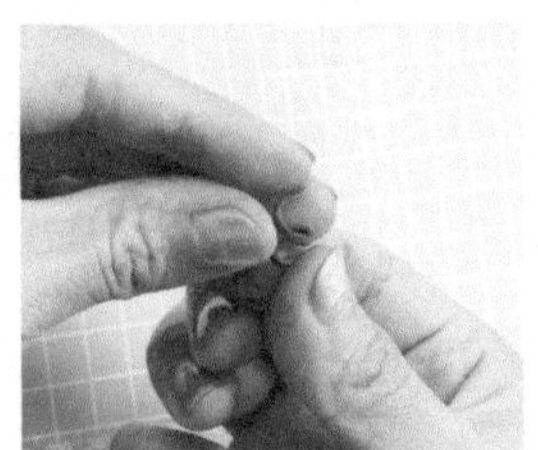

11 再装饰点儿扭曲状“巧克力条”，就制作完成了！

汉堡

制作

制作汉堡的面包片

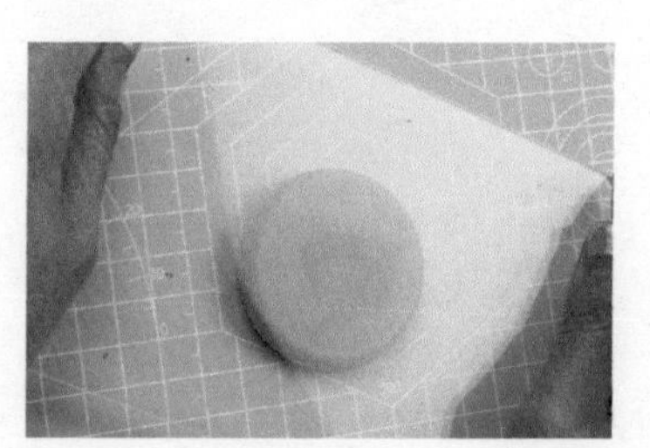

01 揉、压

将橘黄色黏土揉成圆球，再用压板压扁，做汉堡的底部。

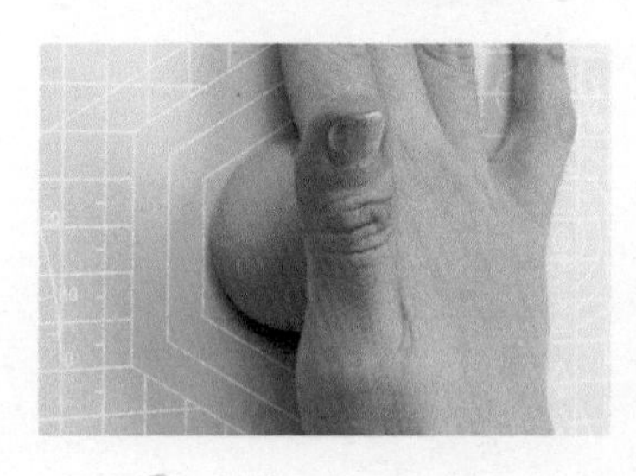
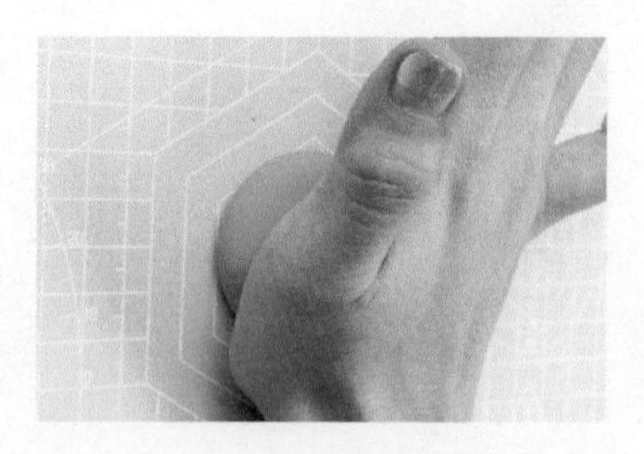

02 揉、压

领取橘色黏土同样揉成圆球，用手掌压扁，压出圆弧顶部。

制作汉堡的配菜

03 叶子：捏

将绿色黏土用手指捏成薄片，做蔬菜叶子。

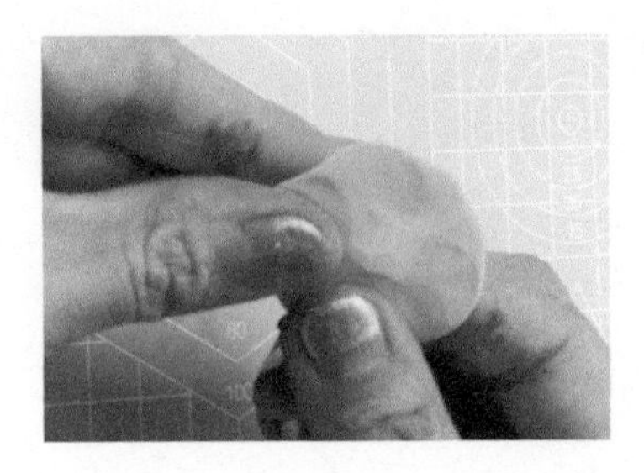

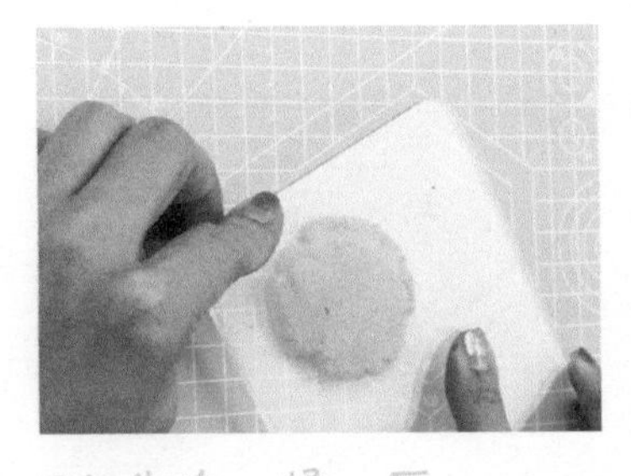
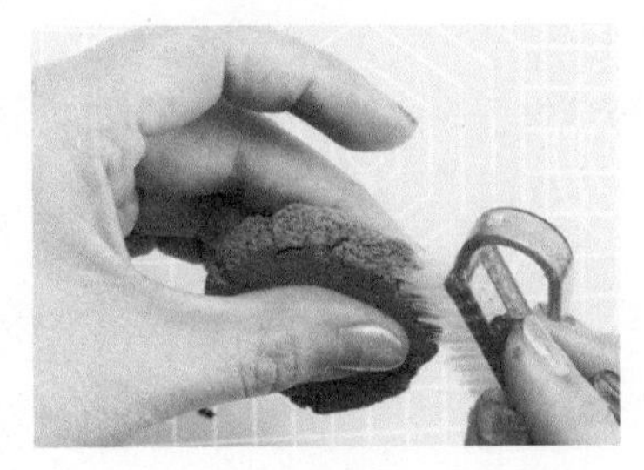

04 牛肉：揉、压

取红棕色黏土揉圆、再压扁，用羊角刷压出肌理做牛肉。

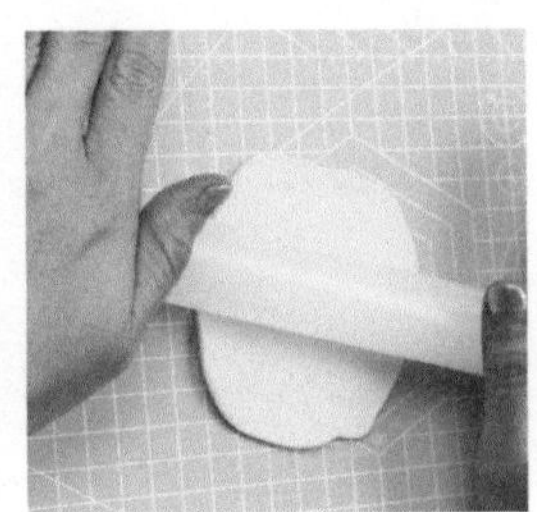

05 芝士片：擀、切

将黄色黏土擀薄片，用刀片切割整齐，做成芝士。

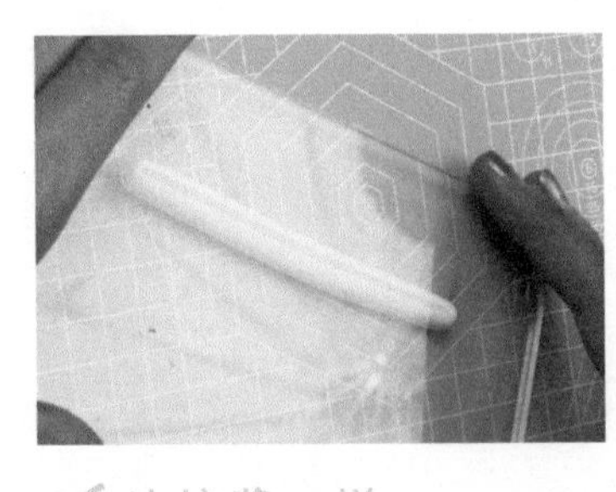
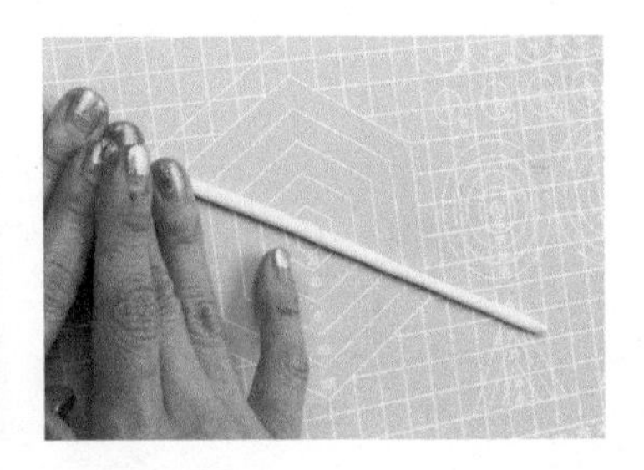
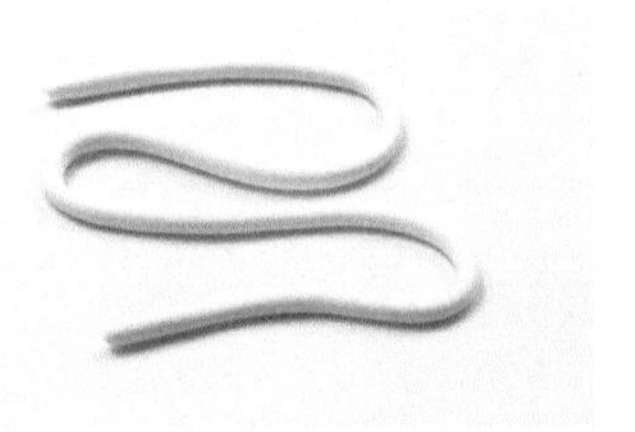

06 沙拉酱：搓

将白色黏土搓长条做沙拉酱。

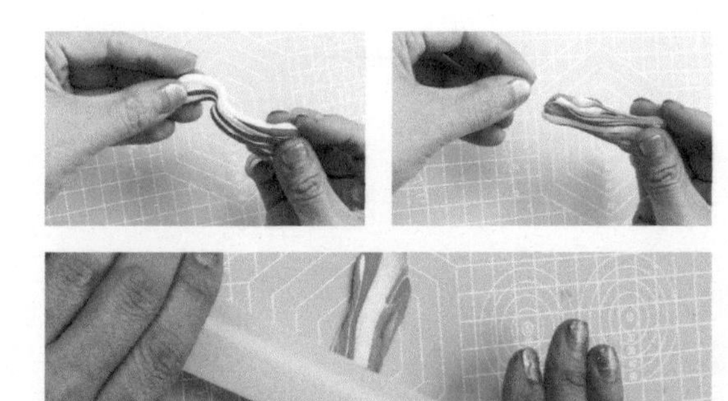

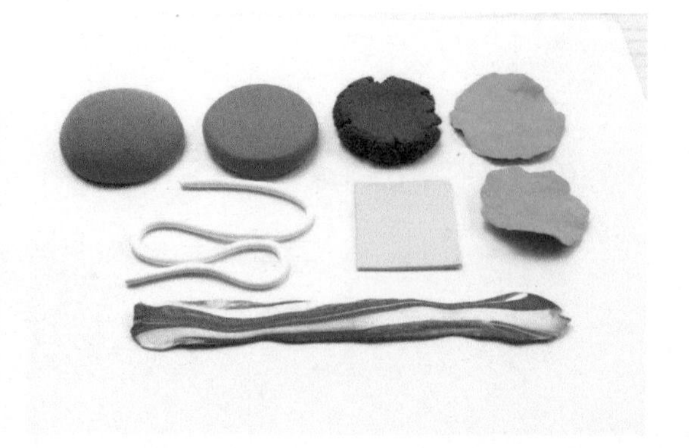

07 培根肉卷：擀

将红色、白色黏土随意混合拉扯，做成红白相间的黏土，再擀片做成培根肉。现在所需元素就配齐了！

组合

08 在底层面包片上一层蔬菜、一层牛肉、一层芝士叠加起来。

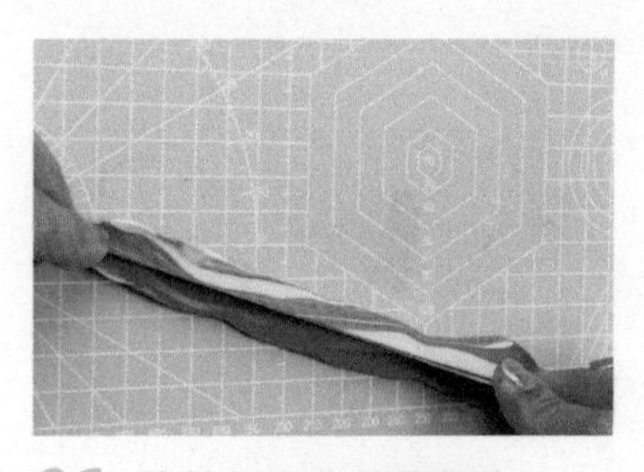

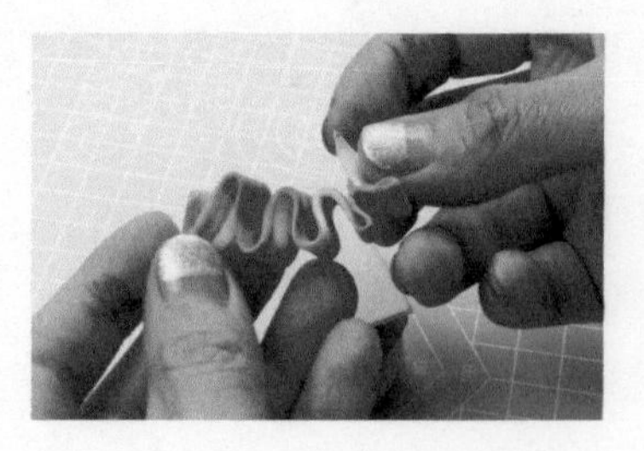

09 将培根肉卷折叠起来。

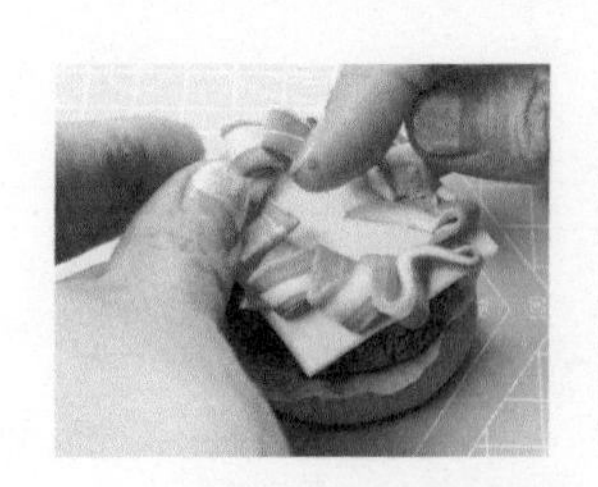

10 将培根肉卷放在芝士上。再加一片蔬菜。

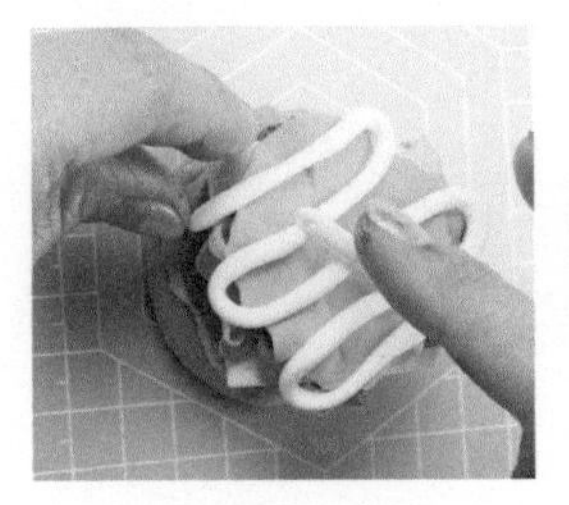

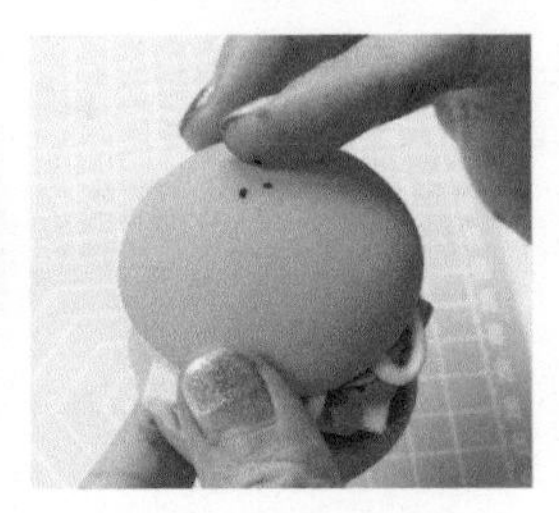

11 将沙拉酱放上去，盖上汉堡的饼皮。在上面用黑色黏土做出小芝麻颗粒，汉堡就制作完成了。

热狗

制作

热狗

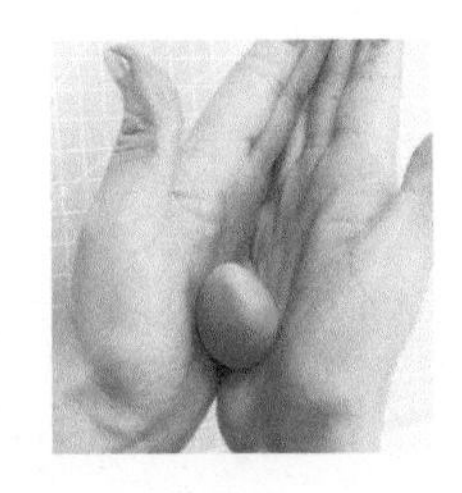
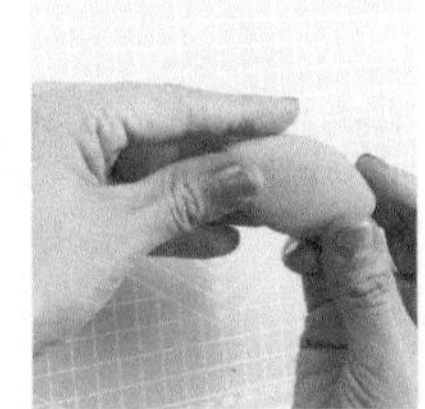

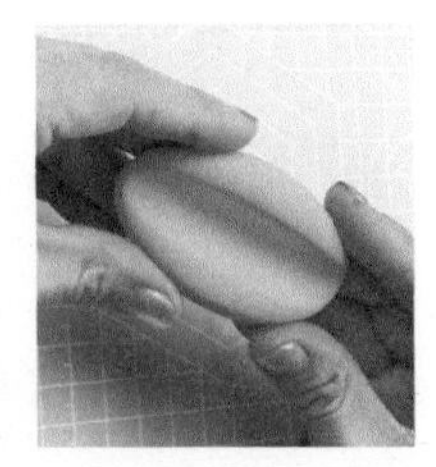

01 揉、搓、压

将橘黄色黏土揉成圆球，用双手手掌搓出梭形再压扁，要有点儿厚度。用柱体工具在中间压出个凹槽，再稍微调整一下造型。

制作热狗的香肠

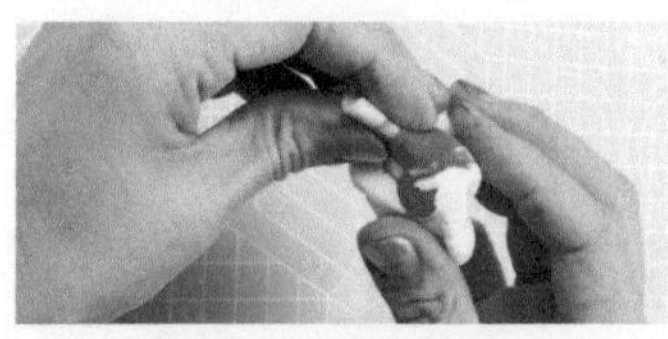
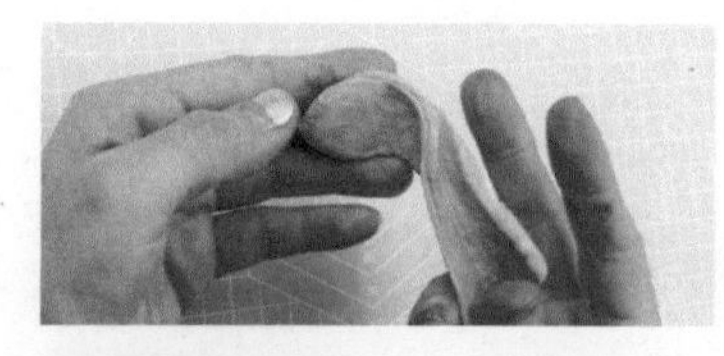

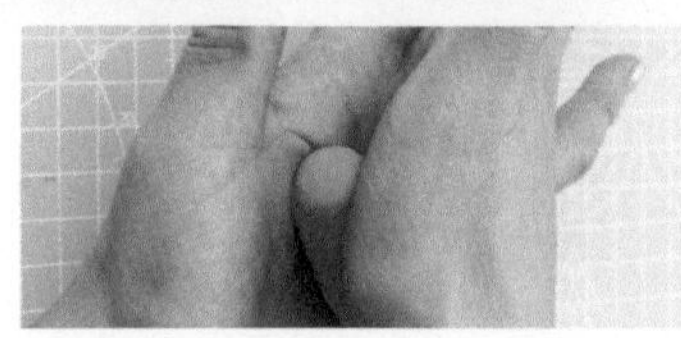

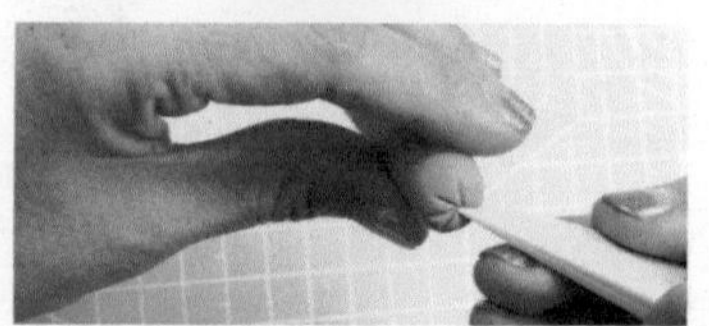

02 揉、搓、压

用红色黏土混合白色黏土，配出香肠的颜色。搓出长条香肠的形状，两头用压痕工具压出痕迹。

制作热狗的菜叶

03 捏

将绿色黏土用手指捏出薄片做绿色蔬菜。

组合

04 蔬菜放在热狗的饼皮上，香肠放在上面。

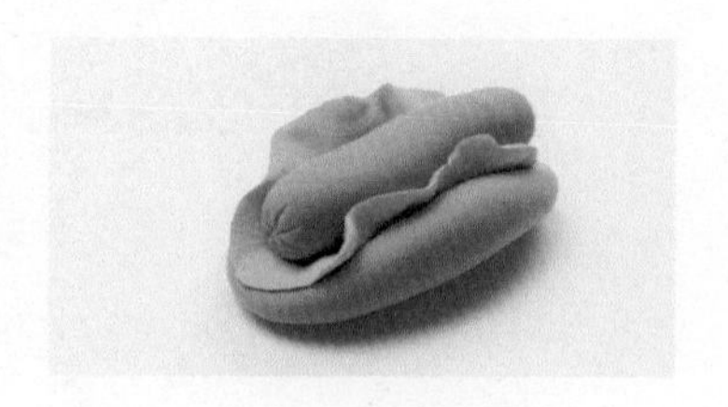

制作热狗的沙拉酱

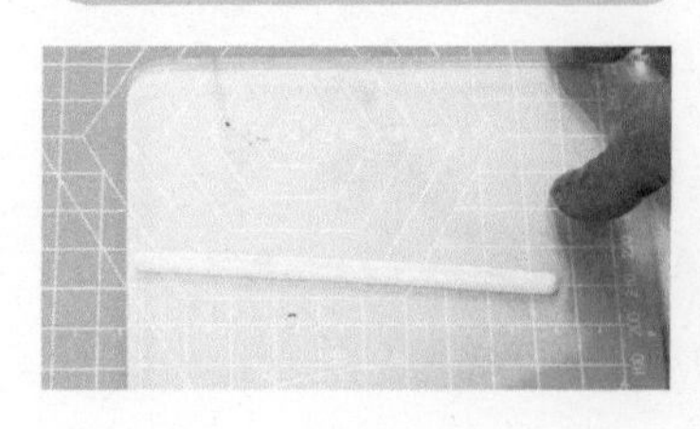
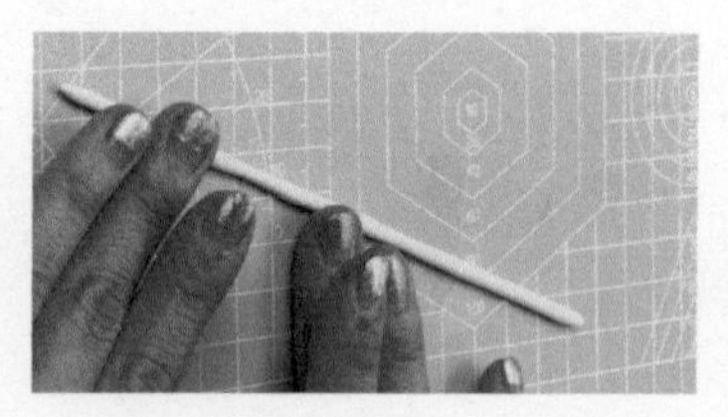
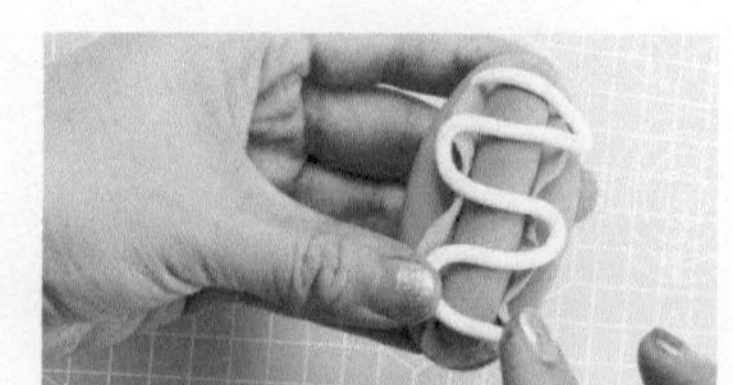

05 搓

用白色黏土搓细长条做沙拉酱，放在热狗的最上面。热狗就制作完成了！

华夫饼

制作

制作华夫饼的盘子

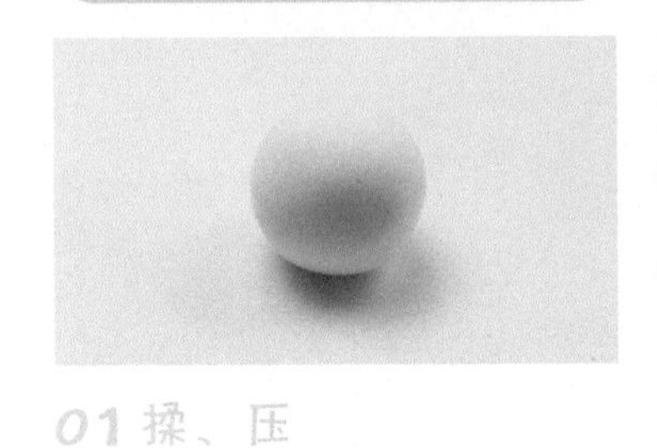
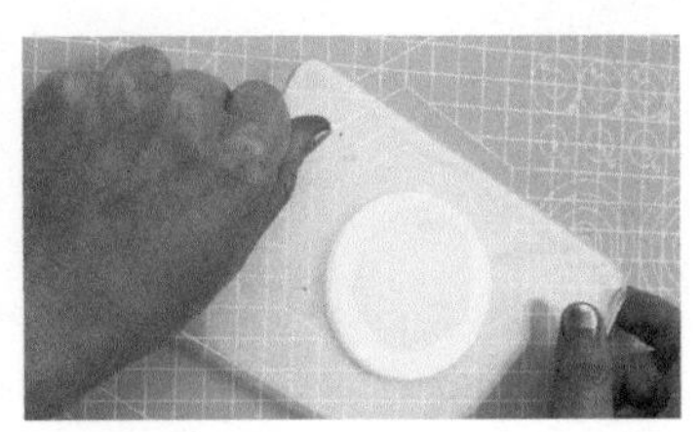

01 揉、压

先用白色黏土揉成圆球，再用压板压扁，做出盘子的雏形。

02 切、捏

用圆形切磨工具在中间压出痕迹，把边缘向上调整，捏出盘子的形状。

制作华夫饼

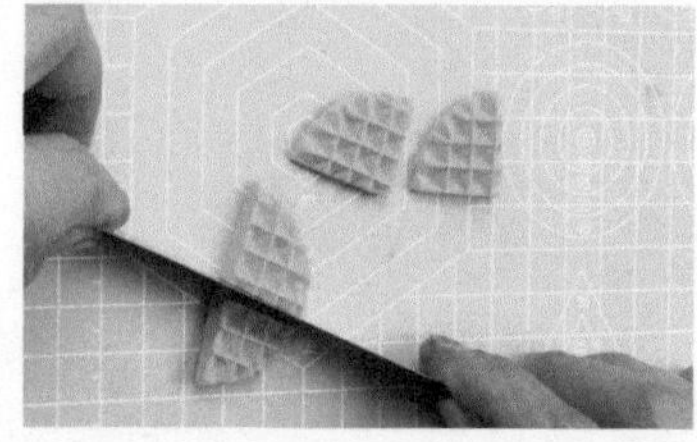

03 揉、压、切

先将黏土揉圆，拿出方格硅胶磨具，把黏土放在上面压出痕迹来做华夫饼，将其平均切成四份。

装盘

04 将做好的饼摆放在盘子里。

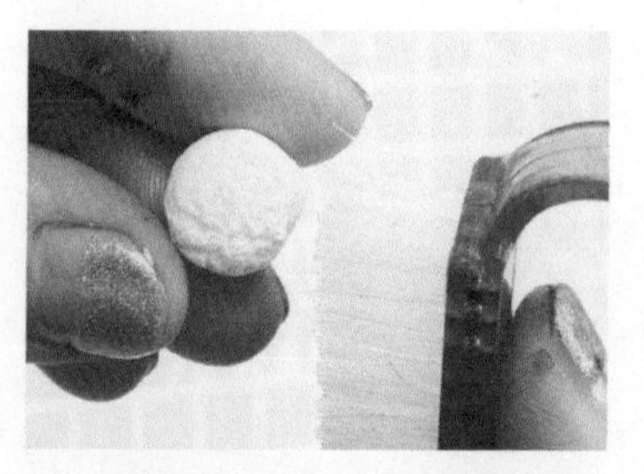

05 用黏土揉几个小圆球。用羊角刷压出肌理做冰激凌球，摆放进盘子里。

06 装饰几个“蓝莓”“草莓”等水果。

07 最后挤点儿仿真果酱，用白色色粉撒上小粉末颗粒“糖霜”，就制作完成了！

第四章 黏土小世界

4.1 植物小世界

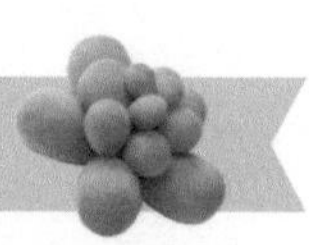

迷你仙人掌

准备材料

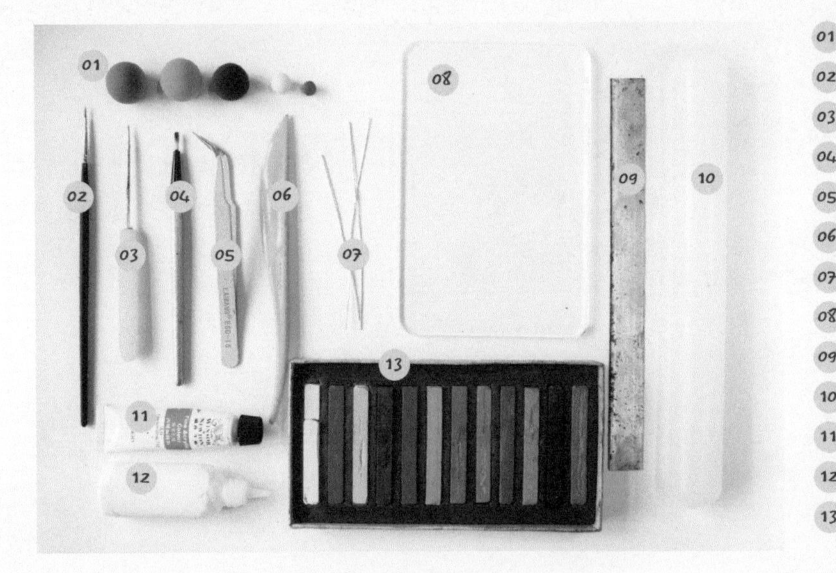

01 各色黏土
02 勾线笔
03 细节针
04 刷子
05 镊子
06 黏土三件套（之一）
07 铁丝
08 压板
09 刀片
10 擀泥杖
11 丙烯颜料
12 白乳胶
13 色粉

制作

制作花盆

也可以购买花盆

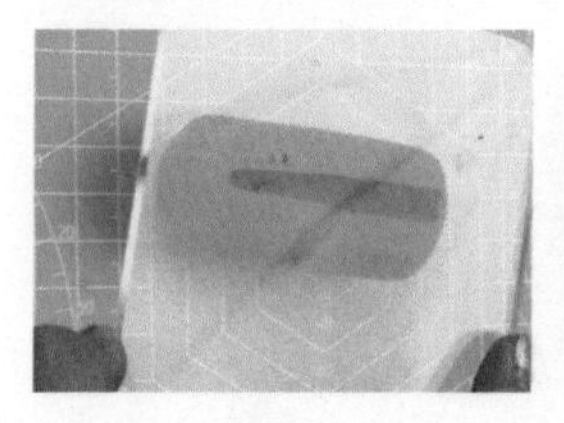
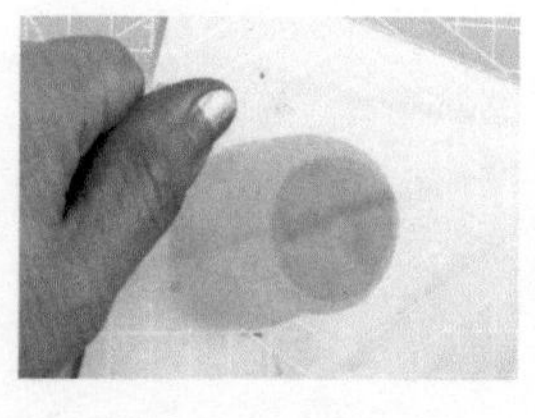
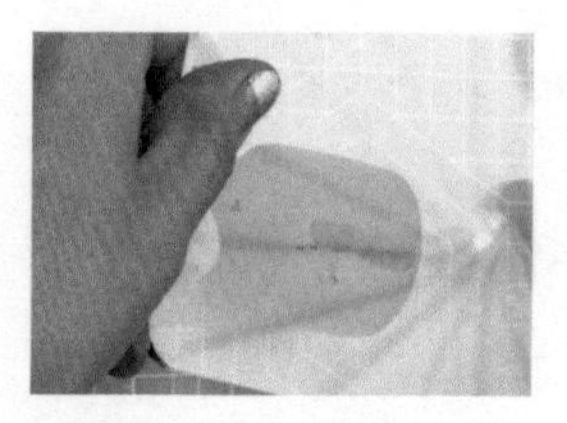

01 揉、搓、压

将黏土揉成圆球后，利用压板搓成圆柱，将两头压平。

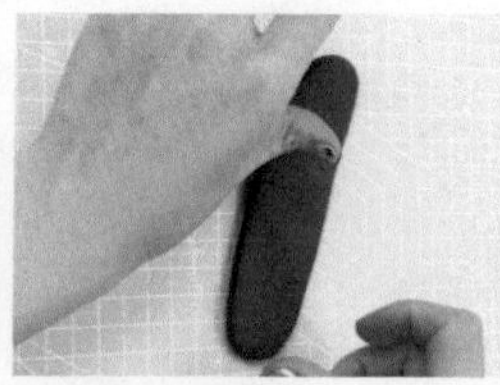
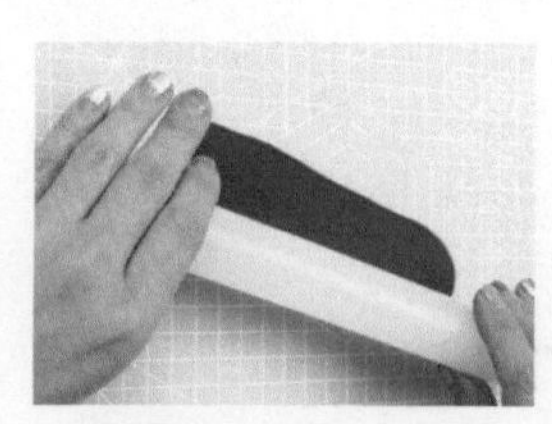

02 搓、压、擀

再取一些黏土，搓长条后压扁，用擀泥杖擀开。

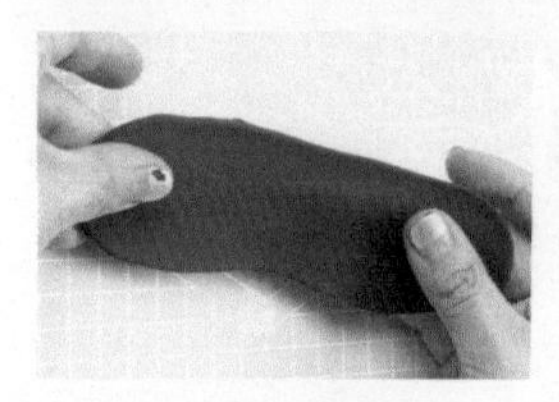

03 切

将擀好的黏土用刀片把边缘切割整齐，拿前面做好的圆柱体比对一下黏土片的长度和高度。黏土片要比圆柱体略高一些。

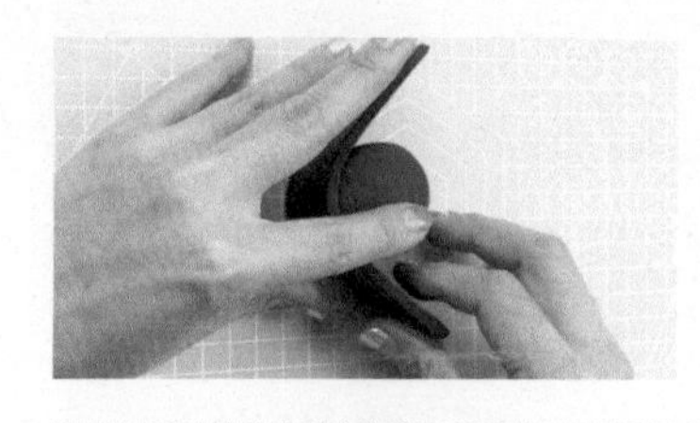

04

将切好的黏土片围在圆柱体外面，外层黏土片要高出圆柱体一截。

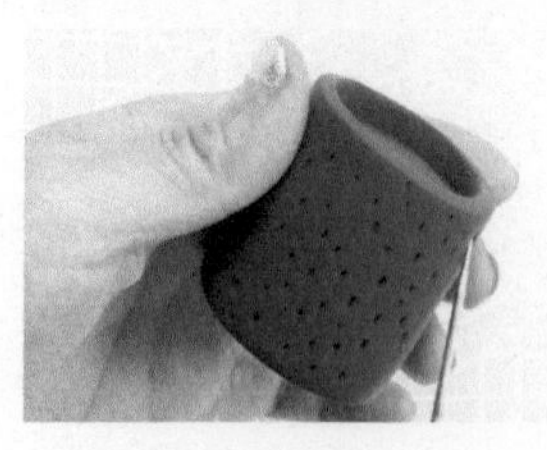

05 戳、上色

用细节针给做好的花盆戳点儿洞。在花盆外面刷一层白色丙烯颜料，花盆就制作好了。

制作仙人掌

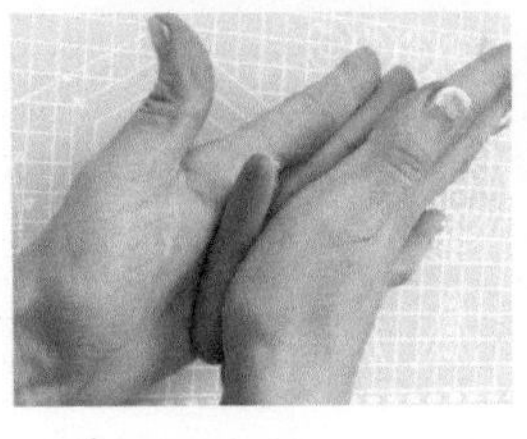
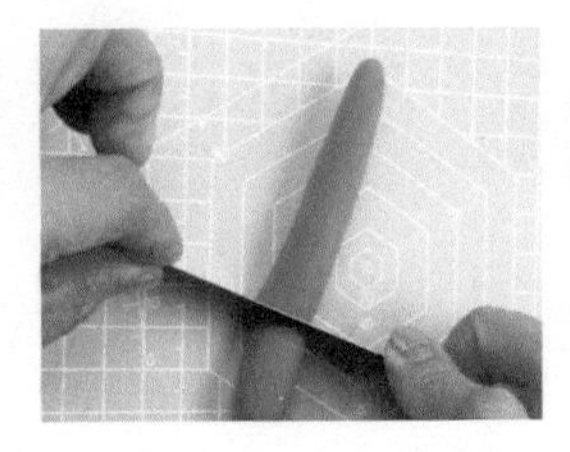

06 搓、切、捏、压

将绿色黏土搓成长条，用刀片把底端切平整做仙人掌主体。再搓一些小长条捏成弯曲的水滴形。把做好的长条用压痕工具压出纹路。

07 组合

把仙人掌组装起来。

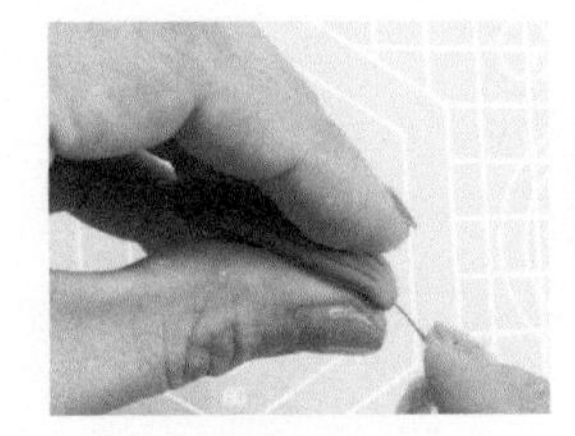
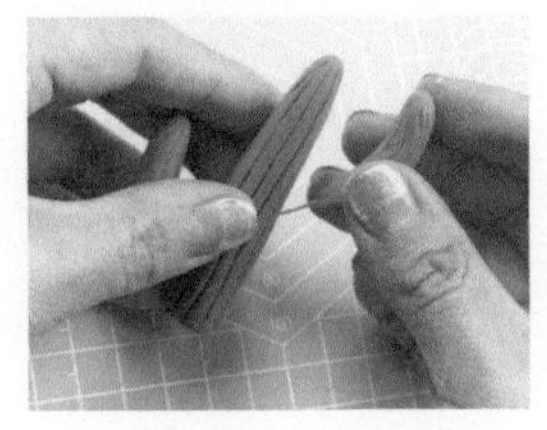

08

做朵小红花粘在仙人掌顶部。

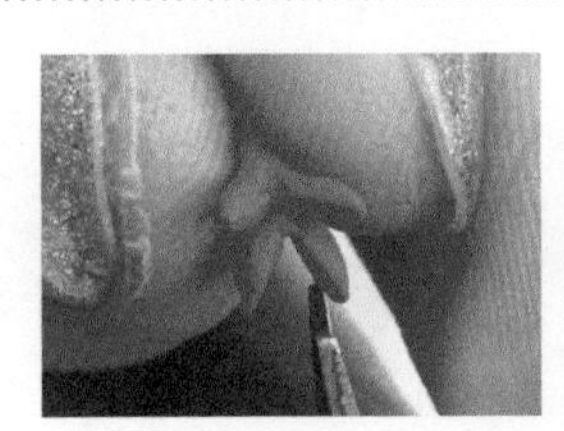
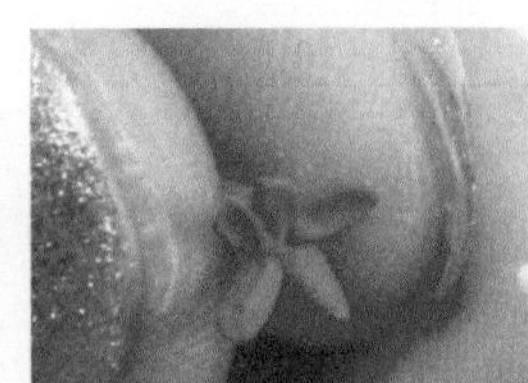
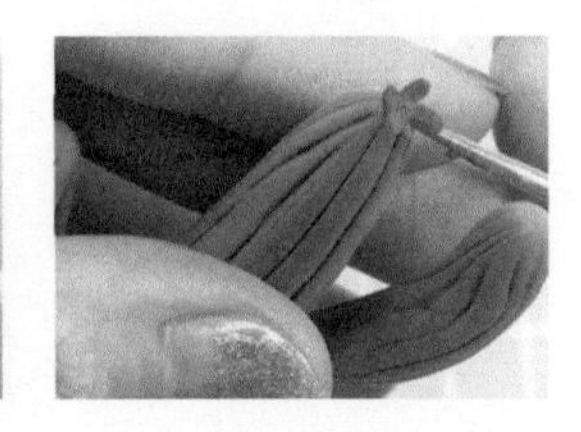

09 上色

用色粉上些颜色，让仙人掌看起来颜色更丰富。

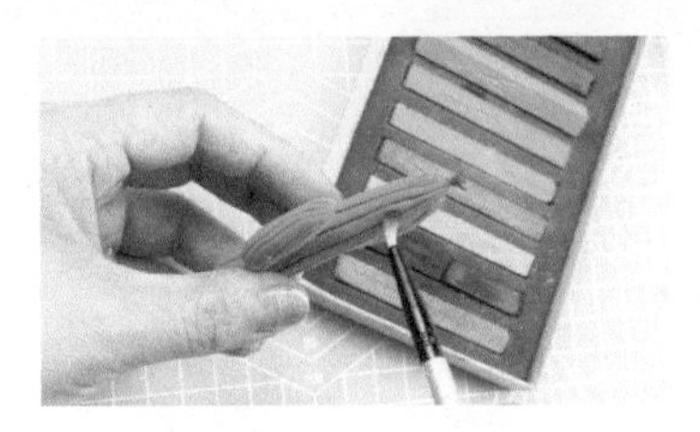
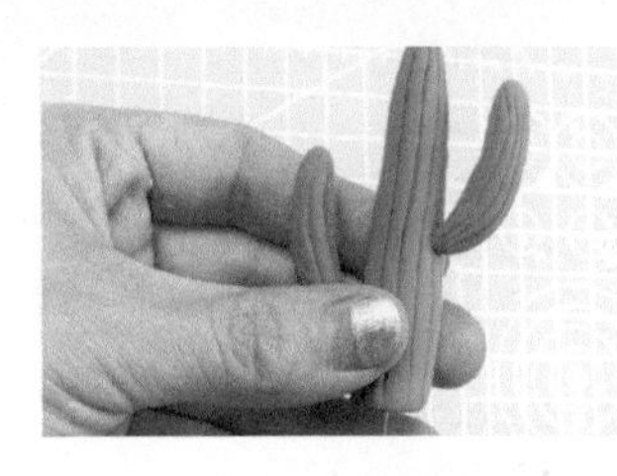

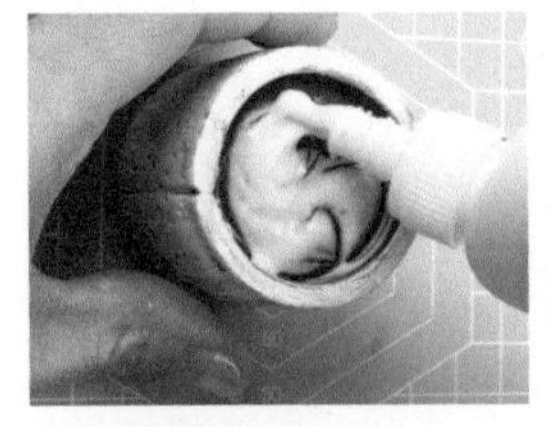
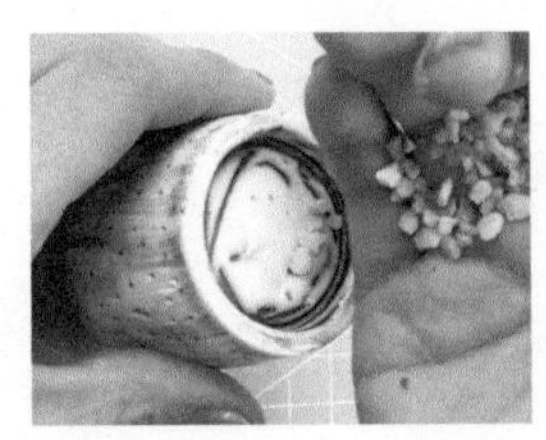

10 装盆

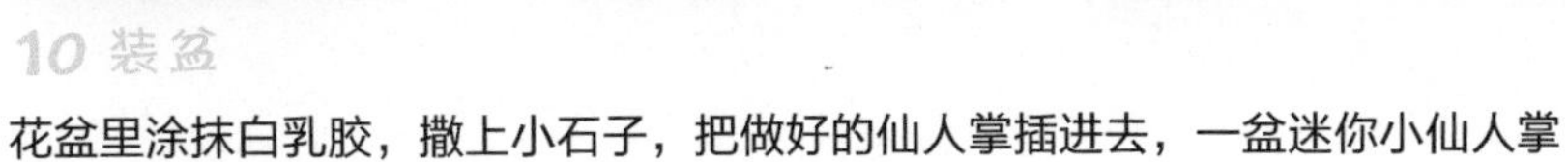

花盆里涂抹白乳胶，撒上小石子，把做好的仙人掌插进去，一盆迷你小仙人掌就制作完成了。

其他形状的仙人掌：水滴形

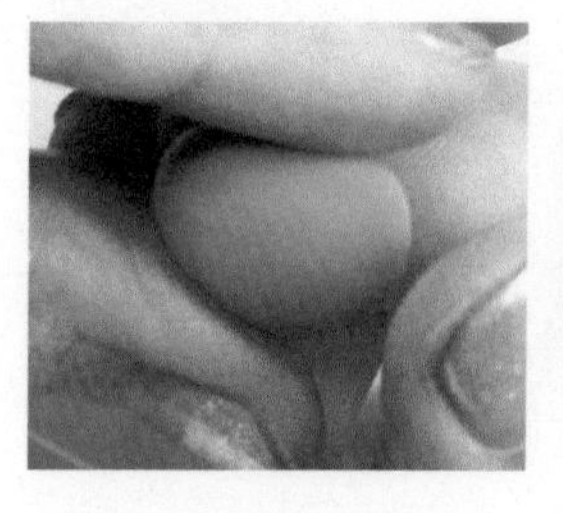
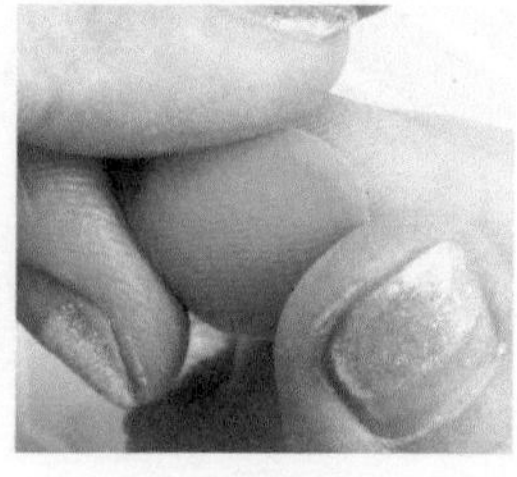

11 揉、压

还可以做椭圆水滴形的仙人掌叶子。先揉出水滴形，再压扁，调整一下形状。

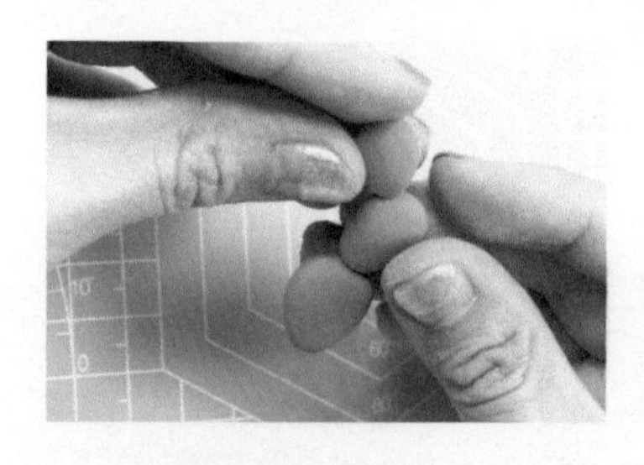
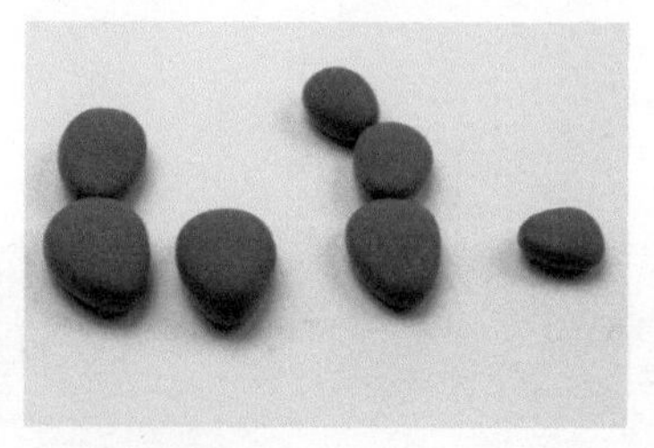

12 组合

把所有做好的叶子连接起来，组合时由大到小依次安排。

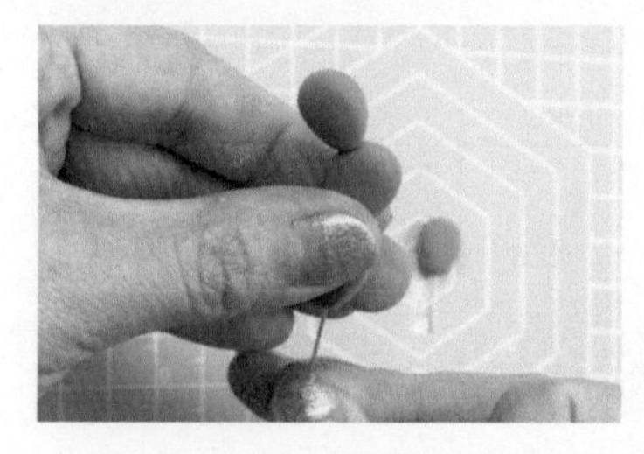
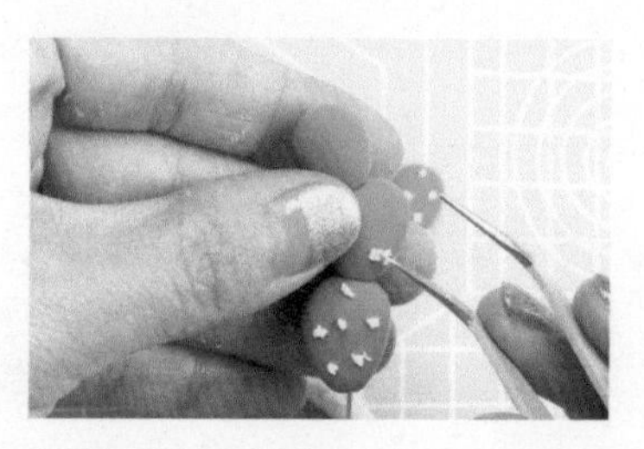
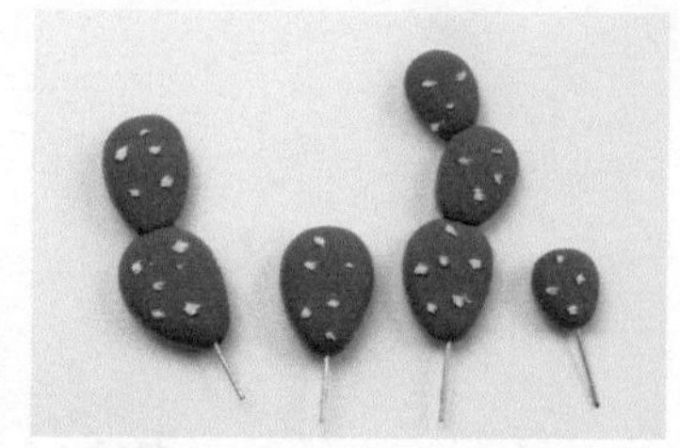

13 在叶子之间穿根铁丝，用浅黄色黏土在仙人掌上面粘一些斑点。

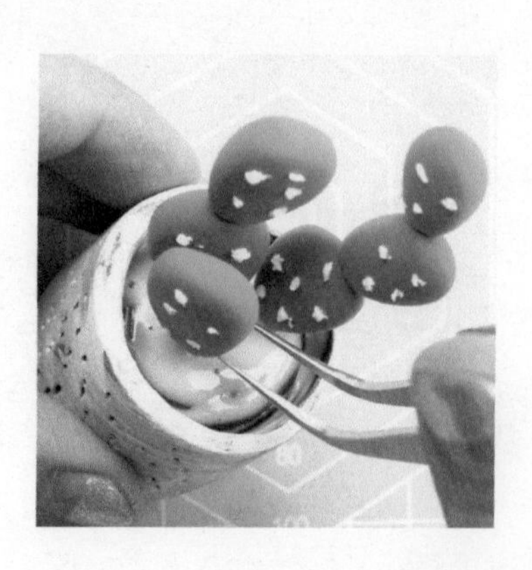

14 装盆

在花盆里涂抹白乳胶，把做好的仙人掌插进去，撒上小石子，就制作完成了！

其他形状的仙人掌：针形

15 搓、压

先搓出长条水滴形状，双手压出三个面。要多做一些，可以大小不一。

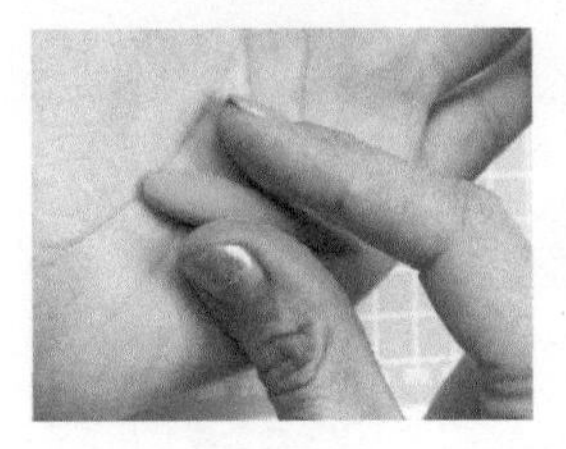
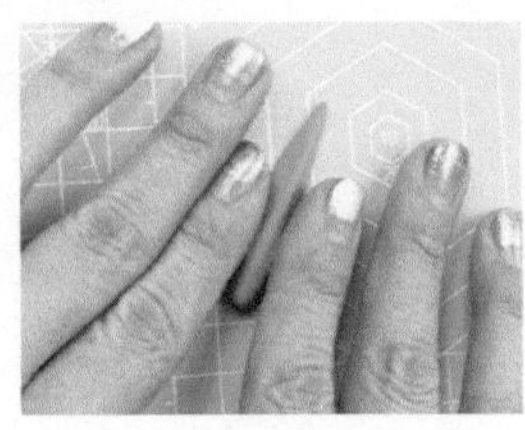

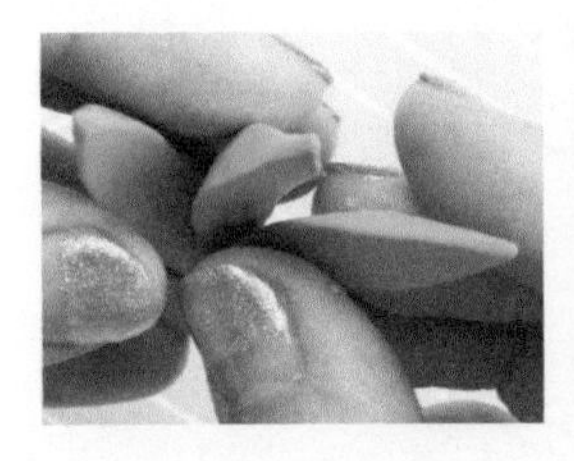
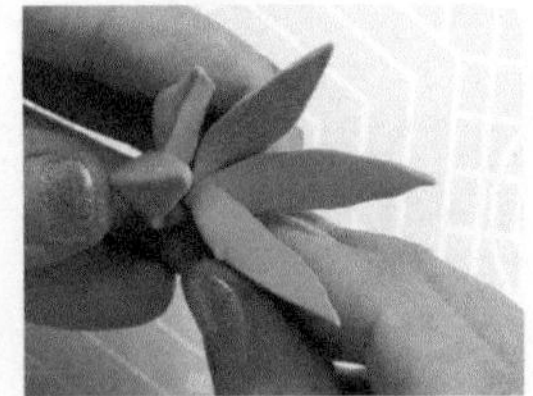

16 粘贴

依次从外到内，将叶子一片一片粘起来。

17 描画

用白色丙烯颜料给做好的仙人掌叶子画上斑纹。

18 装盆

在花盆底部涂抹白乳胶，把做好的仙人掌插进去，撒上小石子，就制作完成了。

多肉植物微景观

准备材料

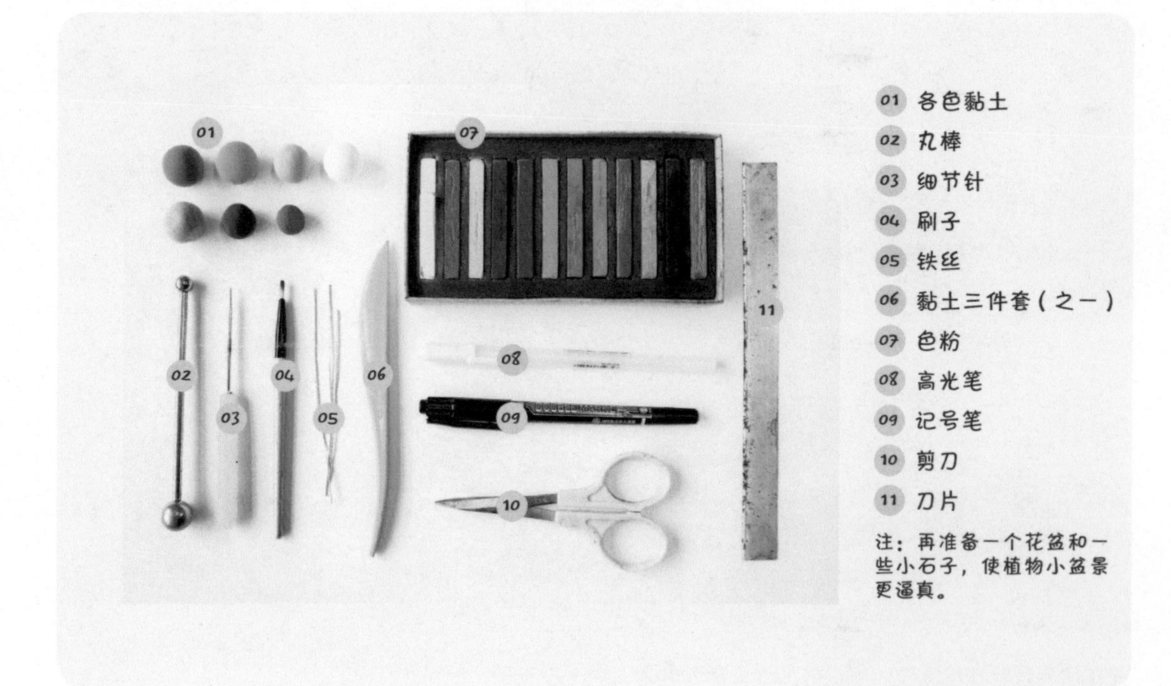

01 各色黏土
02 丸棒
03 细节针
04 刷子
05 铁丝
06 黏土三件套（之一）
07 色粉
08 高光笔
09 记号笔
10 剪刀
11 刀片

注：再准备一个花盆和一些小石子，使植物小盆景更逼真。

制作

制作多肉的叶片

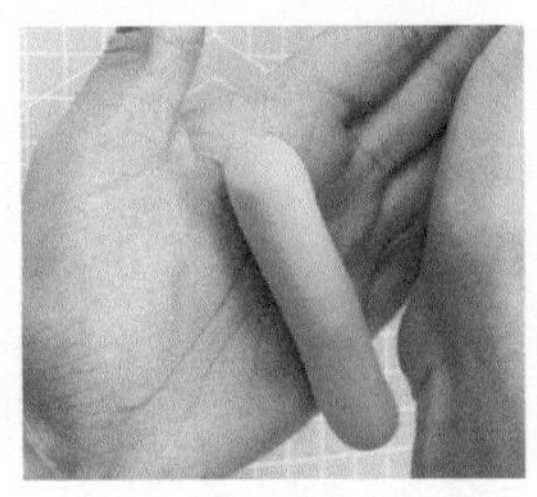
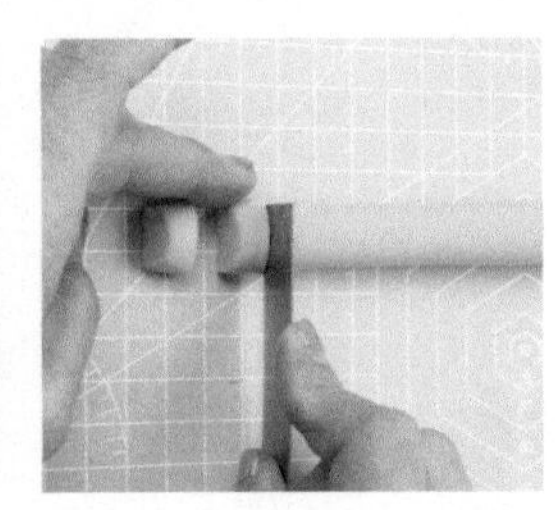

01 揉、搓、切

将绿色黏土揉成圆球，再搓成长条，依次用刀片切成大、中、小三种小块儿，每五个相同大小的小块儿为一组。

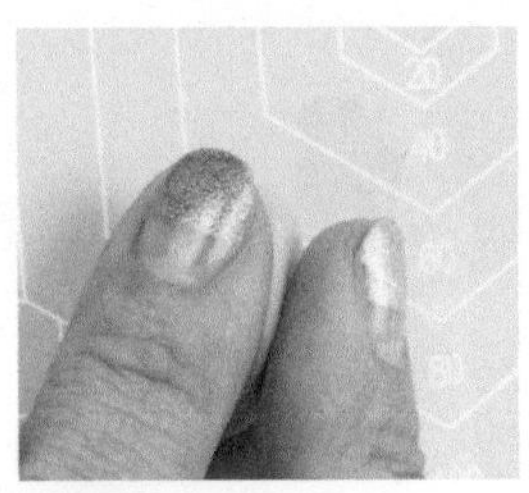
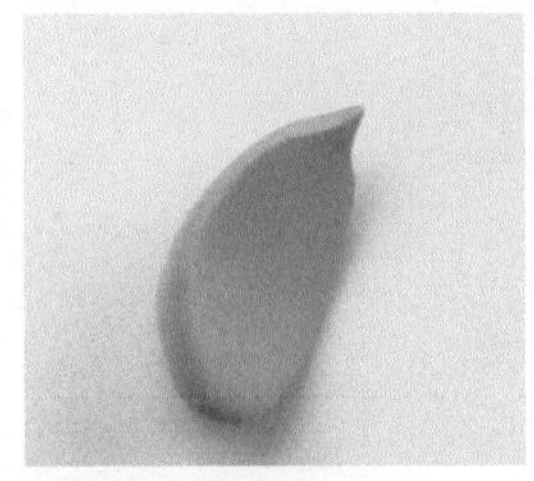
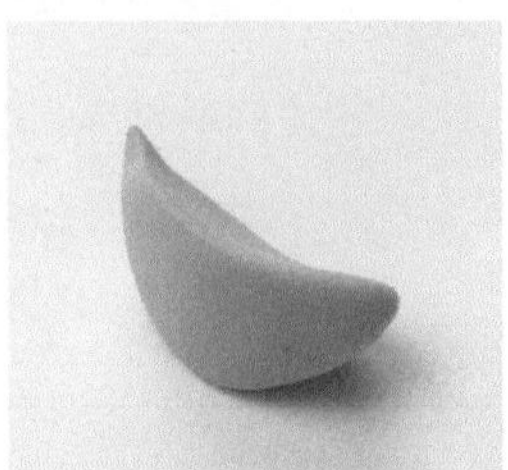

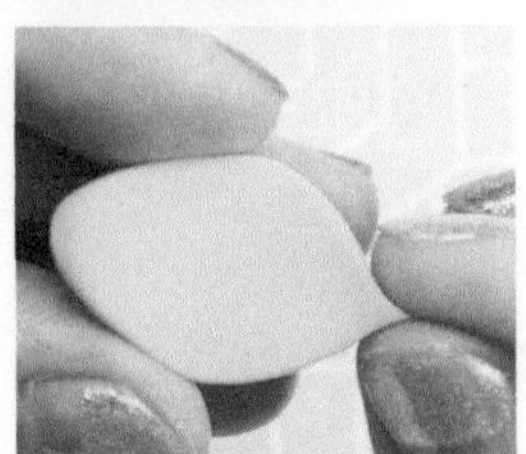
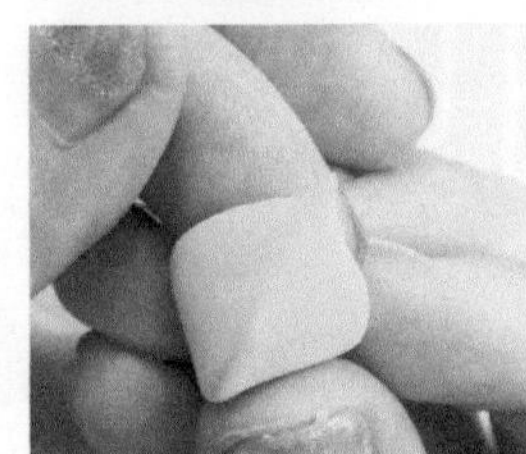

02 捏

将切开的黏土放在手工板上，用两只食指压出多肉叶子的基本形状。再慢慢用手指捏出多肉叶子前面尖尖的形状。

组合多肉的叶片

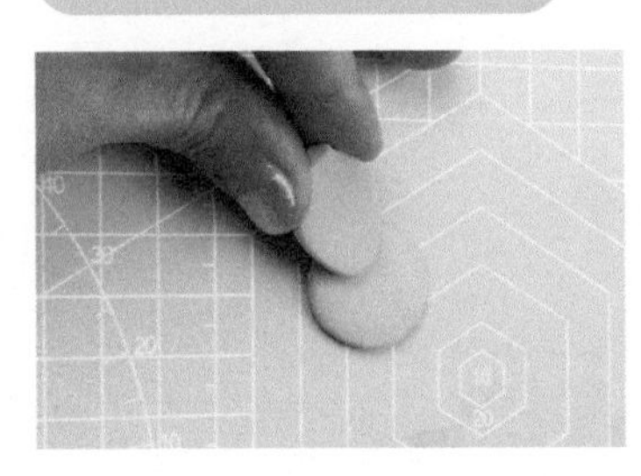
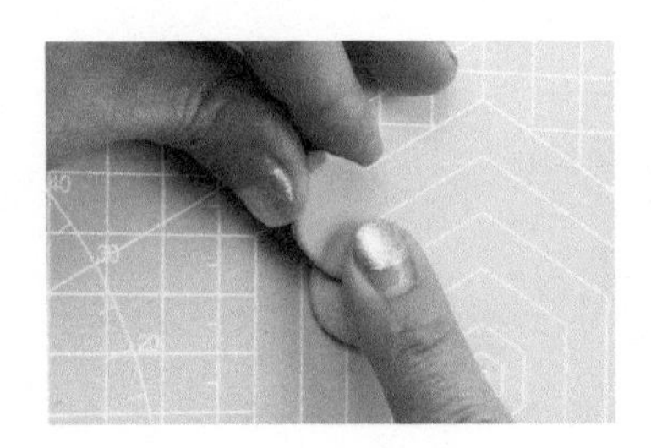

03 第一层叶片：揉、压

揉一个小圆球，压扁做底部，依次压放制作好的多肉叶子。底部第一层先放五片大号叶子。

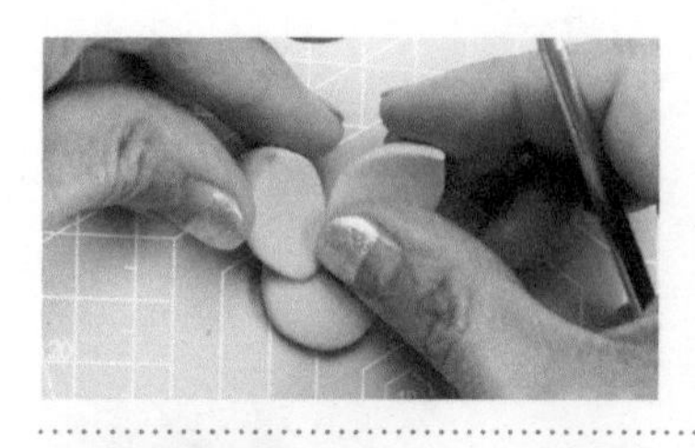

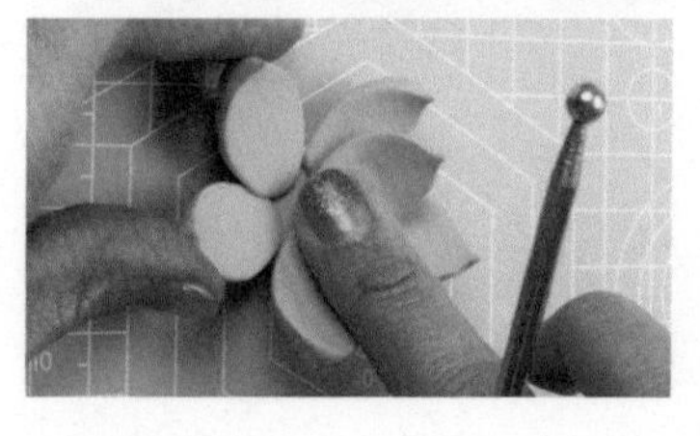

04 第二层叶片：错位粘贴

接着放第二层。第二层叶子放在第一层两片叶子的中间位置。

05

第二层粘好后，中间用黏土填个小圆球压扁。方便第三层叶子粘合得更牢固。

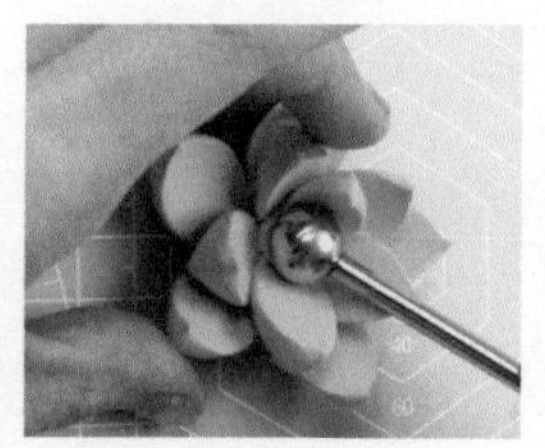
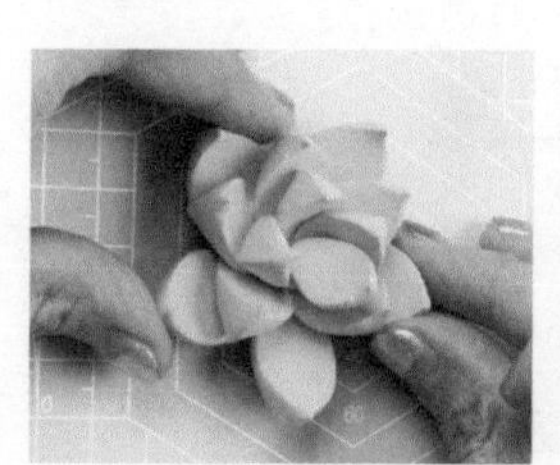

06 第三层叶片：压

粘第三层的叶子同制作第二层时一样，粘在两片叶子中间位置。粘叶片的时候可用丸棒压一下，使叶片形状更好。

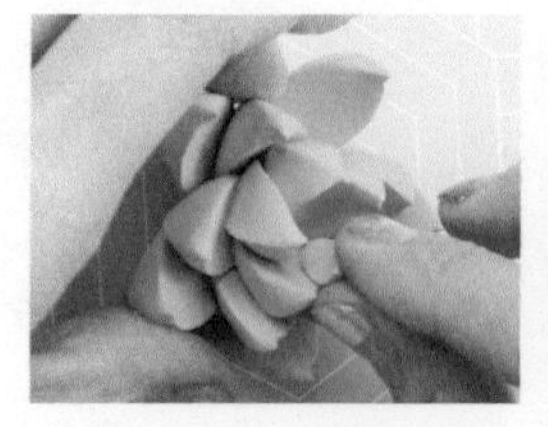
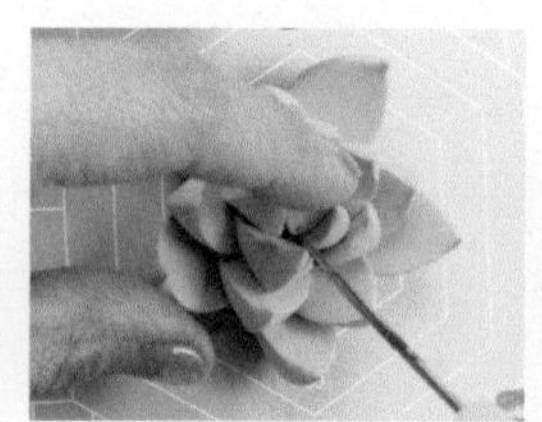

07

最后中间放入小叶子。

绘制多肉的叶片

08 上色

多肉的形状制作完成后，用色粉上色，把多肉叶子尖尖的部分刷上红色的色粉，使其更加逼真。

其他形状的多肉

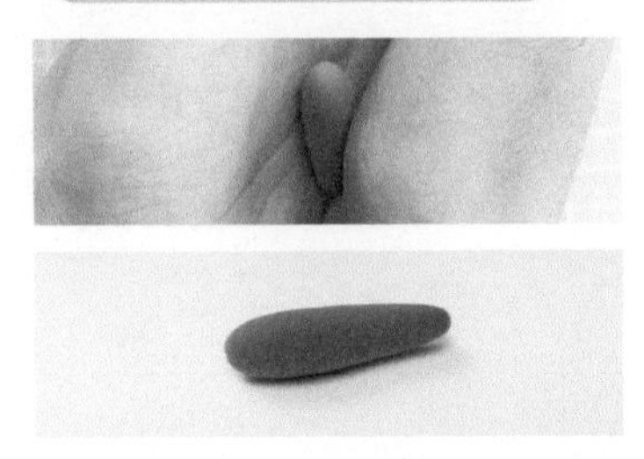

09 多肉叶子可以做成长长的水滴形状。按照上述的制作步骤，就可以组装出不一样的多肉。

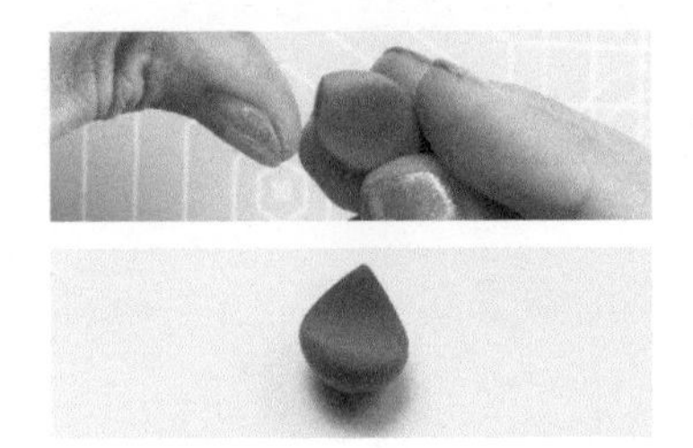

10 同样变换多肉叶子的形状，再换个不同的颜色，还可以做出其他样子的多肉。

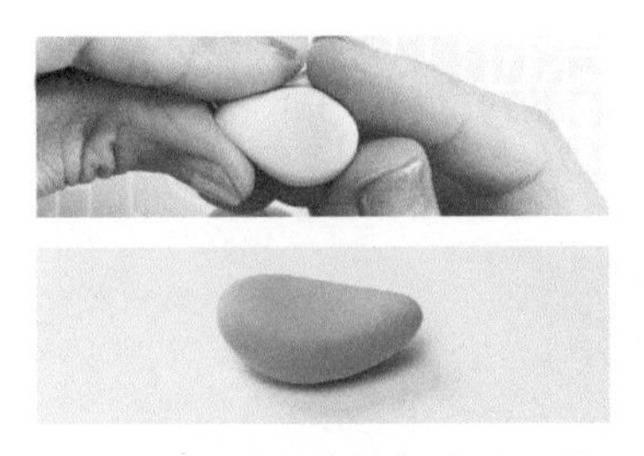
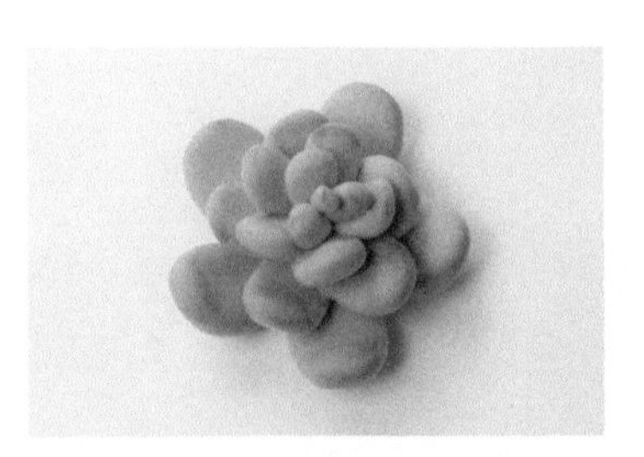

11 做成水滴轻轻压扁的形状，利用同样的组装方法，再刷上色粉，又可以做出另一个品种的多肉了。

制作小蘑菇

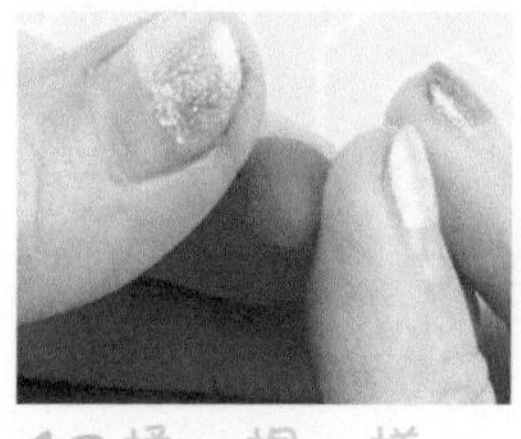

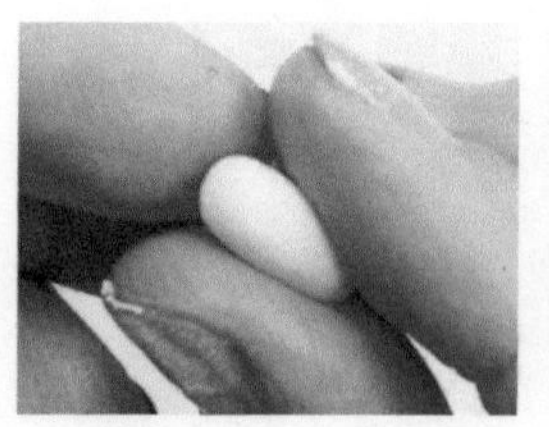
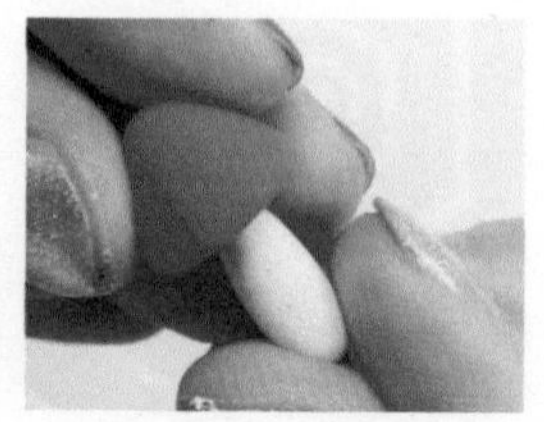

12 揉、捏、搓

将红色黏土揉成圆球，再捏成圆锥形做伞盖。用肉色黏土搓一个小长圆柱粘在下边，做成小蘑菇。

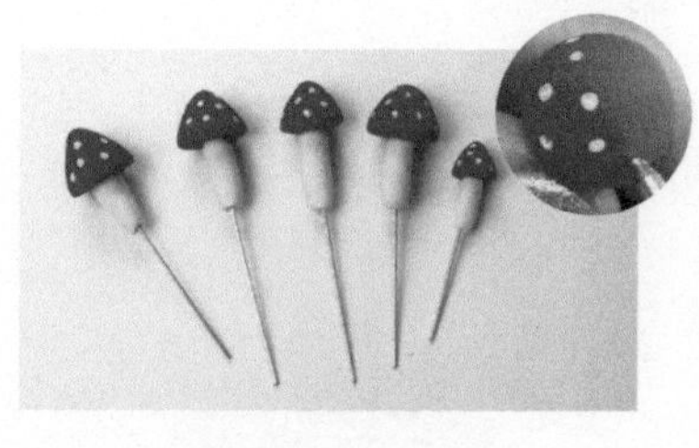

13 画

给做好的小蘑菇下面装上细铁丝，用白色高光笔画上蘑菇的小斑点。

制作小瓢虫

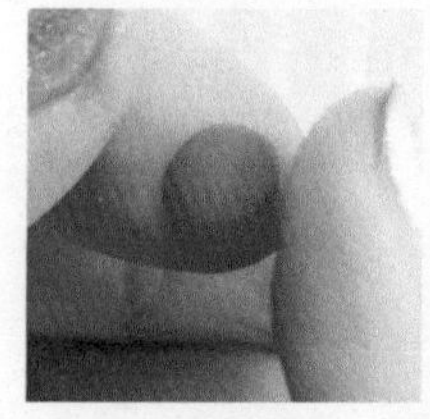

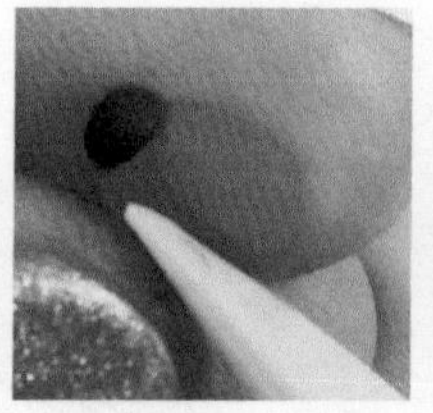
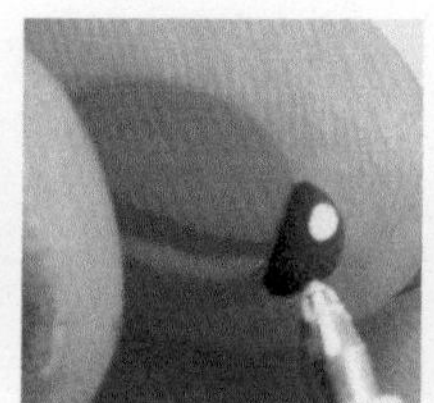
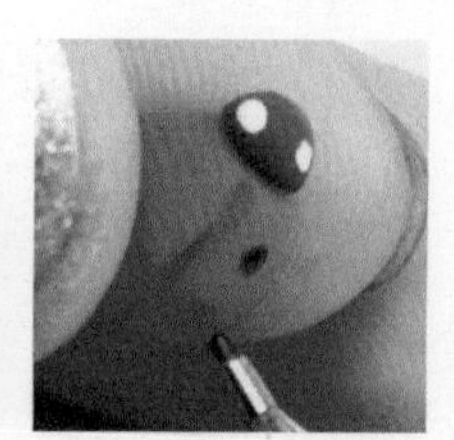

14 揉、压、画

揉一个小圆球，前端粘一个黑色的小圆球，用压痕工具在红色圆球中间压一条痕迹，用白色高光笔画出小瓢虫的眼睛，用黑色笔画出它身上的斑纹。

制作小栅栏

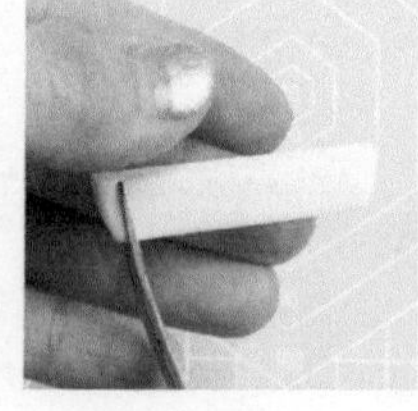
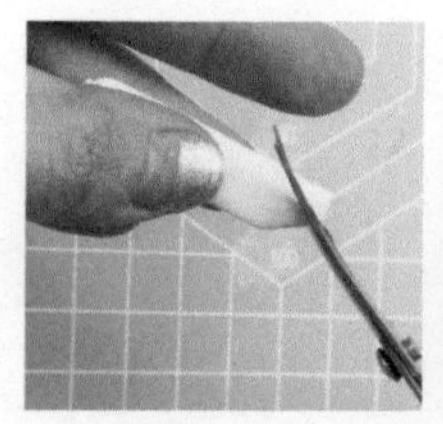
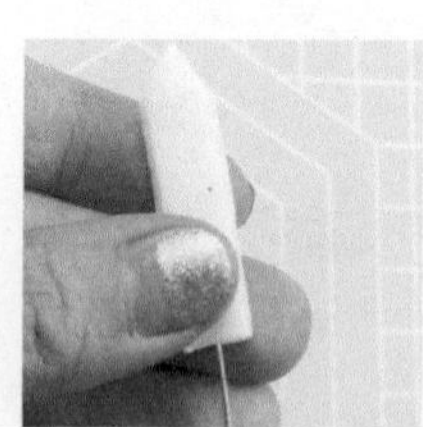

15 压、剪

先将白色黏土压平，再剪成长条，将长条的一端剪尖。多做几个，组合成栅栏。

装盆

16 拿出一个花盆，加入泥土或者黏土，铺上一层小石子，依次把做好的多肉摆放在花盆中。

17 把做好的小蘑菇、小瓢虫和小栅栏摆放在多肉的花盆里。一盆多肉植物微景观就制作完成了。不用浇水、不会被养死的多肉植物盆景你值得拥有。

4.2 动物小世界

准备材料

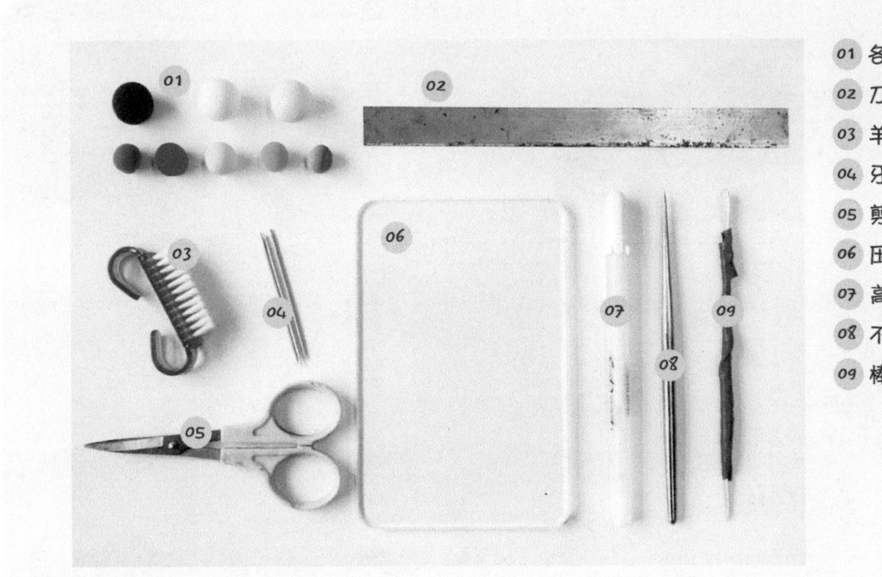

01 各色黏土
02 刀片
03 羊角刷
04 牙签（或铁丝）
05 剪刀
06 压板
07 高光笔
08 不锈钢压痕工具
09 棒针

制作

制作桌椅

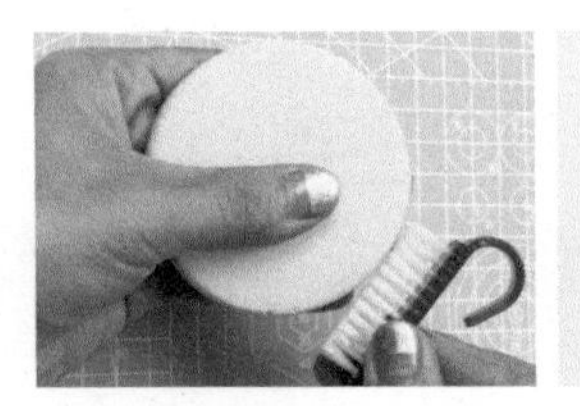

01 桌子：揉、压

将浅黄色黏土揉成圆球，再压扁，边缘用羊角刷压出些肌理，做圆桌子的桌面。

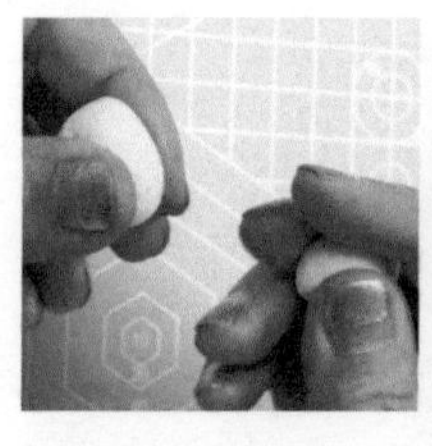
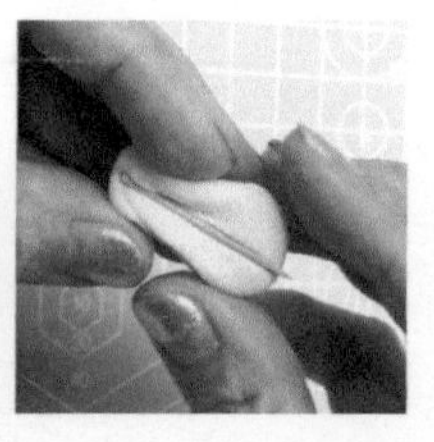
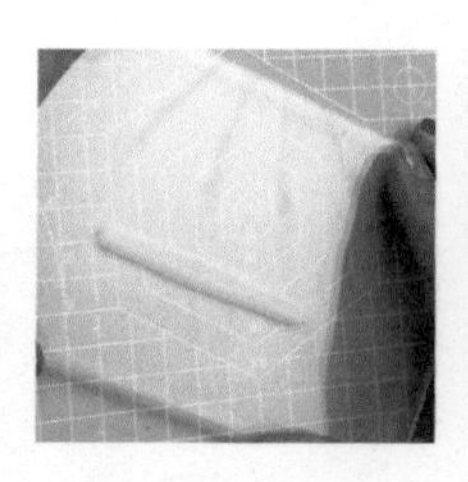
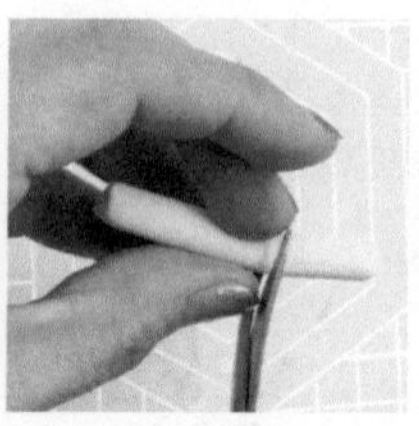

02 桌子：揉、搓、剪

用黏土揉成圆球，中间包上牙签后搓成圆柱，来做桌子的桌腿。把做好的桌面和桌腿拼起来。

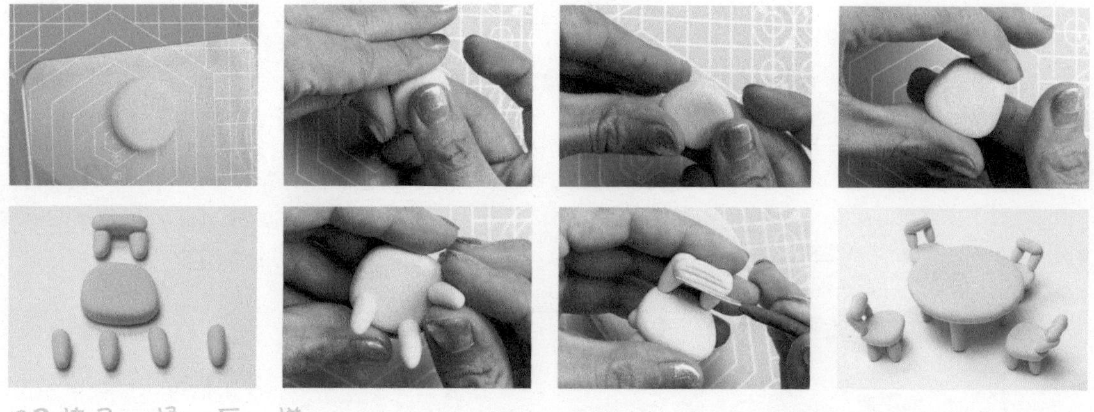

03 椅子：揉、压、搓

同样将黏土揉圆、压扁，搓圆柱，做出如图所示的形状，用来拼装小椅子。小桌子和小椅子就制作完成了。

制作熊猫头部

04 揉、压

用白色黏土揉圆球做熊猫的头部，粘上两个黑眼圈，黑眼圈上面再粘上一个白色的眼睛，再加上黑眼珠。用黑色黏土揉一个小圆，给小熊猫做小鼻子。

05 搓

用黑色黏土搓细条，给小熊猫做嘴巴。

06 揉、压

取两个相同大小的黑色黏土，先揉圆再稍微压扁一点儿做熊猫的耳朵。

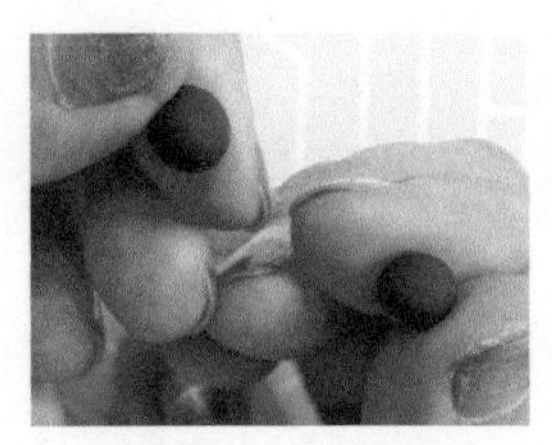  

07 做另一只熊猫的脸：揉、压

用同样的方法制作头部、眼睛、鼻子。眼睛的形状可以有所区别。

08 做另一只熊猫的嘴：压

先用工具压一个洞确定嘴巴位置，再放入红色黏土用工具压平。

09 同样方法还可以做出不同表情的熊猫脸。

制作熊猫身体

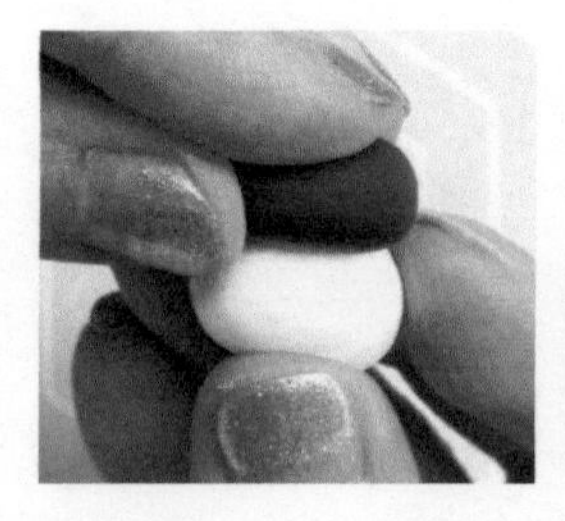
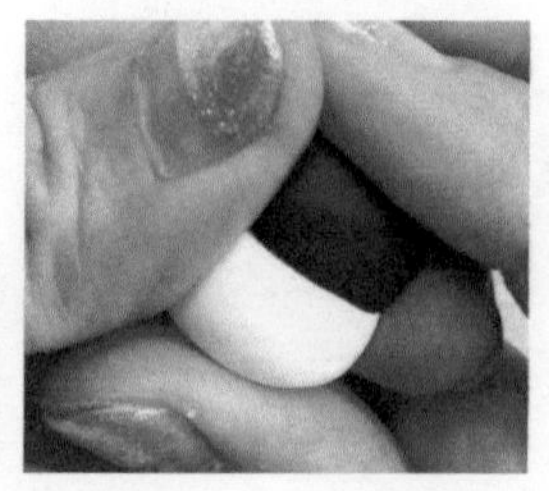

10 揉、压

选黑色、白色黏土揉圆，适当压扁，再将黏土拼在一起做出熊猫的身体。

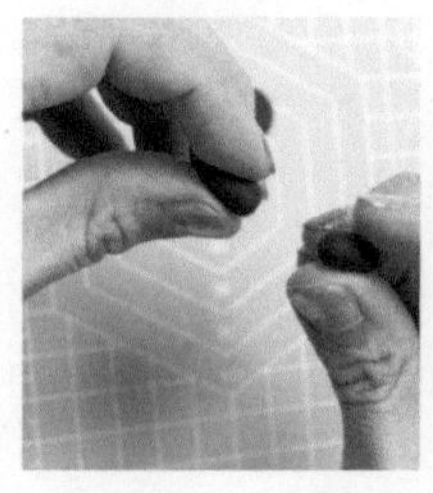
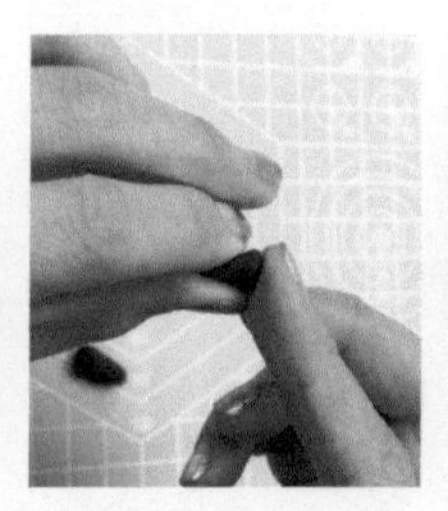
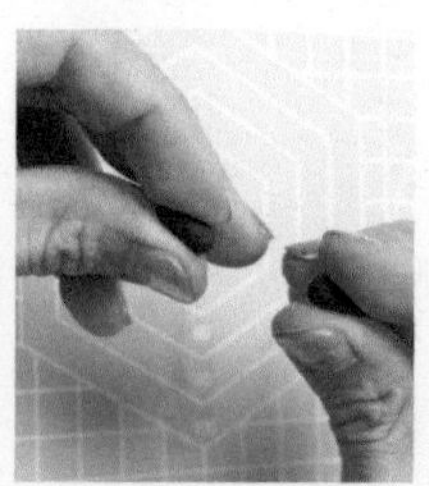

11 搓、捏

用黑色黏土搓成小圆柱做熊猫的四肢，可以在两条后腿的另一端各捏一个脚掌。

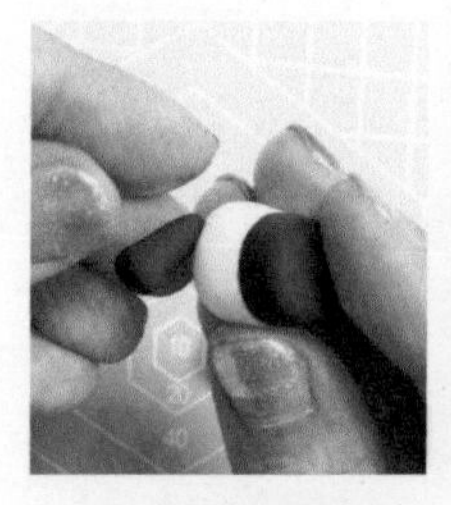

12 把做好的四肢粘在熊猫的身体上。

组合

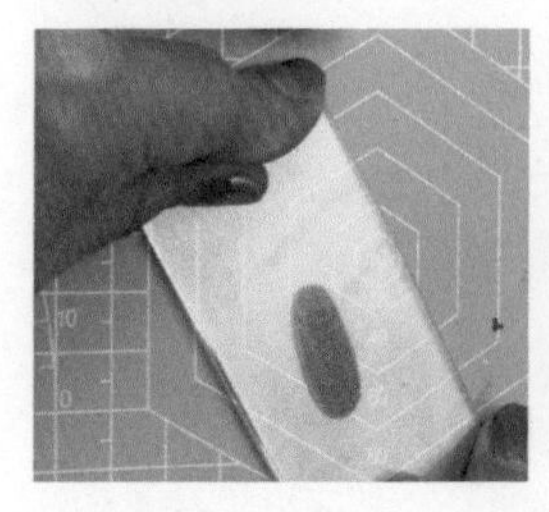
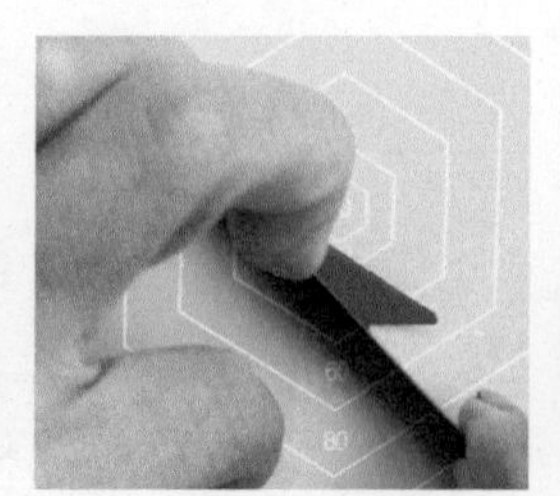
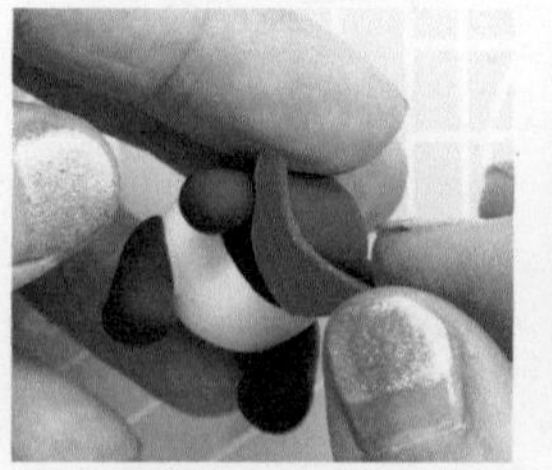

13 用压板将黏土压扁，切出三角形系在熊猫脖子上，再把头部放上去。

14 揉个黑色的小圆球。给熊猫粘上小尾巴。将红色小圆球粘在脸颊上做腮红。萌萌的小熊猫就制作完成了！

15 把做好的熊猫放在椅子上，摆放好位置。

准备材料

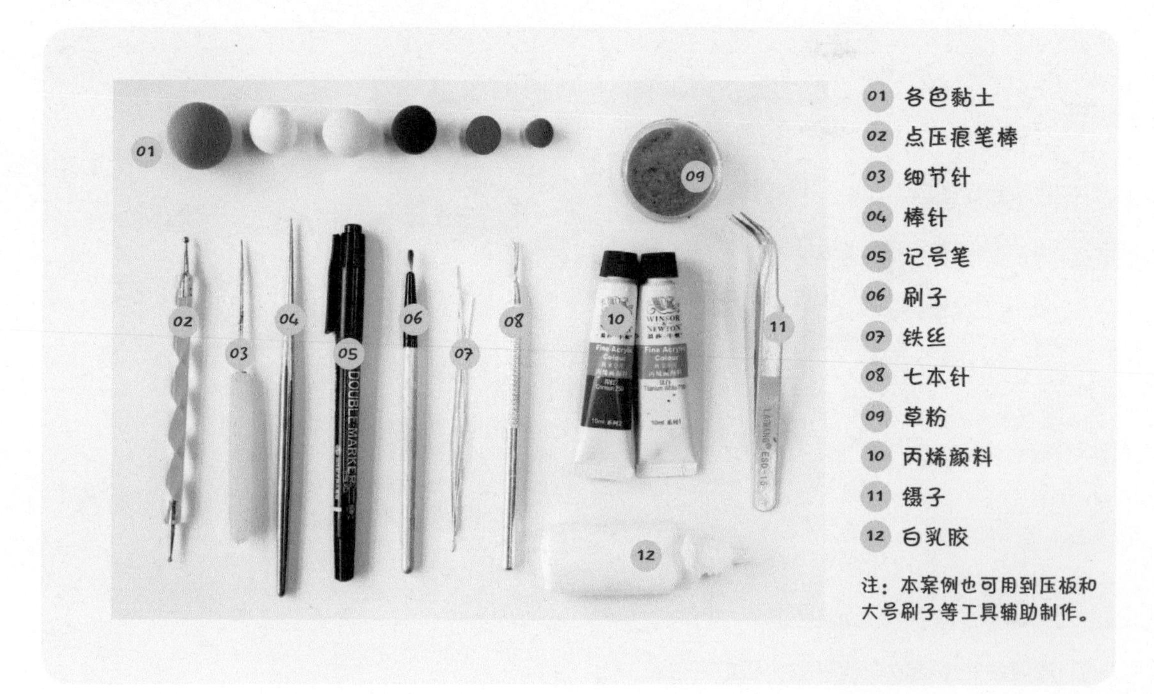

01 各色黏土
02 点压痕笔棒
03 细节针
04 棒针
05 记号笔
06 刷子
07 铁丝
08 七本针
09 草粉
10 丙烯颜料
11 镊子
12 白乳胶

注：本案例也可用到压板和大号刷子等工具辅助制作。

制作

制作松鼠的头部

01 头型：揉

将橘黄色黏土揉成圆球，做小松鼠的头部，头顶要尖一些。

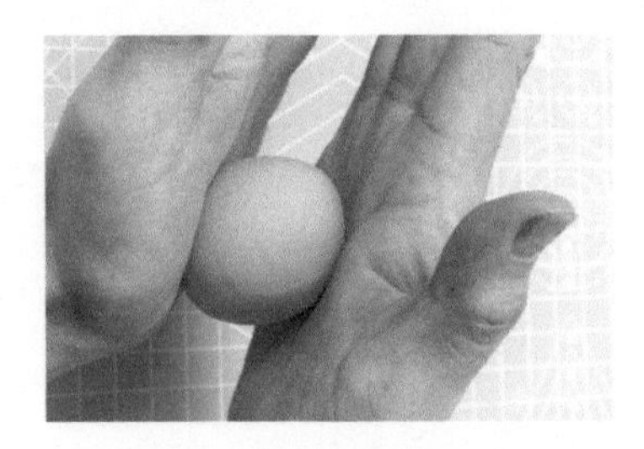

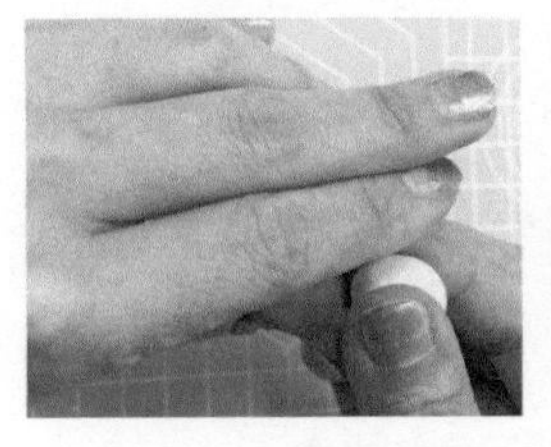

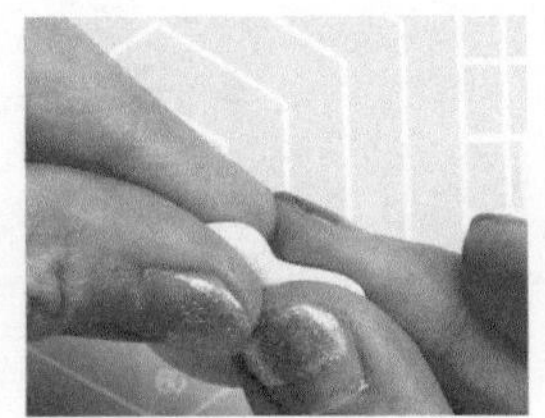

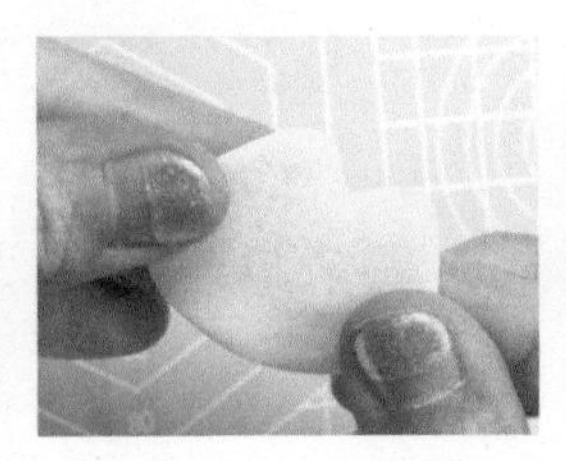

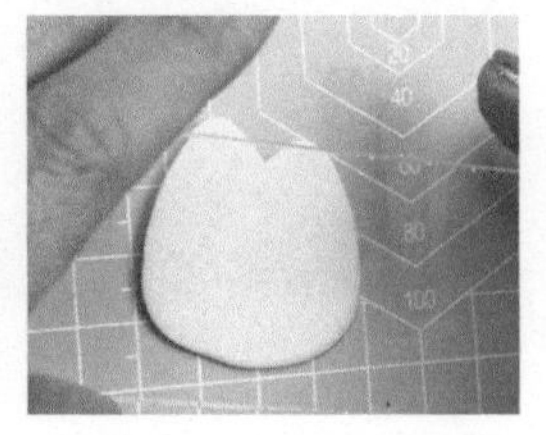

02 面部：捏压

取浅色黏土用手指轻轻捏压成扁片，做出如图所示的形状，做小松鼠的面部。

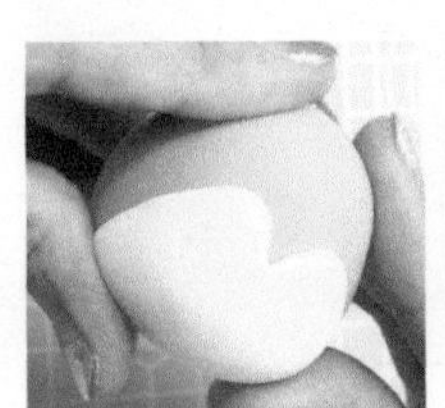

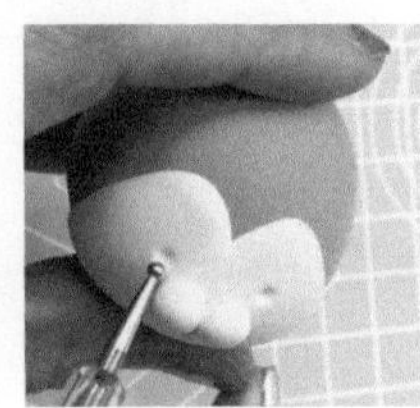

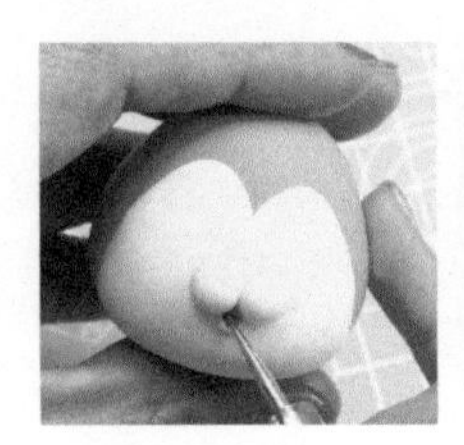

03 丰富脸部：揉、压

把做好的薄片贴在小松鼠的头部正面。揉两个小圆球放在面部中间位置。用丸棒压出眼睛、嘴巴的位置。

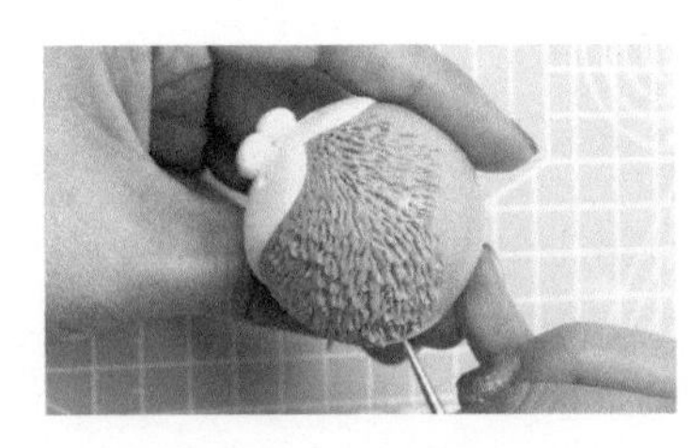

04 毛发肌理：戳

用细节针戳出小松鼠头部毛茸茸的毛。

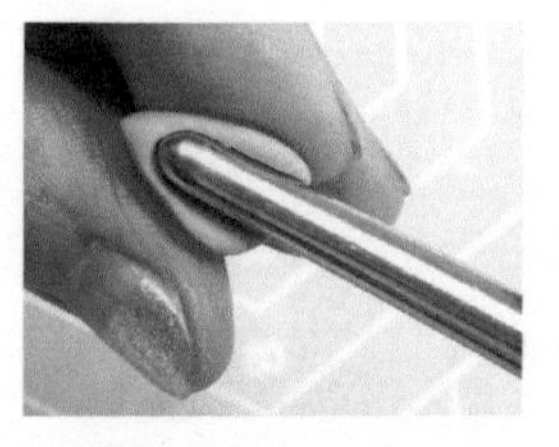

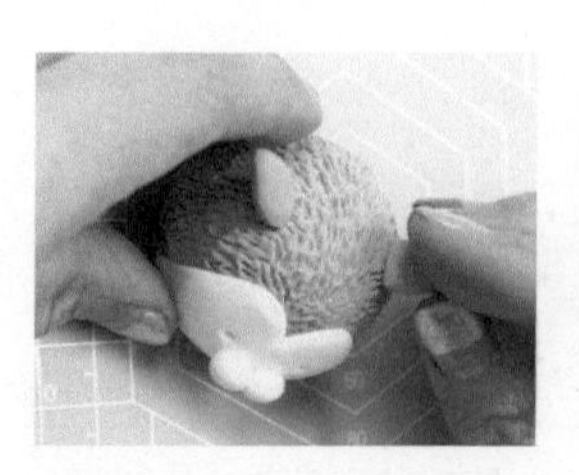
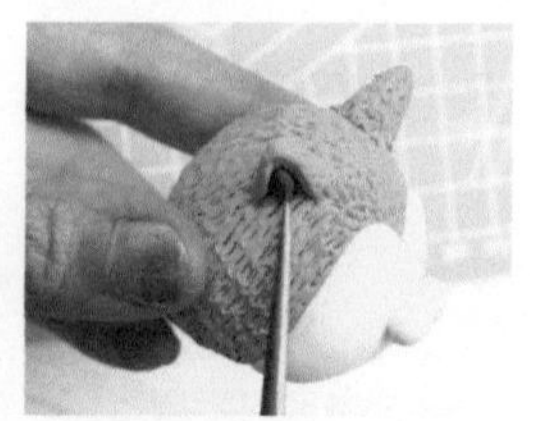

05 耳朵：揉、压、戳

先揉出水滴形，再压出凹痕，做出两个三角形的耳朵，粘在小松鼠的头部上。同样用工具戳出毛茸茸的样子，耳朵里填上深色黏土。

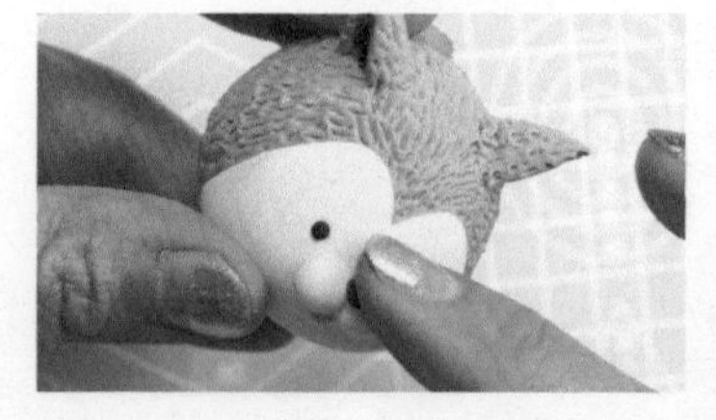

06 细化五官：揉、捏、画

揉两个小黑球粘入眼睛区域。捏棕色三角形做小鼻子。鼻子周围用记号笔点一些黑色的小点。

07 细化五官：压、画

嘴巴里填上红色黏土，用丸棒压平。黑色眼睛上加上白色高光。用化妆刷刷上腮红，小松鼠的头部就制作完成了！

制作松鼠的身体

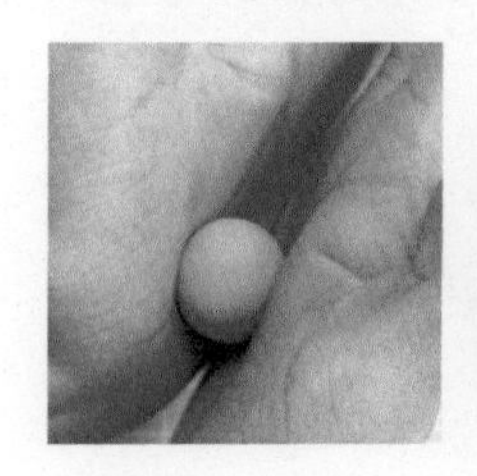
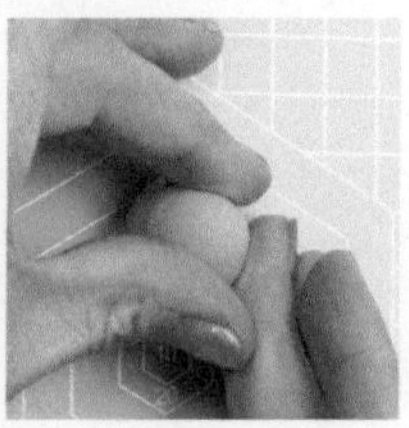

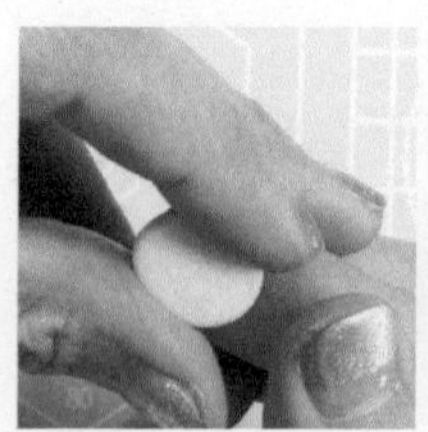
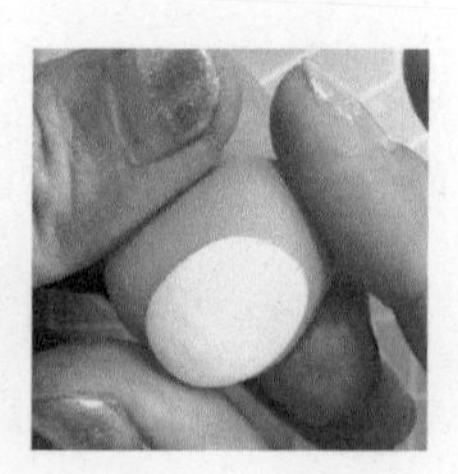

08 躯干：揉、捏、压

先揉一个圆球，再调整一下形状，用浅色黏土压一个薄片粘在肚皮位置。

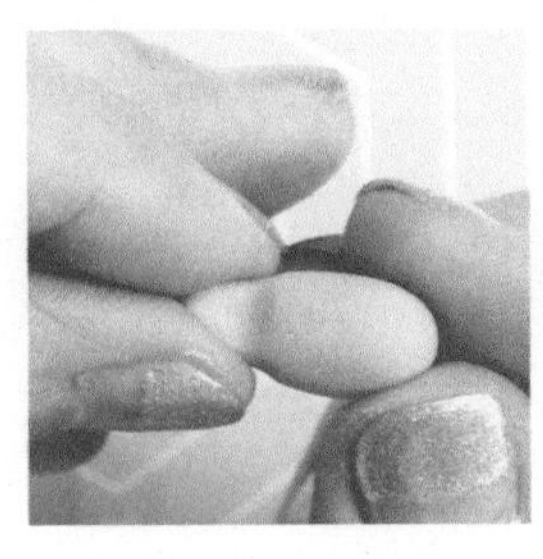
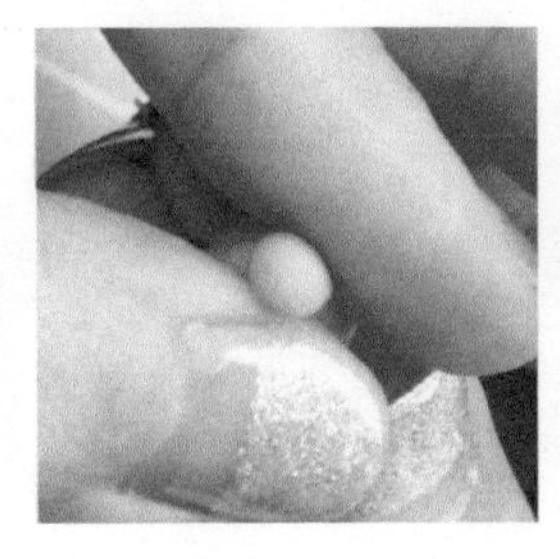

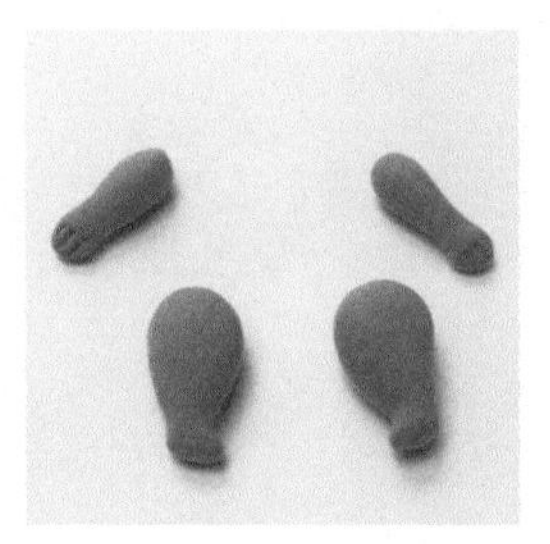

09 四肢：搓、捏、压

先把黏土搓成圆柱，再捏出造型，做小松鼠的四肢。可用工具压出趾的形状。

10 组合

把做好的后腿粘在身体下端的两侧，前腿粘在身体上端的两侧。

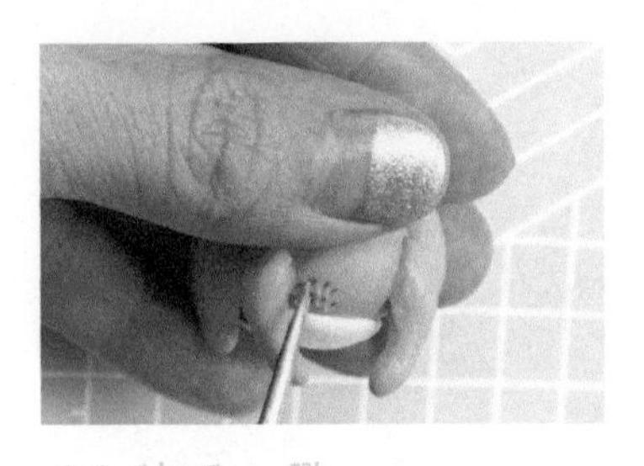

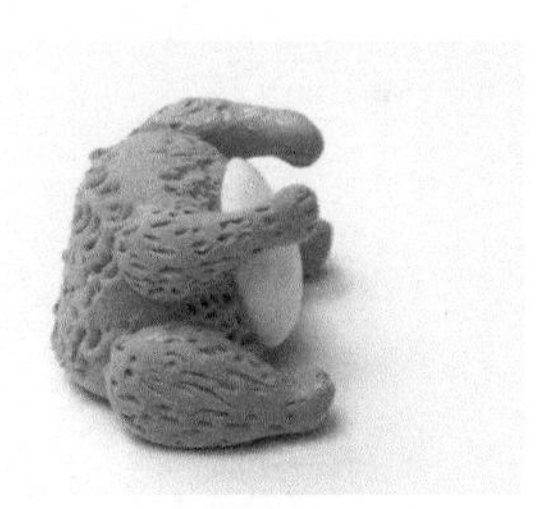

11 绒毛：戳

同样用工具戳出毛茸茸的毛。

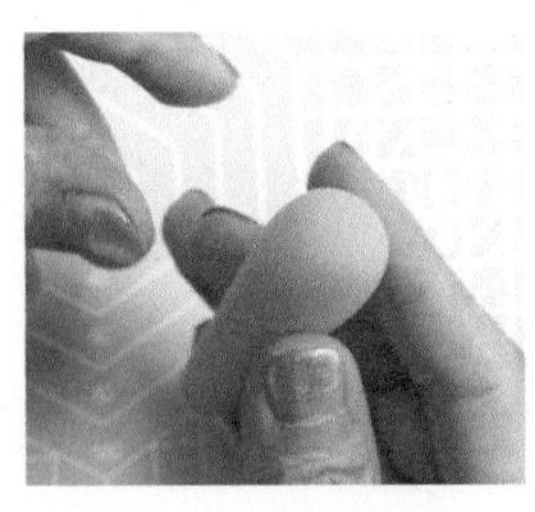
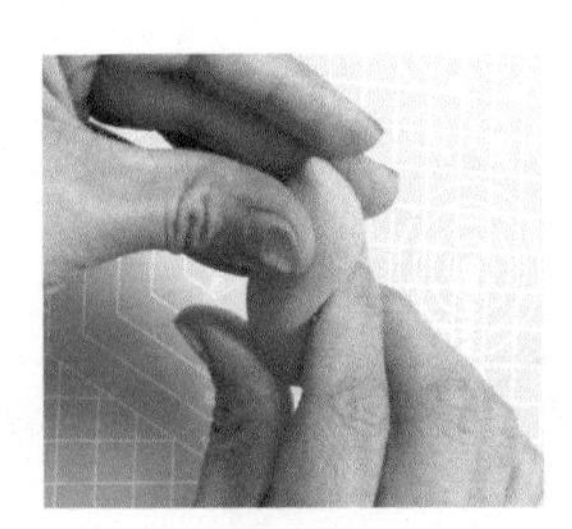
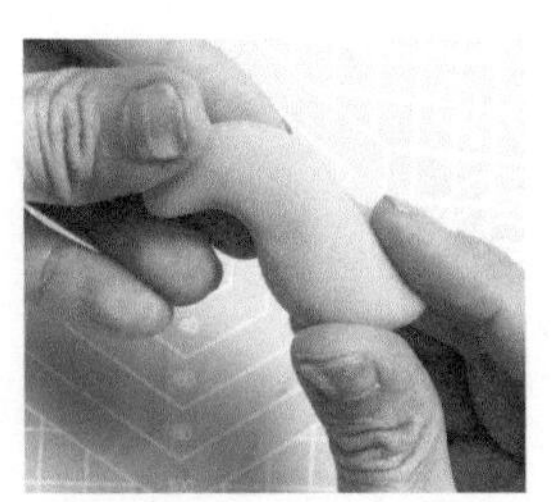
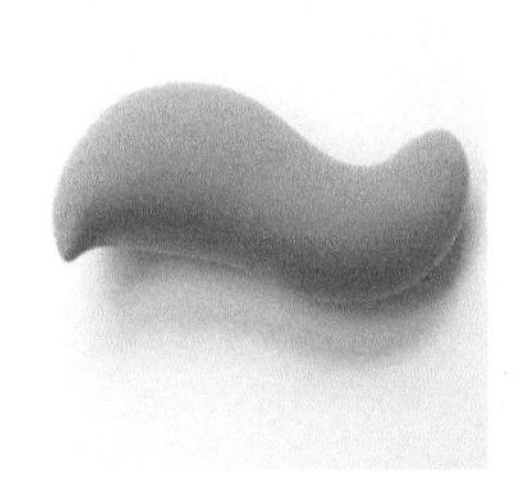

12 尾巴：揉、捏

揉出一个大一点儿的长水滴形，两端捏成尖一点的形状，做成松鼠的尾巴。

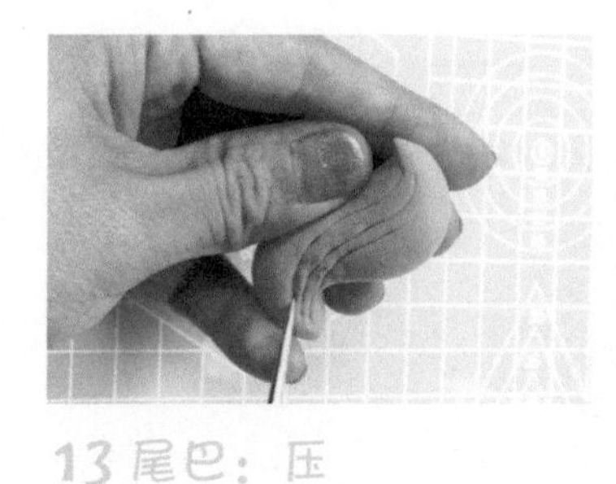
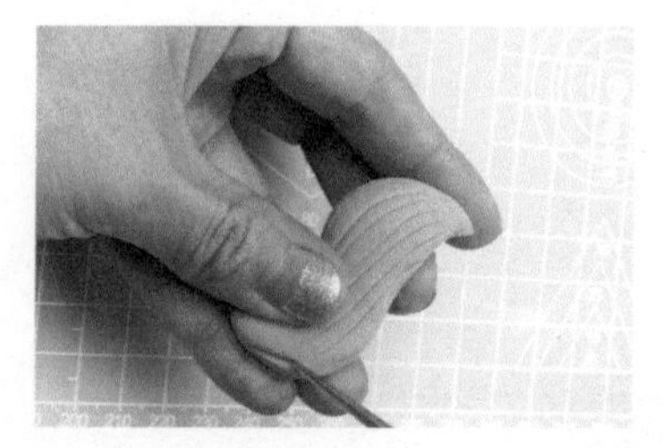
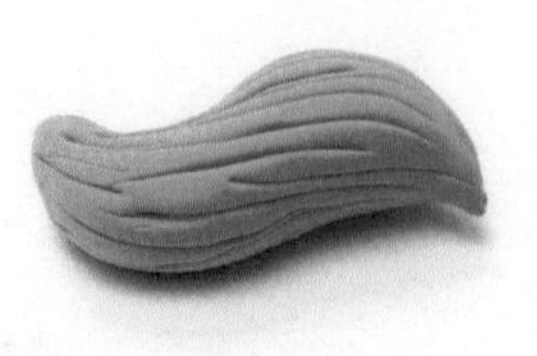

13 尾巴：压

用工具给尾巴压出痕迹。

组合

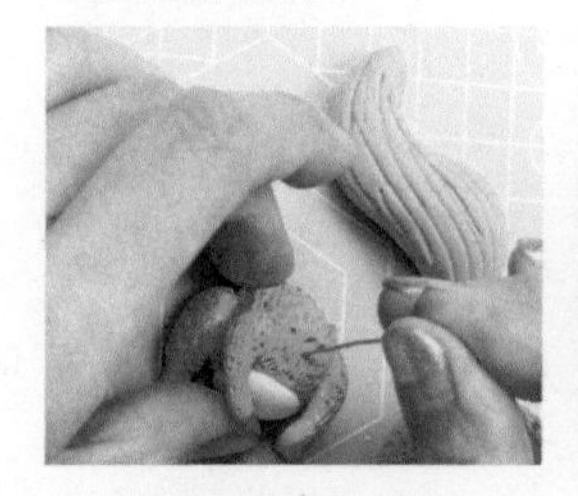
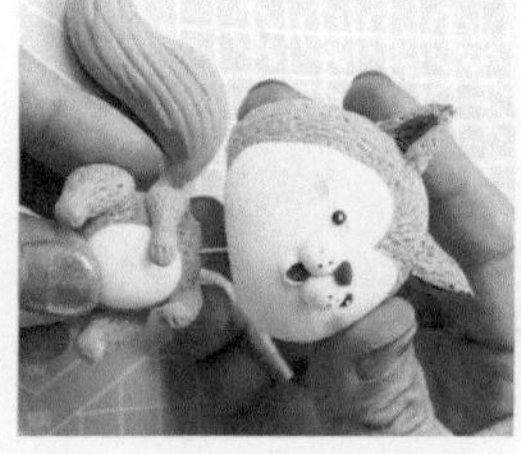
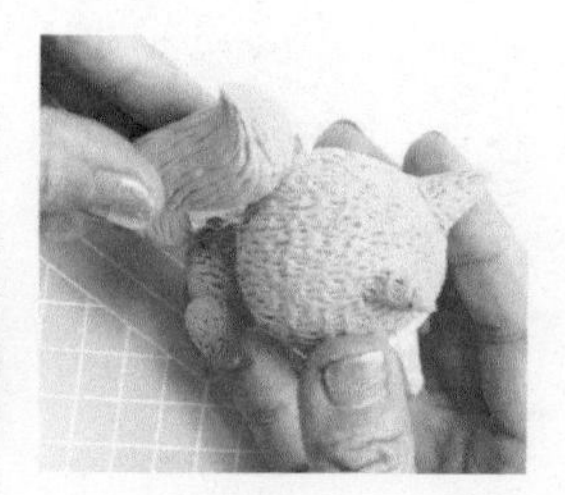

14 把做好的身体、头部和尾巴用铁丝连接起来。

制作坚果

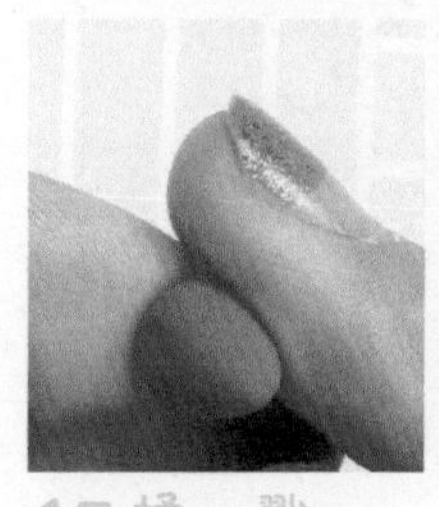
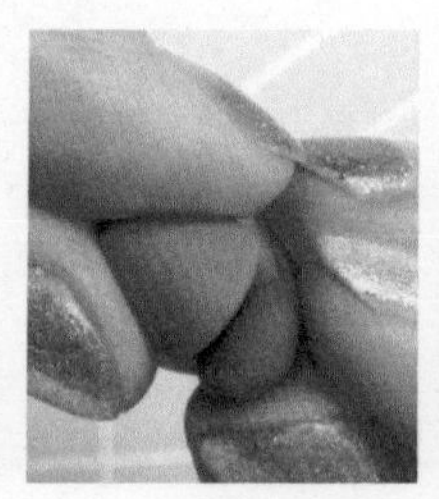

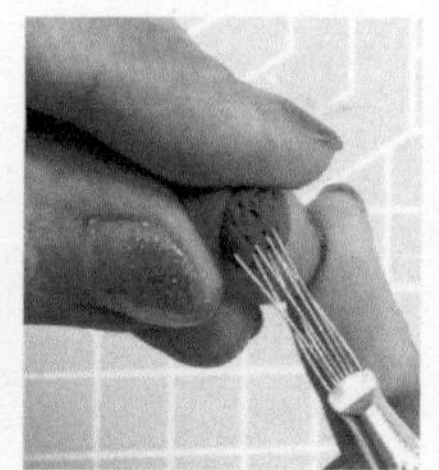

15 揉、戳

用红棕色黏土揉成水滴形，红褐色黏土揉成半圆球，再将它们粘在一起，在果盖上戳纹理，做一个小坚果。

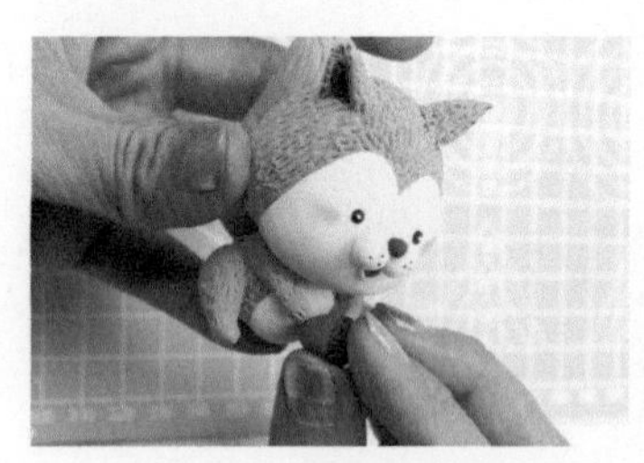
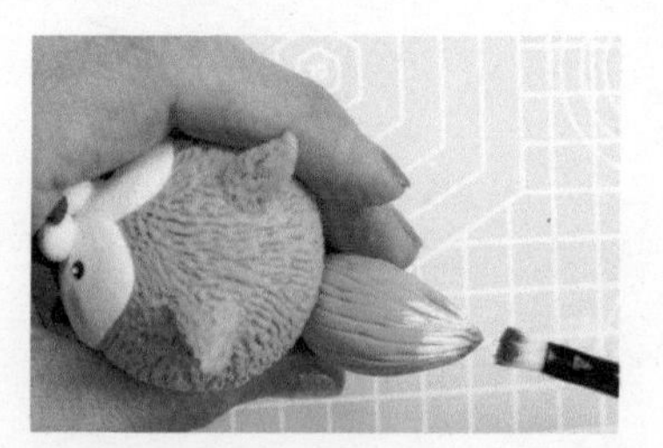

16 把坚果粘到小松鼠胸前。再给小松鼠的尾巴刷点儿白色的毛发。

搭建场景

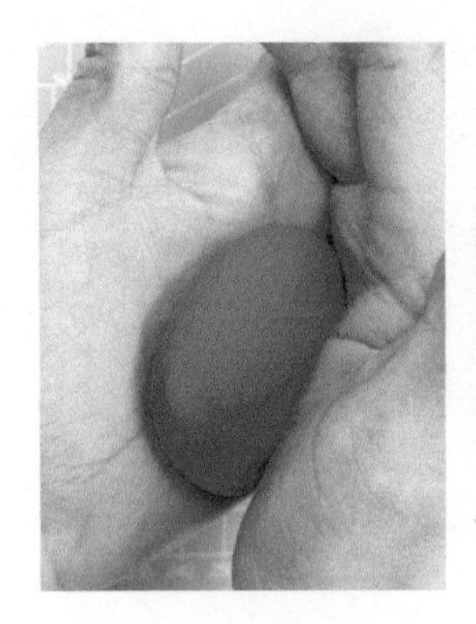
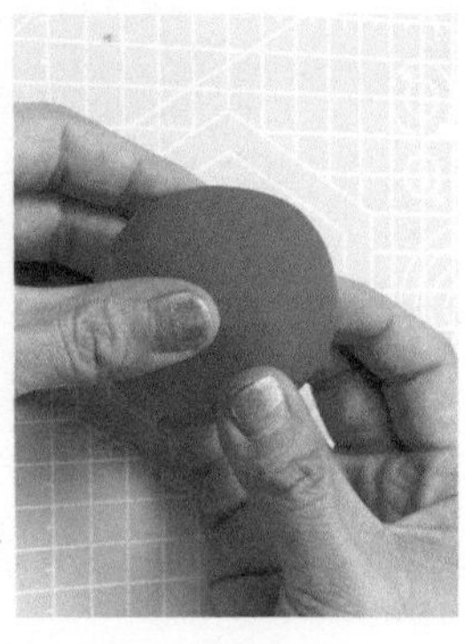

17 蘑菇：揉、压

将红色黏土揉成圆球，置于手掌中心压扁成半球体，做蘑菇盖。

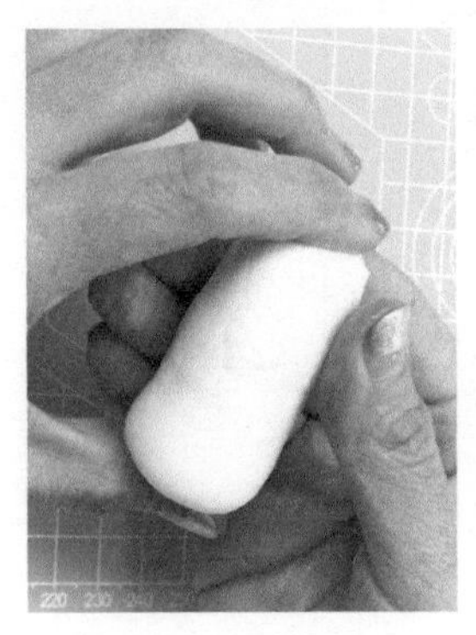
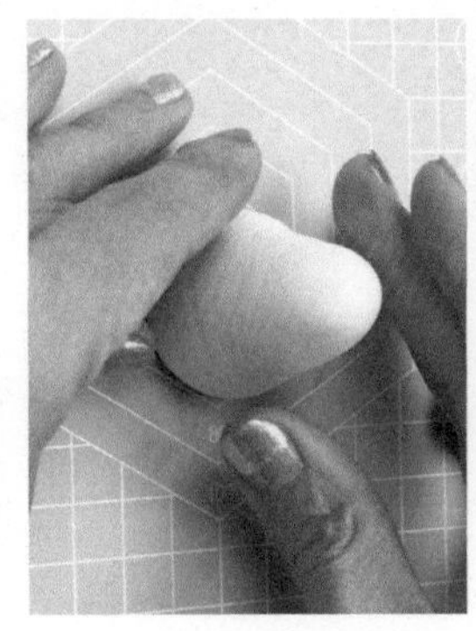
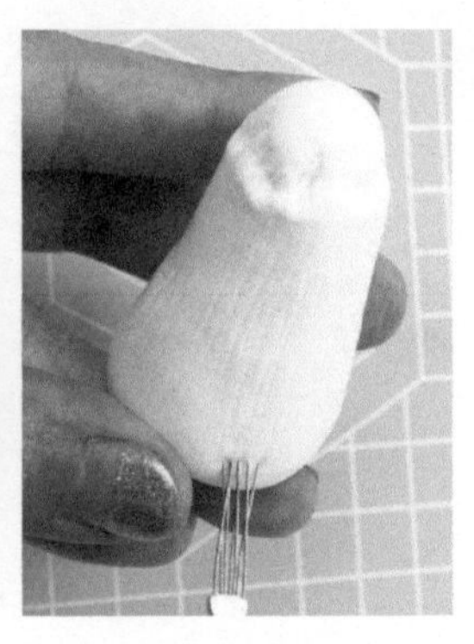

18 蘑菇：搓、压

用白色黏土搓出一个圆柱，再调整外形，做蘑菇的菌秆，用工具压出些纹路。

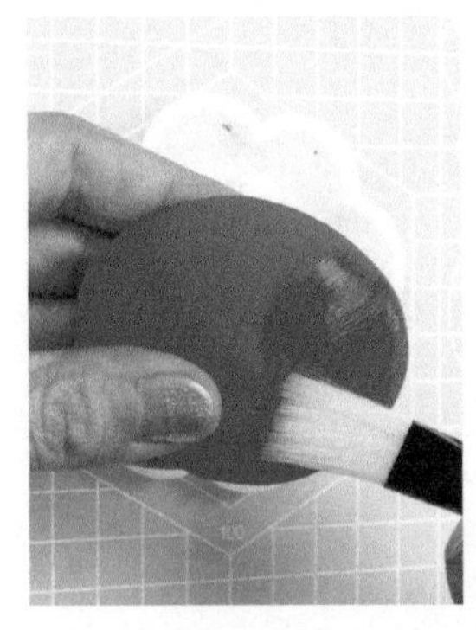
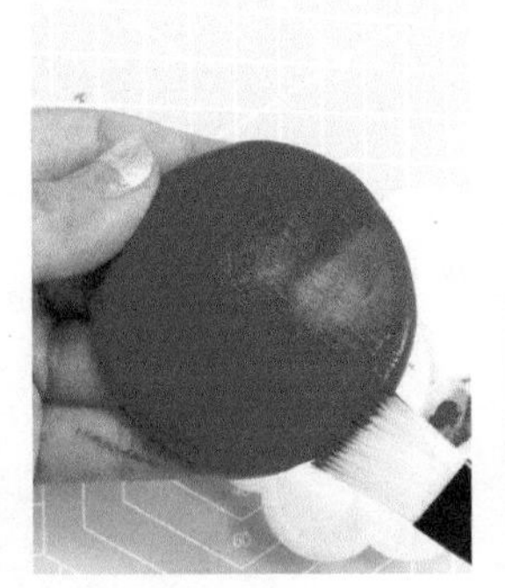

19 蘑菇：上色、组合

红色黏土颜色不够深的话，可以用丙烯颜料上色。蘑菇菌盖上可以粘一些大小不一的白色斑点。

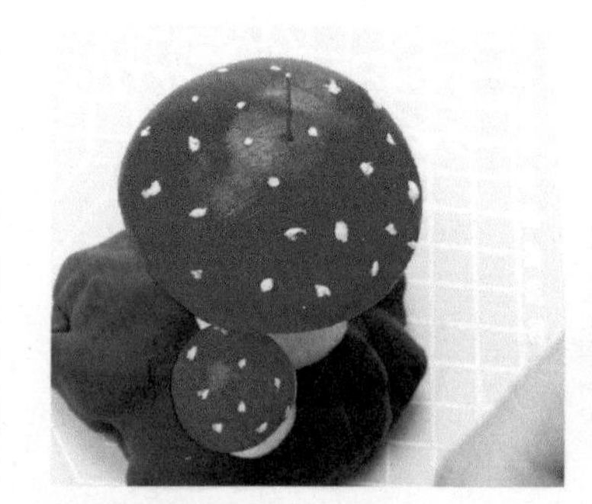
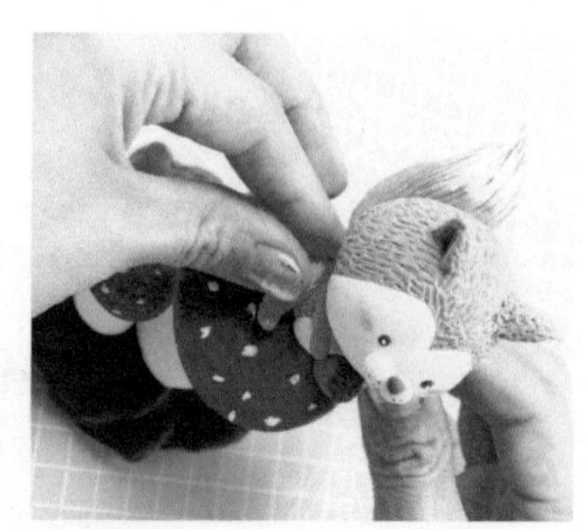

20 场景组合

用深色黏土捏出一个形状自然的底座。把做好的蘑菇、小松鼠固定在一起。

21 草地制作

底座上刷上白乳胶，把草粉撒在上边。

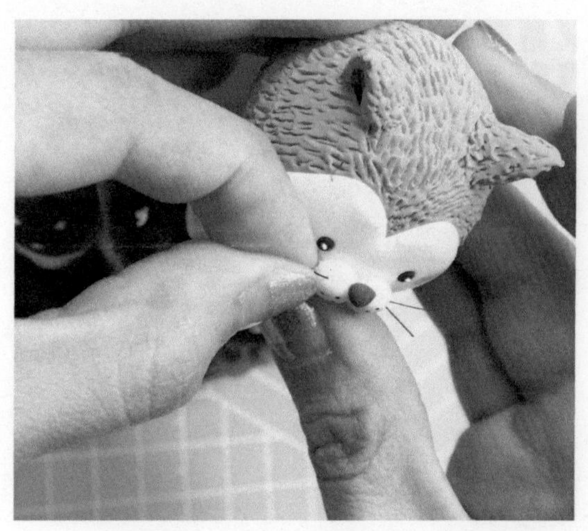

22

给小松鼠粘上胡须（小提示：胡须也可以用黑色鞋刷的鬃毛来做），小松鼠就制作完成了！

梅花小鹿

准备材料

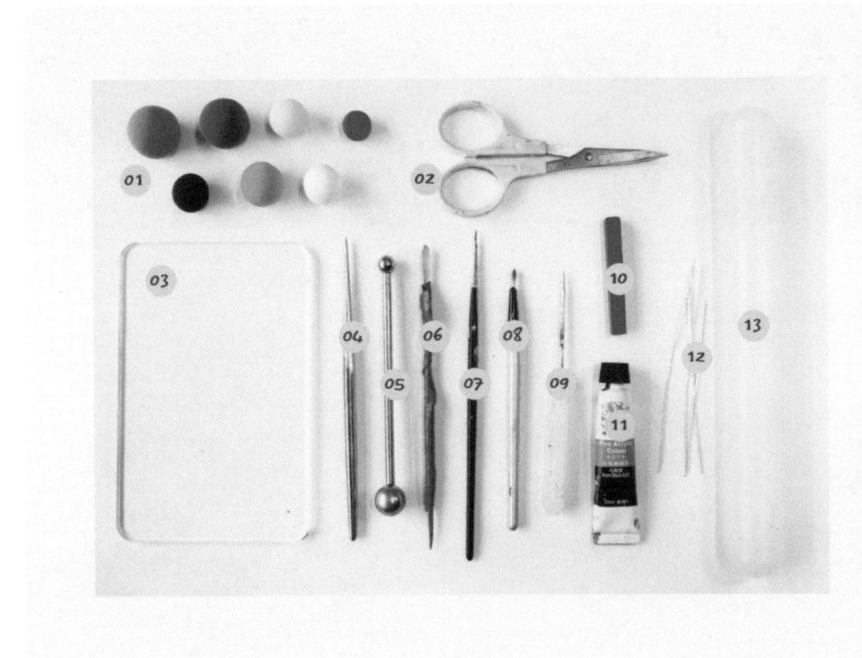

01 各色黏土

02 剪刀

03 压板

04 棒针

05 丸棒

06 不锈钢压痕工具

07 勾线笔

08 刷子

09 细节针

10 色粉

11 丙烯颜料

12 铁丝

13 擀泥杖

注：本案例也可用到刀片等工具辅助制作。

制作

制作小鹿的头部

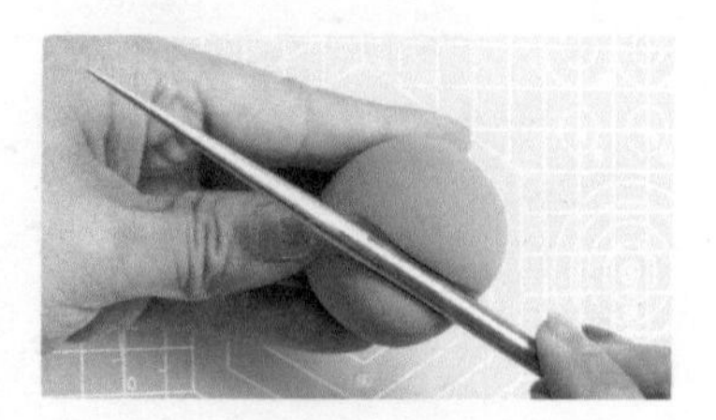

01 揉、压

取橘黄色黏土揉成圆球，用工具或者手指压出小鹿眼睛的位置。

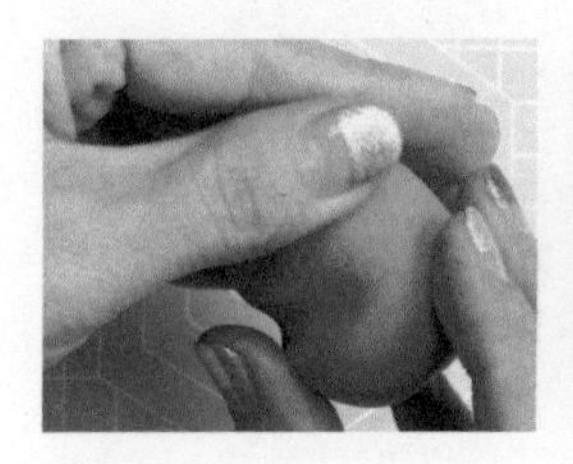
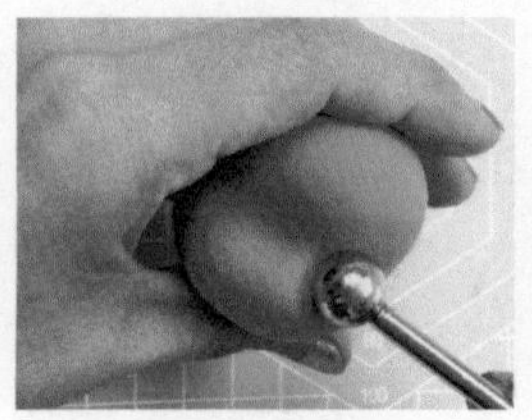
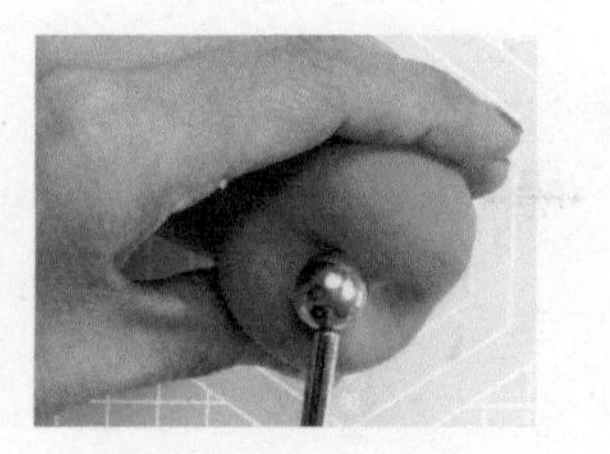

02 压、捏

慢慢调整，用丸棒压出眼窝的位置。再调整小鹿的头部形状。

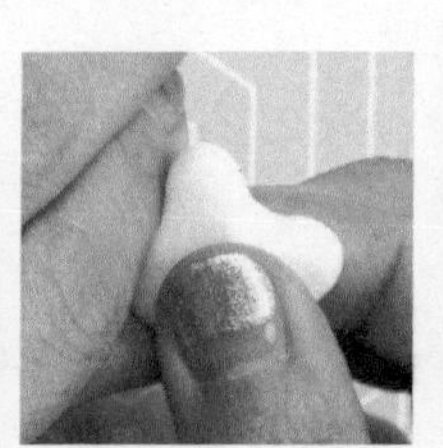
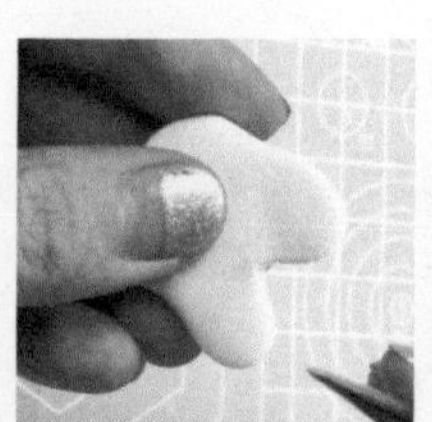
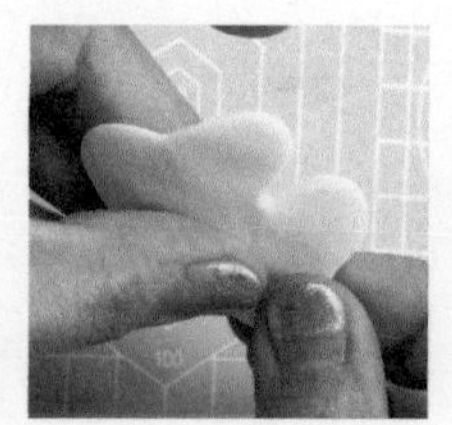

03 揉、压、捏

拿浅色黏土揉成圆球，再压成薄片，用手指捏出如图所示的形状。

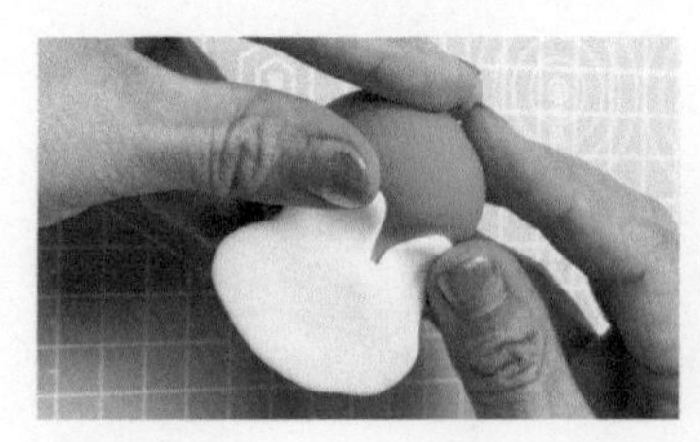

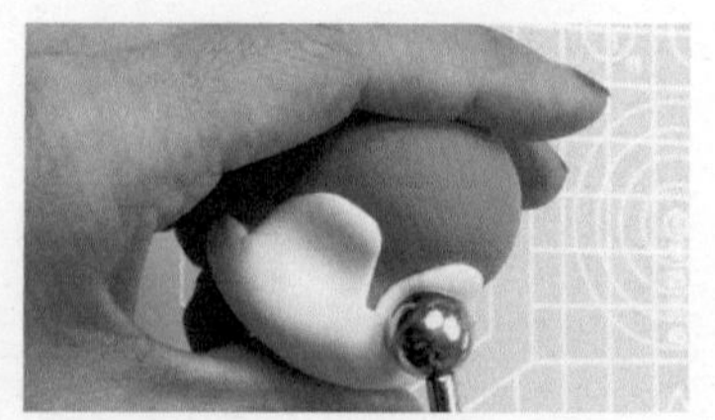

04 压

将做好的薄片贴在小鹿头部的前面，将其压合牢固。

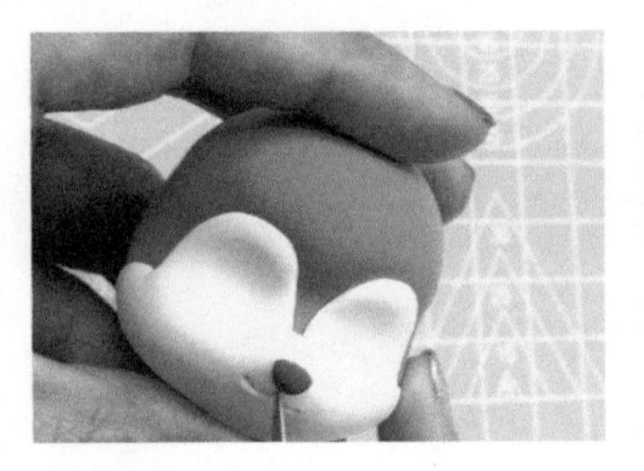
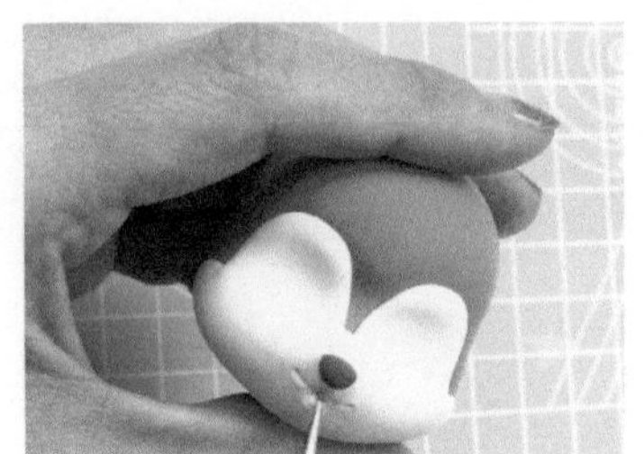

05 压

粘上小鹿的小鼻子。用压痕工具压出嘴巴外形，用丸棒压出嘴巴。

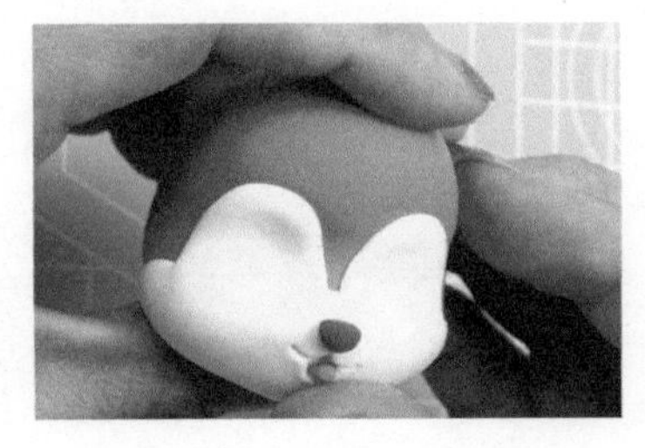

06 压

嘴巴里填上粉色的黏土，用丸棒压平。

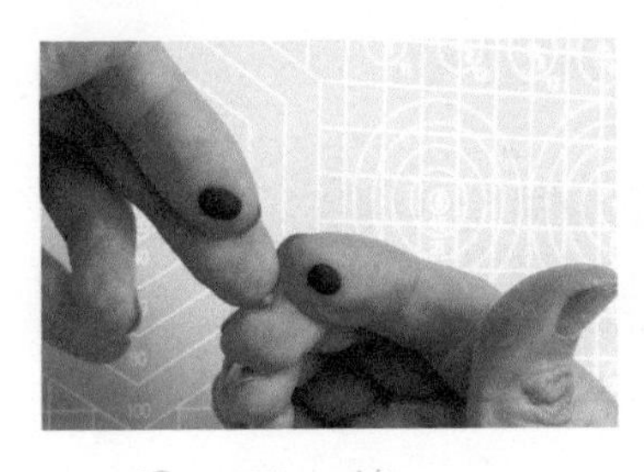
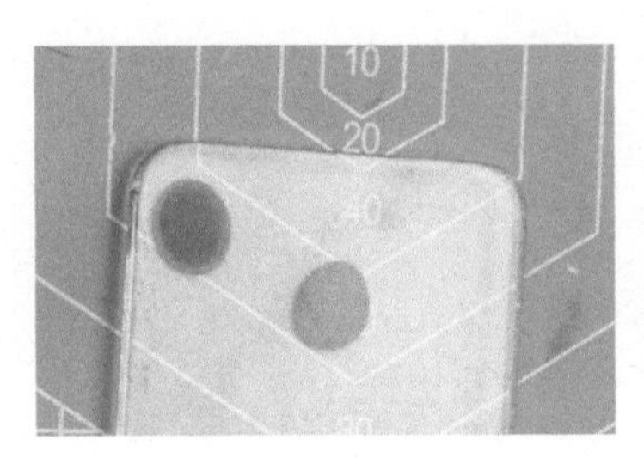

07 揉、压、剪

将黑色黏土揉成圆球，再压扁。将圆形一端剪平做成小鹿的眼睛的形状。

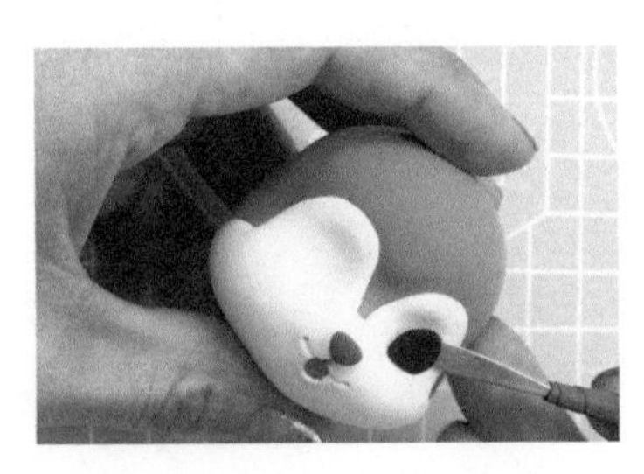
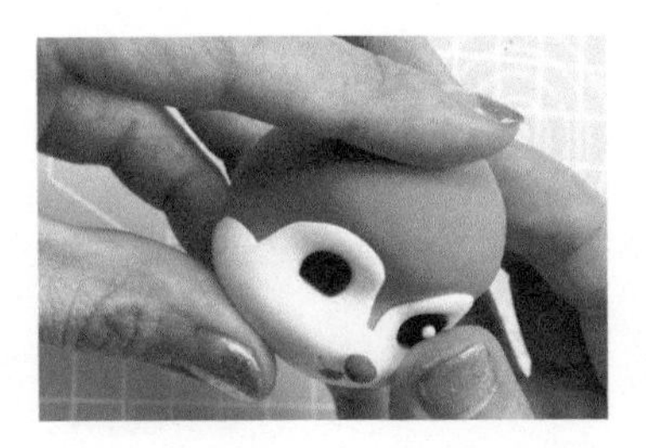

08 压、揉

把黑色的眼睛压粘在小鹿头部前面眼窝的位置，粘上白色黏土做的高光。

09 描画

用黑色丙烯颜料画上睫毛。用红色颜料涂腮红。

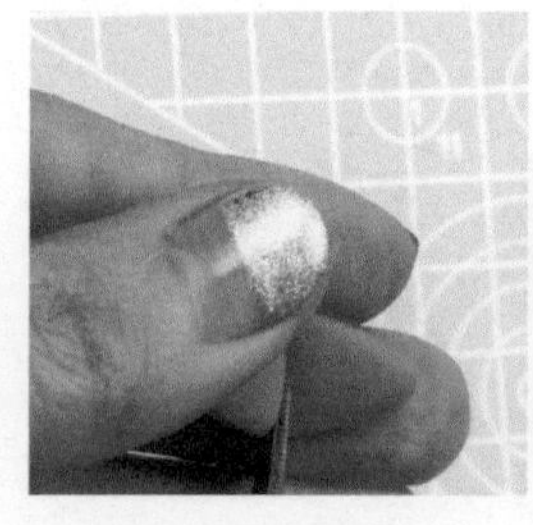
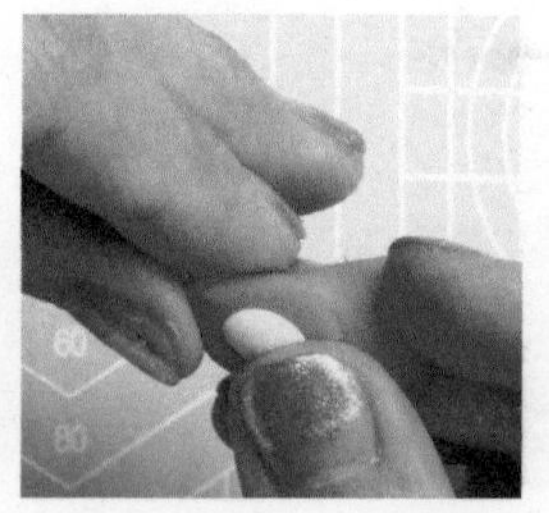

10 搓、剪、压

用黏土搓成梭形，从中间剪开做成两个三角形，做小鹿的耳朵。耳朵中间粘上浅色的黏土轻轻压扁。

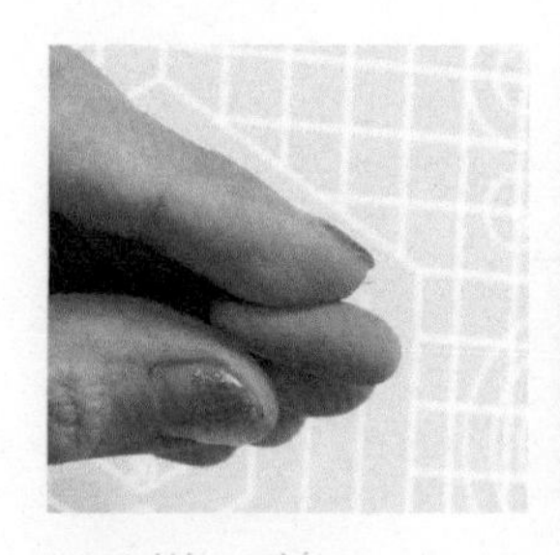
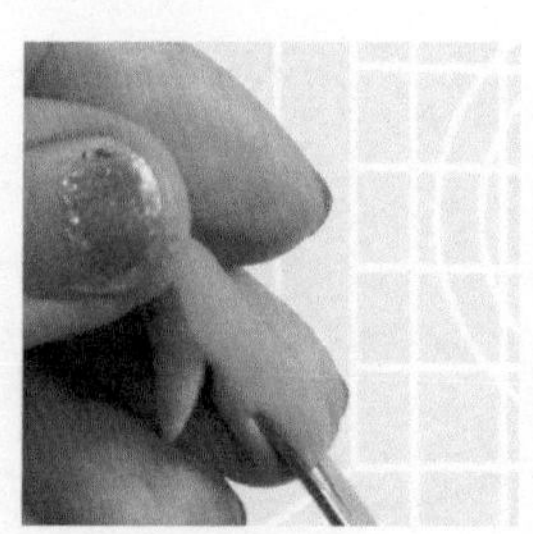
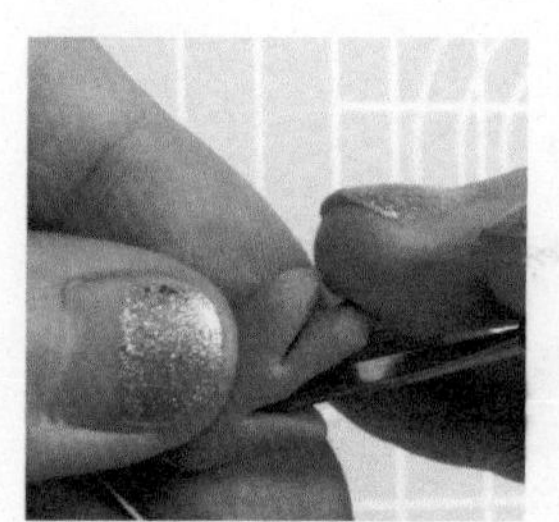
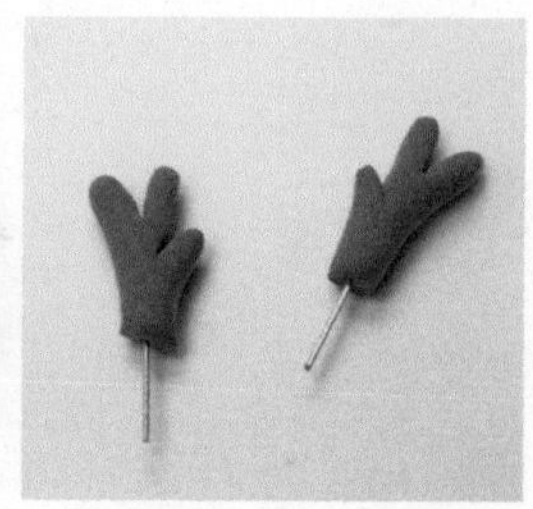

11 搓、剪

将黏土搓成圆柱，再剪出鹿角的形状。做一对。

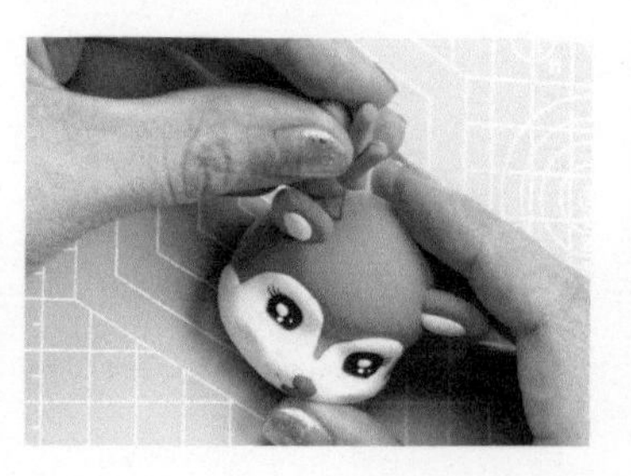
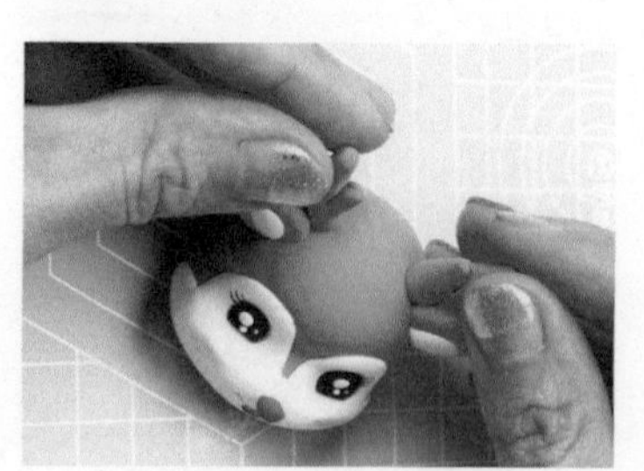

12 组合

将做好的耳朵和鹿角粘 / 插在小鹿的头部。

制作小鹿的身体

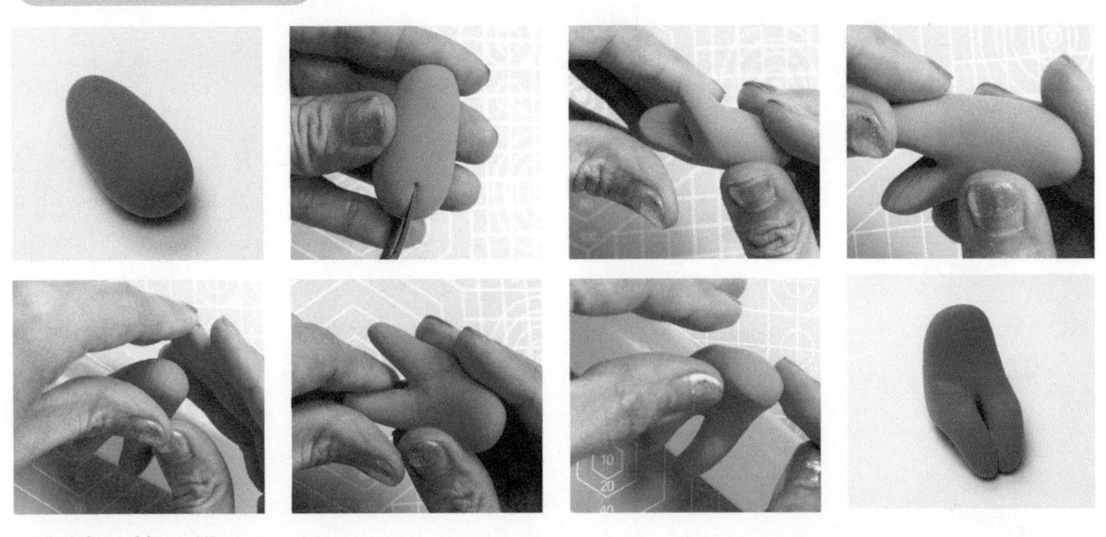

13 搓、剪、捏

先将黏土搓成圆柱，下边用剪刀剪开，做小鹿的身体和双腿。把做好的身体捏成坐姿。

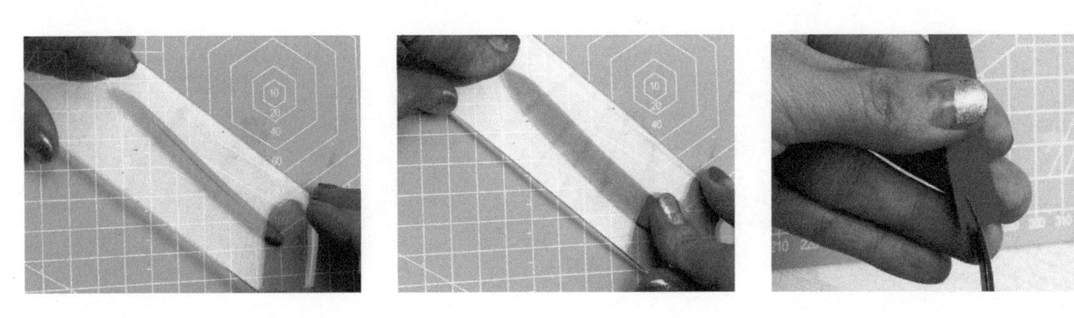

14 搓、压、剪

将红色黏土先搓长条、再压扁，剪出一条围巾的外形。

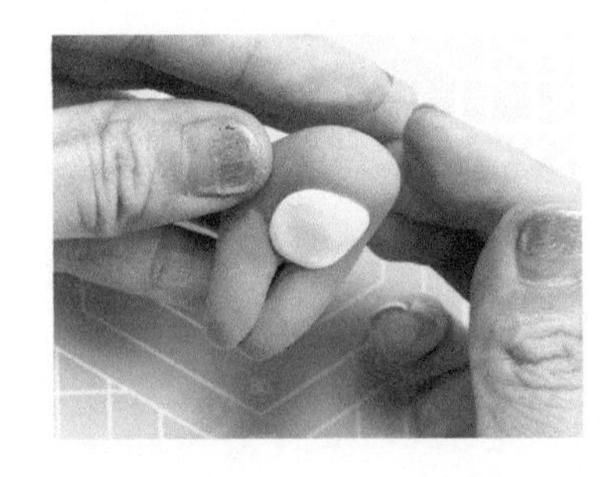

15 压

将浅色黏土压扁，粘在身体前边做肚皮。将围巾粘在脖子上。

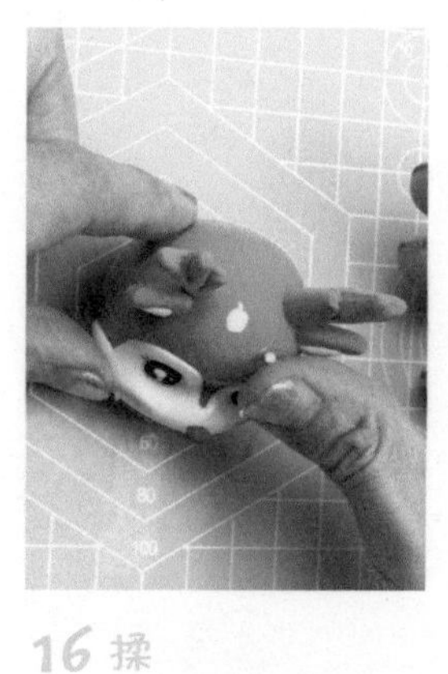

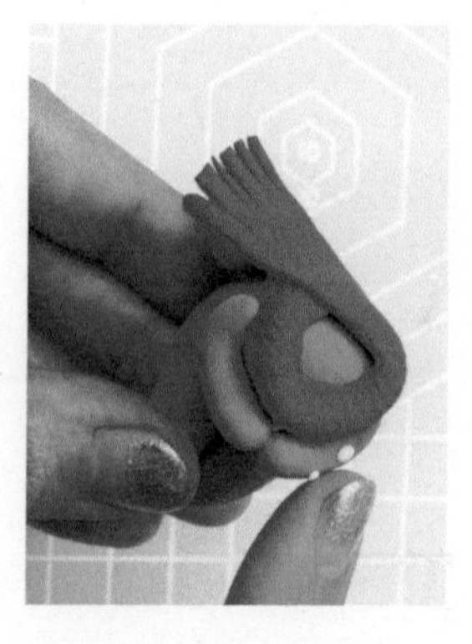

16 揉

用浅色黏土揉一些小圆点。给小鹿的头部和身体粘上斑点。

制作树桩

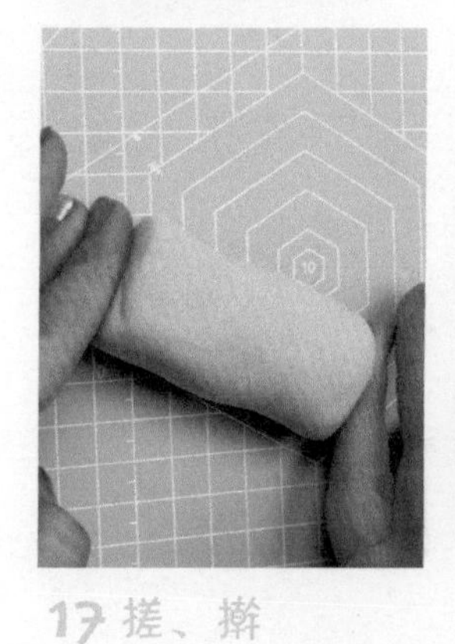
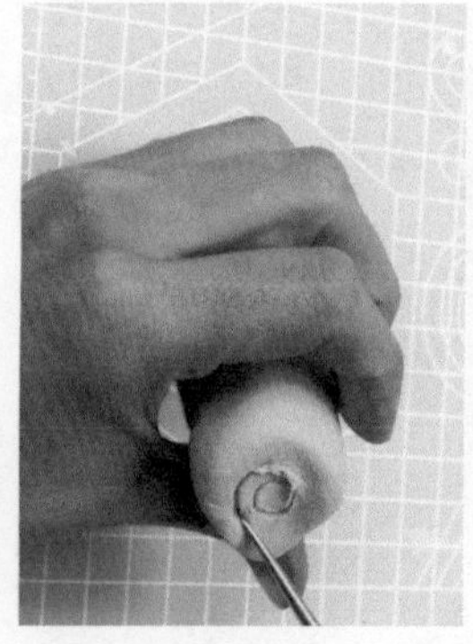
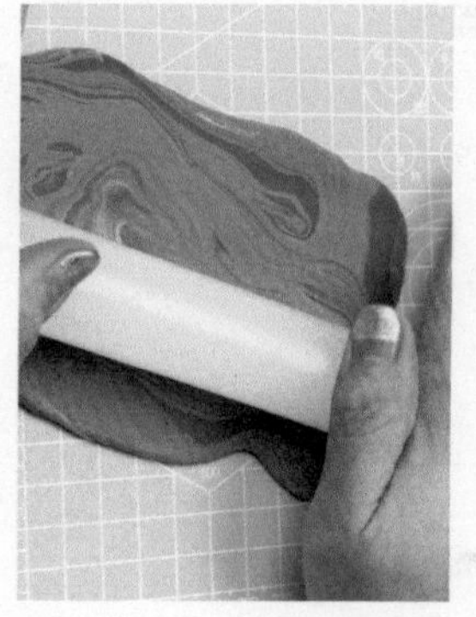
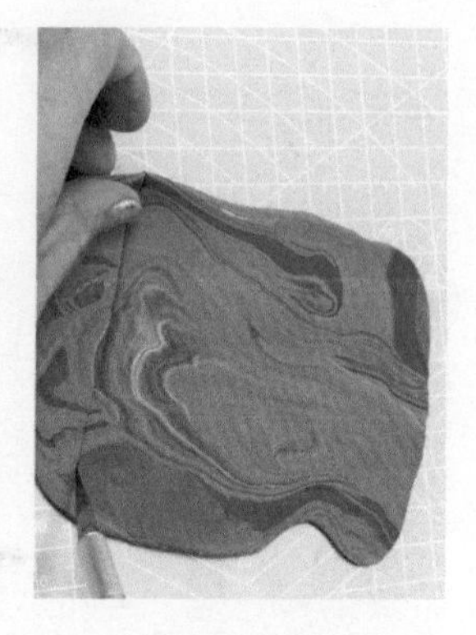

17 搓、擀

用浅色黏土搓一个圆柱形做树桩。用褐色、黑色黏土混合出不规则的黏土颜色，再擀片，做成树皮。

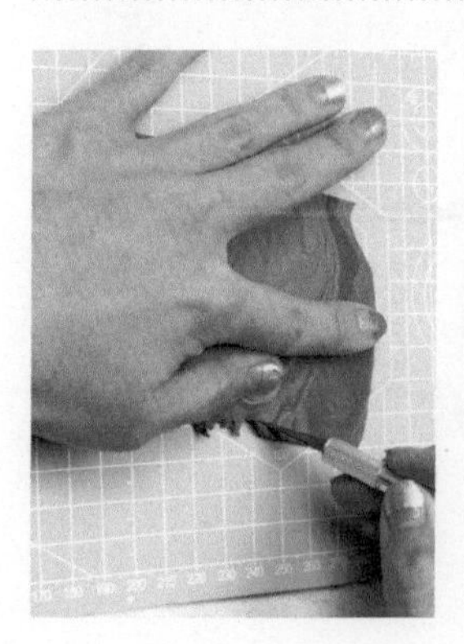
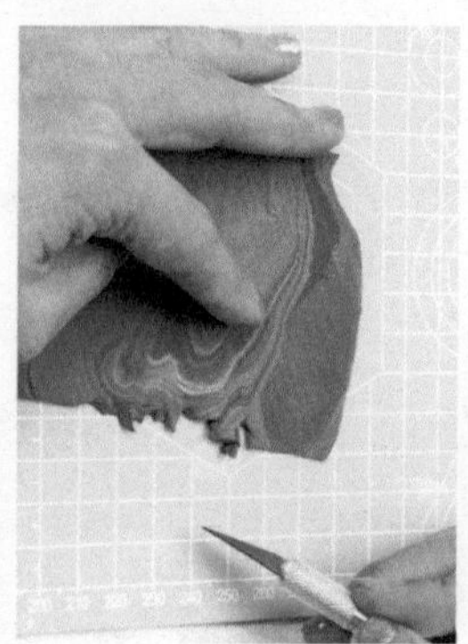
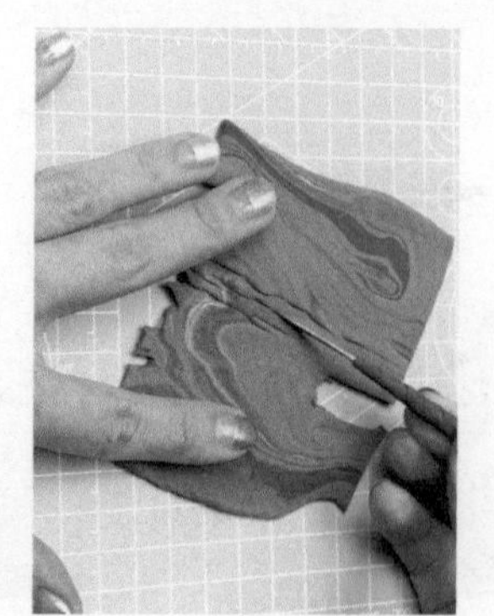

18 压

用压痕工具划出树皮痕迹。

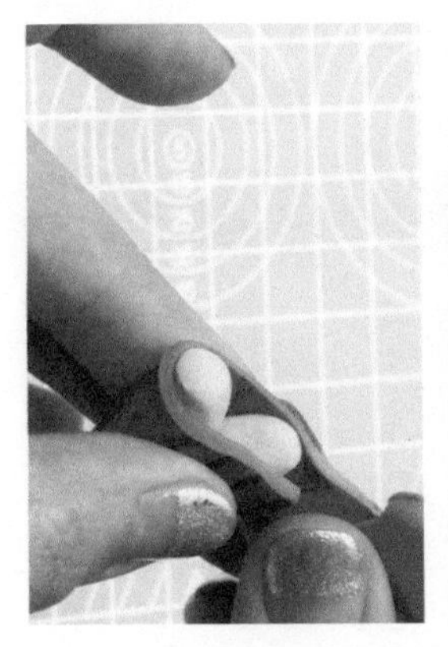 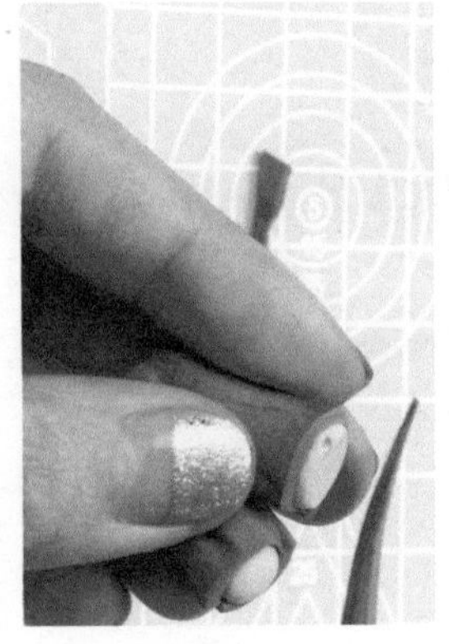 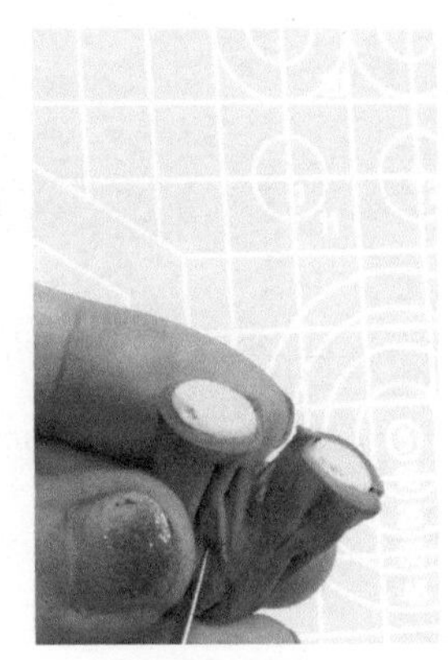 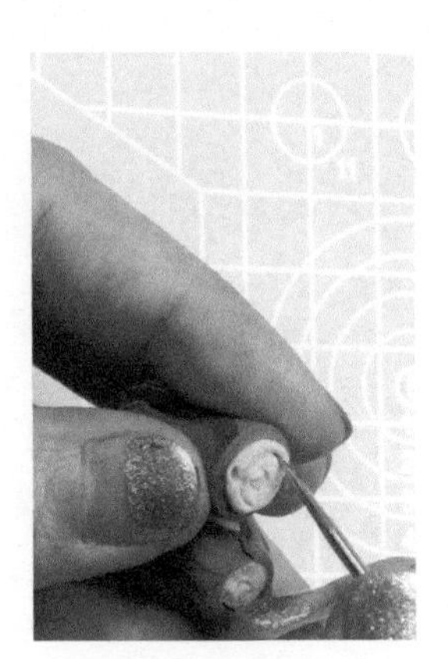

19 同样方法做个小树杈。

20 用做好的树皮包住树桩，将小树杈粘在上面。

组合

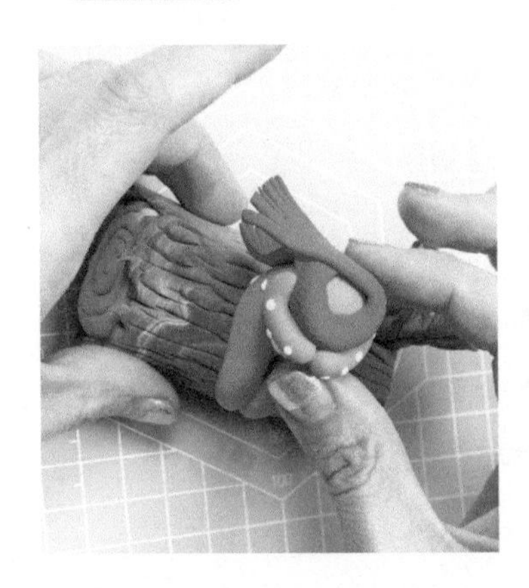 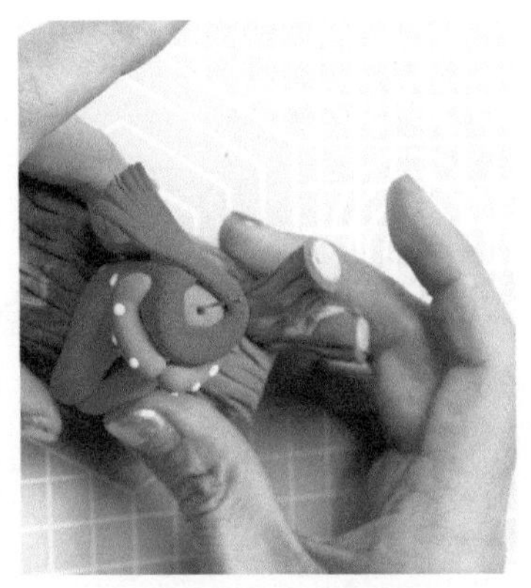 

21 把做好的小鹿身体固定在树桩上，头和身体用铁丝连接。

22 在树桩上粘上一些绿色的植物。

23 再装饰点儿小蘑菇。一个森系的小鹿就制作完成了！

第五章 黏土童话小镇

5.1 暖心宝宝来聚会

龙猫

准备材料

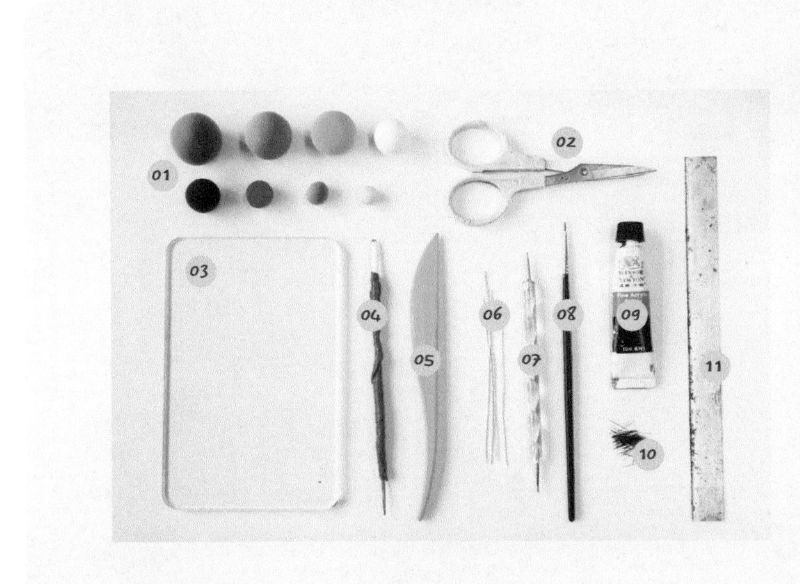

01 各色黏土
02 剪刀
03 压板（大号、小号均可）
04 不锈钢压痕工具
05 黏土三件套（之一）
06 铁丝
07 点压痕笔棒
08 勾线笔
09 丙烯颜料
10 胡须（或相似材料）
11 刀片

制作

制作龙猫

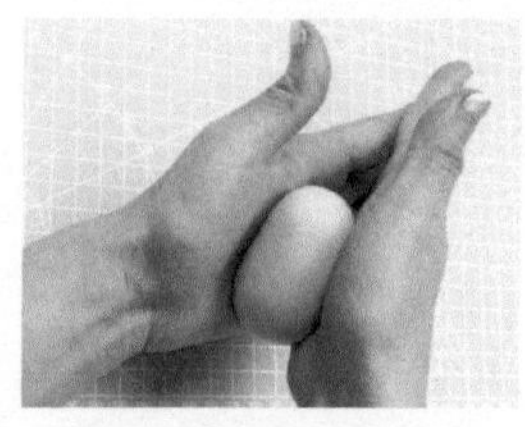
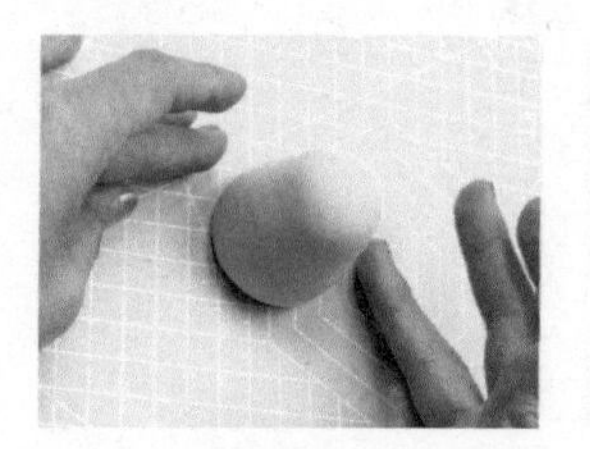

01 揉、搓

用灰色黏土揉成圆球，然后搓成圆柱，再调整出如图所示的龙猫身体的形状。

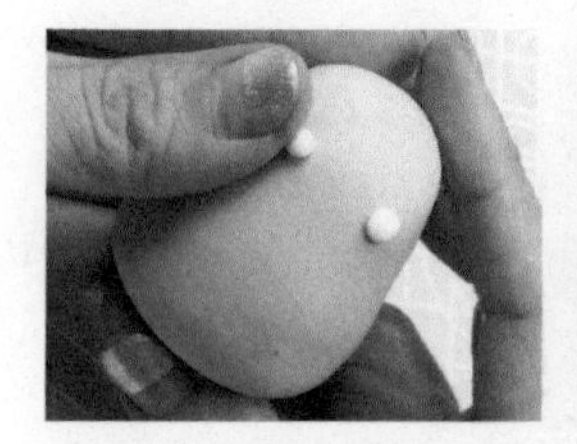
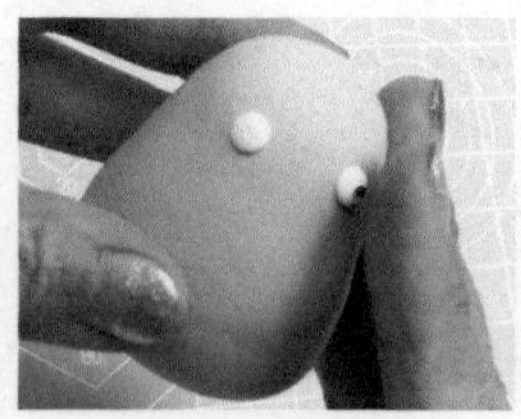
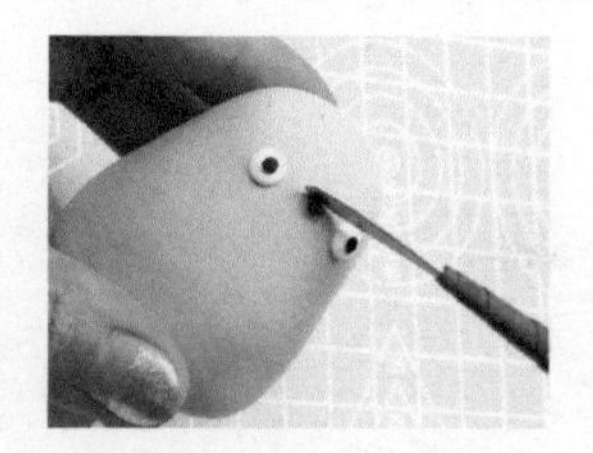

02 给做好的身体粘上白色的眼睛、黑色的眼珠和小鼻子。

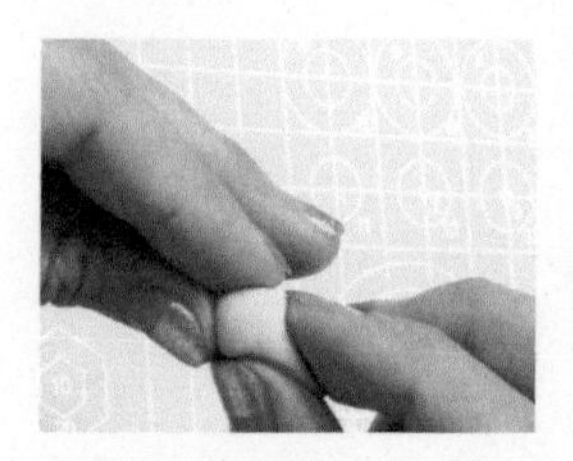
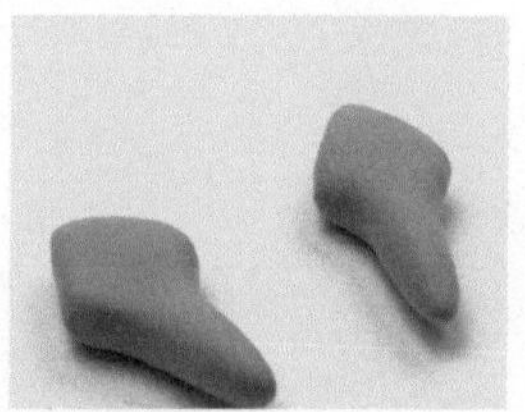
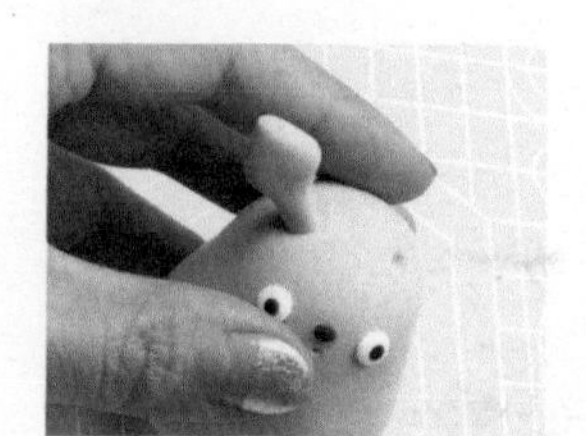

03 揉、捏

用灰色黏土揉一个梭形，再将一端捏细，做成龙猫的耳朵粘在头顶。

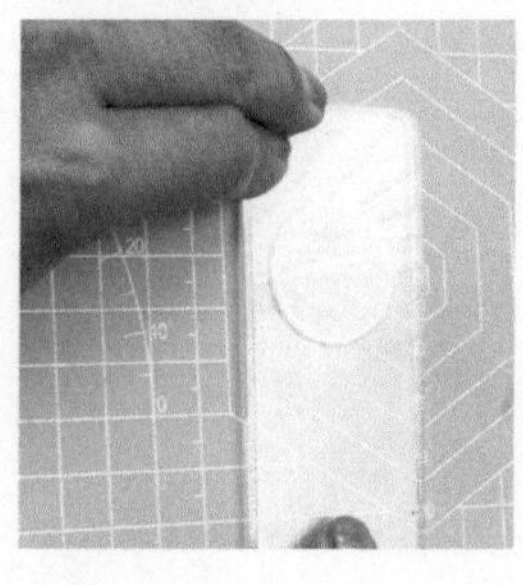
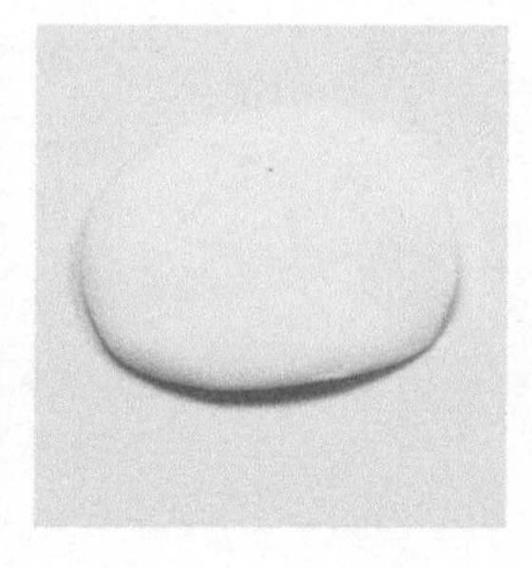
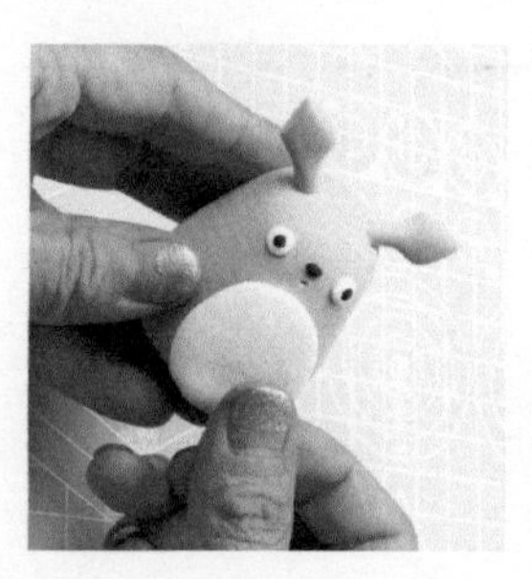

04 揉、压

先把白色黏土揉圆再用压板压成薄片，粘在龙猫身体的正面。

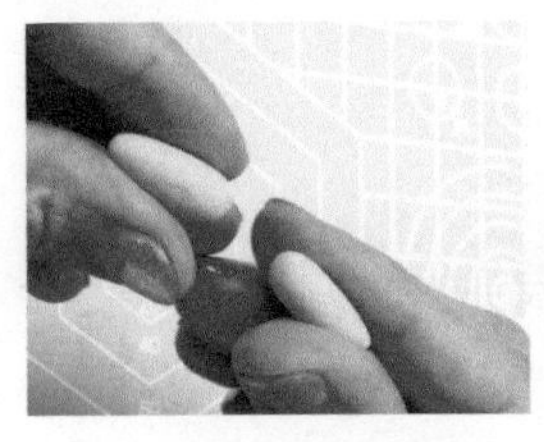

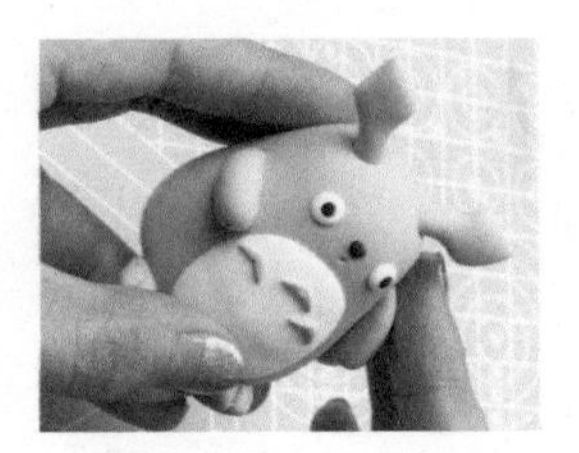

05 揉、压、搓

揉四个小水滴形，做龙猫的四肢。前腿粘在身体两侧；后腿粘在下边，用工具压出脚趾痕迹。再搓一个长条粘上当尾巴。

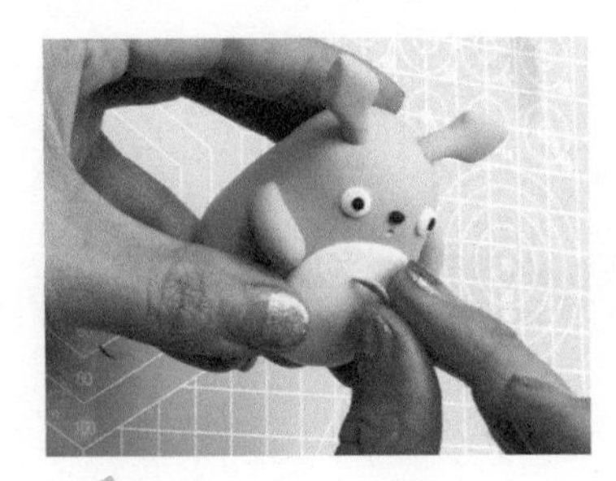

06 擀、剪

擀一片灰色薄片，剪出几个月牙形，给龙猫的白色肚皮上粘上花纹。

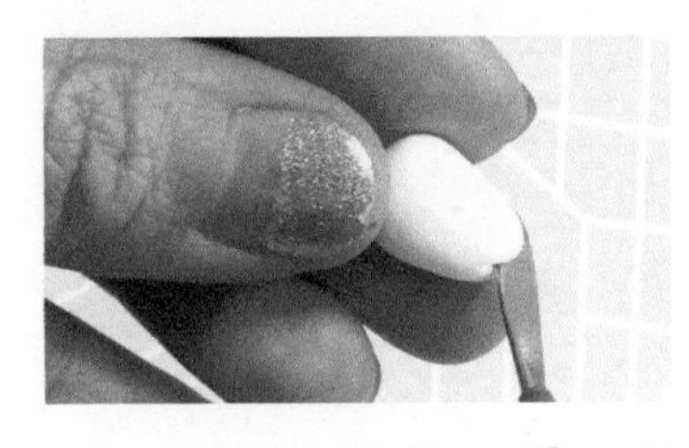
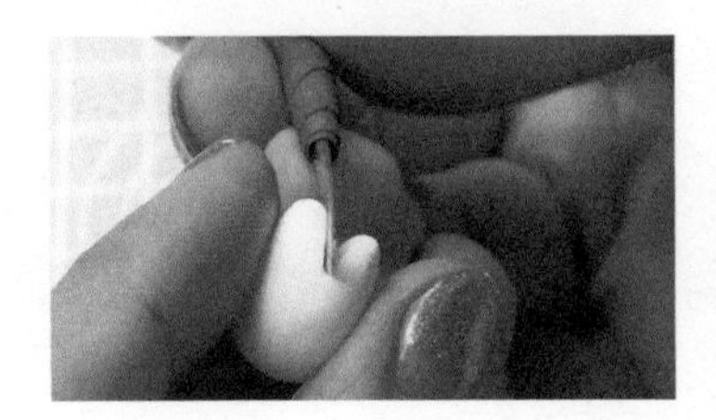

07 制作小龙猫：揉、压

用白色黏土揉一个饱满的水滴形，从尖头中间压一个凹痕，再粘上眼睛，做一个白色的小龙猫。

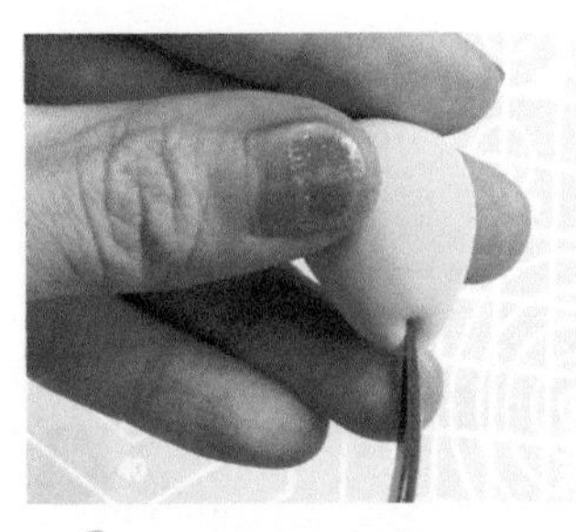
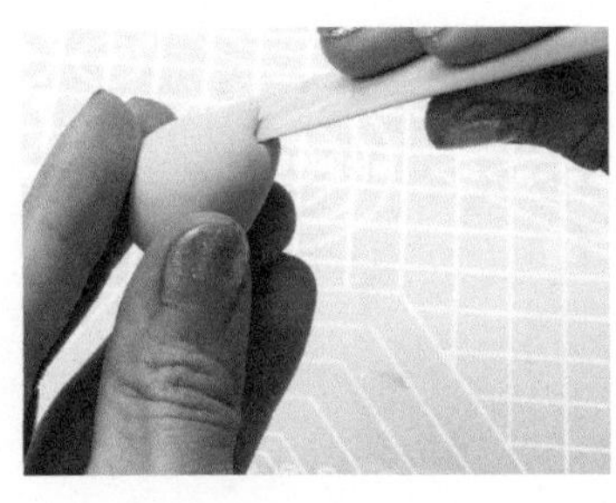
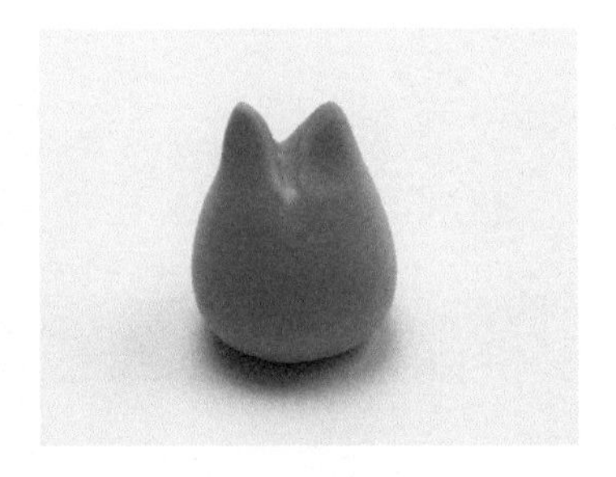

08 制作蓝色龙猫：揉、压

用蓝色黏土揉一个水滴形，用压痕工具在尖头一端压出痕迹，分开成两个耳朵。

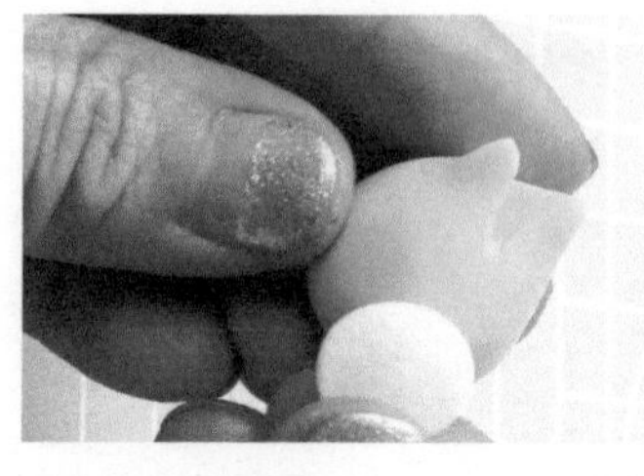

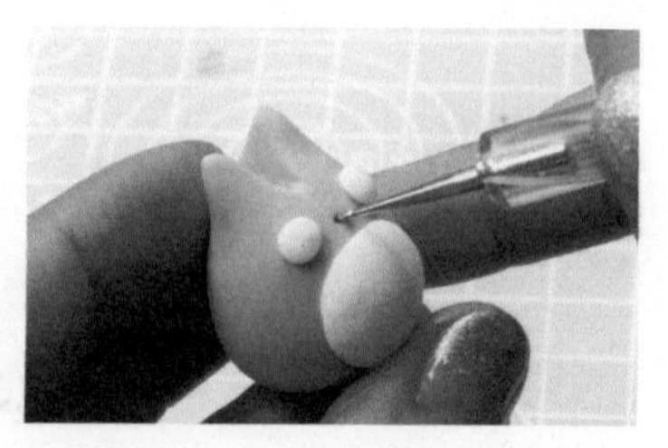

09 制作蓝色龙猫：揉、压

将白色黏土揉圆、压扁，贴上身体，做成白色的肚皮。再揉两个白色的眼睛。最后戳出嘴巴。

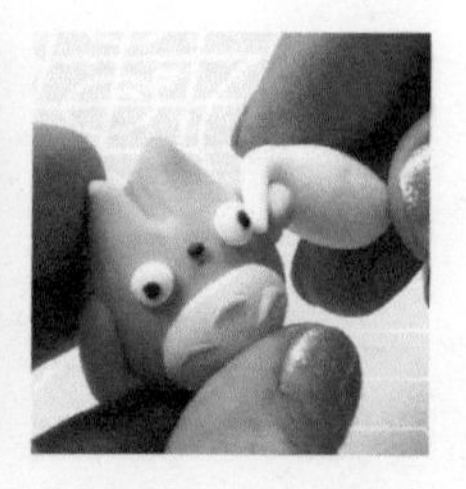

10 制作蓝色龙猫：揉、搓

加上小鼻子和腿脚，还有白色肚皮上的花纹。再给它背一个大袋子，蓝色龙猫就制作完成了！

制作场景

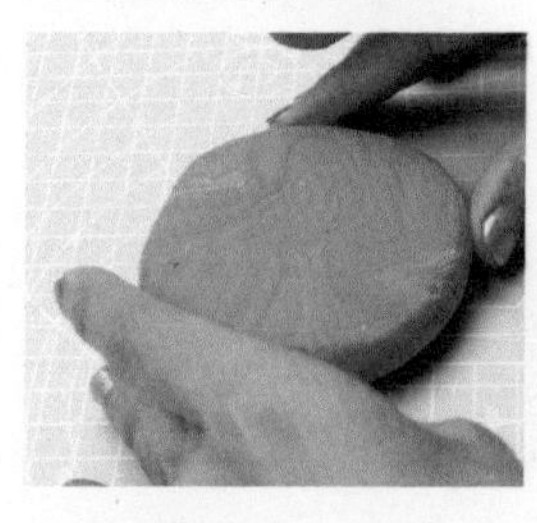
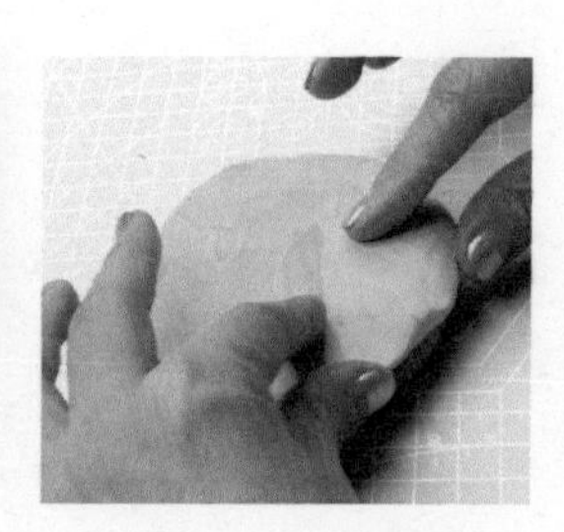
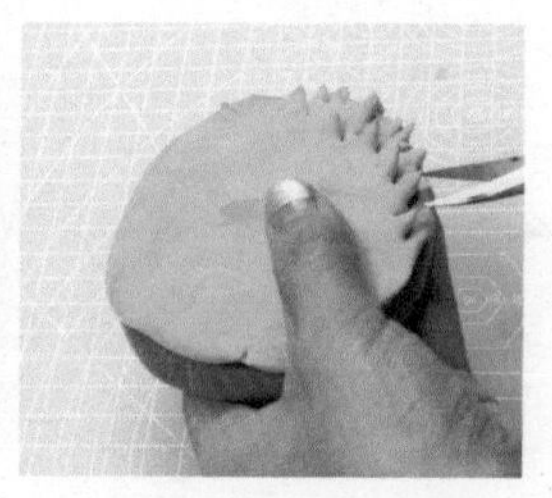
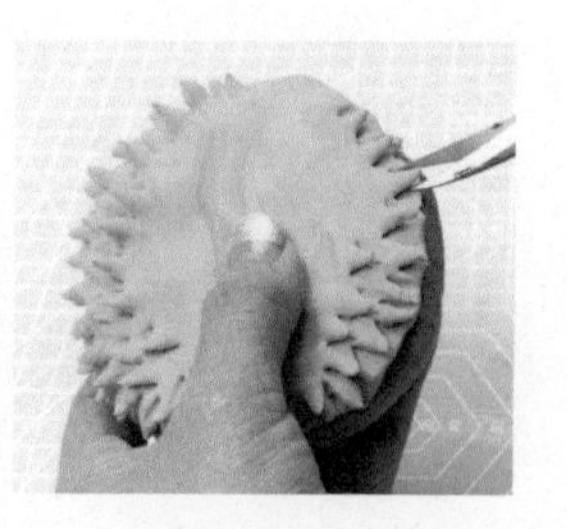

11 揉、压、剪

把黄褐色黏土揉圆再压扁，上面加上一层绿色草地，用剪刀剪出小草的样子。

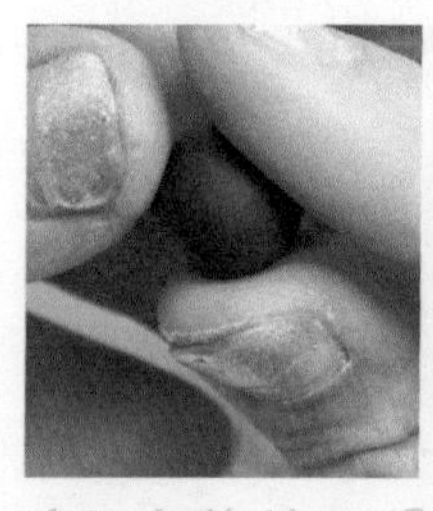
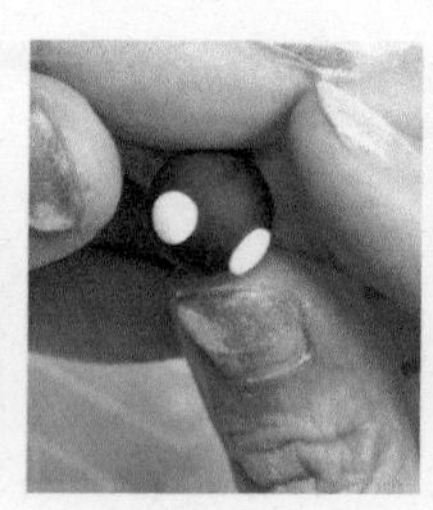
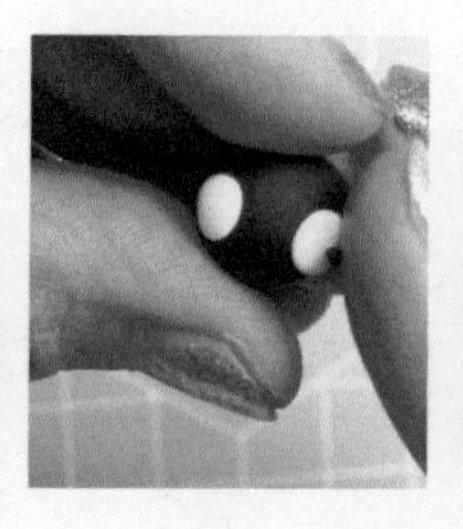
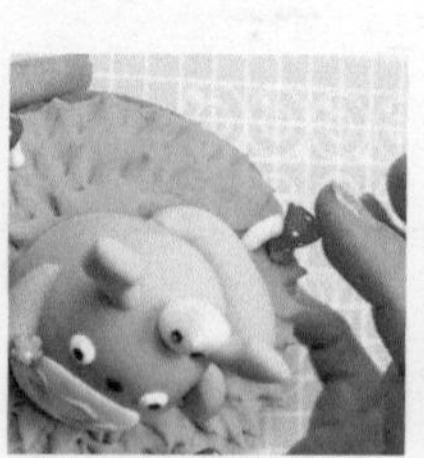
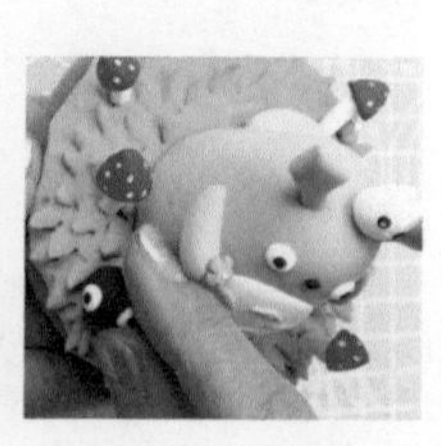

12 小装饰：揉

用黑色黏土揉成小圆球，做出如图所示的小灰尘精灵。把做好的龙猫放在草地上，装饰上灰尘精灵、小蘑菇等。

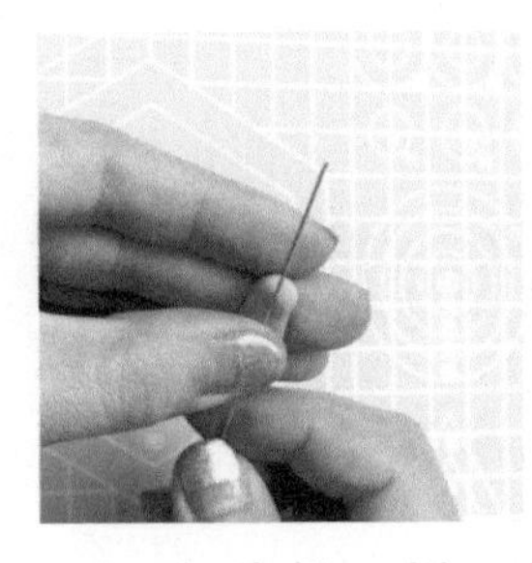

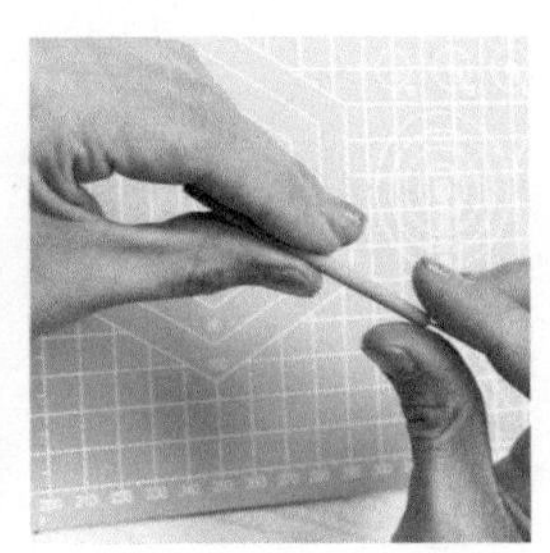
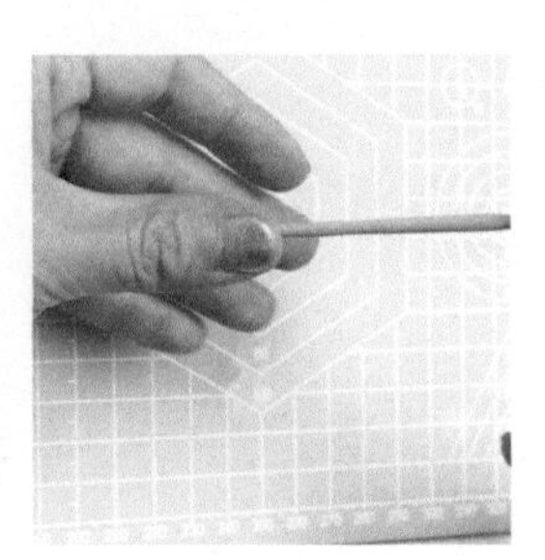

13 车站牌：搓、剪

取灰色黏土包在铁丝外面搓成细条，剪掉过长的部分。

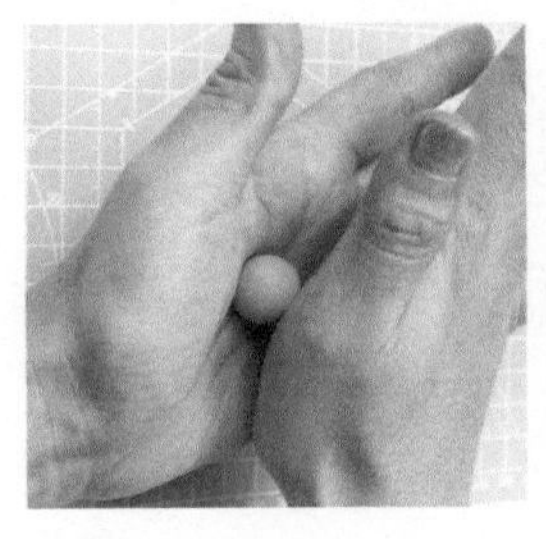

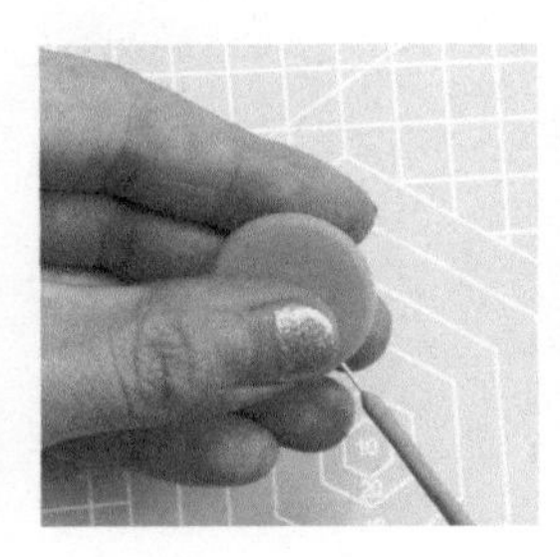
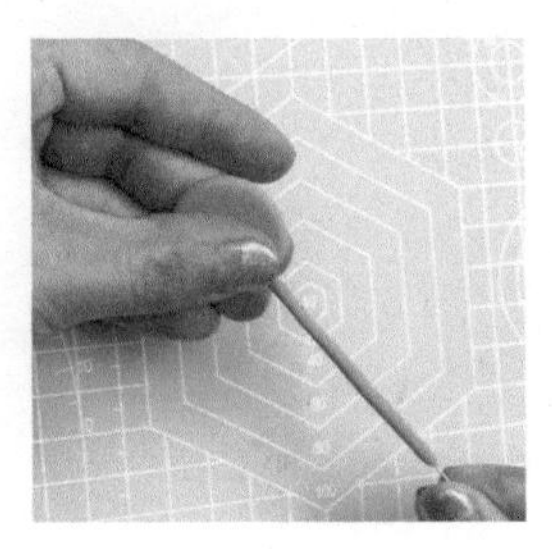

14 车站牌：揉、压

再取灰色黏土揉圆、压扁。把做好的细长条和扁圆用铁丝连接到一起。

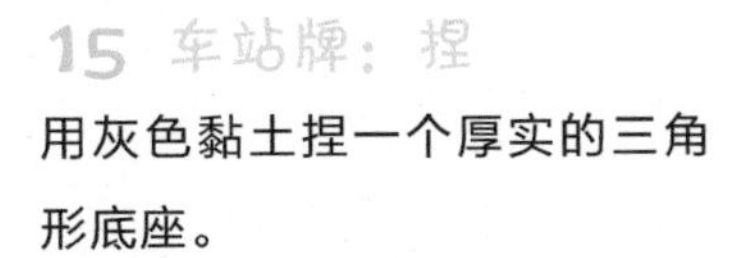

15 车站牌：捏

用灰色黏土捏一个厚实的三角形底座。

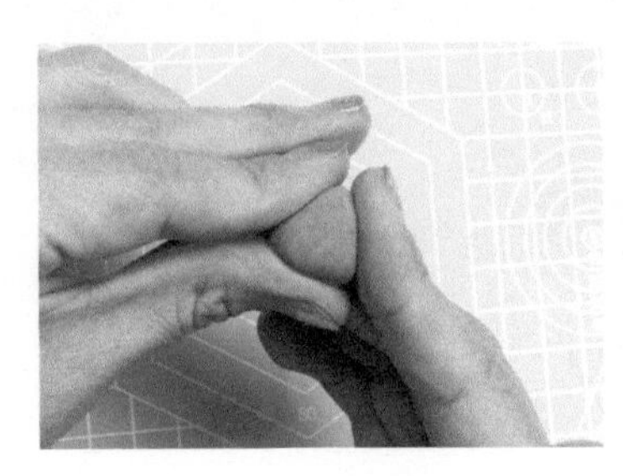
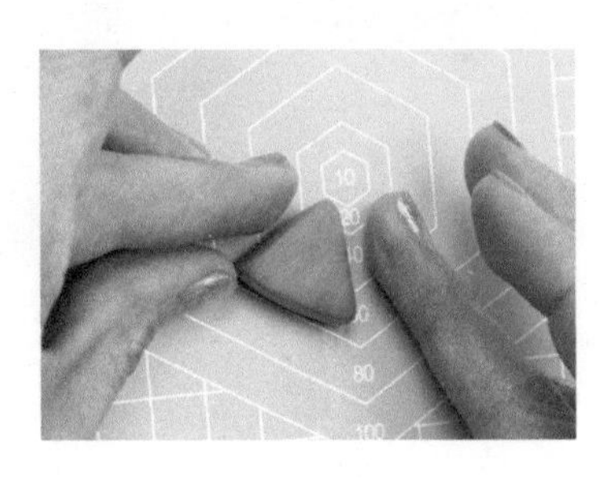

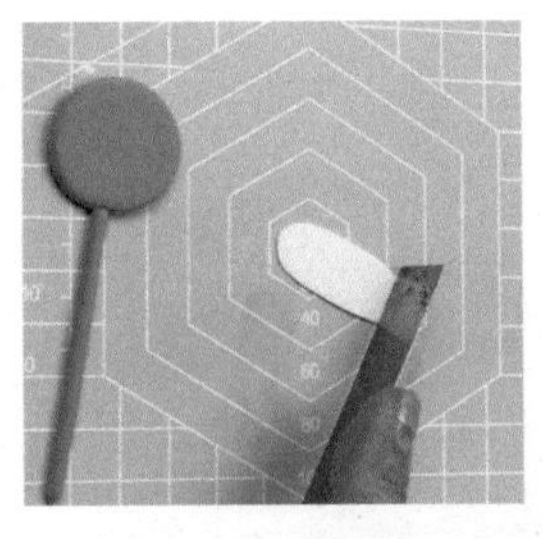
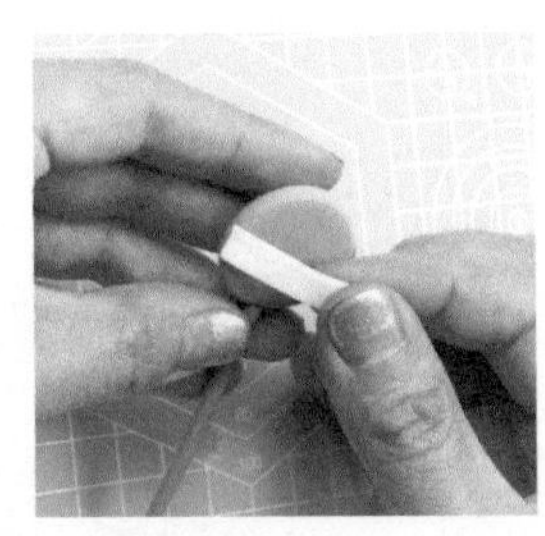
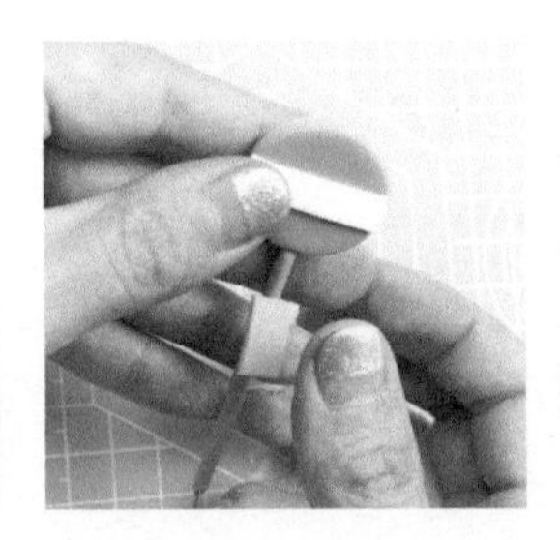
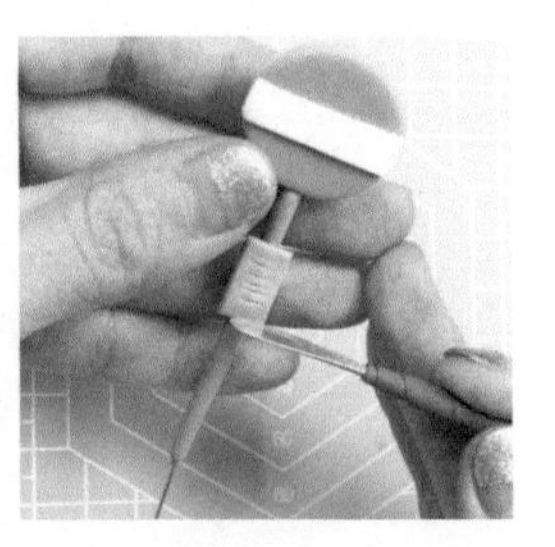

16 车站牌：擀、切、压

擀一个白色的薄片，切成长方形，粘在圆牌子中间。同理做一个灰色的薄片，用压痕工具压出纹理，做成一个灰色的牌子，粘在柱上。

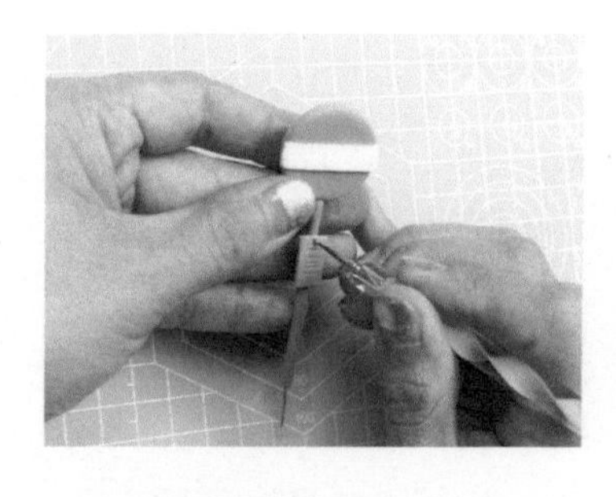
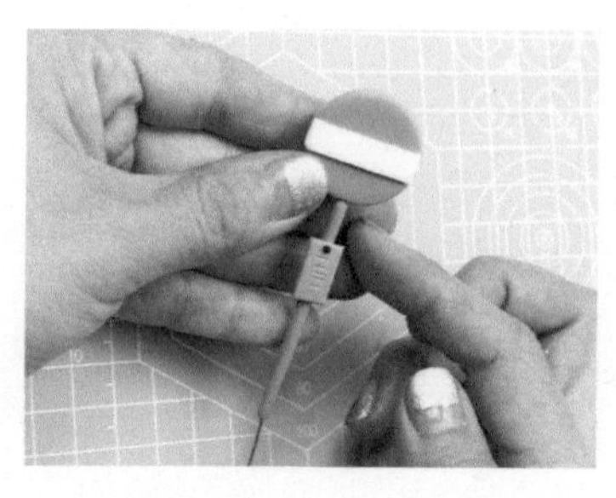

17 车站牌：压、揉

在灰牌子上压一个圆孔，揉一个小圆球粘上去，做牌子上的钉子。

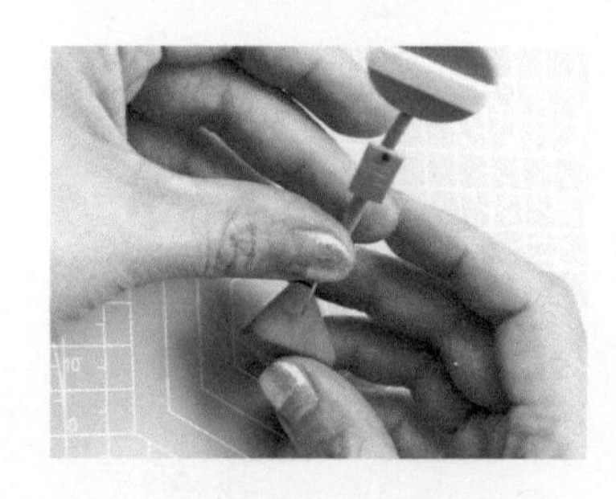

18 车站牌

将指示牌插在三角底座上。

组合

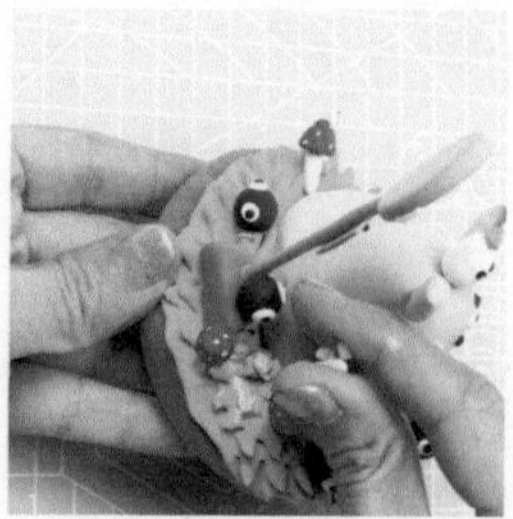

19 把它们装在草地上，加点小石子。

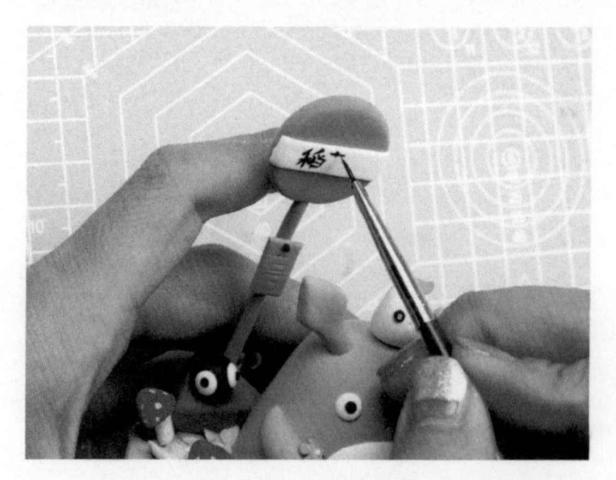

20 在牌子上写上字，龙猫小景就制作完成了！

无脸男

准备材料

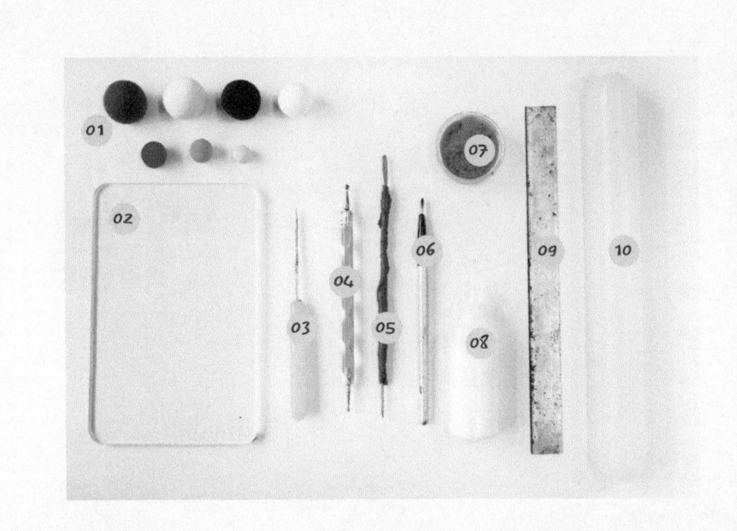

- 01 各色黏土
- 02 压板
- 03 细节针
- 04 点压痕笔棒
- 05 不锈钢压痕工具
- 06 刷子
- 07 草粉
- 08 白乳胶
- 09 刀片
- 10 擀泥杖

制作

制作无脸男

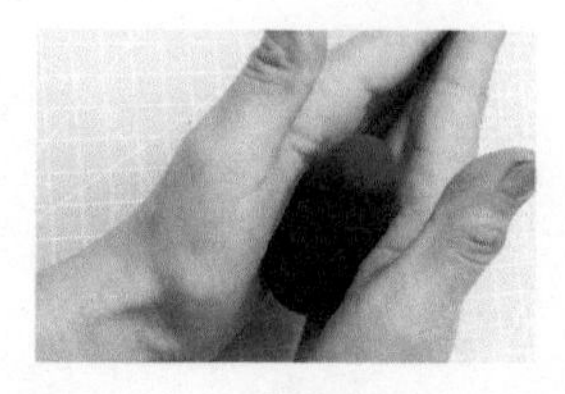

01 身体：揉、搓

把黑色黏土揉成圆球，再搓成圆柱，做出如图所示的形状。

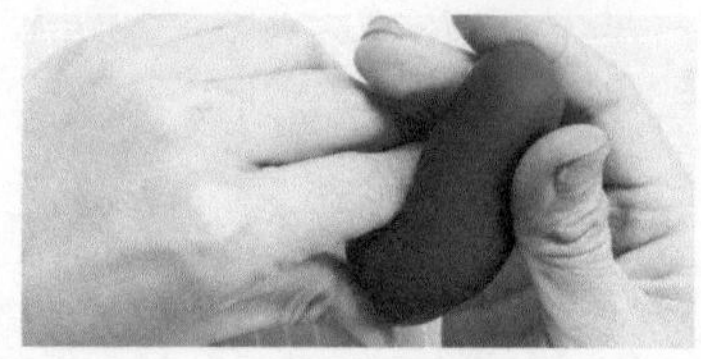
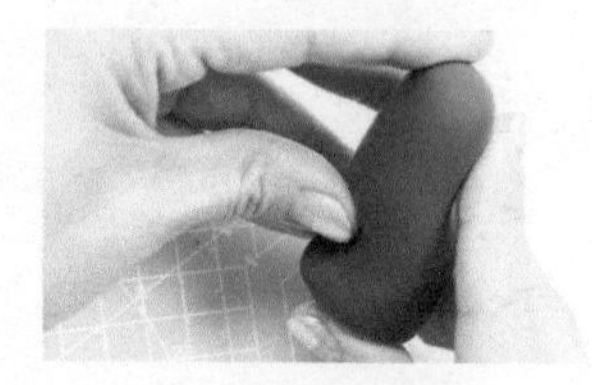

02 身体：捏

把做好的无脸男的身体捏成坐姿。

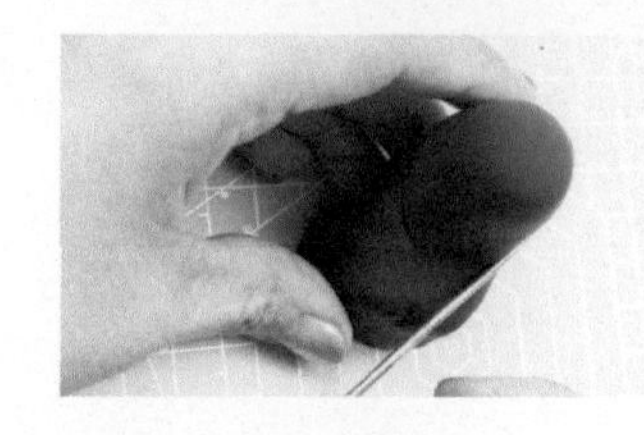

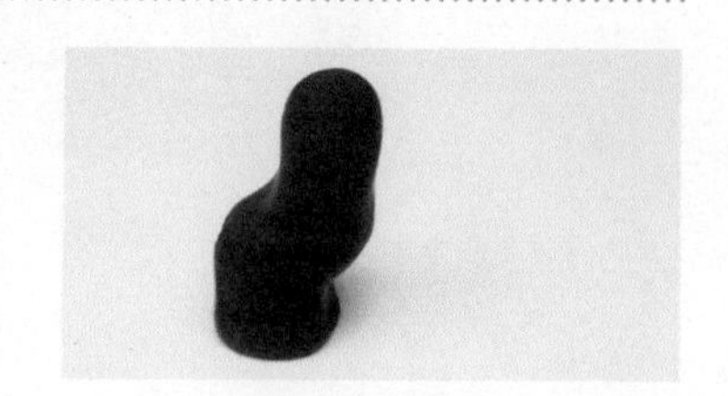

03 身体：压

用压痕工具在身体上压点儿褶皱。

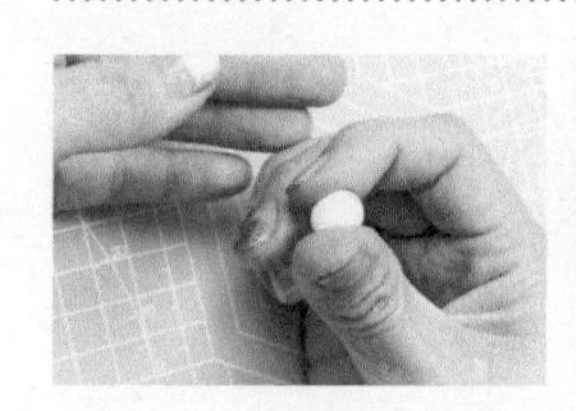
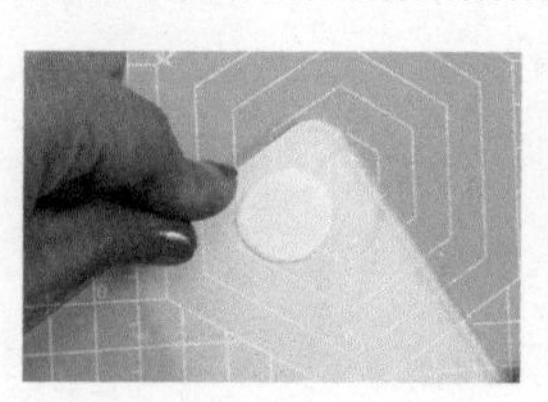

04 脸：揉、压

将白色黏土揉圆、压扁，做无脸男的脸，贴在黑色的身体上。

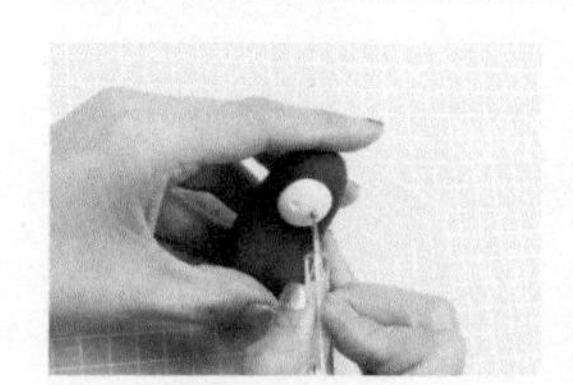
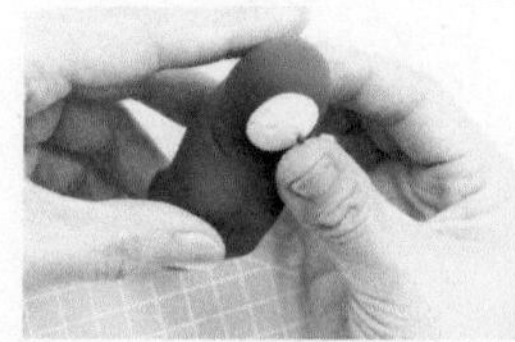

05 面部细节：压、揉

用丸棒压出眼睛的位置，揉两个小黑球粘上，当黑色小眼睛。再压出一个嘴巴。

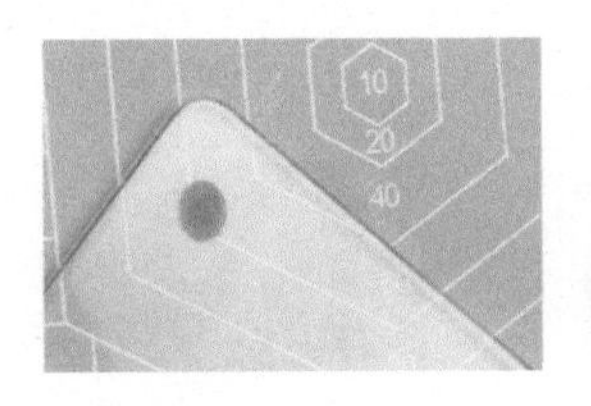

06 面部细节：搓、压、切

将红色黏土搓成椭圆形、再压扁，对半切开成四份。

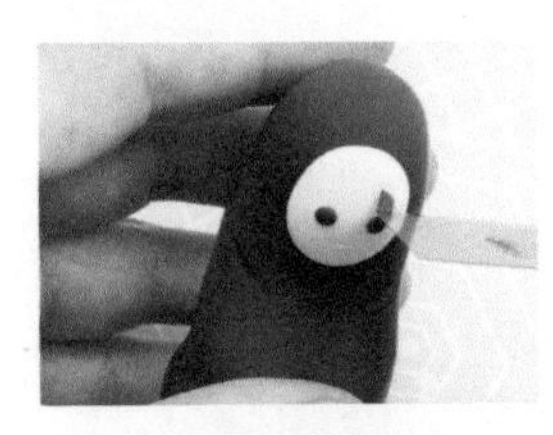

07 将做成的小片粘在无脸男的脸上，眼睛上下各一个，如图所示。嘴巴位置再粘个小黑线。

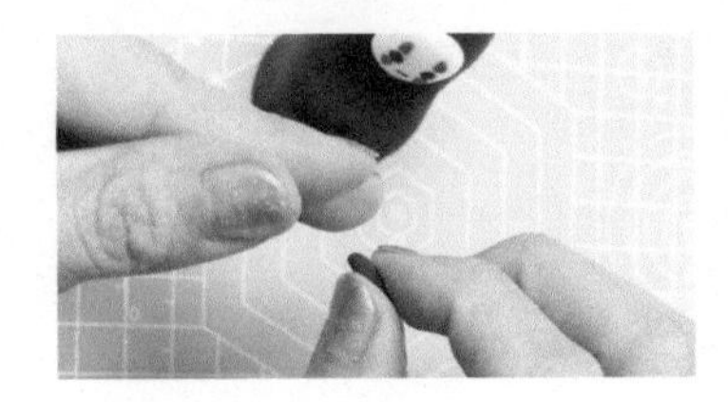
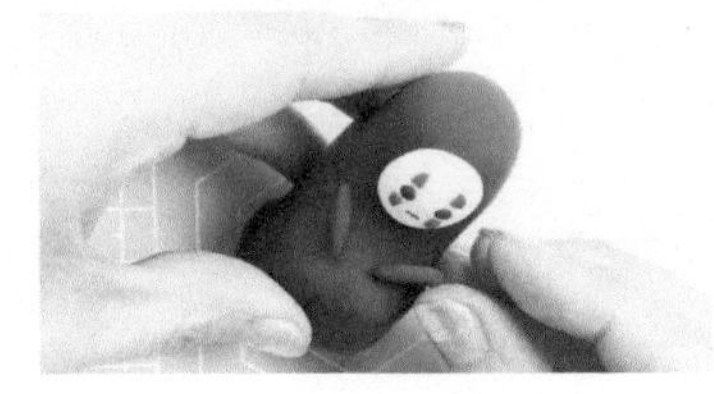
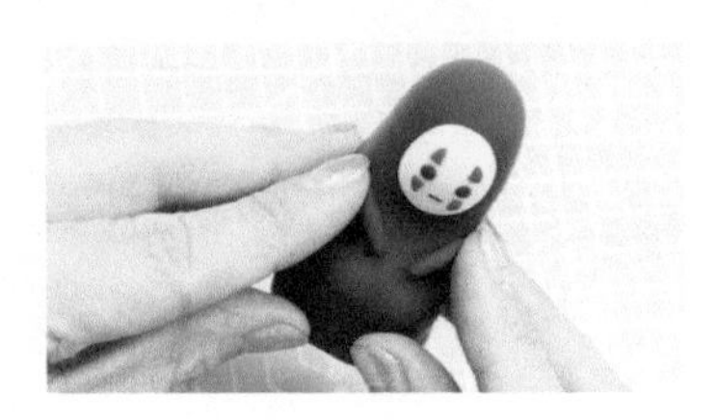

08 手臂：搓

搓两个小圆柱，粘上当小手臂。

09 金子：搓

用黄色黏土搓几个颗粒做无脸男的金子。可以按照以上方法再做一个小无脸男。

制作场景

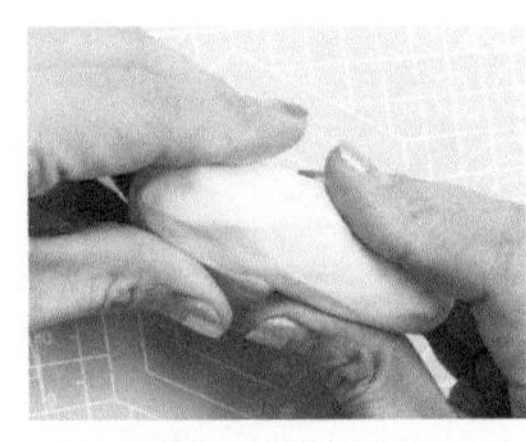
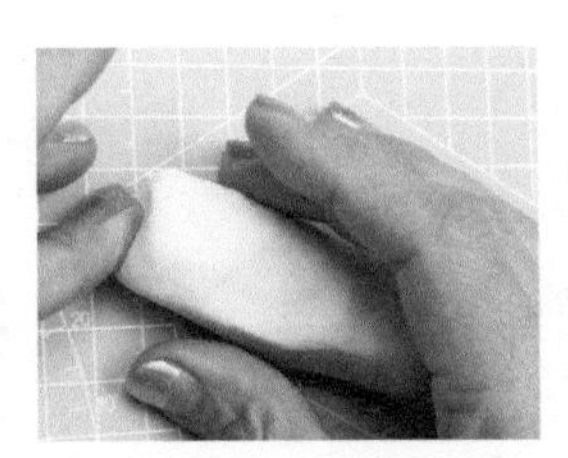

10 搓、压

用浅色黏土搓圆柱的形状做树桩，两头划出树桩的年轮。

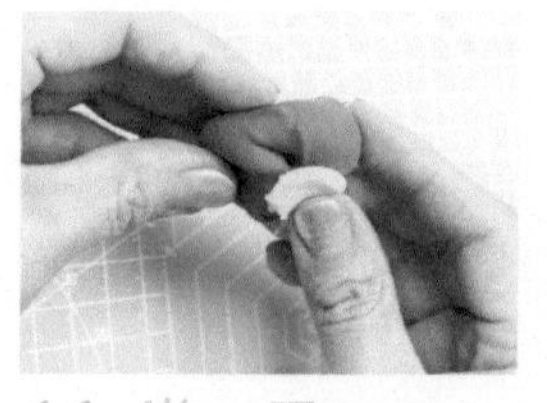
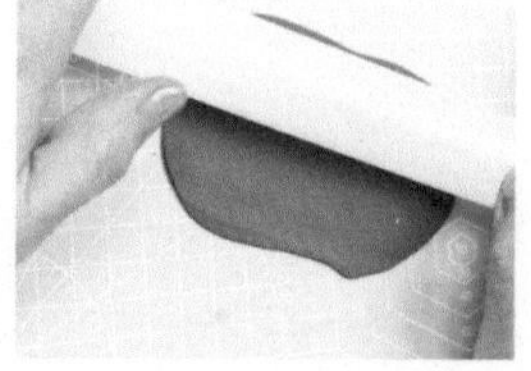
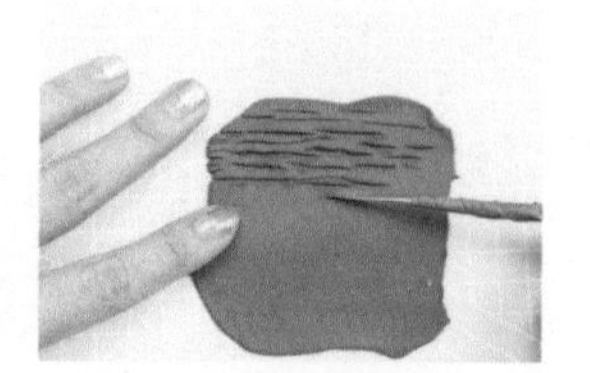
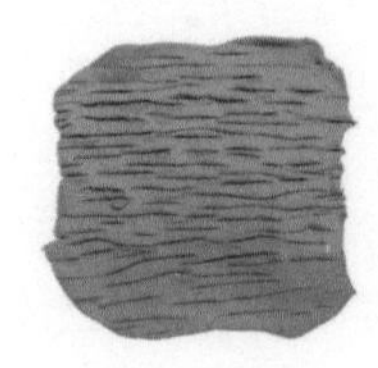

11 擀、压

将赭石色黏土擀片，用压痕工具划出痕迹，做树皮。

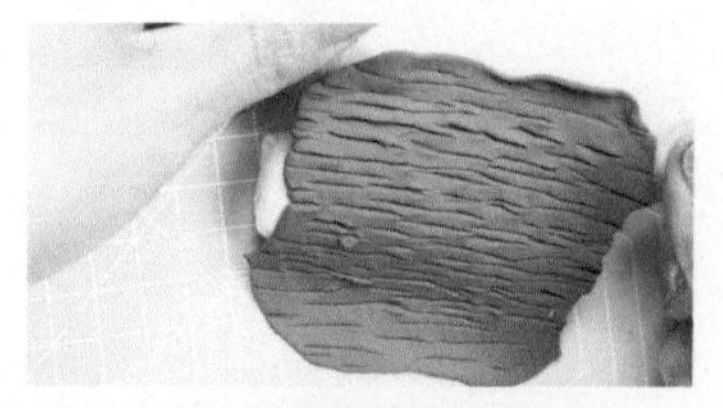

12 用做好的树皮包裹住树桩，装饰一个小的树枝。

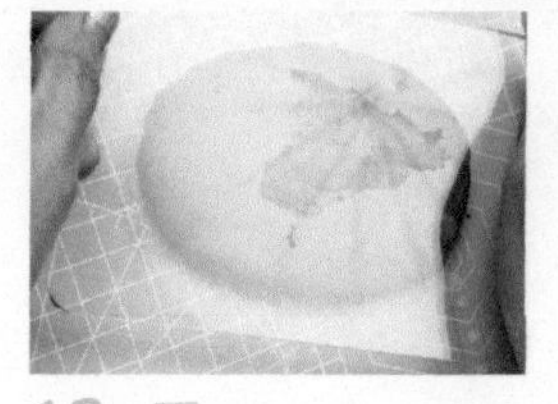

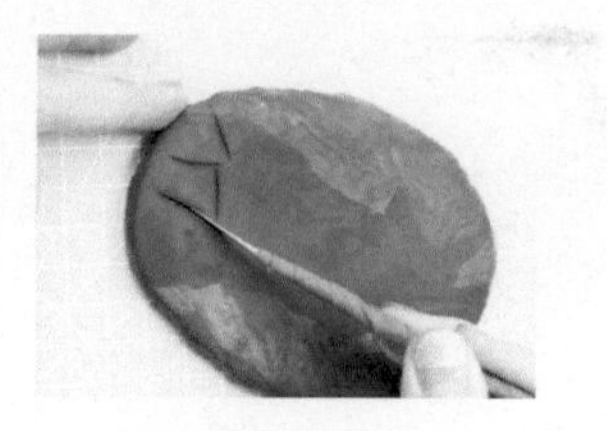

13 压

将黑色黏土压成扁圆做底座，再划出石板的样子。

组合

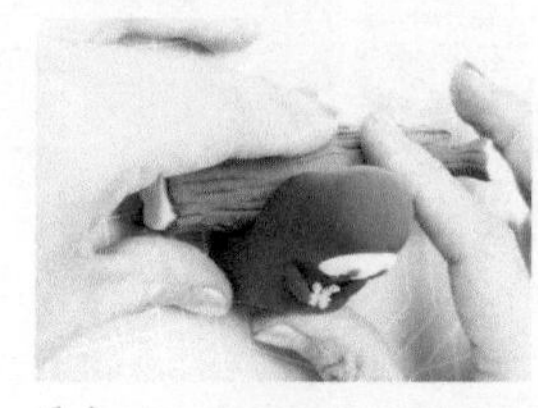

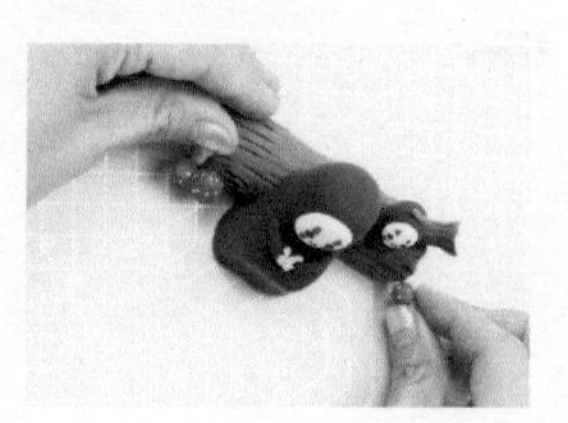

14 让做好的无脸男坐在树桩上。用小蘑菇做装饰。

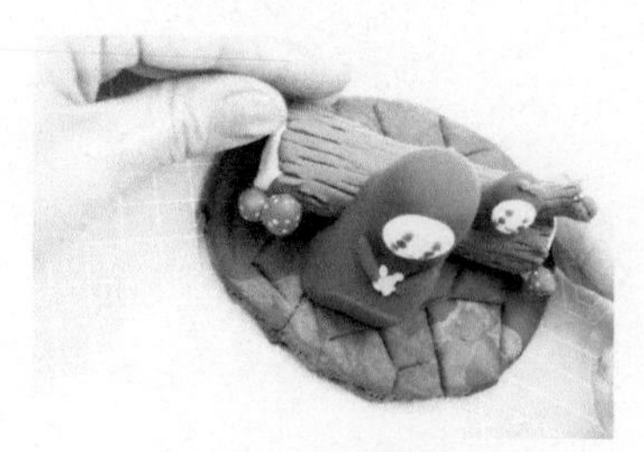

15 把树桩和无脸男放在底座上。底座周围涂抹上白乳胶，撒上草粉，就制作完成了！

金鱼姬

准备材料

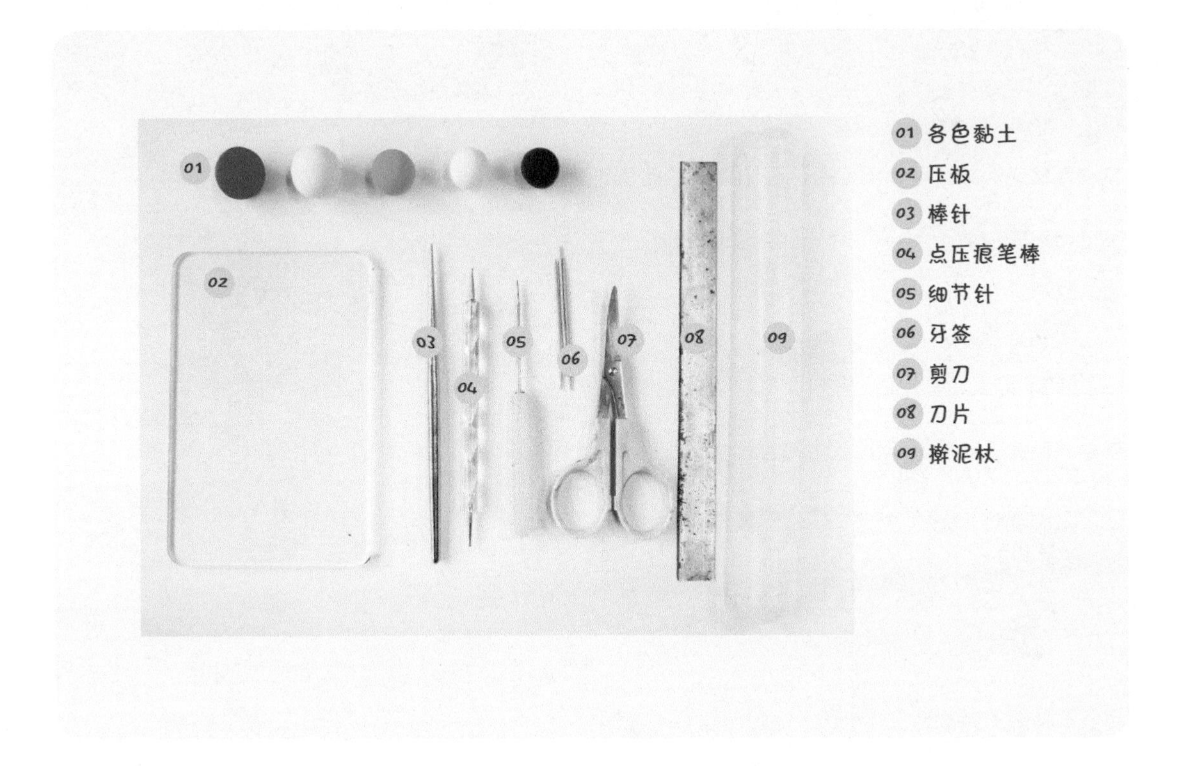
01
02
03
04
05
06
07
08
09
01 各色黏土
02 压板
03 棒针
04 点压痕笔棒
05 细节针
06 牙签
07 剪刀
08 刀片
09 擀泥杖

制作

制作金鱼姬的身体

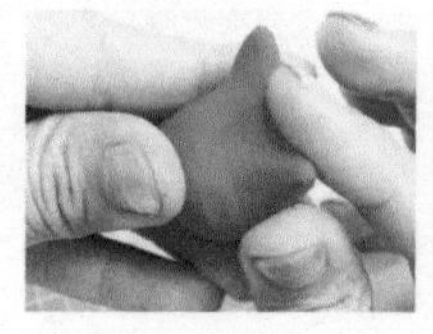
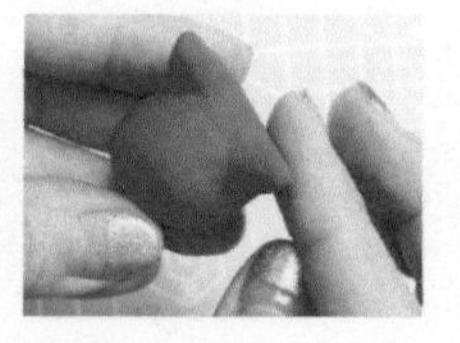

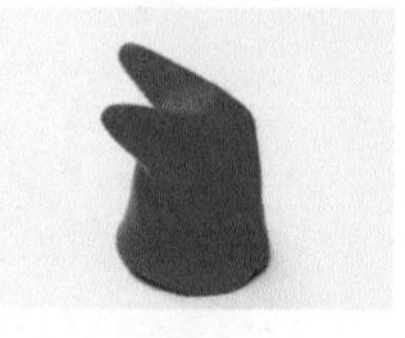

01 揉、捏

把红色黏土揉圆球，如图所示捏出金鱼姬的身体。

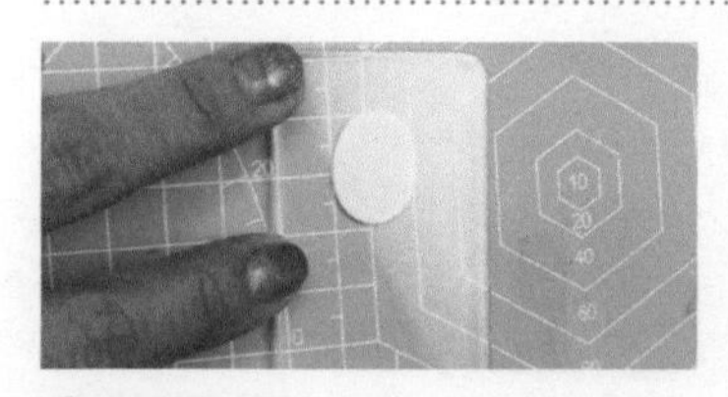

02 压

将白色黏土压扁，给金鱼姬的身体粘上一个白色的肚皮。

制作金鱼姬的头部

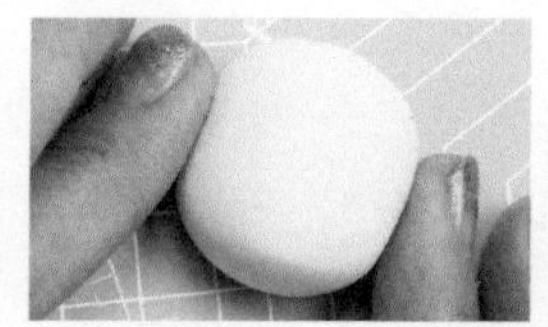

03 脸：揉、捏

拿肉色黏土揉圆球再稍微压扁，捏出大致的脸型。

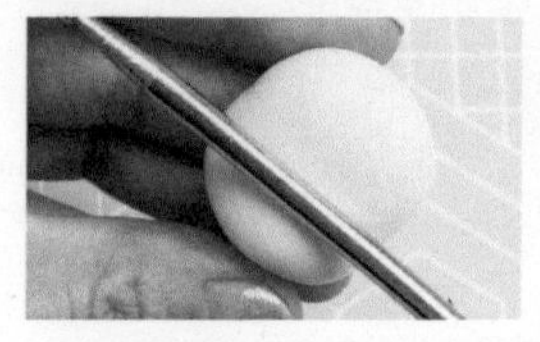

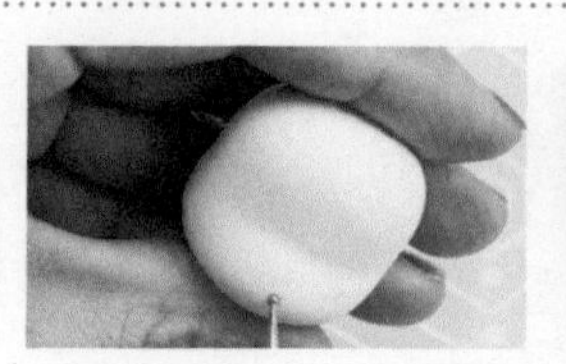
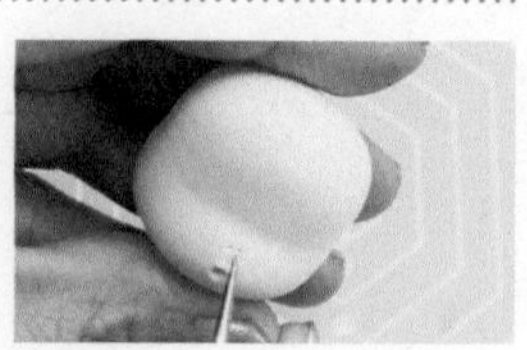

04 脸：压

在中间位置压出眼窝，用指肚将黏土表面调整平滑。

05 嘴巴：压

用丸棒戳出金鱼姬的小嘴巴。

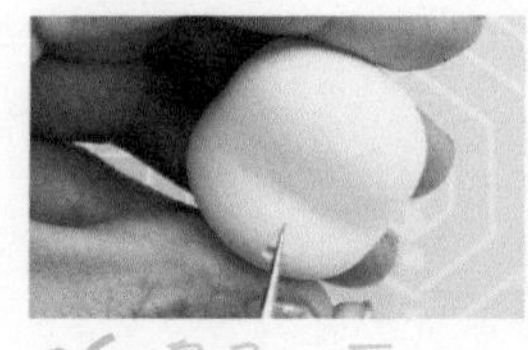
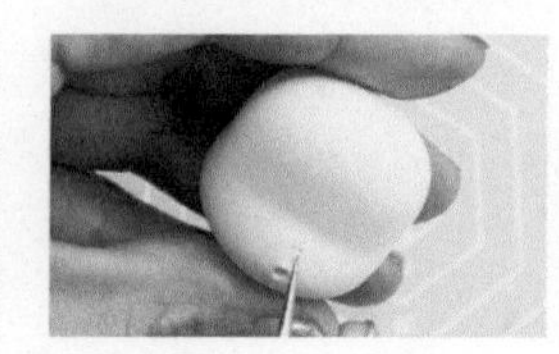

06 鼻子：压

用细节针戳出小鼻孔。

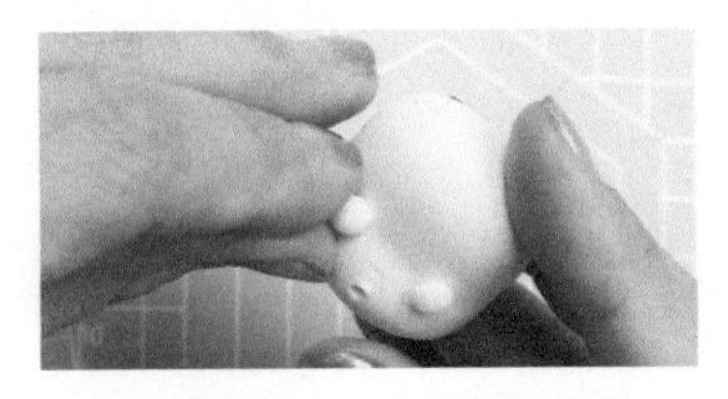 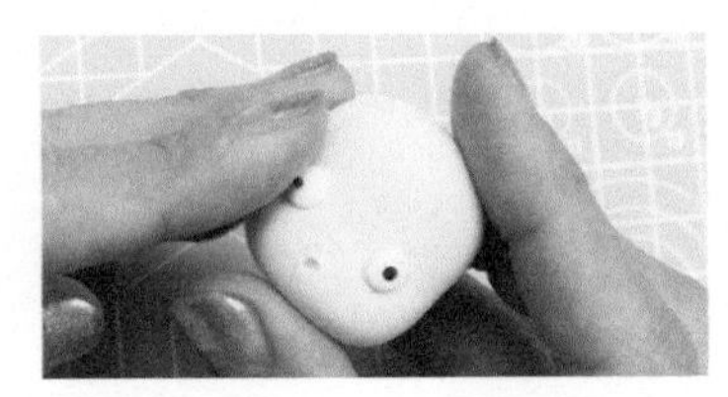 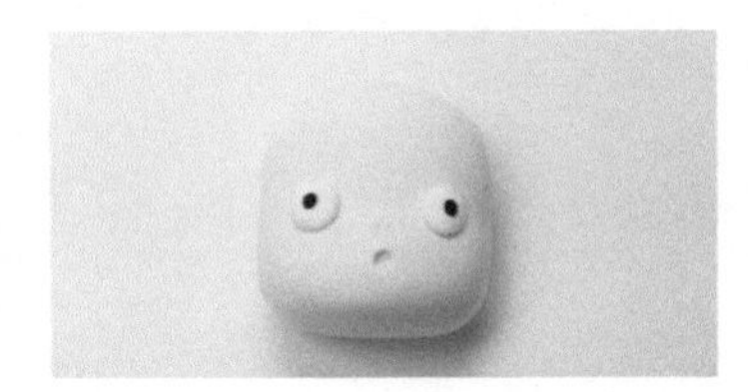

07 眼睛：揉

揉两个相同大小的白色圆球，粘在眼睛上。

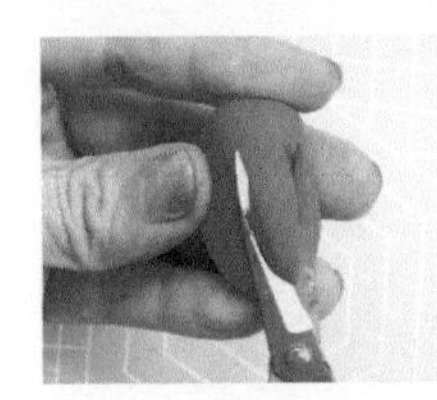  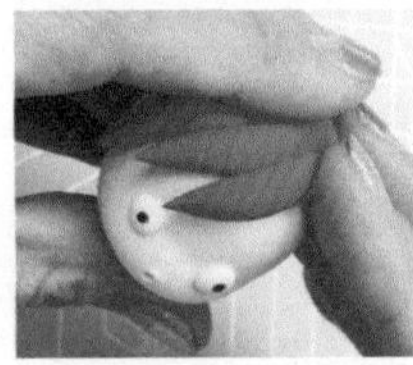  

08 头发打底：揉、压

用红色和橘黄色黏土混合调出金鱼姬的头发颜色，揉成圆球，用拇指在中间压个凹槽。将后脑勺粘在头部的后面，将其粘合牢固。

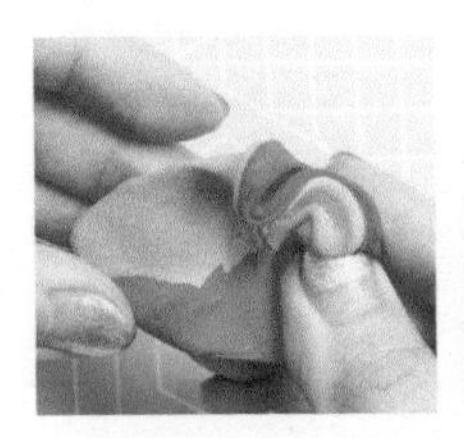 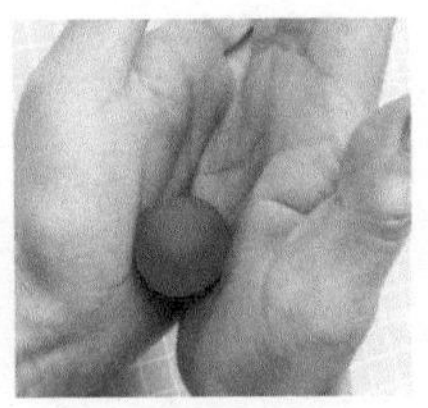 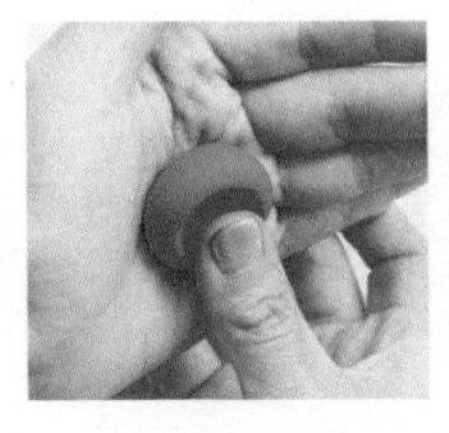 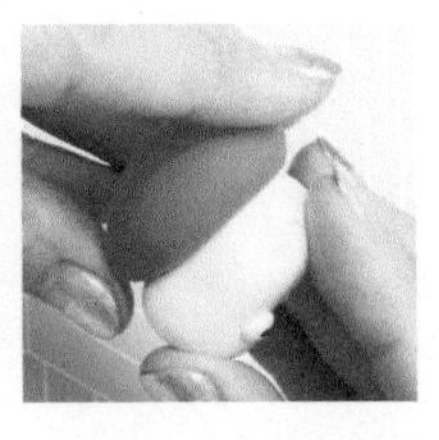 

09 头帘：揉、剪

取红色和橘黄色混色的黏土揉成圆球，用剪刀剪出一条条的头发，依次粘在头部前端。

  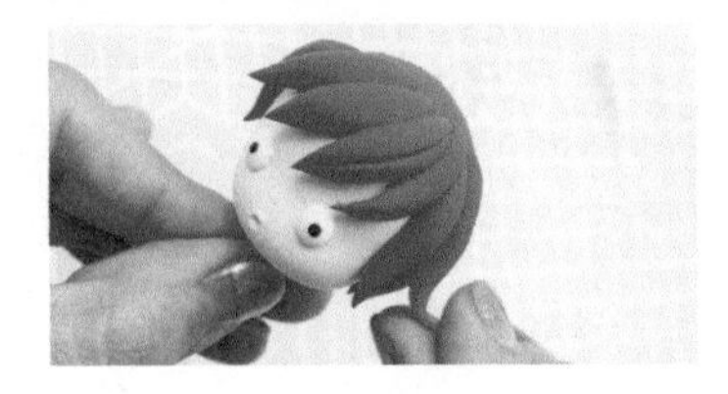

10 最底层头发

后面的头发要从下层向上贴。同理剪出长条，从后面开始贴。

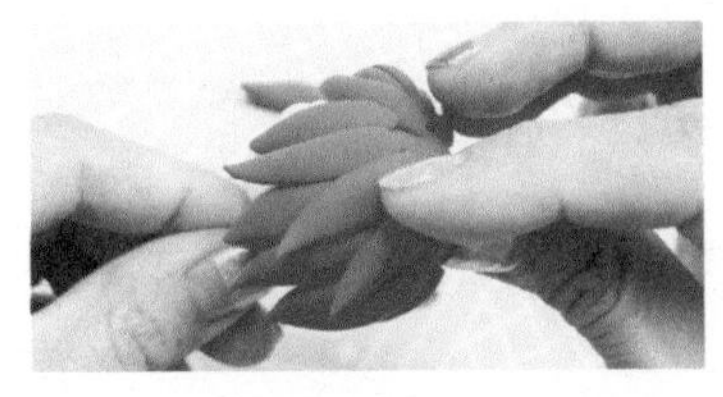 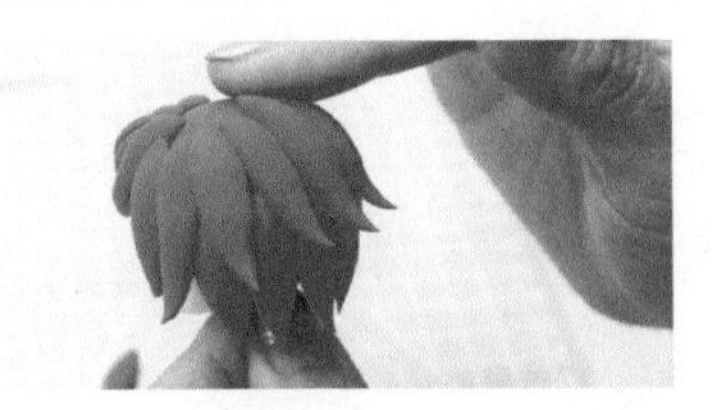 

11 第二层头发

最下面一层贴完之后贴中间的一层，可将发尾向上卷一下。

12 顶层头发

然后贴头顶的头发。

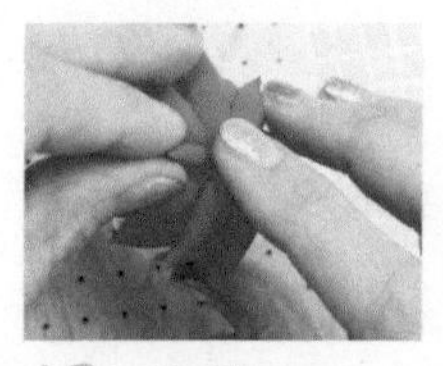    

13 呆毛

剪几根小条儿粘在发旋儿处，要向上翘起，做成呆毛。然后用牙签把头和身体连接到一起。

制作绿色小水桶

 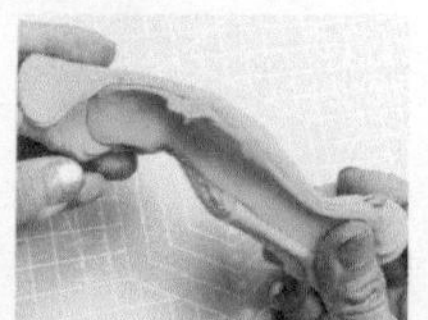 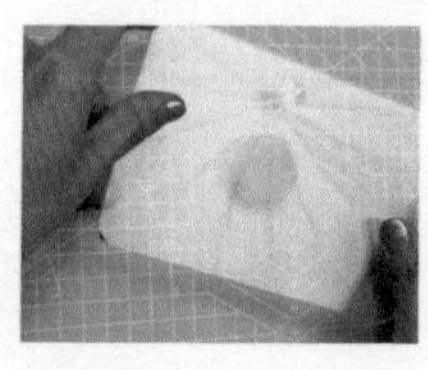 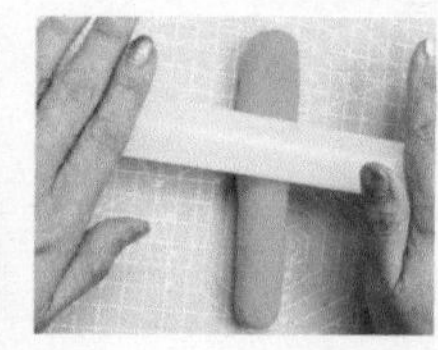 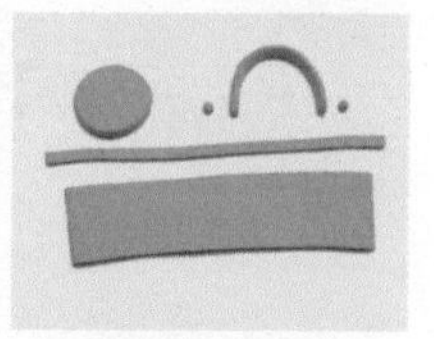

14 揉、压、擀、切

用黄色黏土加翠绿色黏土调出水桶的颜色。揉圆球、压扁当桶底。再取一些搓长条，用擀泥杖擀开，用长刀片切出桶壁、手柄的形状。

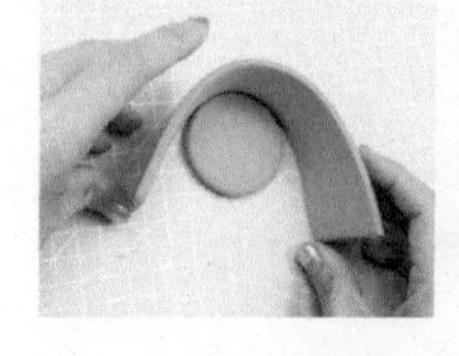 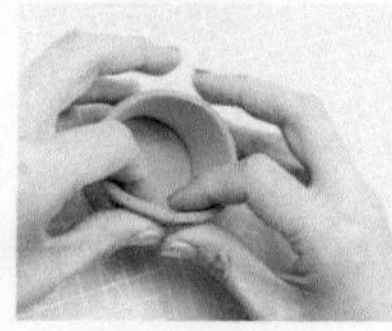   

15 把切好的长片和圆底如图所示拼起来，再粘上水桶的提手，水桶就制作完成了！

16 等水桶和金鱼姬都自然风干后，将金鱼姬放进水桶。这样不会粘在一起，方便以后拿出来。金鱼姬就制作完成了！

5.2 幽默宝宝来卖萌

小羊肖恩

准备材料

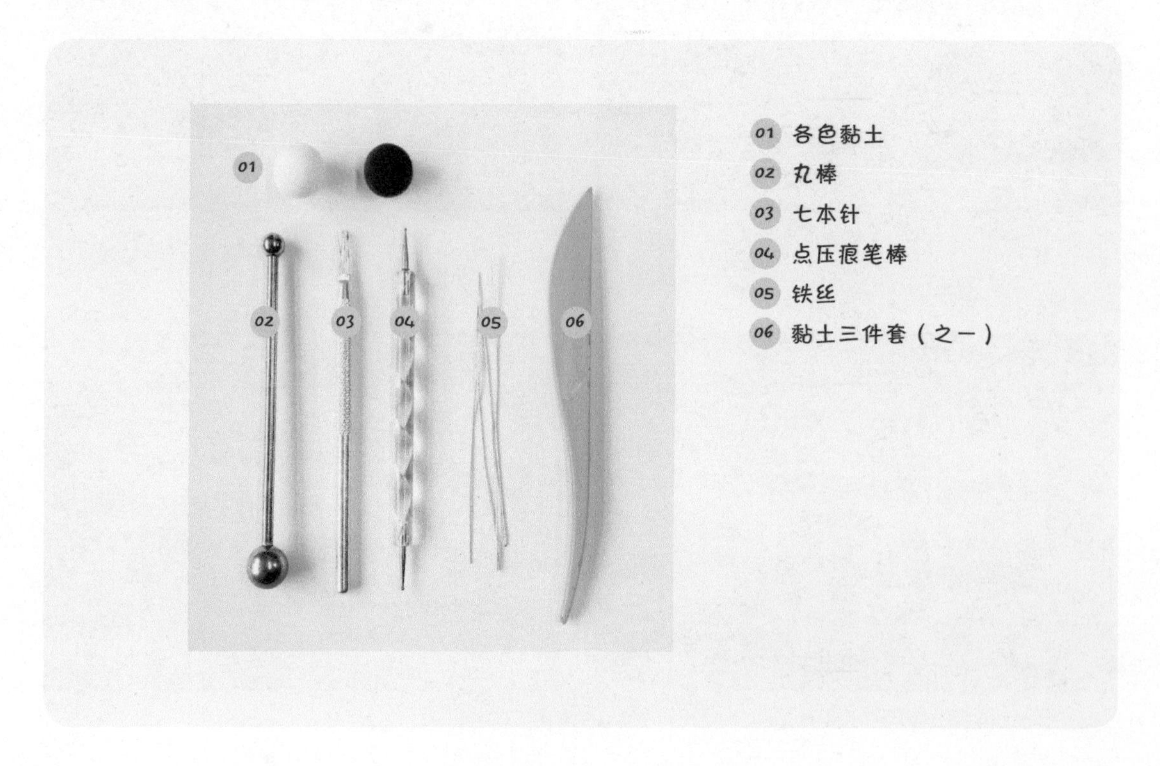

制作小羊的身体

01 身体：揉、搓

用白色黏土揉圆球，再搓成椭圆形。

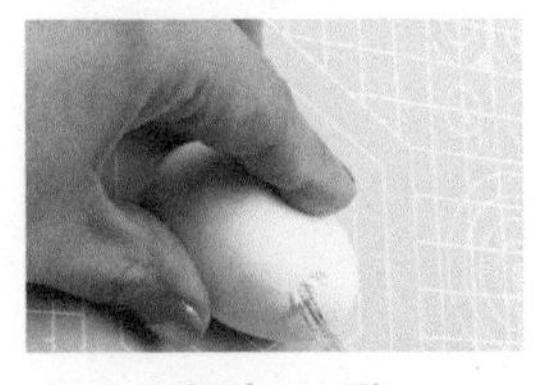
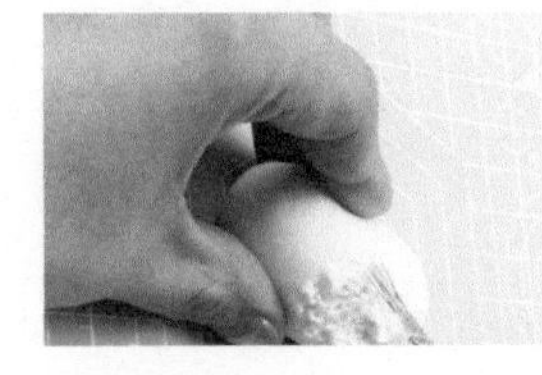
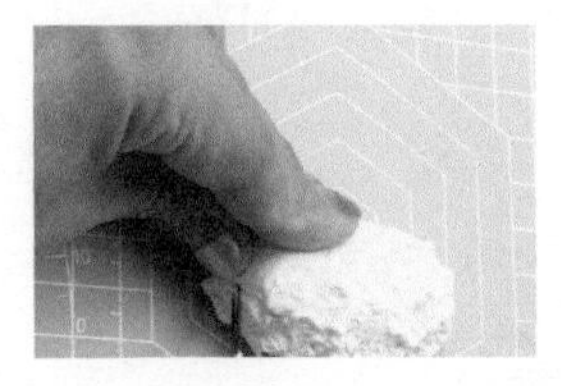

02 身体：戳

用七本针戳出羊毛的感觉。

制作小羊的头部

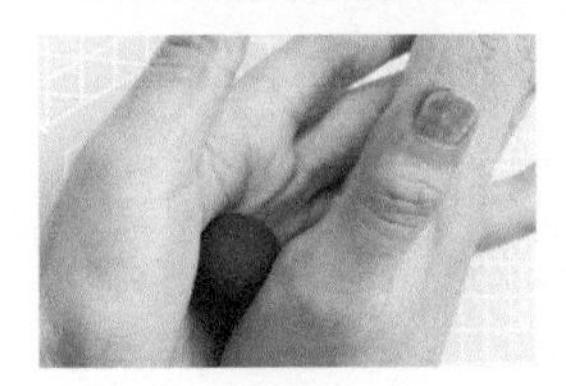
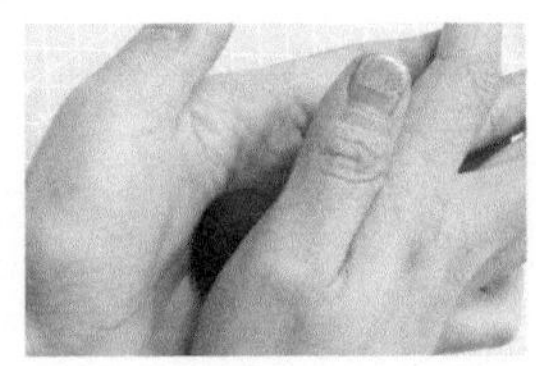

03 头：揉、搓、捏

将黑色黏土先揉圆，再稍微搓一下变成椭圆，将椭圆捏一下，做出如图所示形状的小羊头部。

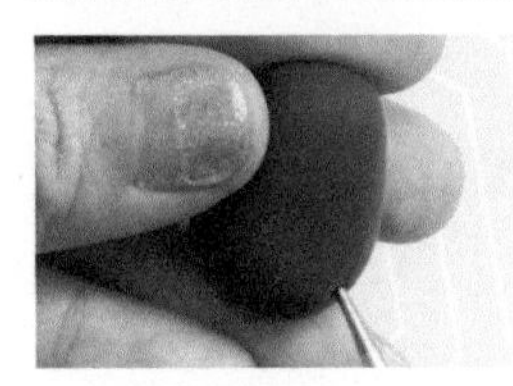
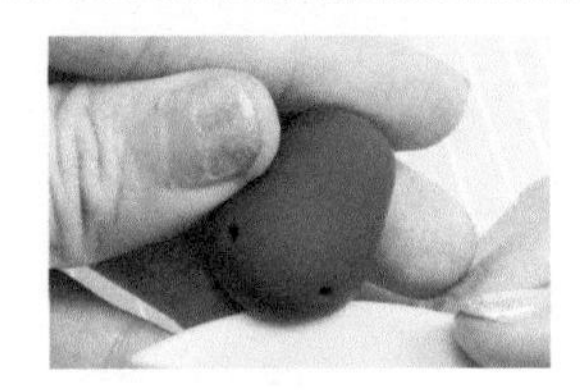
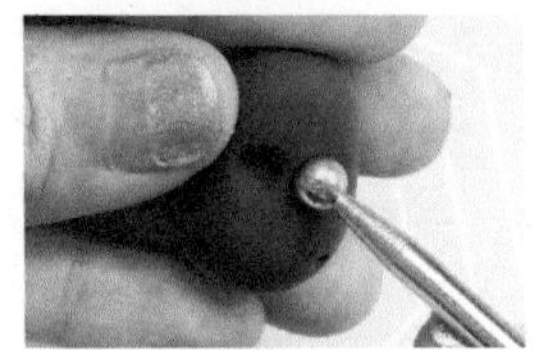

04 脸：压

用工具戳出鼻孔，压出眼窝，划出嘴巴。

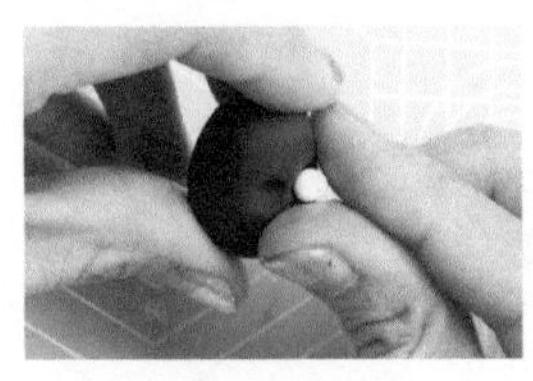

05 眼睛：揉、压

用白色黏土揉成小圆球粘在头上做眼睛，再轻压上黑色的眼珠和白色的高光。

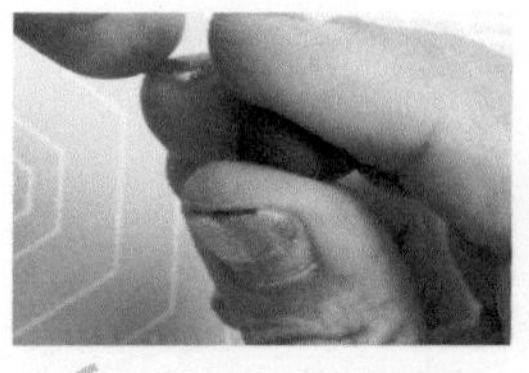
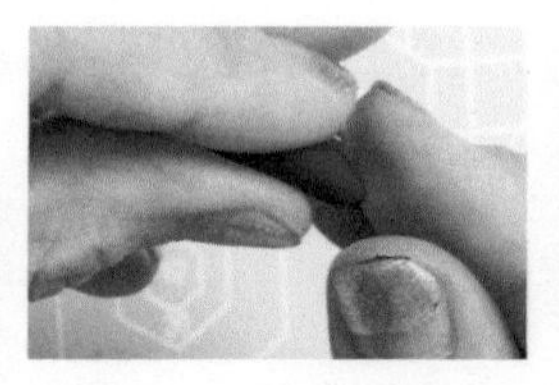
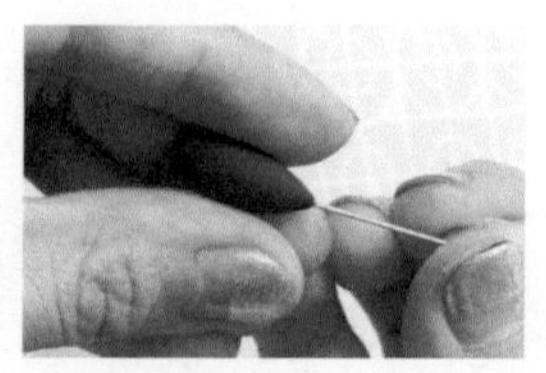
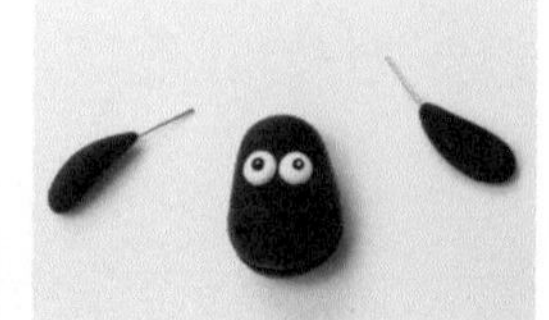

06 耳朵：搓

将黑色黏土搓成扁平的水滴状，做小羊的耳朵。分别插入铁丝。

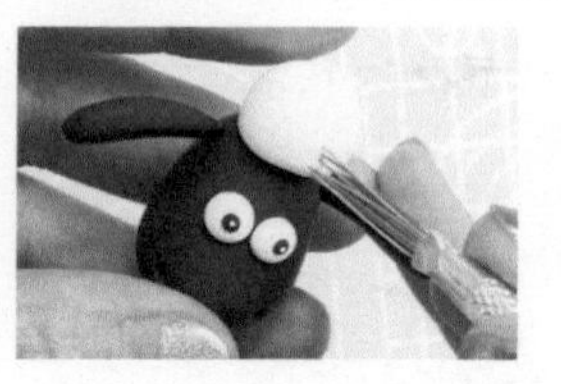

07 组合：揉、戳

把做好的耳朵用铁丝插入头部两侧，头顶放一坨“白色羊毛”。

制作小羊的四肢

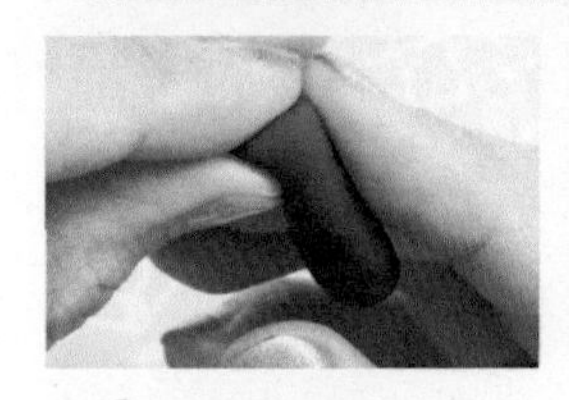
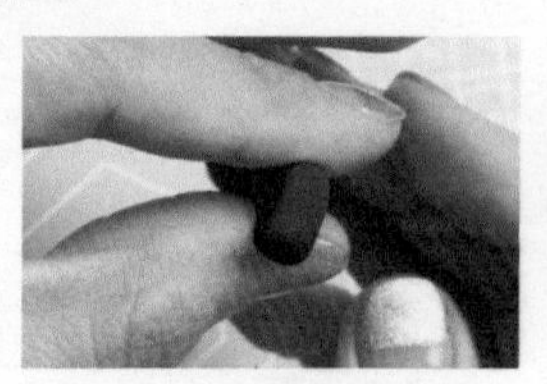
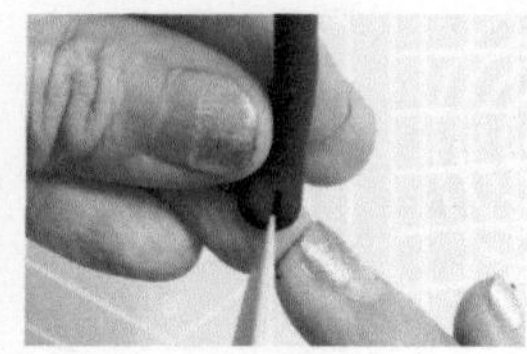

08 搓、捏

用黑色黏土搓长条，前段捏出脚掌。分别做出前腿和后腿。

组装

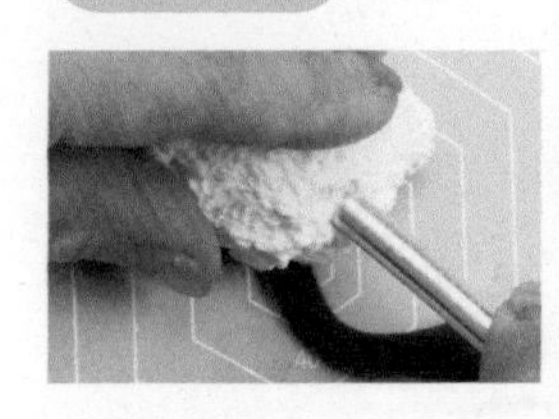

09 捏

在身体上戳洞，把腿装在身体上，捏出四肢的摆放造型。

10 用铁丝把身体和头部连接到一起，小羊就制作完成了。

准备材料

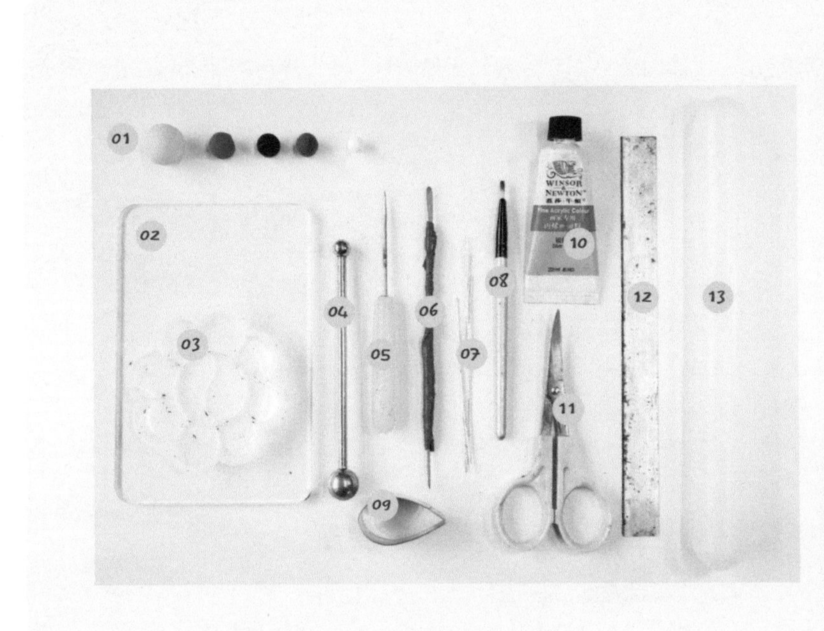

01 各色黏土
02 压板
03 调色盘
04 丸棒
05 细节针
06 不锈钢压痕工具
07 铁丝
08 刷子
09 模切工具
10 丙烯颜料
11 剪刀
12 刀片
13 擀泥杖

制作大眼萌的身体

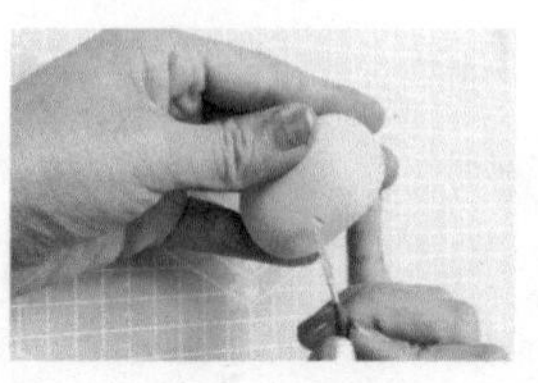

01 揉、搓、压

用黄色黏土揉圆球，再搓成黄色胶囊的样子，做成身体。在身体上压出嘴巴形状。

制作大眼萌的眼睛

02 眼睛：揉

用白色黏土揉个圆球做眼睛，比对一下眼睛的大小。

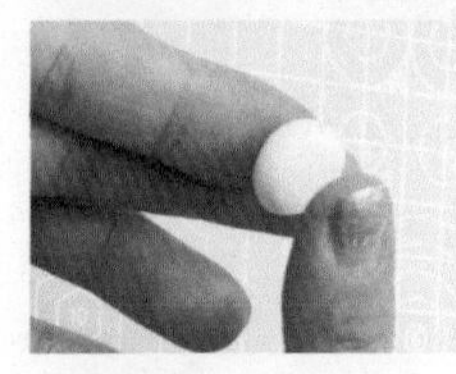
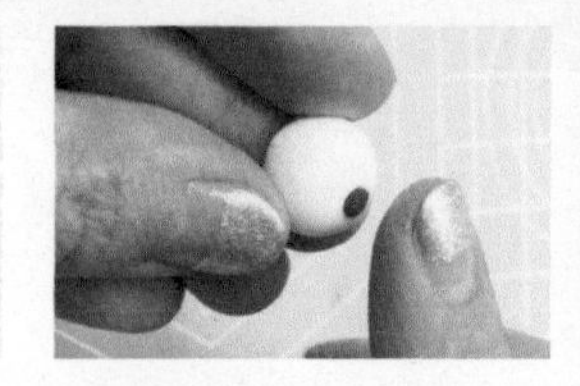
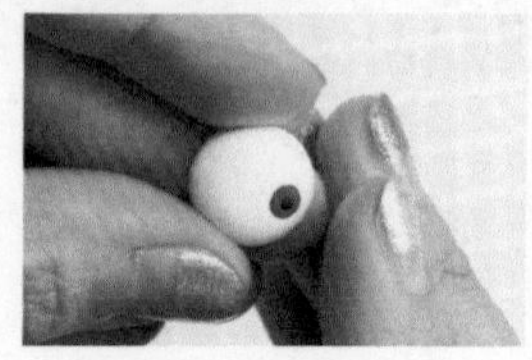
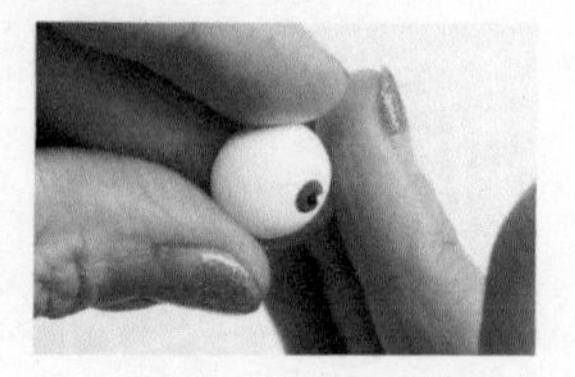

03 眼睛：压、揉

将白色眼球轻轻压扁一点，用棕色黏土揉圆压平在白色眼球上做眼珠，加上黑色的瞳孔和白色的高光。

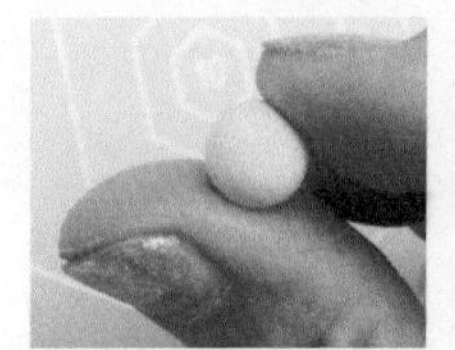

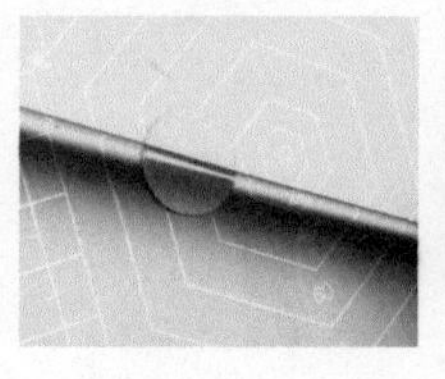
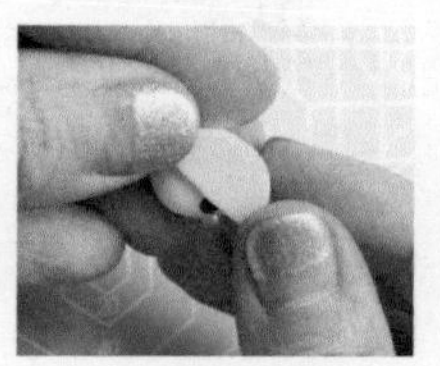
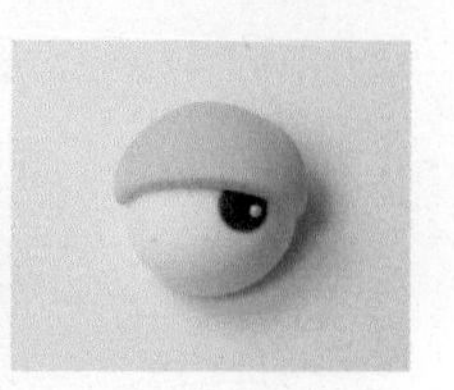

04 眼睛：揉、压、切

将黄色黏土揉成小圆球再压成圆形薄片，对半切开，取一半粘在做好的眼球上。

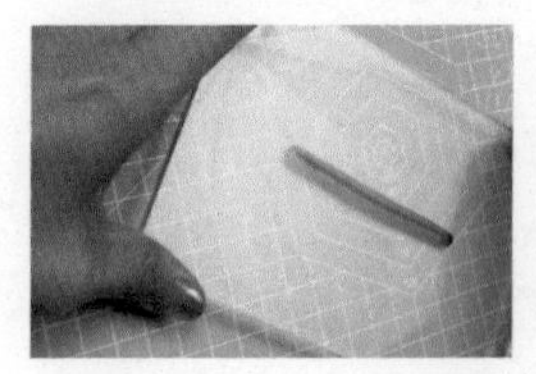
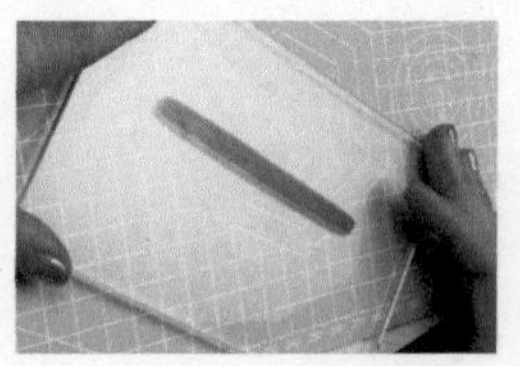

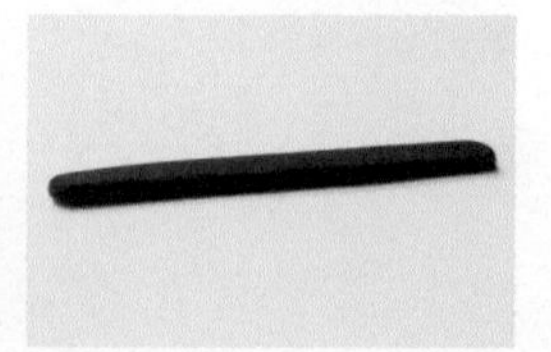

05 镜框：搓、压、切

搓一个黑色长圆柱稍微压平，切出一个黑色长条。

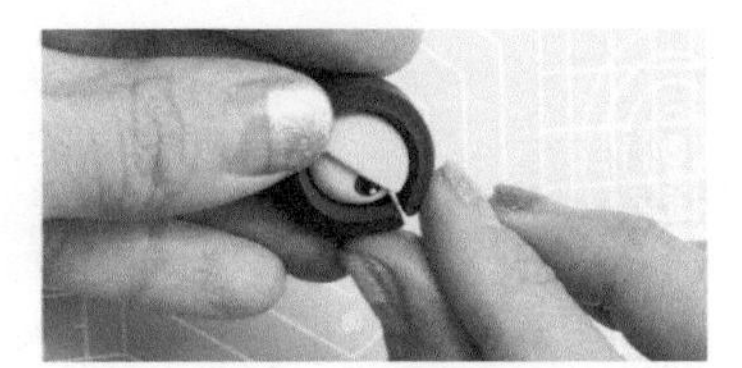

06 镜框：剪、捏

将黑色长条围在眼睛的外面，多余的部分用剪刀剪掉，首尾捏牢。

07 镜框：揉

揉一些黑色的小圆球，在眼镜框的外面粘上小圆球。

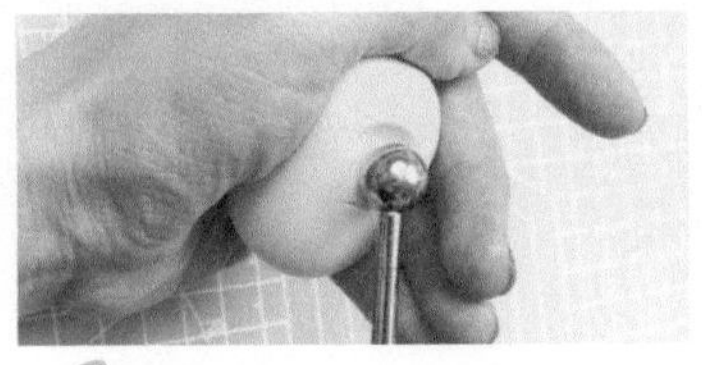
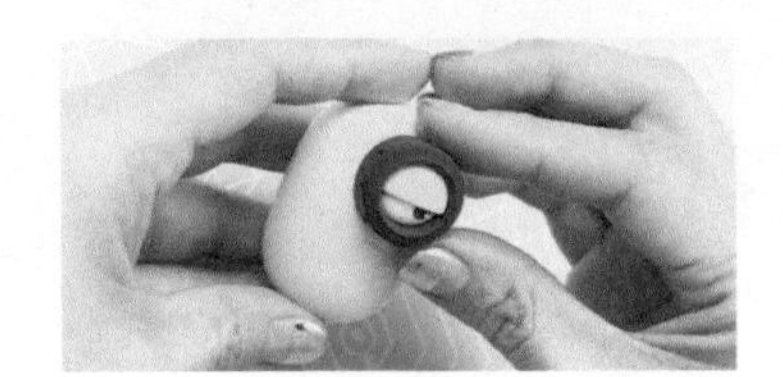
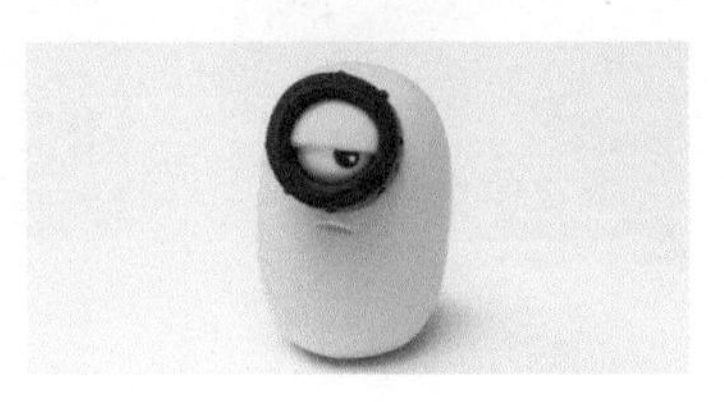

08 组装眼睛：压

在身体上压个凹槽，把做好的眼睛装在身体上。不屑的小眼神出现了！

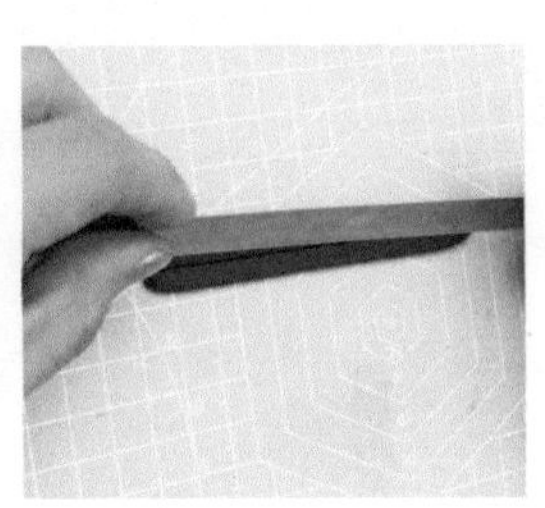
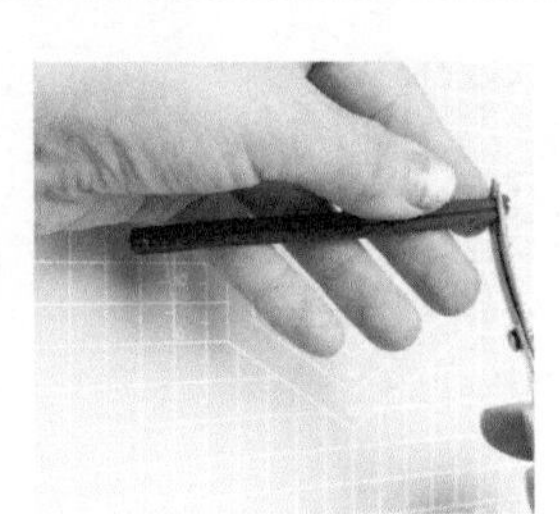

09 组装眼睛：搓、压、剪

搓黑色长条，在长条中间压一条痕迹，将其剪整齐。

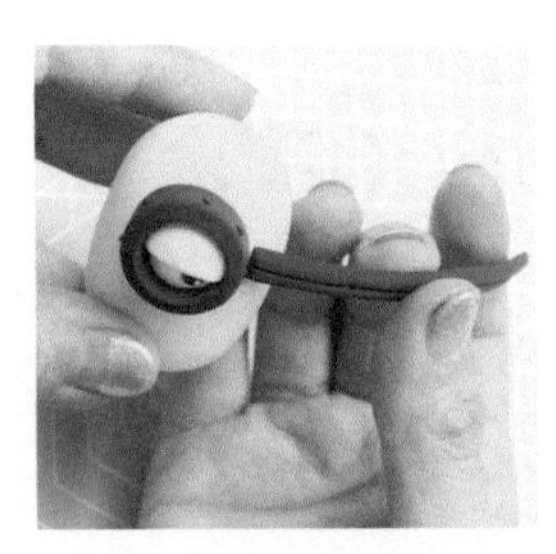
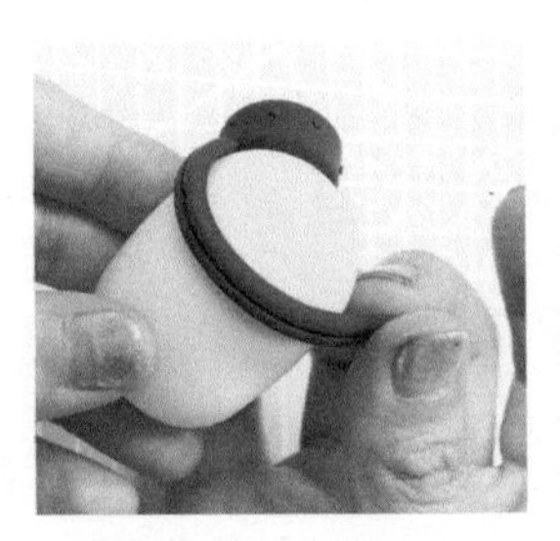

10 如图所示把做好的长条围在身体上端，与镜框衔接处加一块黑色小方块。

制作大眼萌的背带裤

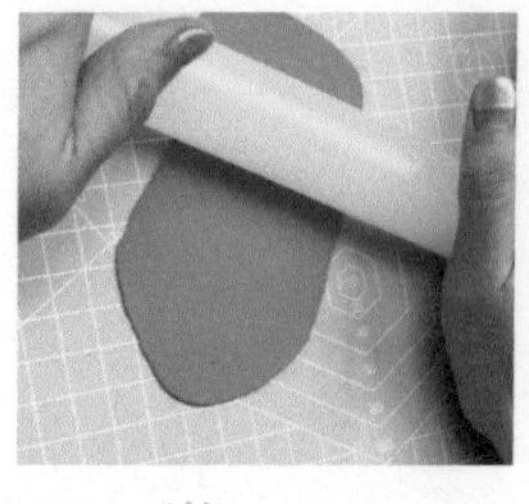

11 擀、切

将蓝色黏土擀片，切出如图所示的形状，用来做背带裤。

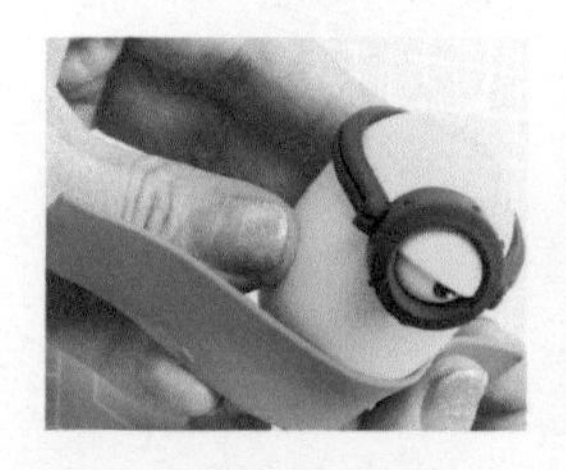

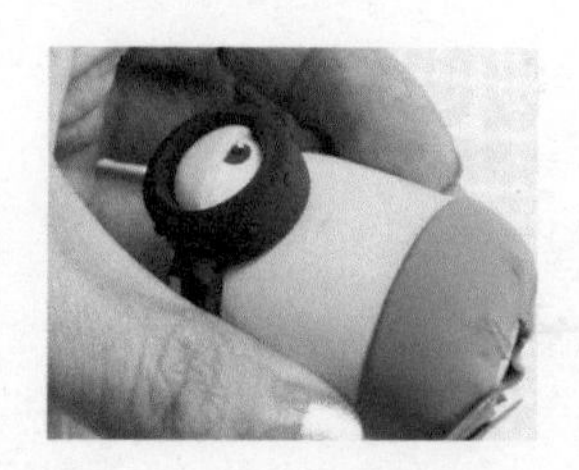

12 剪、捏

先把蓝色长条围在靠下一点的位置，将多余的黏土剪掉，稍微捏整齐一些。

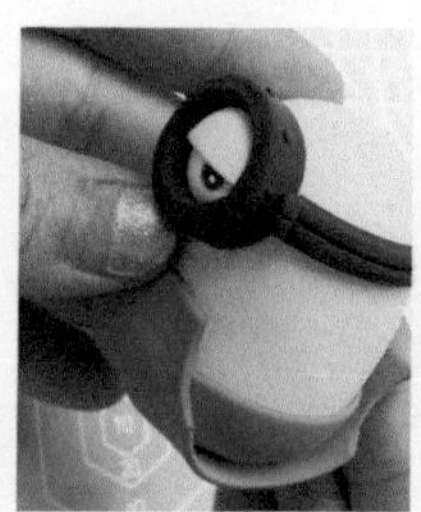
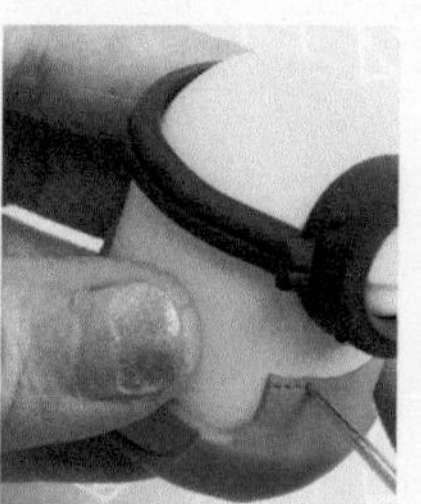
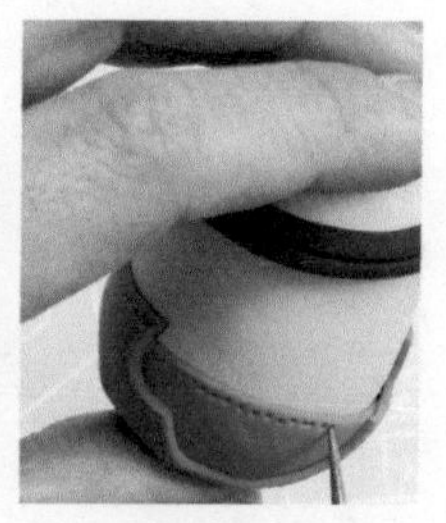

13 戳

另一片如图所示竖着贴在身体上，再用细节针戳出一条线。

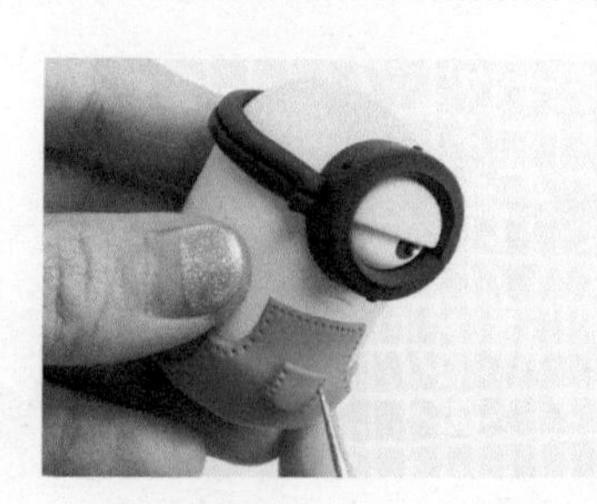

14 戳

在背带裤上粘上口袋，同样戳出像针缝的样子。

制作大眼萌的四肢

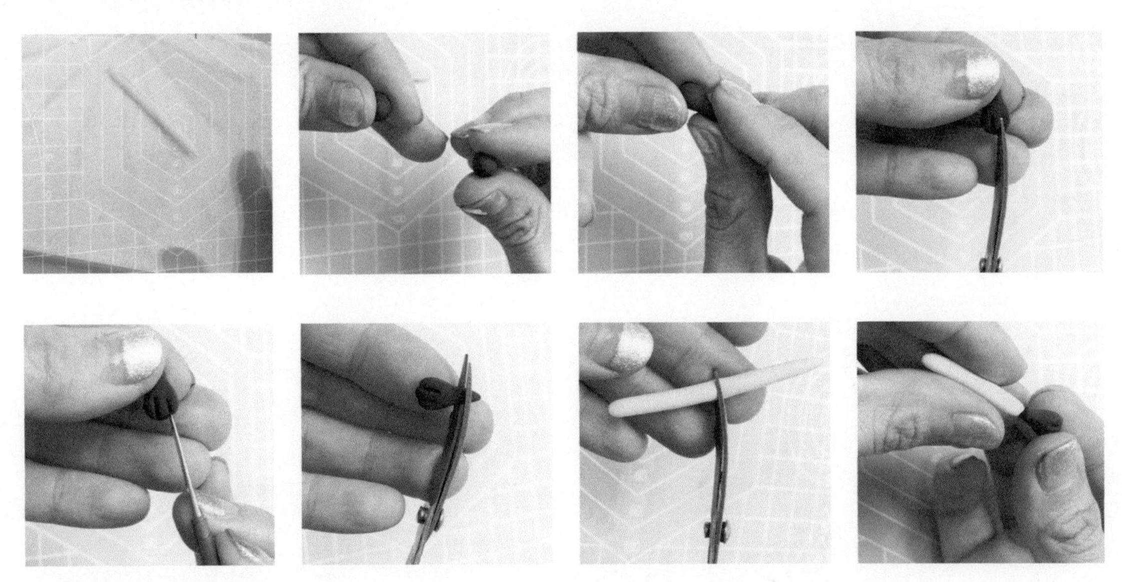

15 搓、揉、捏、压、剪

搓出黄色细长条当胳膊。将黑色黏土揉圆，再捏出手掌的外形，压出三根手指头，将它们剪整齐再衔接。

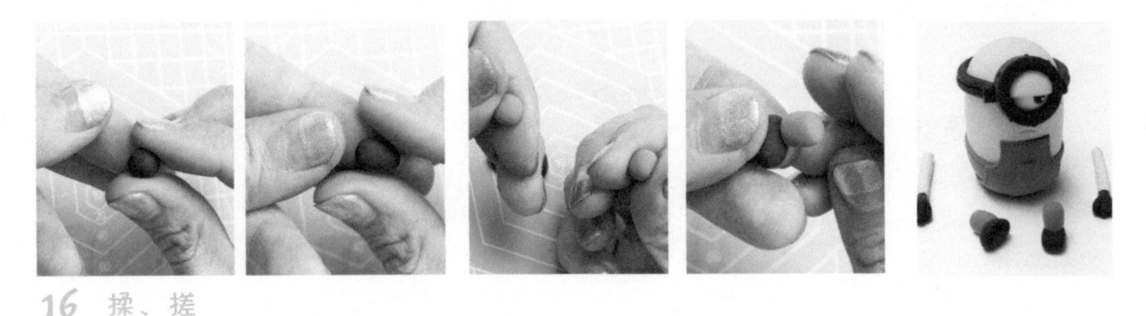

16 揉、搓

将黑色黏土揉圆压扁调整出椭圆的形状做鞋子。将蓝色黏土搓成圆柱做裤腿儿。

17 将胳膊做出如图所示交叉的样子，粘在身体上。

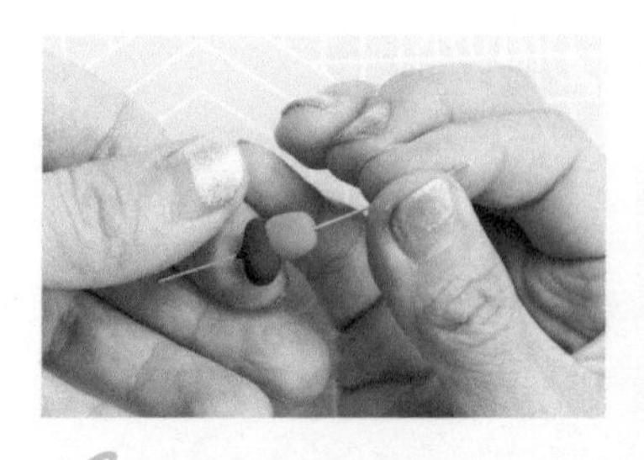

18 把裤子和鞋子连接到一起，腿部穿铁丝，再和身体固定在一起。

制作大眼萌的背带

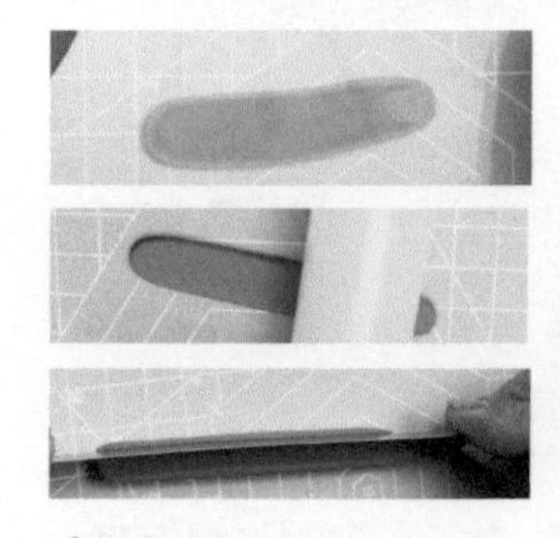
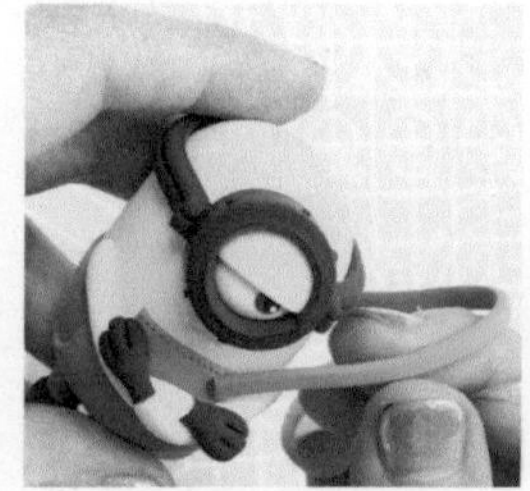
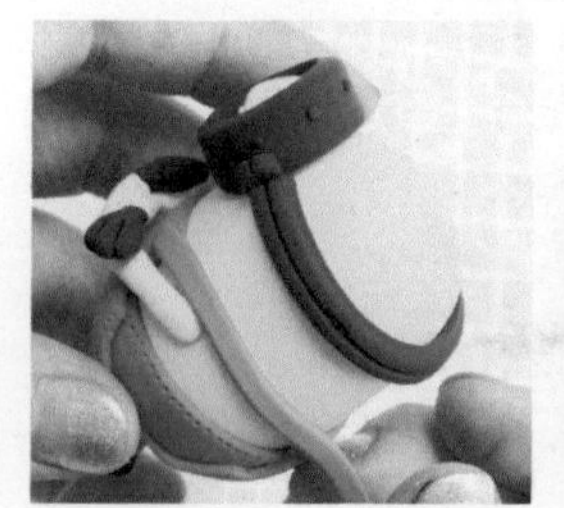
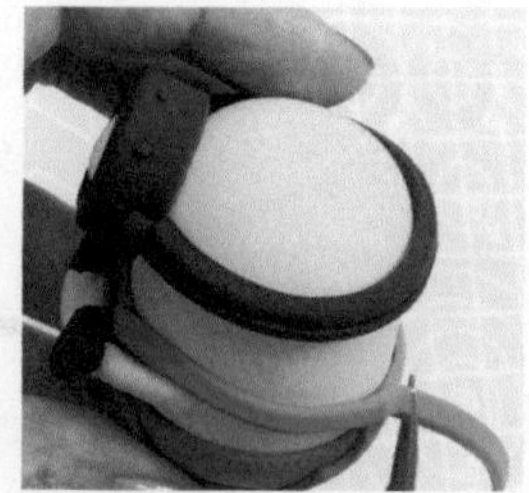

19 搓、压、擀、切

用蓝色黏土搓长条、压扁、擀片、切细长条，做背带裤的带子。

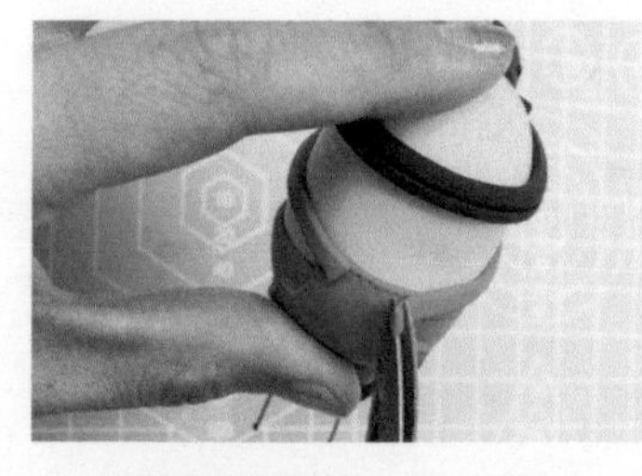
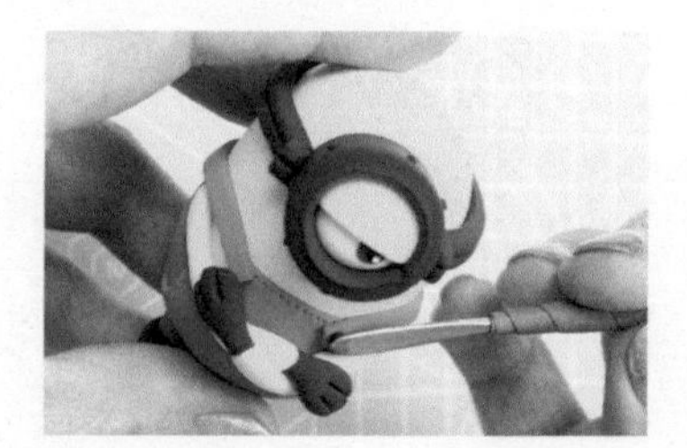

20 做好带子后，加上扣子。

制作大眼萌的银色眼镜框

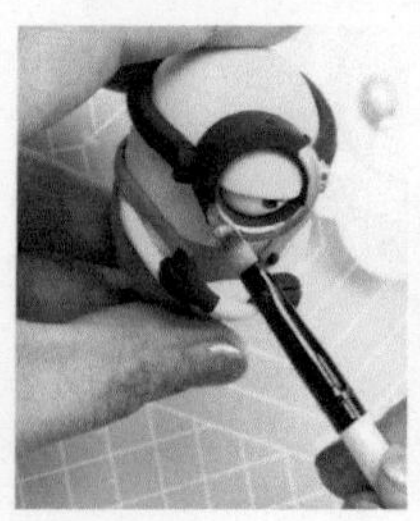
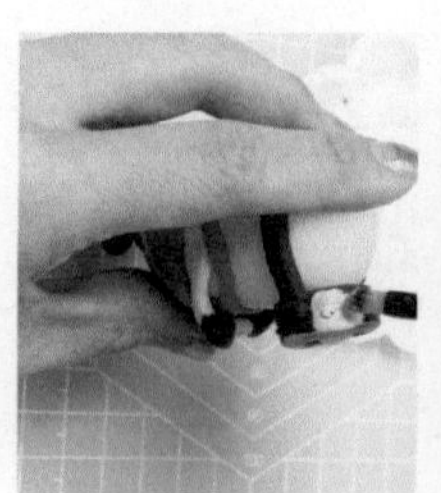
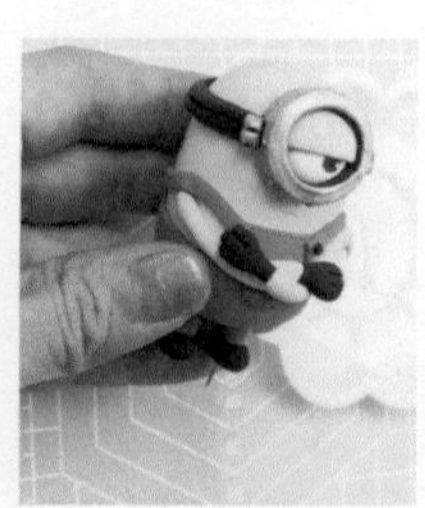

21 用丙烯颜料把黑色的镜框涂成银色，小黄人就制作完成了！

准备材料

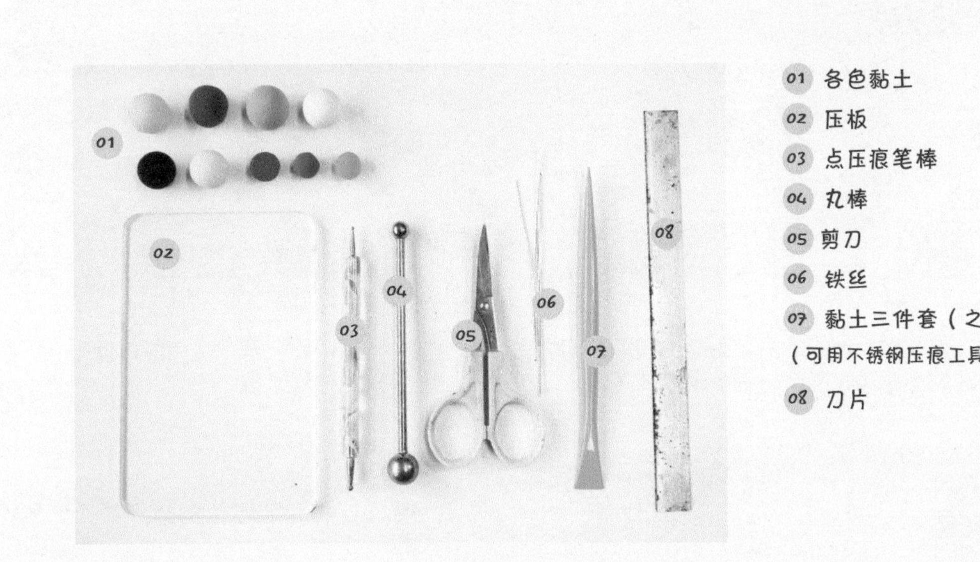

01 各色黏土

02 压板

03 点压痕笔棒

04 丸棒

05 剪刀

06 铁丝

07 黏土三件套（之一）
（可用不锈钢压痕工具代替）

08 刀片

制作海绵宝宝的外形

 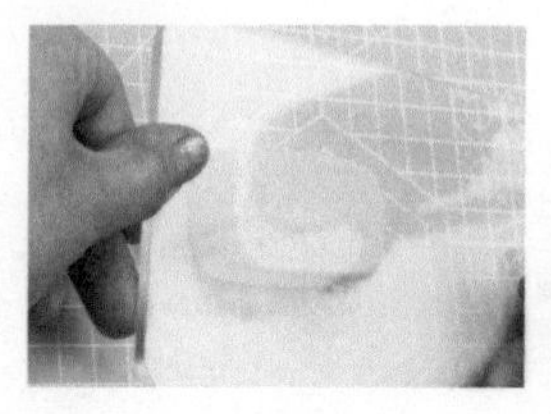  

01 揉、压

用黄色黏土揉个圆球，用压板逐渐调整成方形。

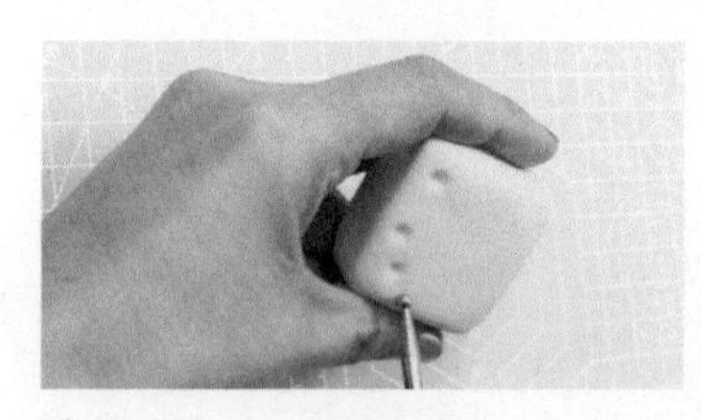  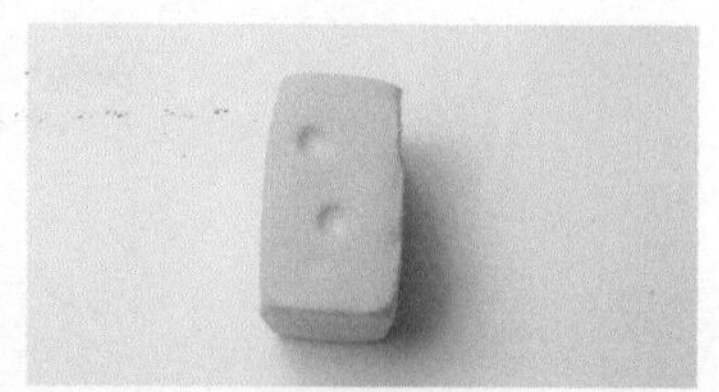

02 压

用丸棒压出海绵上的孔。

制作海绵宝宝的五官

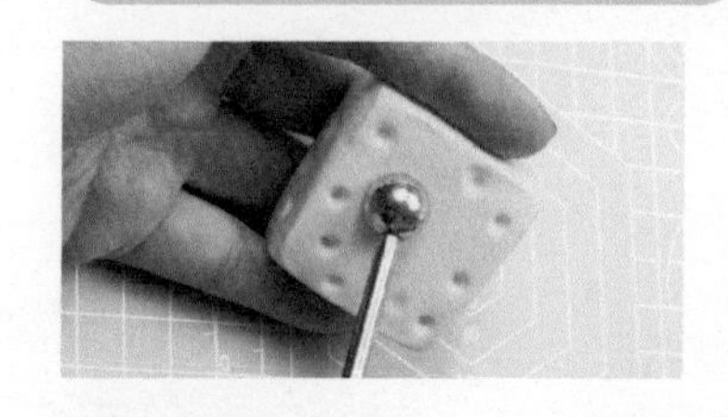 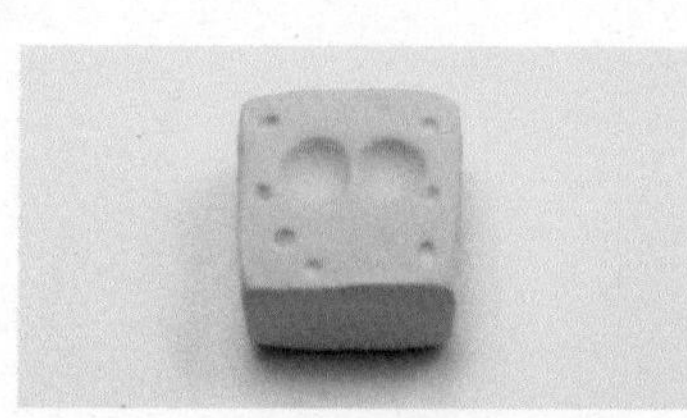

03 眼睛：压

用丸棒压出眼睛的位置。

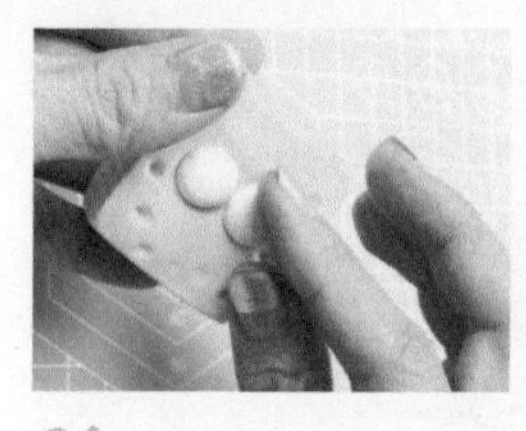  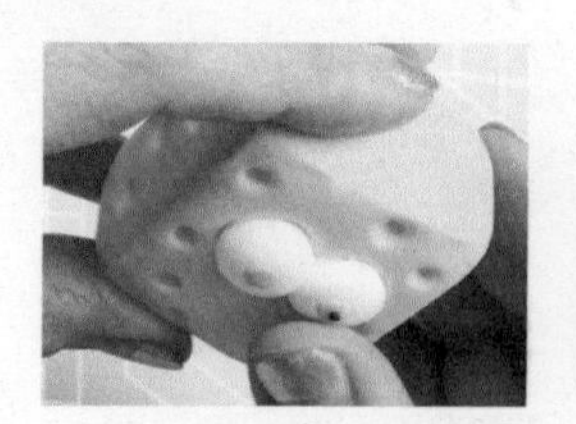 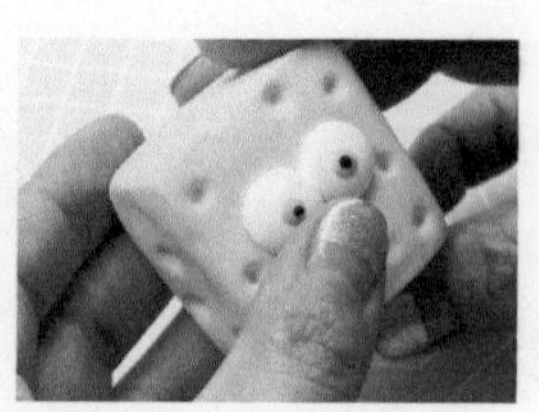

04 眼睛：揉、压

依次将白、蓝、黑几种颜色的黏土揉成圆球。两个白色大圆球做它的眼睛，两个蓝色圆球做瞳孔，两个黑色圆球做小眼珠，两个白色小圆球做高光。

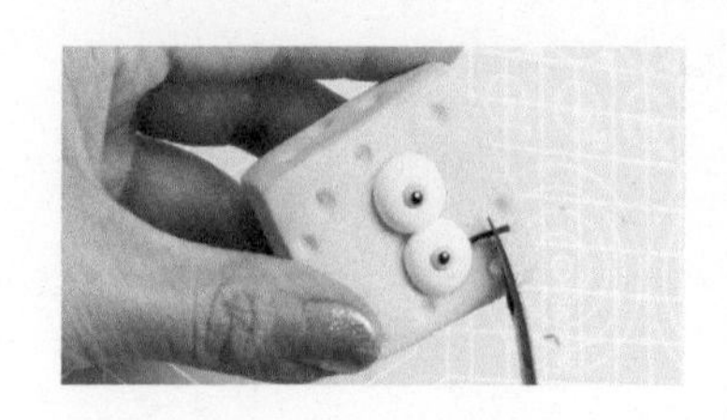 

05 睫毛：搓、切

将黑色黏土搓成细条，切成小段，做海绵宝宝的睫毛。

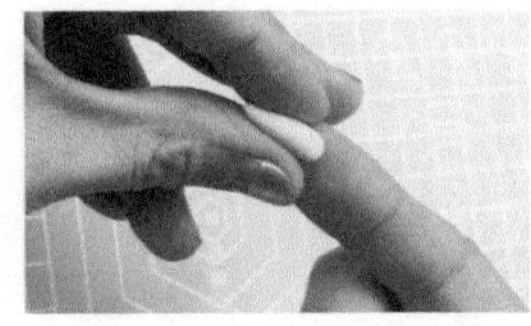
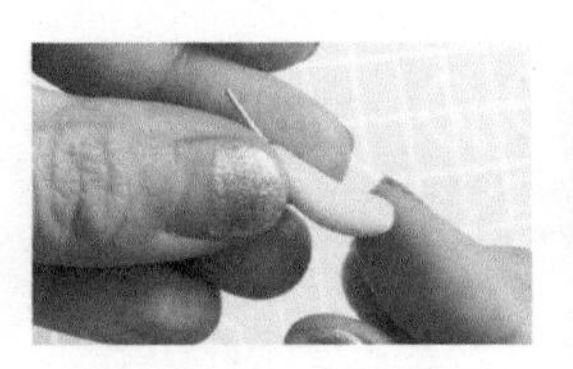
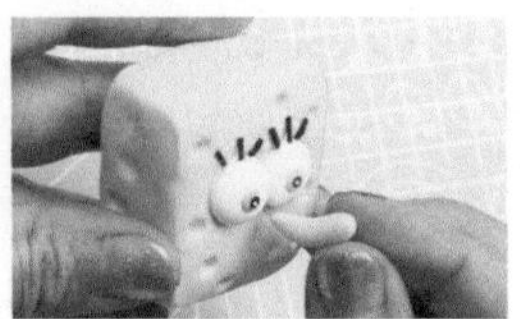

06 鼻子：戳、揉、压

在眼睛中间位置戳个洞。用长长的水滴形做海绵宝宝的鼻子，粘在洞里。

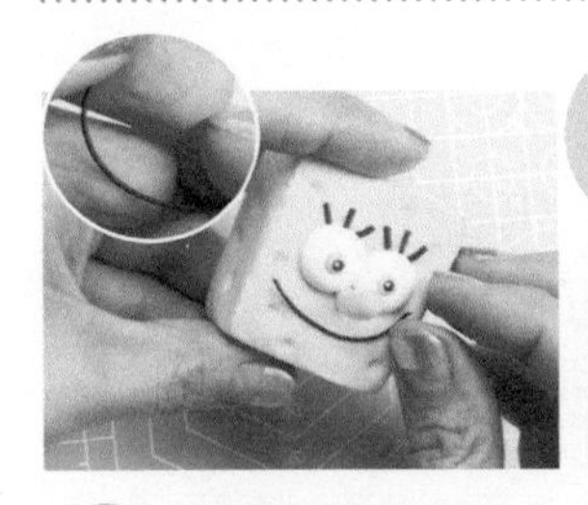

07 嘴巴：搓、擀、切、揉

将黑色黏土搓细条做海绵宝宝的嘴巴。将白色黏土擀片后切出两片方形做大板牙。揉两个黄色的腮。

制作海绵宝宝的身体

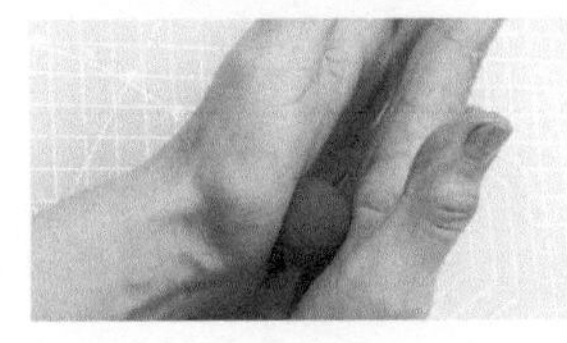

08 裤子：揉、压

用棕色黏土揉成圆球，用压板调整成长方体，然后粘在海绵宝宝的身体上。

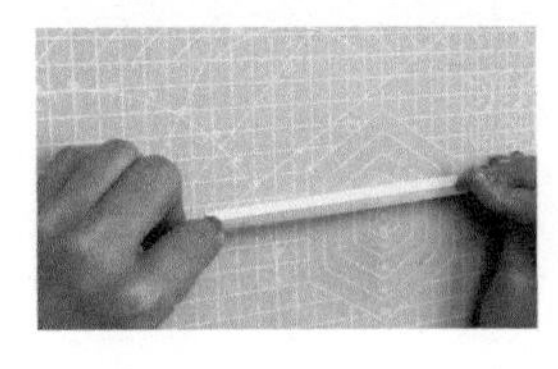
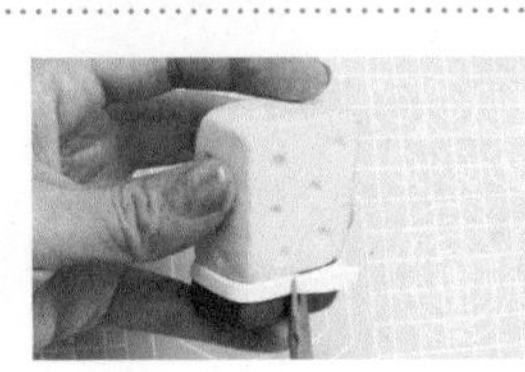
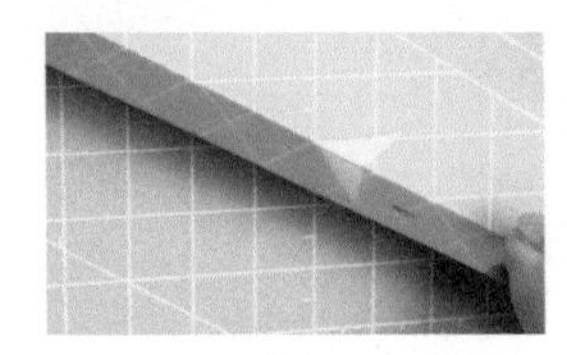
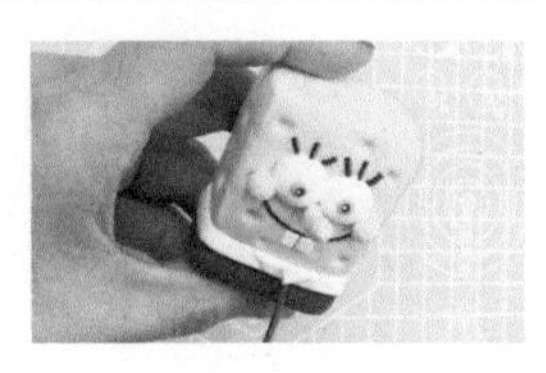

09 衣服：擀、切、剪

将白色黏土擀成薄片，切整齐后如图所示围在海绵宝宝的身体上，将多余的部分剪掉。用刀片切出两个小三角，做衬衣的领子。

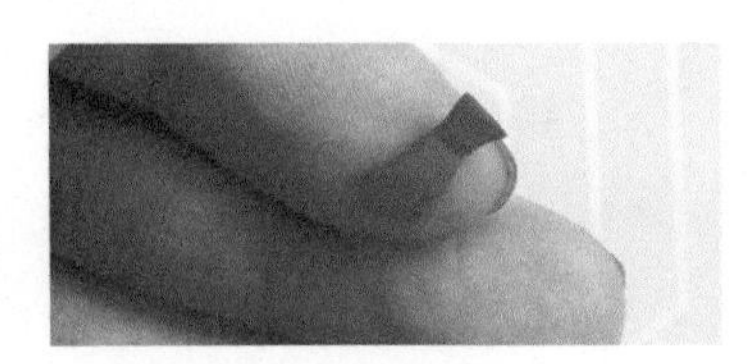

10 领带：擀、切

将红色黏土擀片，切出一个红色的领带，系在前边。

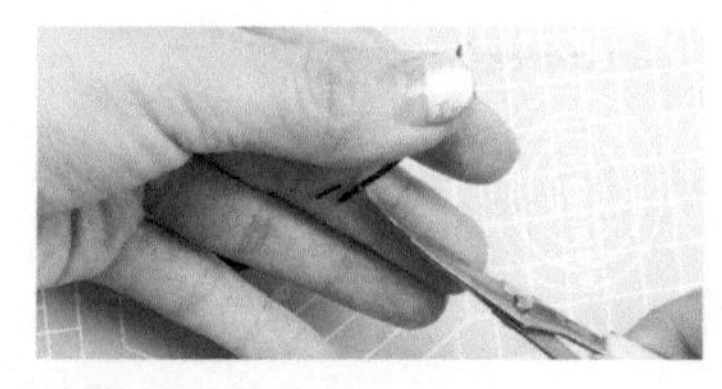

11 装饰

将黑色黏土擀片，剪细条贴在海绵宝宝的裤子上。

制作海绵宝宝的四肢

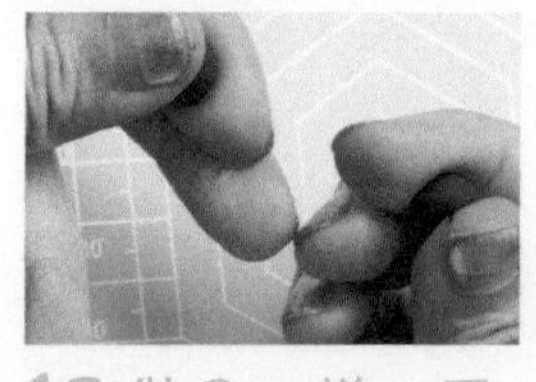
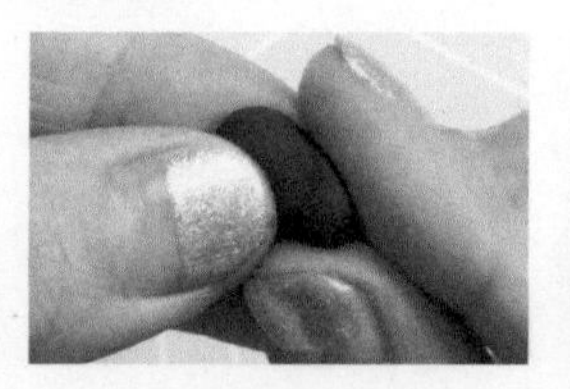
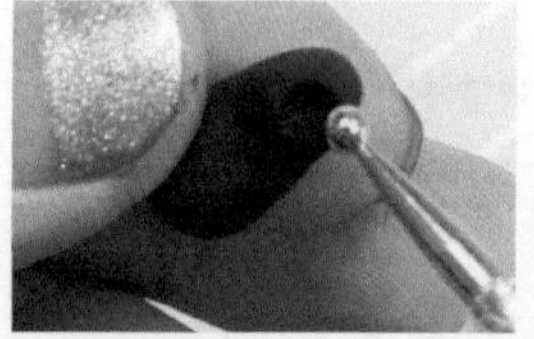

12 鞋子：搓、压

用黑色黏土先搓出水滴形，再慢慢调整成如图所示的形状，然后压一个洞做出海绵宝宝的鞋子。

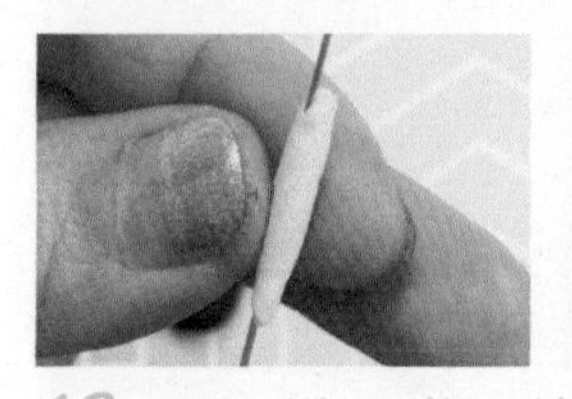
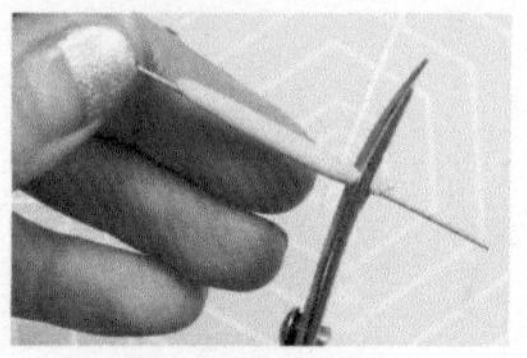
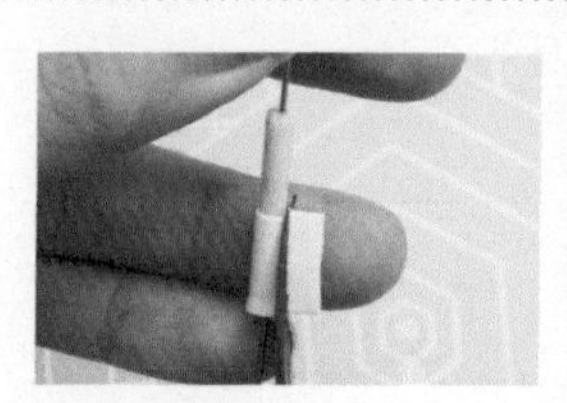
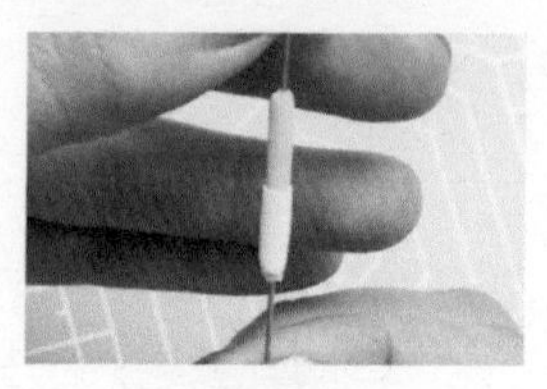

13 腿：搓、擀、剪

用黄色黏土包铁丝搓细，做海绵宝宝的双腿，将白色黏土擀薄片贴在腿上做袜子，多余的部分剪掉。

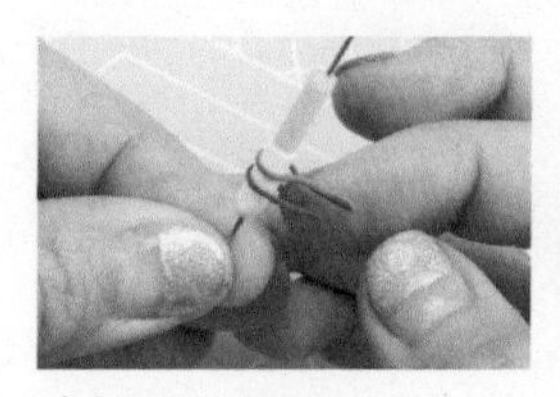

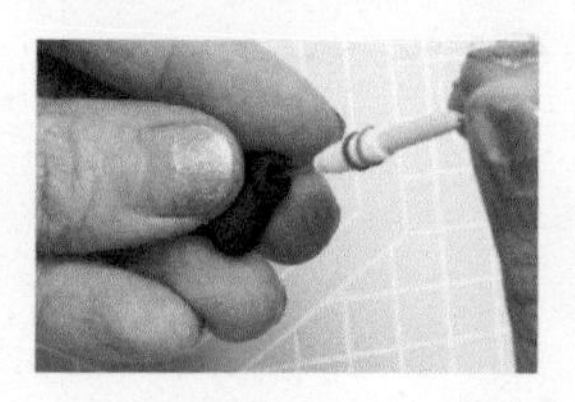
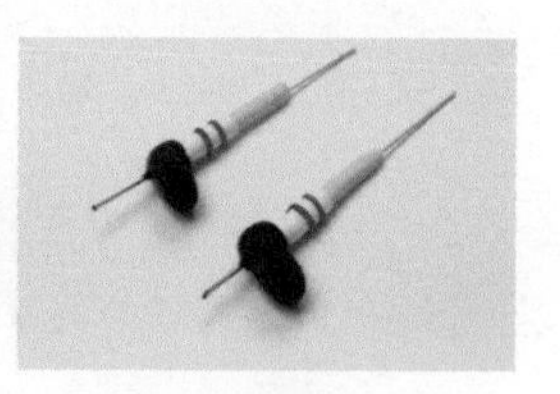

14 袜子：擀、切、剪

将蓝色、红色黏土擀薄片，切细条包在袜子上，把多余的部分剪掉。把腿和鞋子用铁丝连接。

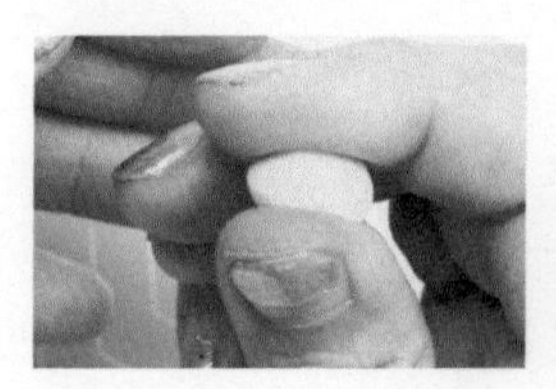
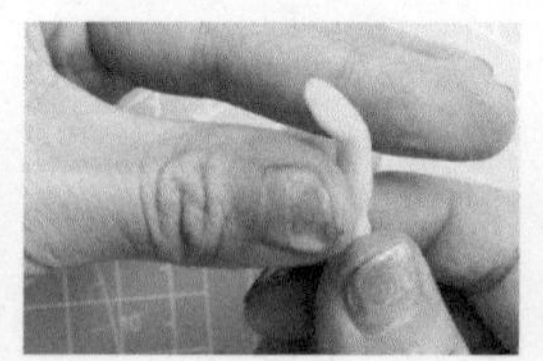
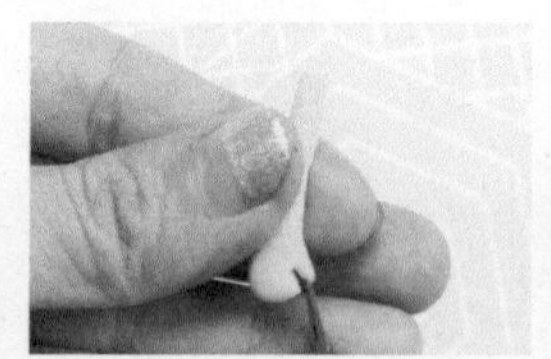
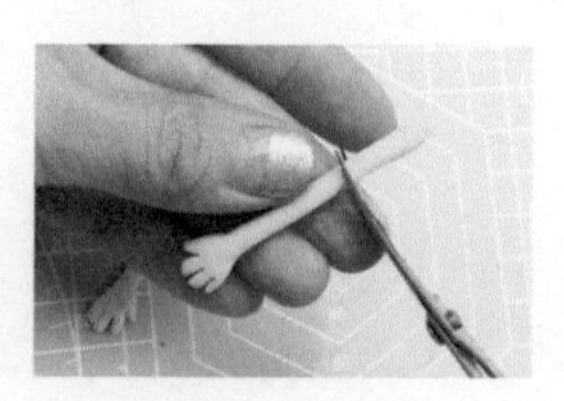

15 手臂：搓、捏、剪

用黄色黏土搓细条，前面捏平做手，剪四根手指并做出海绵宝宝的胳膊。

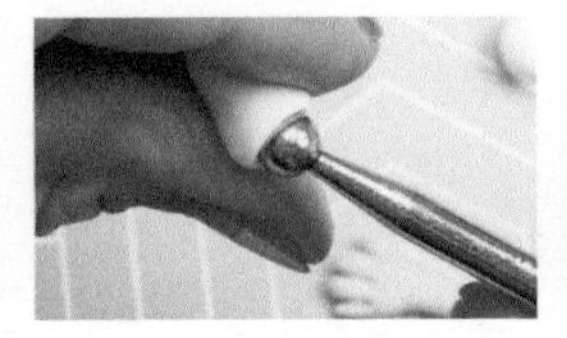
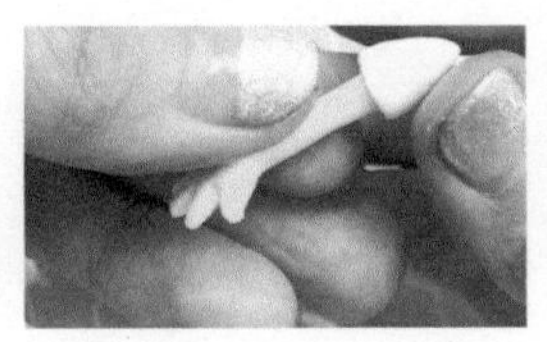
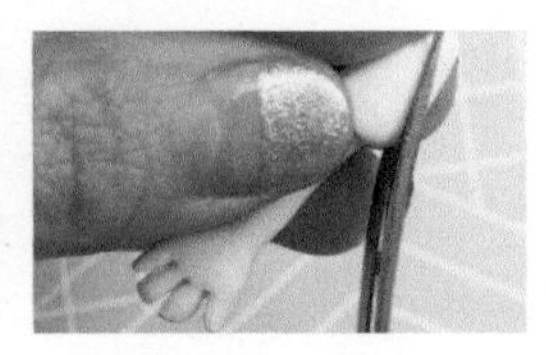

16 手臂：搓、压、剪

用白色黏土搓一个圆锥体当袖子，中间用丸棒压个洞，把胳膊装在里面，剪出一个斜面。

17 裤腿：搓

用棕色黏土搓个小圆柱做裤腿，粘在身体下边。

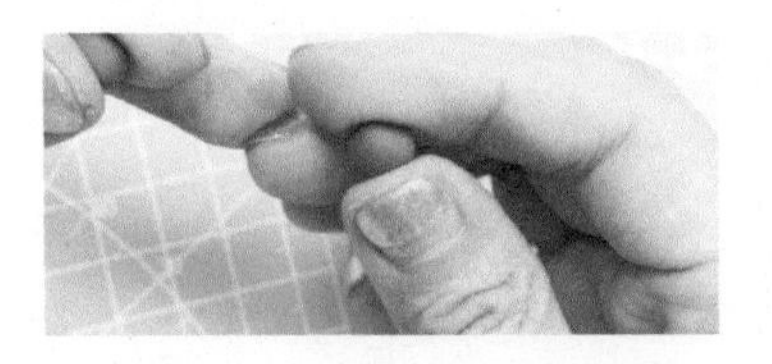
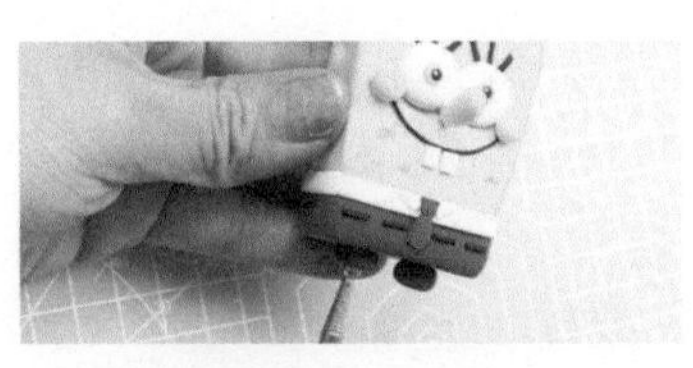

18 把做好的腿粘在身体下边，胳膊粘在身体两侧，海绵宝宝就制作完成了！

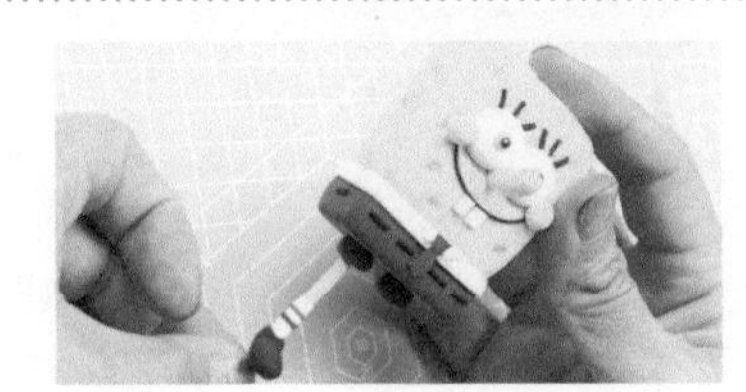
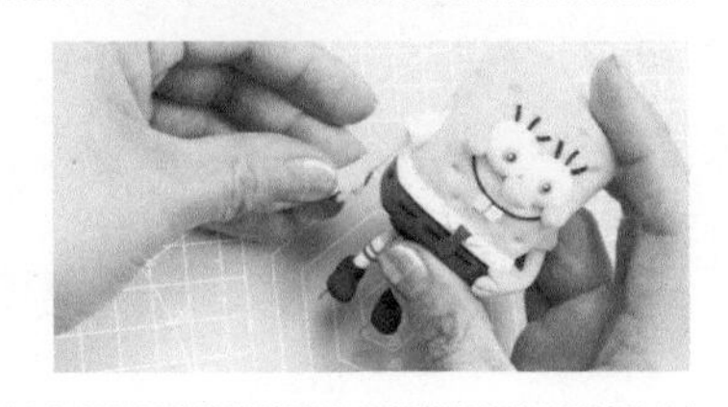

制作小蜗

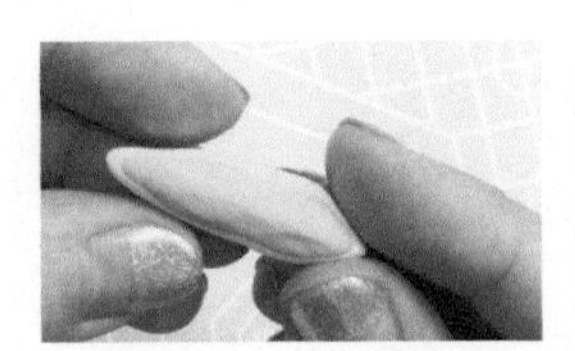

19 捏、揉、压

将蓝色、绿色黏土叠加在一起做出小蜗身体。用红色加肉色黏土配出浅色黏土，做出扁圆形状的小蜗壳。

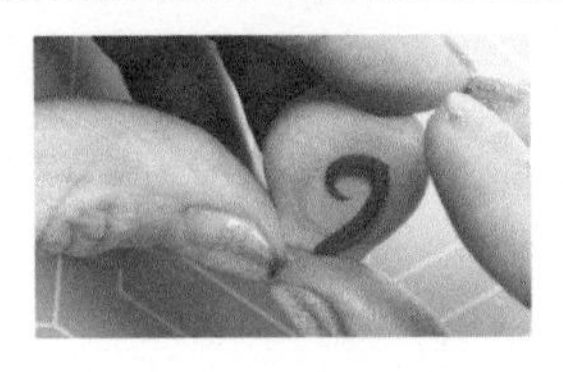
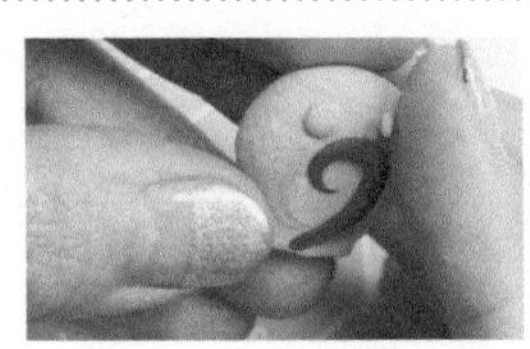
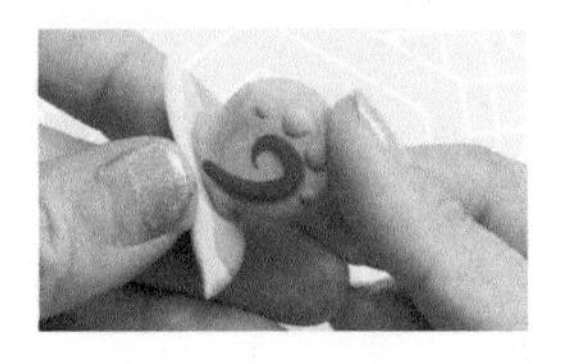

20 搓、揉

搓红色细长条在蜗牛壳上粘上花纹，用蓝色黏土揉出小圆粘在花纹周围。

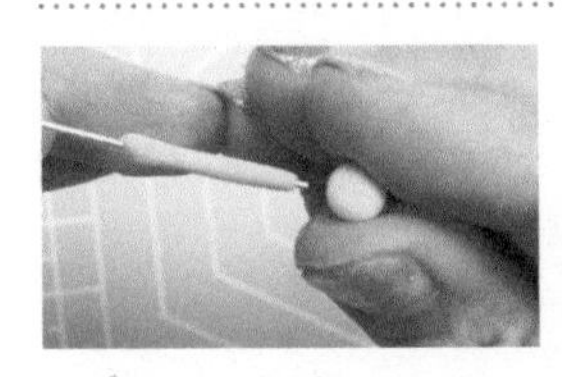
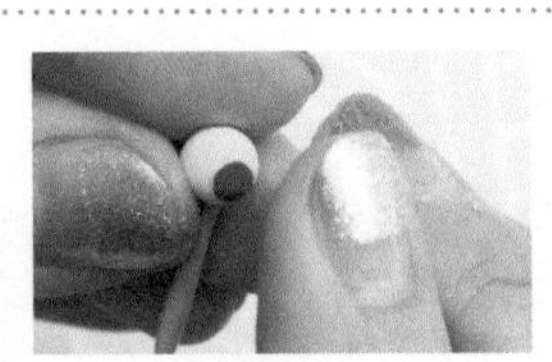
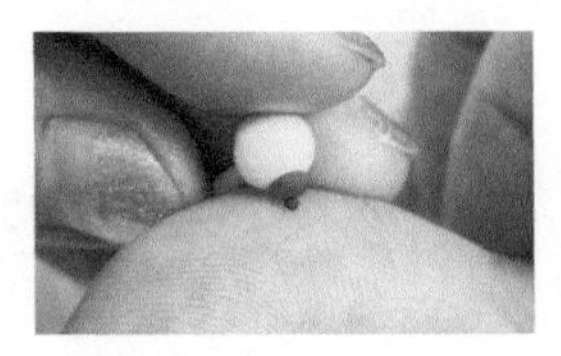
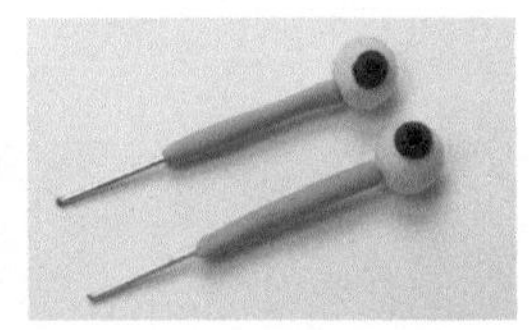

21 搓、揉

把蓝色黏土包裹在铁丝上搓细，用绿色黏土揉圆做出眼睛，用红色、黑色黏土揉出小圆贴在眼睛上当眼球。

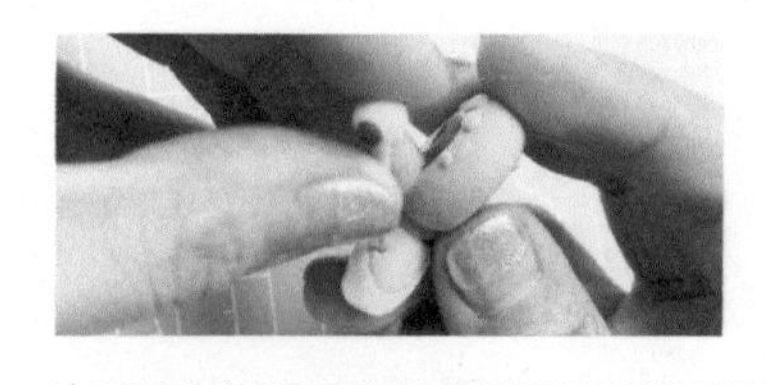

22 把做好的眼睛插在身体上。

制作场景

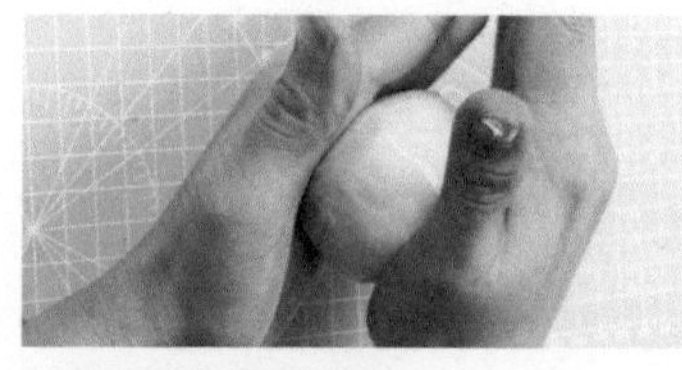
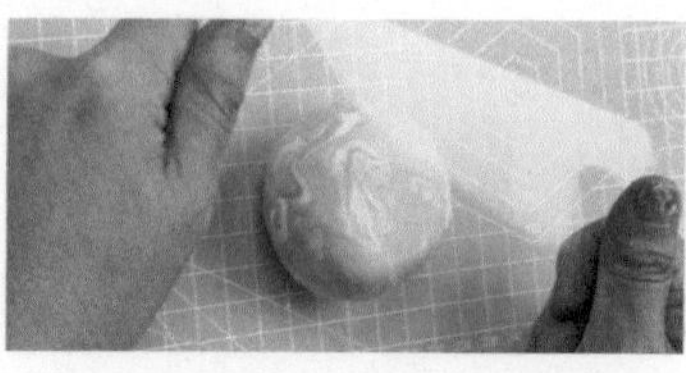
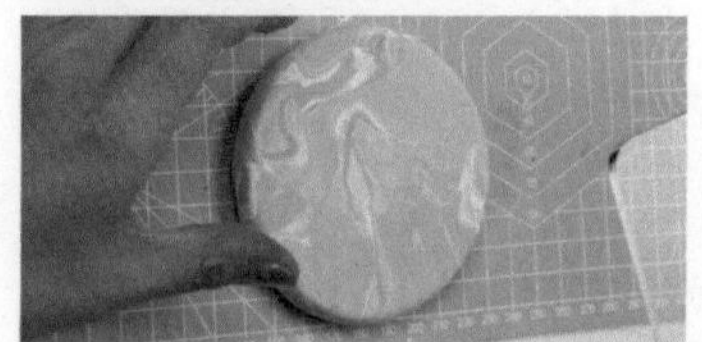
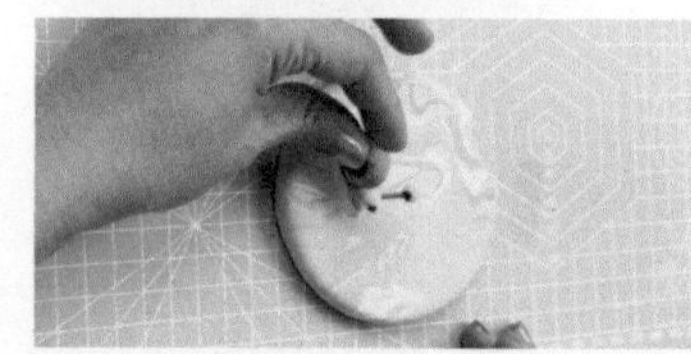
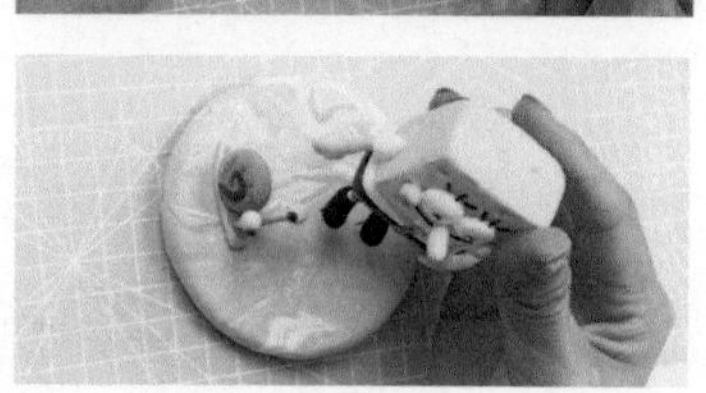

23 底座：揉、压

把蓝色黏土和白色黏土随意混合，先揉成圆球再压扁做底座，把小蜗和海绵宝宝放上去。

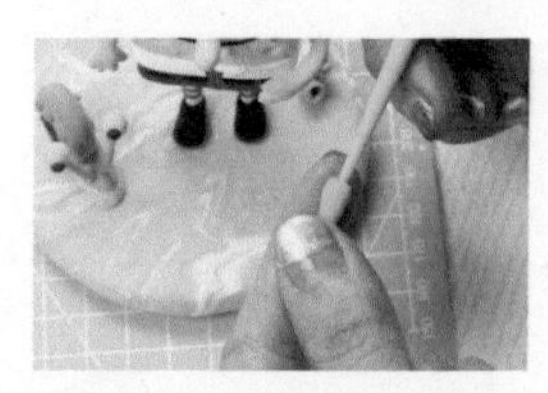

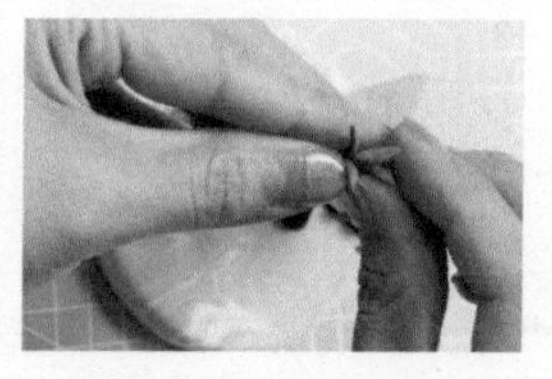
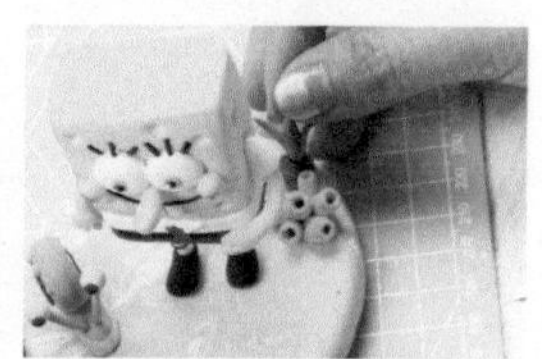

24 小珊瑚、水草：搓、压

在底座上装饰点小珊瑚和海草。搓出水滴形在中间压一个洞当珊瑚，搓出细长条粘在一起做水草。

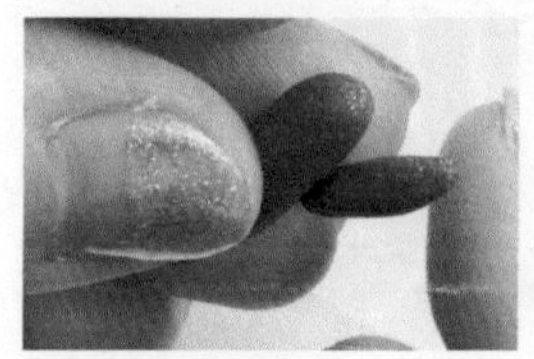
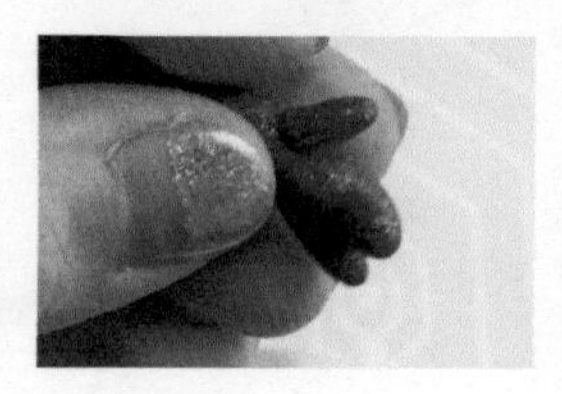
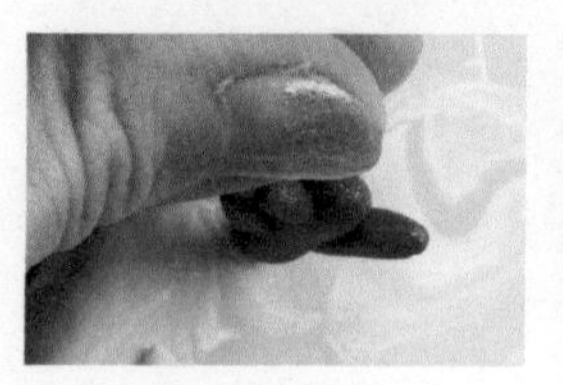
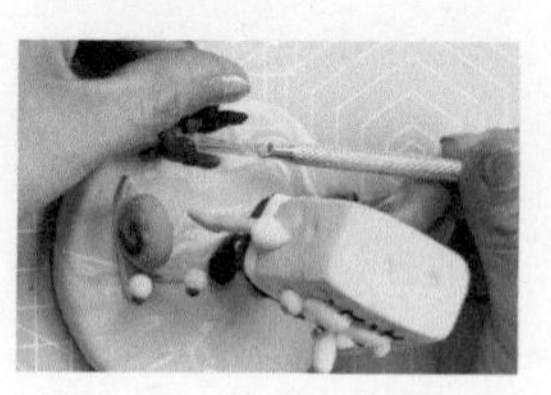

25 大珊瑚：搓

搓细条粘贴成大珊瑚，放在底座上。

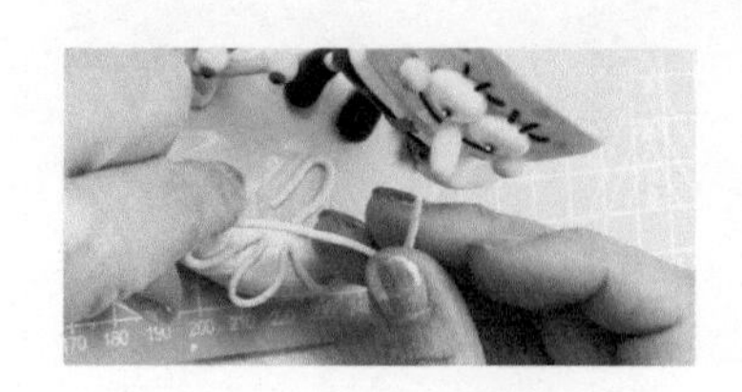

26 再粘一朵小花，整体海绵宝宝就制作完成了。

第六章 黏土Q版人物

6.1 黏土 Q 版人物制作基础 

人物肤色制作

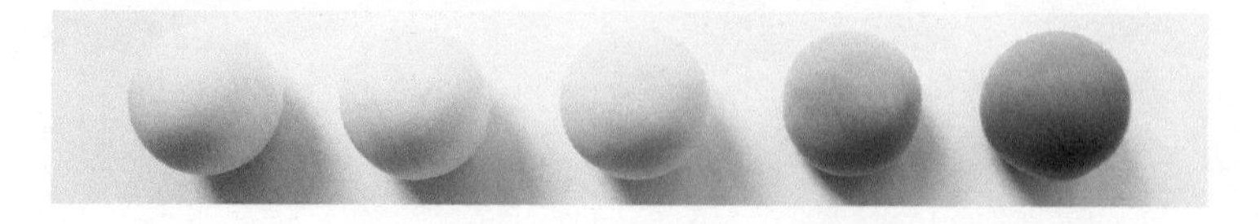

白肌

白色 + 黄色 + 红色。以白色为基础加少量的黄色和红色（注意调色时可以一点点儿添加）。

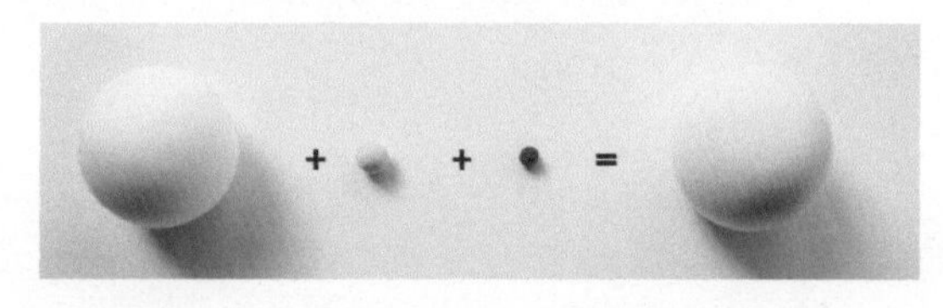

黄肌

白色 + 黄色 + 红色。以白色为基础加少量的黄色和红色。较白肌的配比，增加黄色。

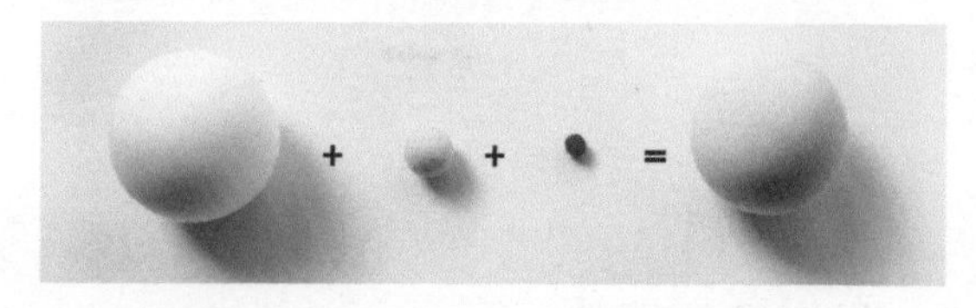

粉肌

白色 + 黄色 + 红色。以白色为基础加少量黄色和红色，较黄肌的配比，减少黄色、增加红色。

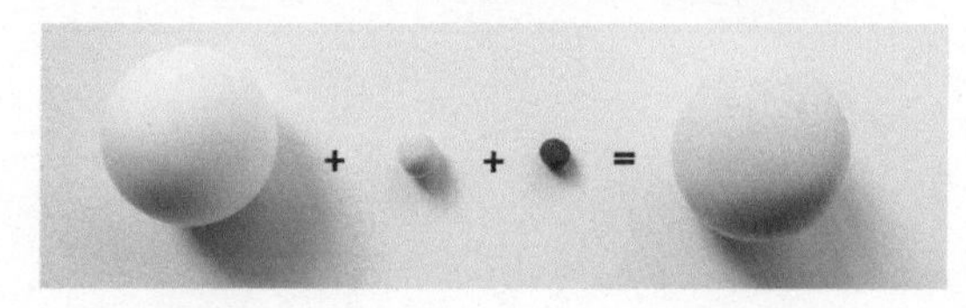

黄棕肌肤

白色 + 黄色 + 红色 + 棕色。以白色为基础，其他颜色均少量添加，逐步调出自己想要的颜色。

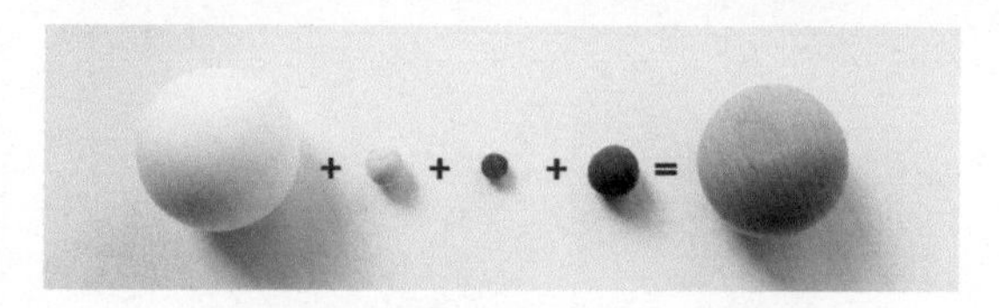

棕肌

白色 + 黄色 + 红色 + 黑色 + 棕色。如图所示，想要颜色深就多加黑色和棕色，但需慢慢添加，避免一下添加过多。

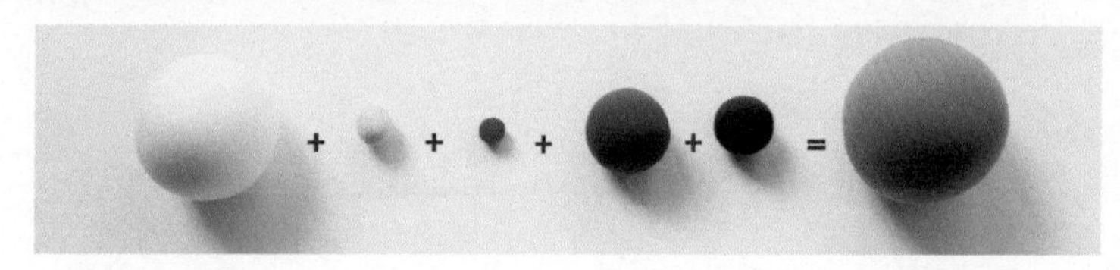

人物脸型制作

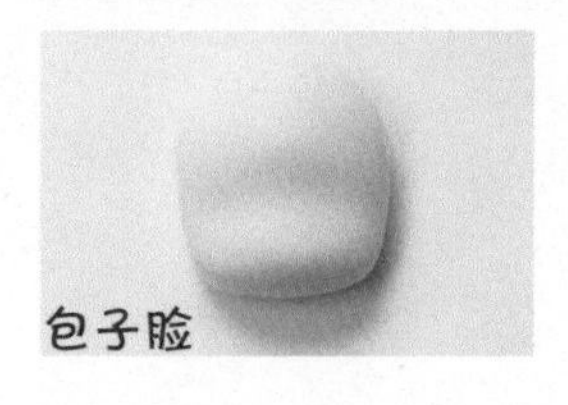

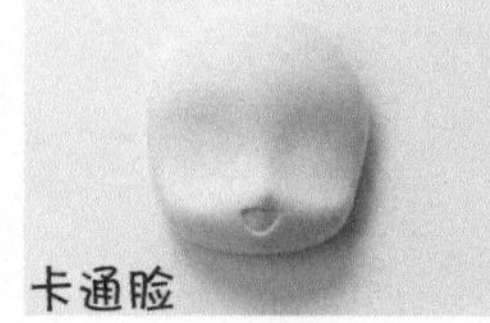

Q 版黏土人物常用到两种脸型：一是包子脸，这种脸型制作稍微简单些，制作出来的人物Q 萌可爱；二是卡通脸，卡通脸的捏制稍微复杂一点儿，鼻子和嘴巴外形明确，制作出来的人物精致俏丽。

包子脸的制作

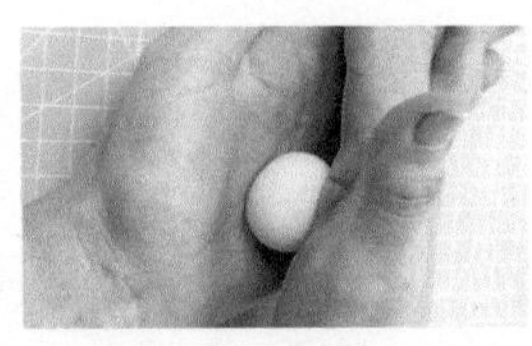

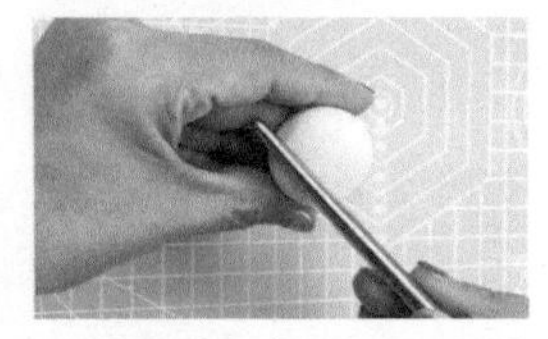

01 将肉色黏土揉圆球，用手掌轻轻拍扁，调整出脸的形状，用工具在二分之一靠下（靠下一点做出的脸会比较萌）的位置压出眼窝。

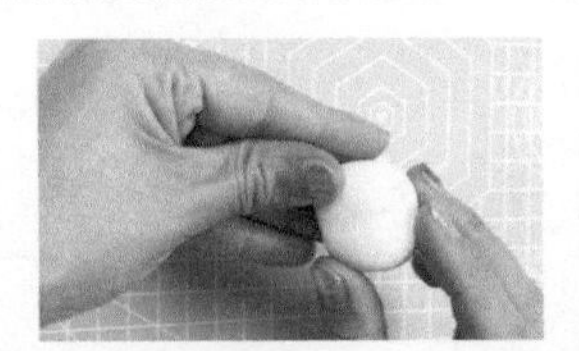

02 压出形状后，手指慢慢反复调整，直到调整出基本的脸型即可。

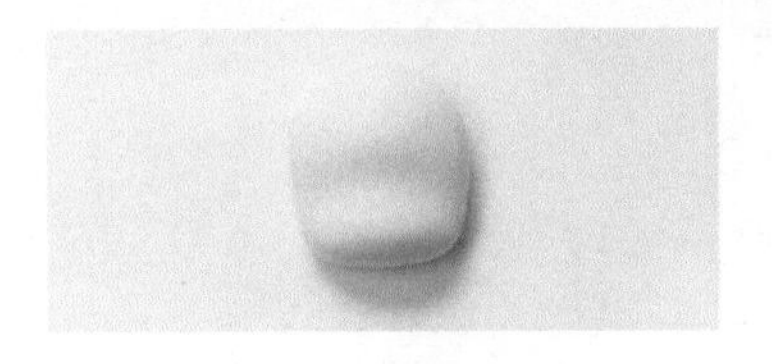

卡通脸的制作

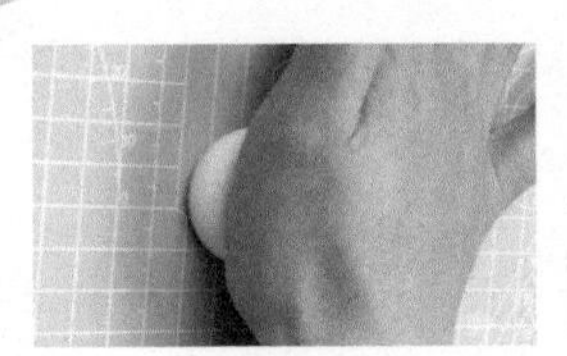

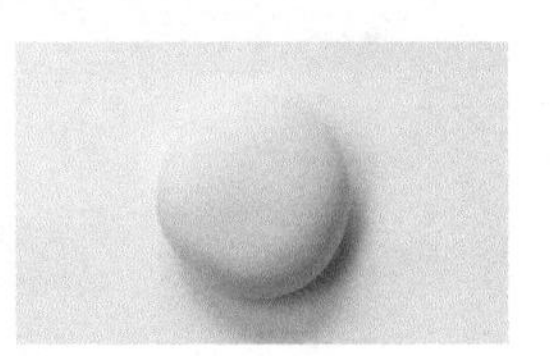

01 将肉色黏土先揉成圆球，用手掌压扁，捏出大致脸型。

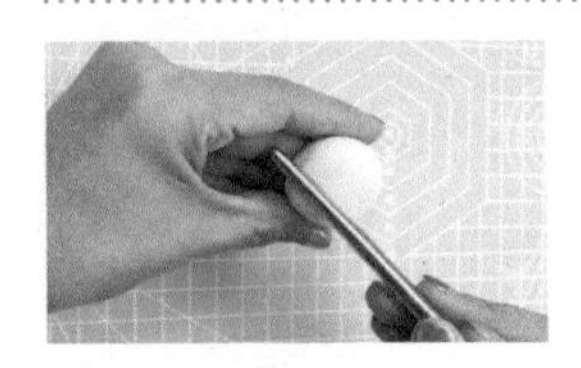
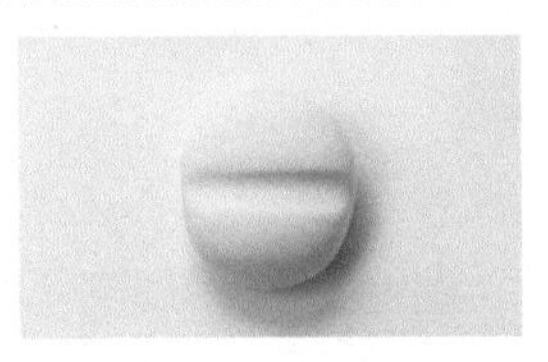

02 用工具压出眼睛的位置后用双手食指压出眼窝，再向中间推，捏出鼻子。

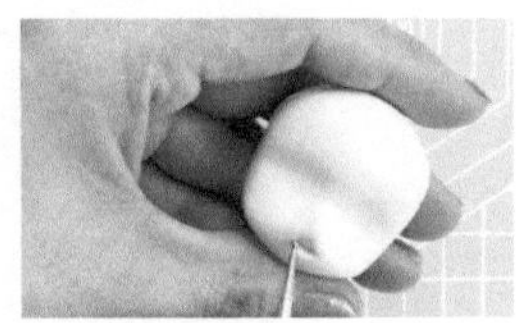

03 调整好整体脸型后，做出嘴巴，带小鼻子的卡通脸就完成了！

6.2 Q版人物登场

蜡笔小新

准备材料

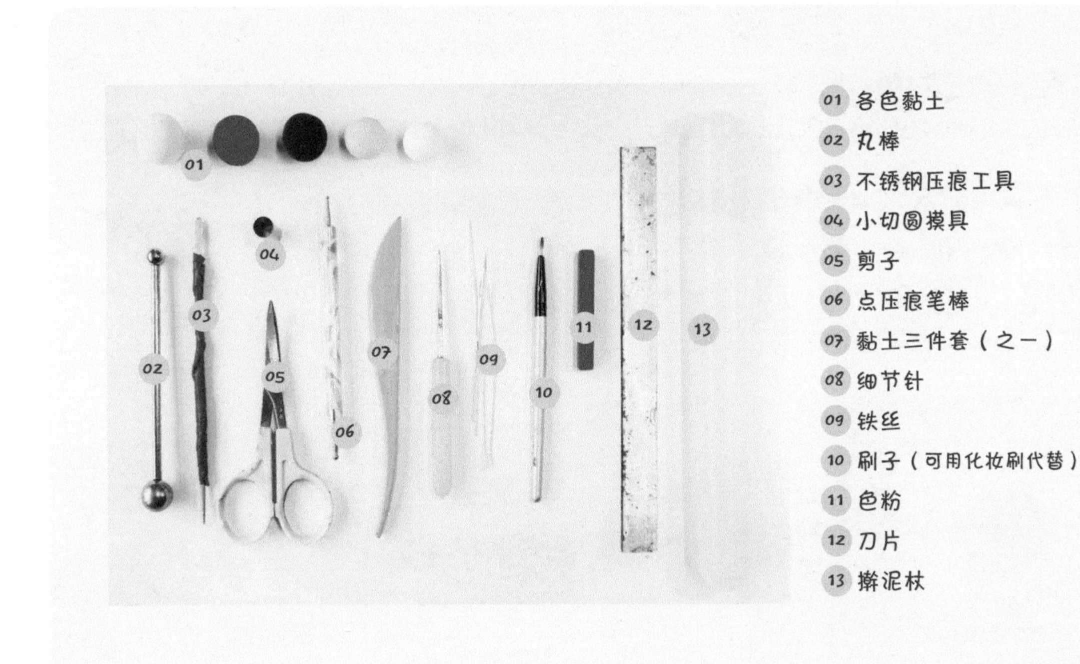
01 各色黏土
02 丸棒
03 不锈钢压痕工具
04 小切圆摸具
05 剪子
06 点压痕笔棒
07 黏土三件套（之一）
08 细节针
09 铁丝
10 刷子（可用化妆刷代替）
11 色粉
12 刀片
13 擀泥杖

制作

制作小新的头部

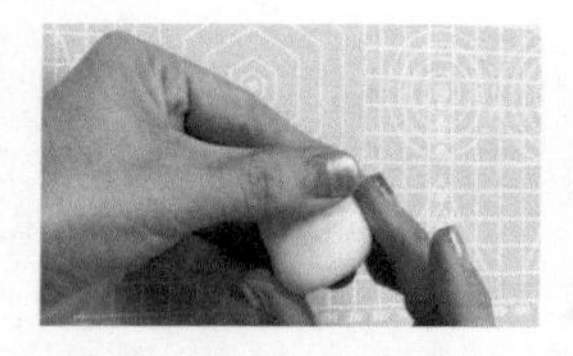
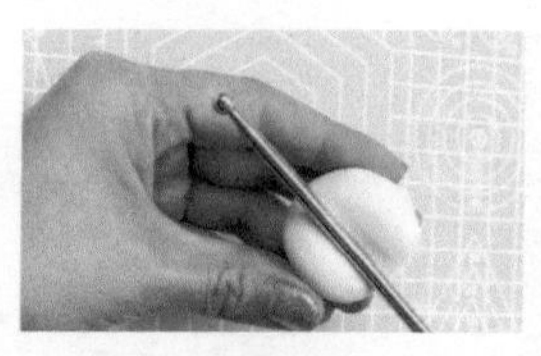

01 包子脸：捏

小新的包子脸很有自己的特色。选用肉色黏土先揉个圆球，在圆形的 1/2 位置捏一个凹陷。凹陷位置可选用圆形辅助工具压一下，再继续捏平滑。

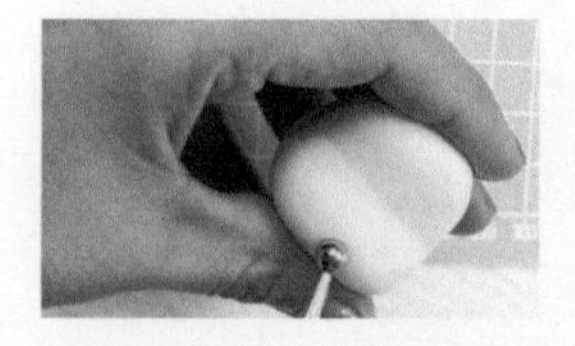

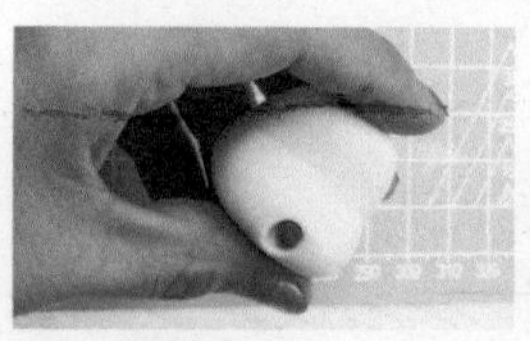
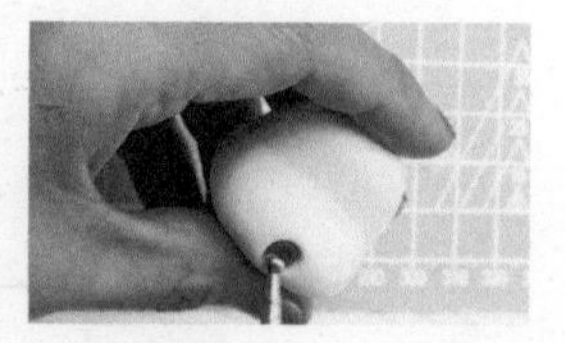

02 嘴巴：压

用丸棒在嘴巴位置压出一个圆形凹陷，放入红色黏土均匀压平。

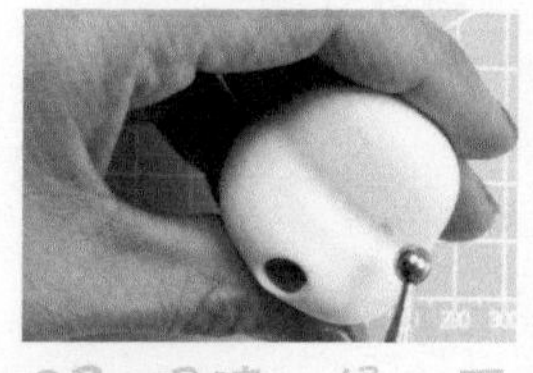

03 眼睛：揉、压

用丸棒压出眼睛的位置，将黑色黏土揉成圆球、压扁粘在眼睛的位置上，在黑色的眼睛上粘上白色的高光。

04 眼睑：搓

将黑色黏土搓成细条，一定要很细，做小新的眼线。

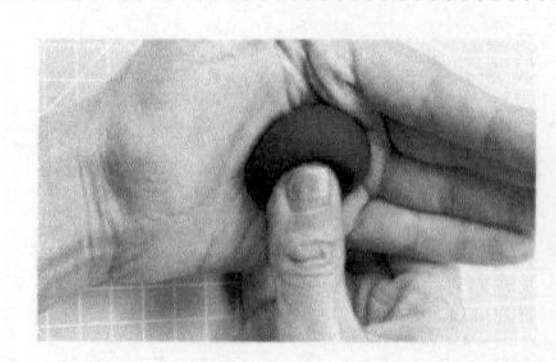
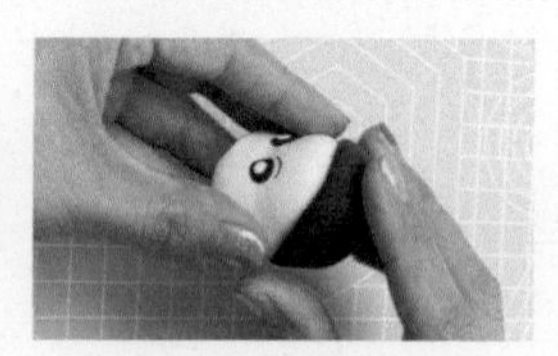

05 头发：揉、压、捏

将黑色黏土揉成圆球，压个凹槽来做小新的后脑勺，包在脸的后面捏牢。

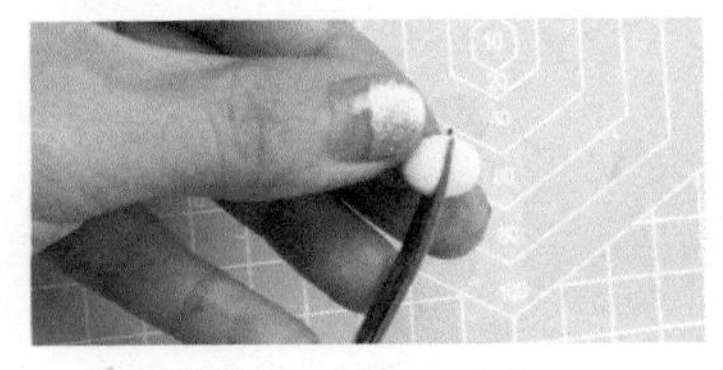

06 耳朵：剪、压

如图所示剪出半圆形做耳朵，粘在头部两侧，用丸棒压出耳朵里的形状。

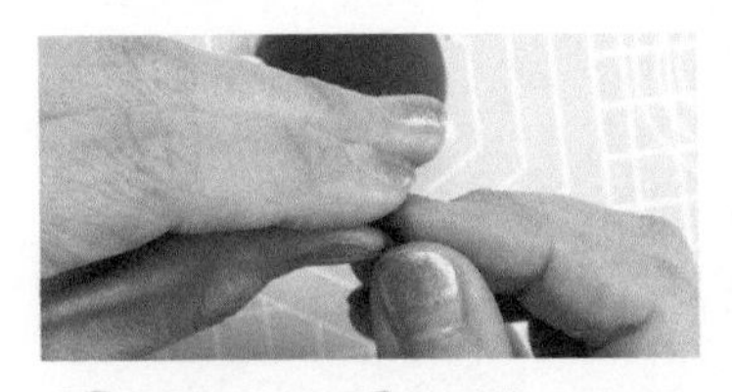

07 眉毛：揉、捏

做一条粗粗的眉毛，给小新粘在脸上（捏的是不是小新全看这对眉毛了）。

制作小新的身体

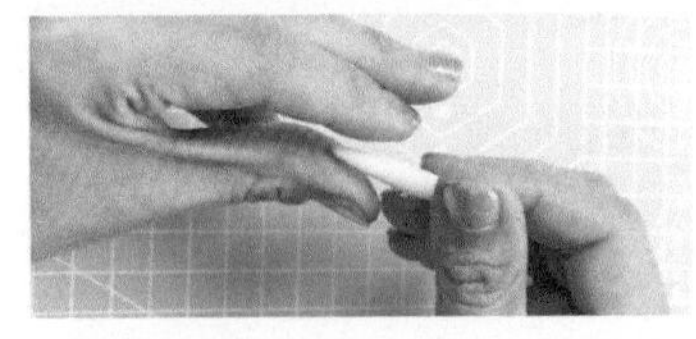
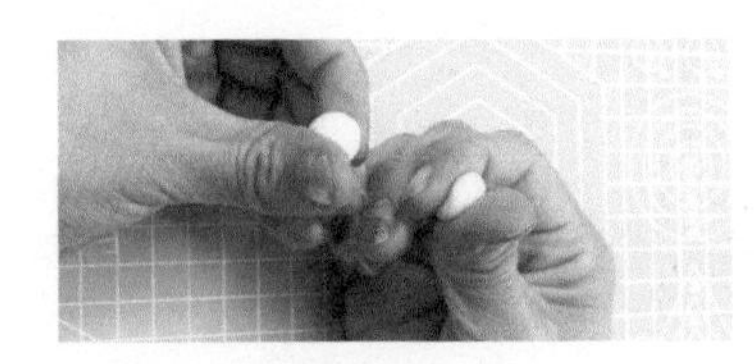
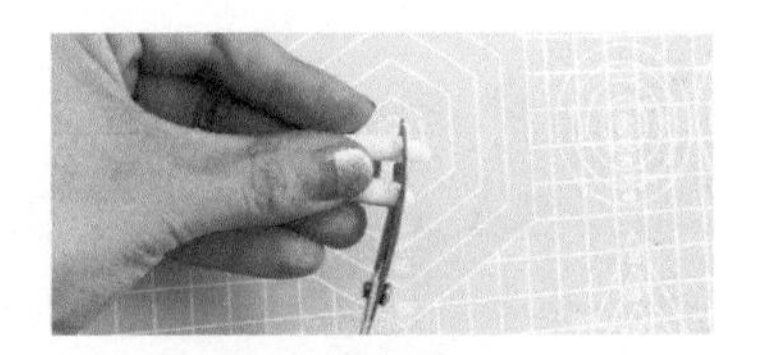

08 腿：搓、剪

用肉色黏土搓长条来做小新的双腿，多余的长度剪掉。

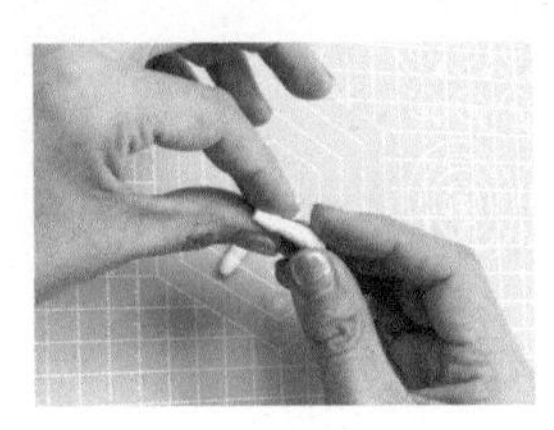
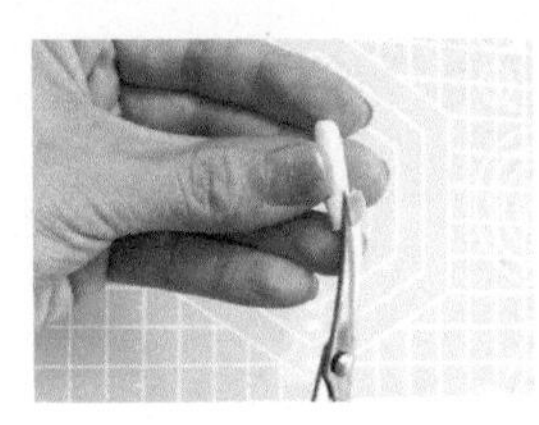
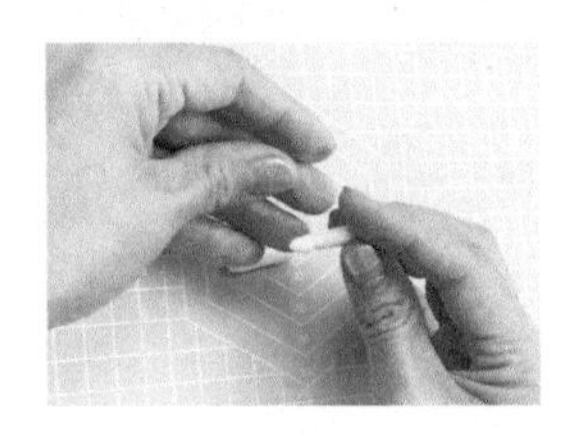

09 袜子：压、剪

将白色黏土压成薄片，包在腿上，给小新做成袜子。

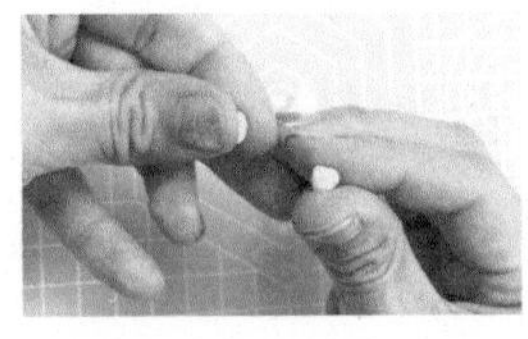
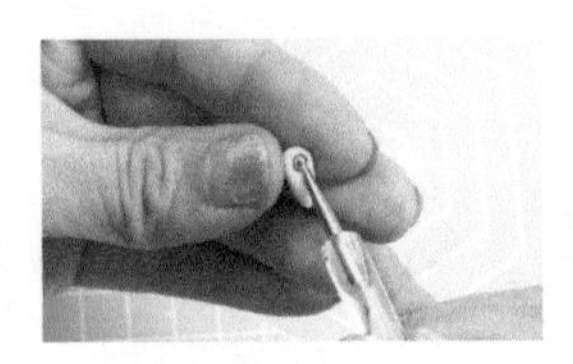
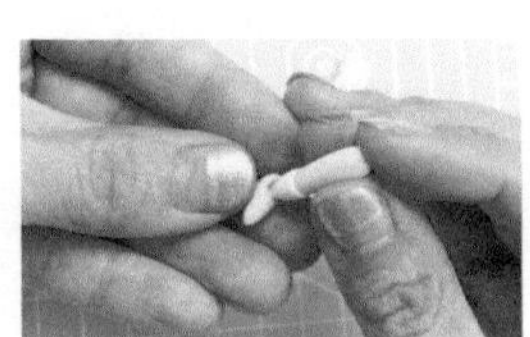
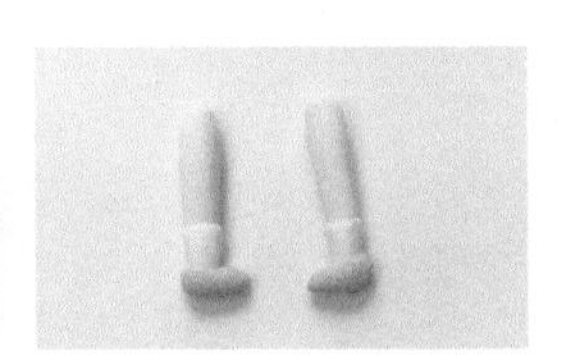

10 鞋子：揉、压

将黄色黏土揉成一个水滴形，用丸棒工具压一个洞，做出小新的小鞋子。

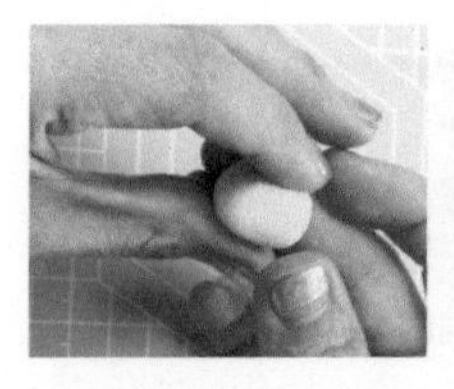
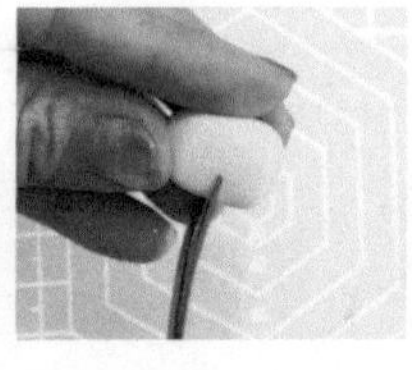
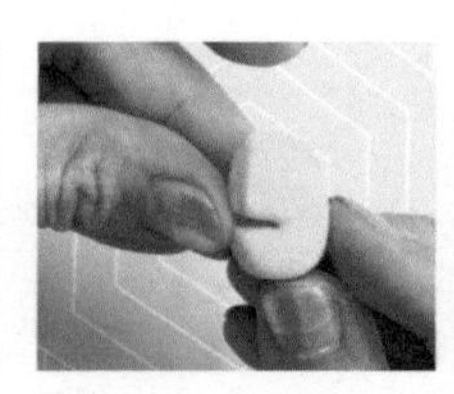
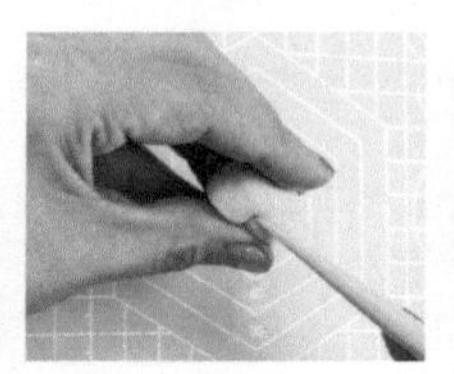
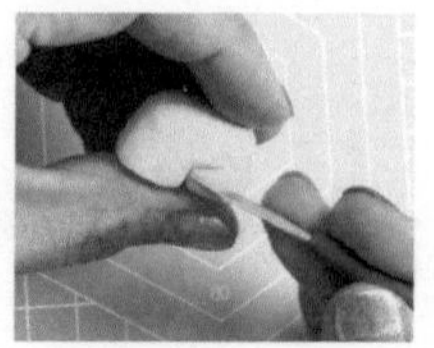

11 臀部：揉、捏、剪、压

用黄色黏土揉成圆球，将两端轻轻压扁，捏出梯形的样子。中间再用剪刀剪开，分成两个裤腿，压出裤子上的痕迹。

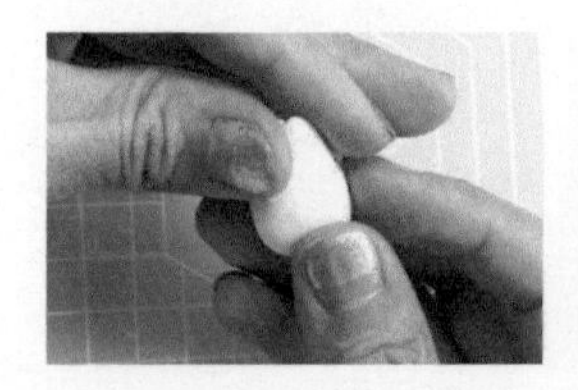
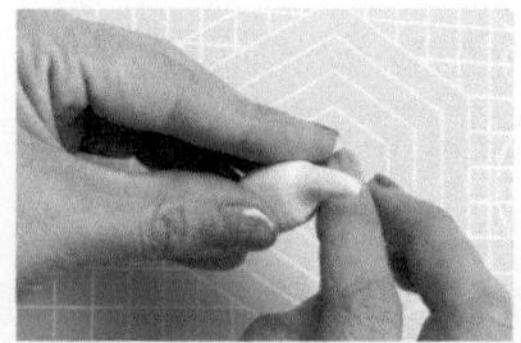

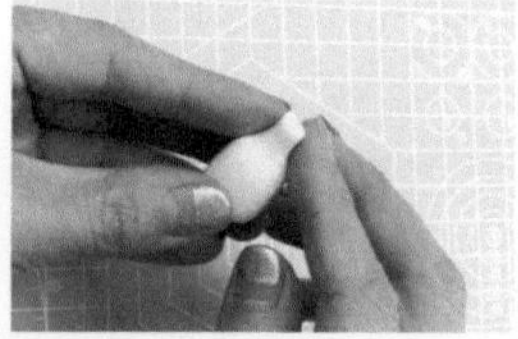

12 躯干：揉、压、捏、剪

将肉色黏土揉成圆球之后轻轻压扁，顶部把脖子捏出来，多出的部分剪掉，调整出身体的形状。

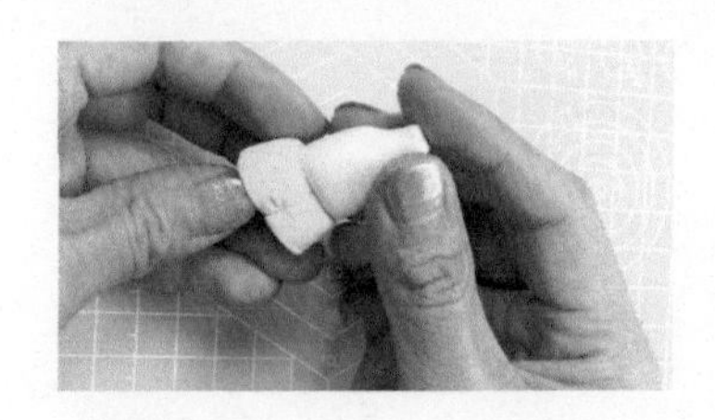
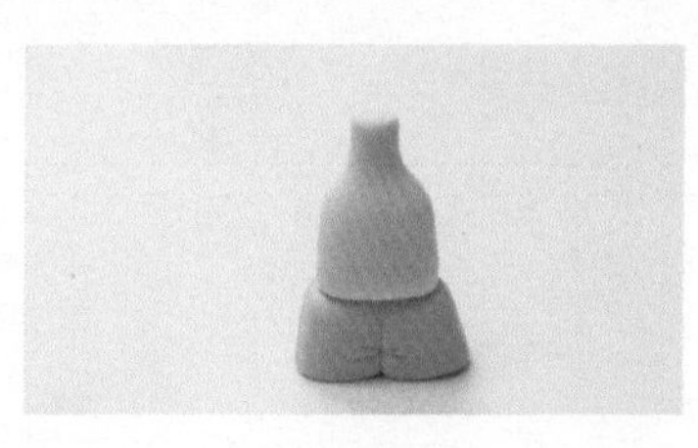

13 组合

把做好的短裤和上半身连接起来。

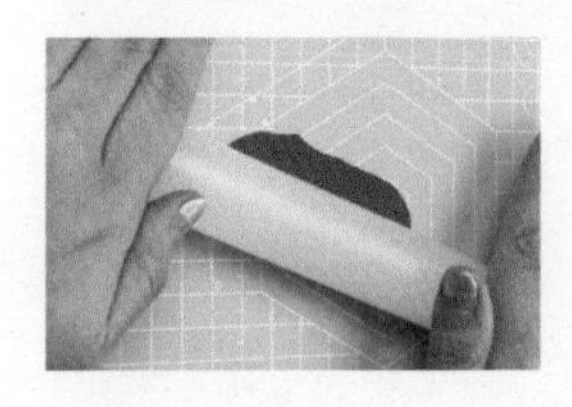

14 衣服：擀、切、压

将红色黏土擀成薄片，边缘切割整齐，中间压个小圆，用来做小新的衣服。

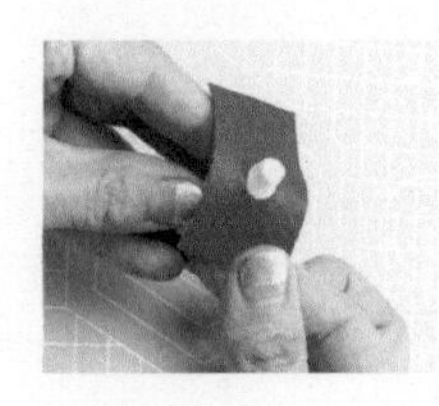
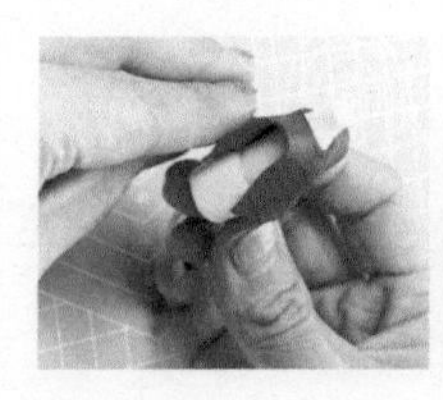
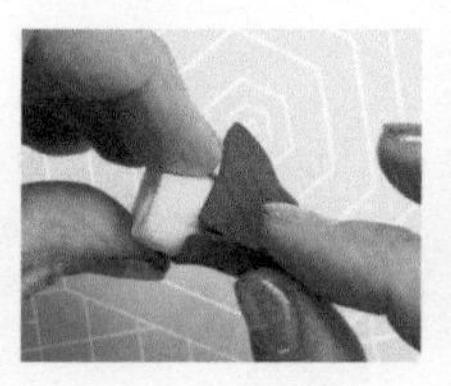
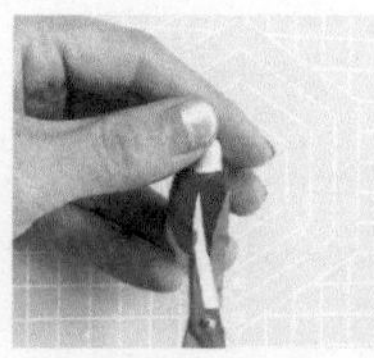
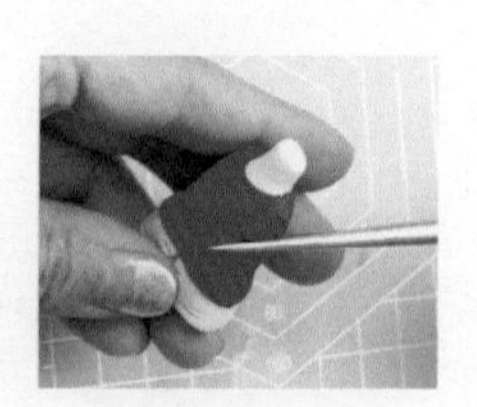

15 衣服：捏、剪、压

做好的衣服薄片如图所示穿在身体上边，两侧捏牢。多余的用剪刀剪掉，用细节针压出衣服的褶皱。

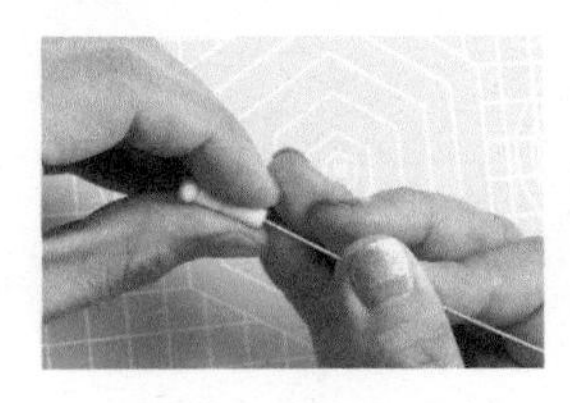
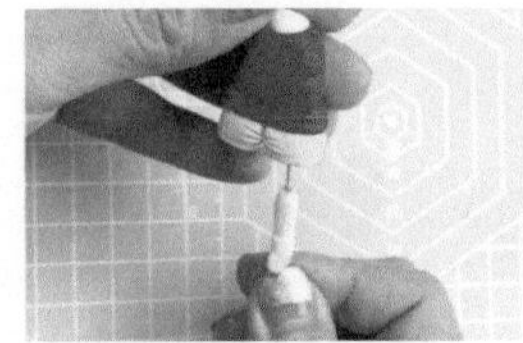
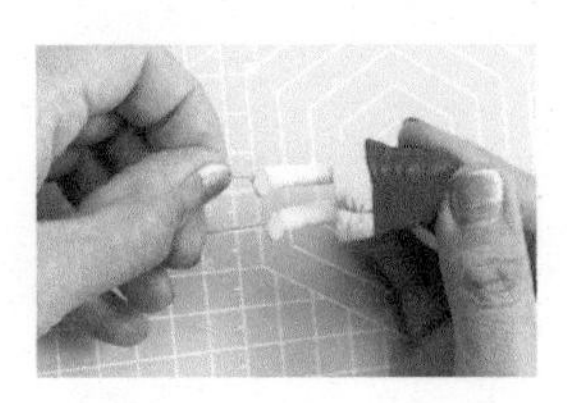
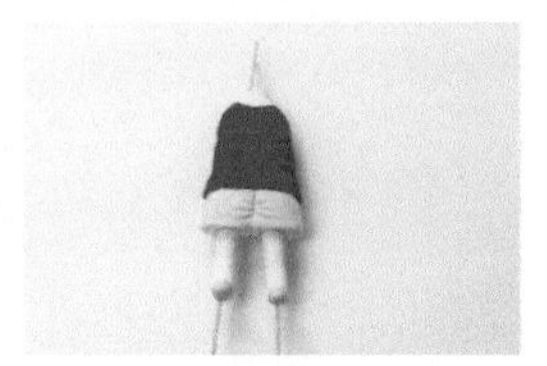

16 组合

把双腿串铁丝装在短裤下边。

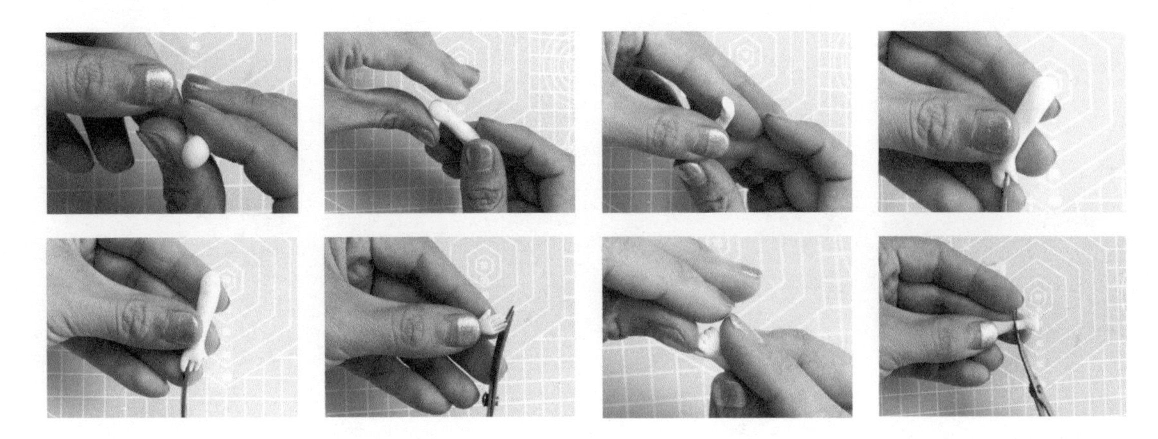

17 手：搓、剪

将肉色黏土如图所示搓出小新的手掌，用剪刀剪出五根手指。

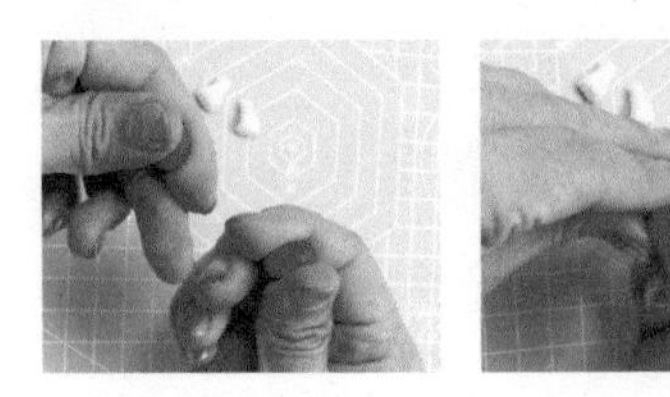
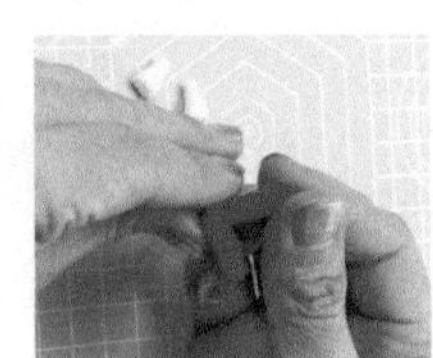
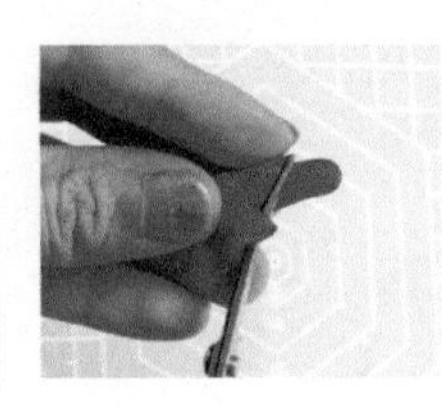

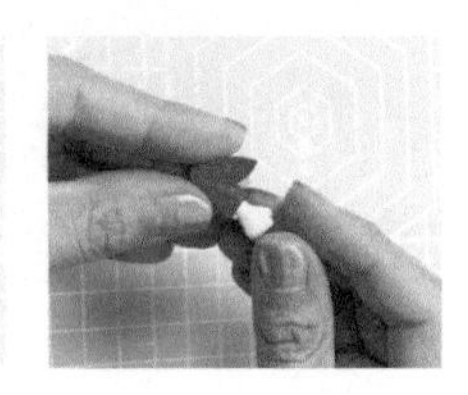

18 胳膊：搓、捏、剪

直接将红色黏土搓长条，再捏出小新的胳膊（如图所示），剪去多余的部分。把做好的双手粘在胳膊上。

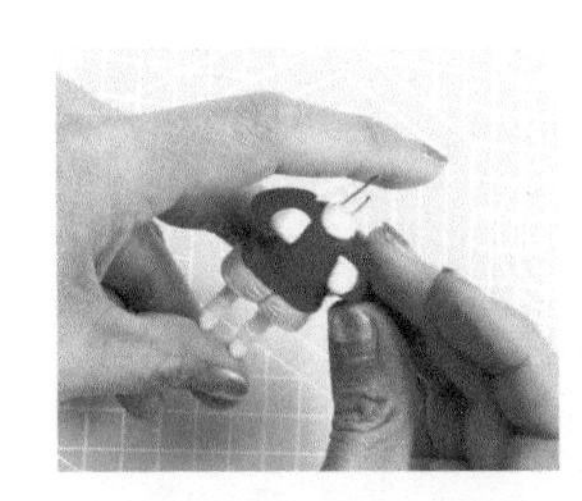

19 组合

把做好的胳膊、身体和头部拼装到一起，用色粉给小新涂上腮红，小新就制作完成了。

制作小白

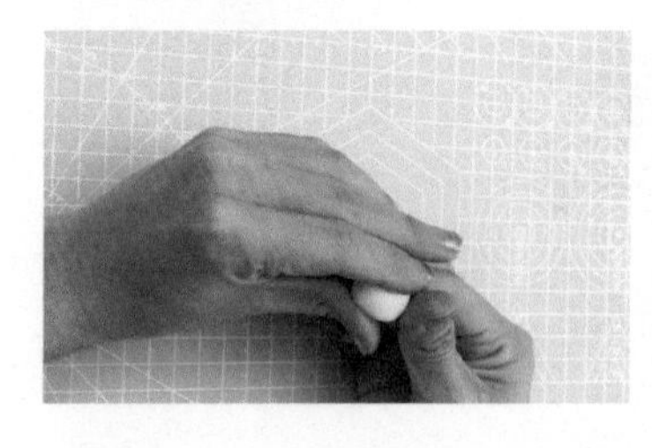
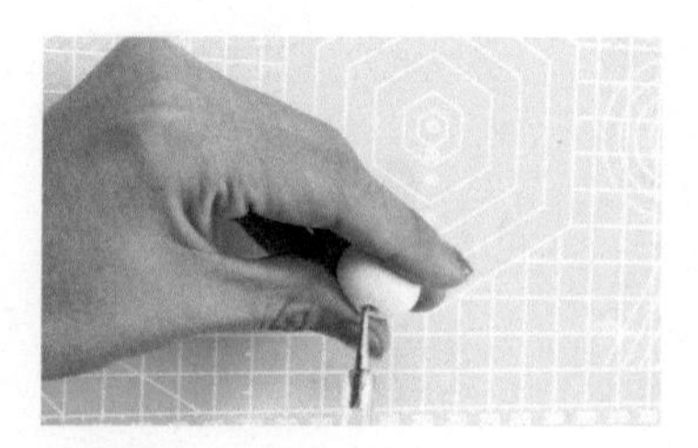

20 脸：揉、压

将白色黏土揉圆球，用丸棒戳出小白的嘴巴。

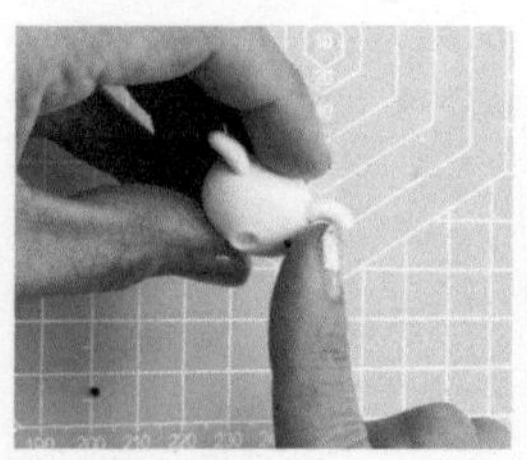
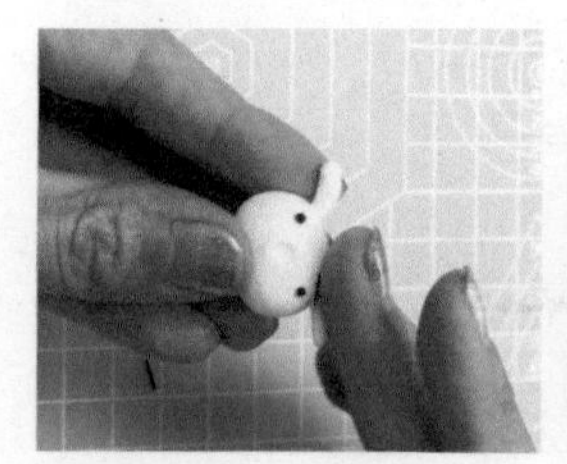

21 耳朵、眼睛：搓、揉

搓小长水滴形做小白的耳朵，粘在头顶两侧，揉两个黑色圆球粘在眼睛位置，搓细长条当眼线。

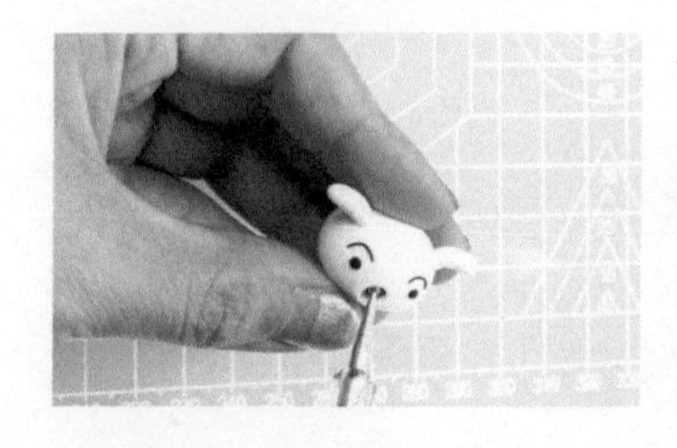
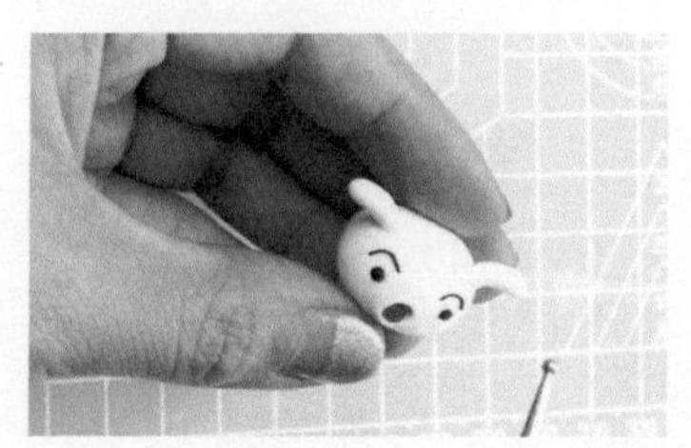

22 嘴巴：压

将红色黏土填充到嘴巴里压平。

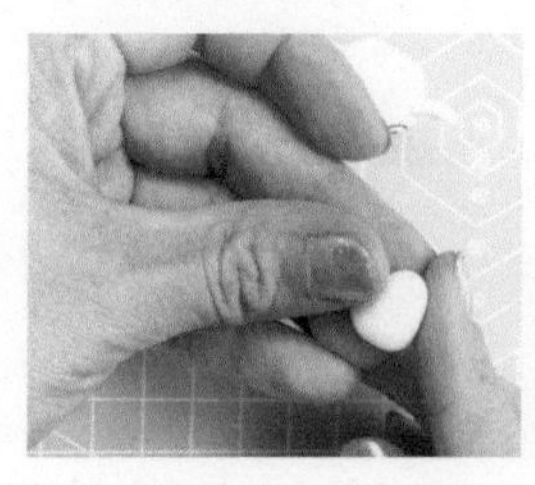
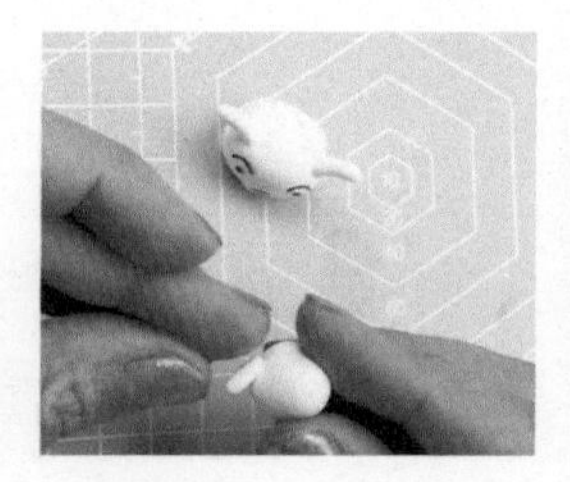
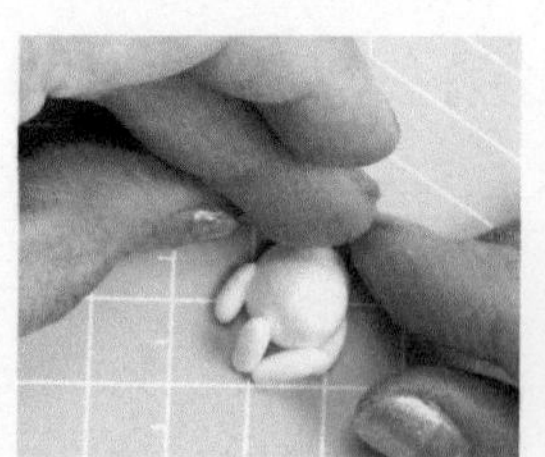
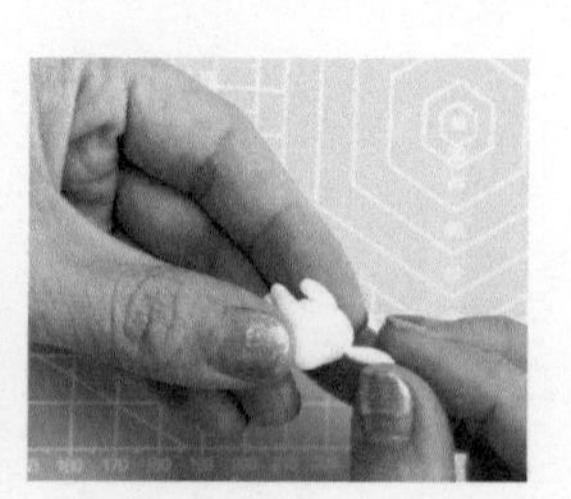

23 身体：揉、搓

如图所示，用白色黏土做出小白的身体，搓小长条，粘上小白的四肢和尾巴。

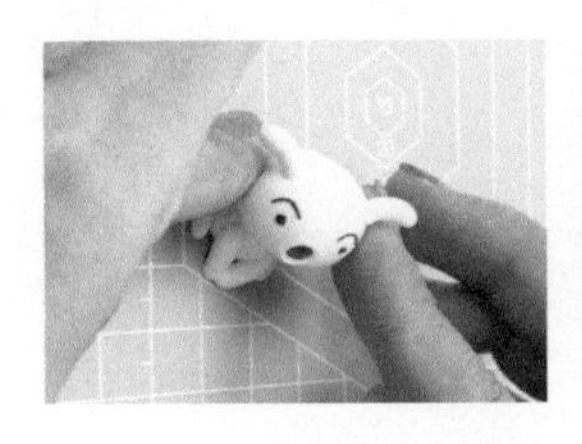
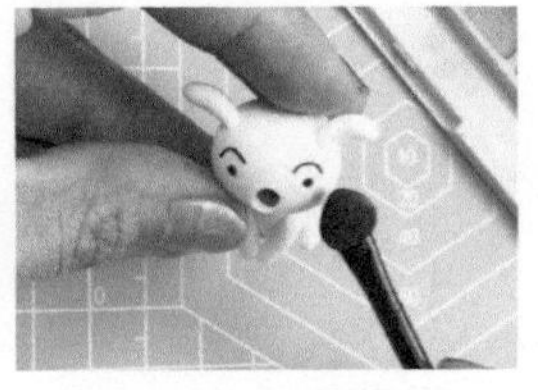

24 组合

把小白的身体和头部连接到一起，再给可爱的小白涂上腮红。

完成！

准备材料

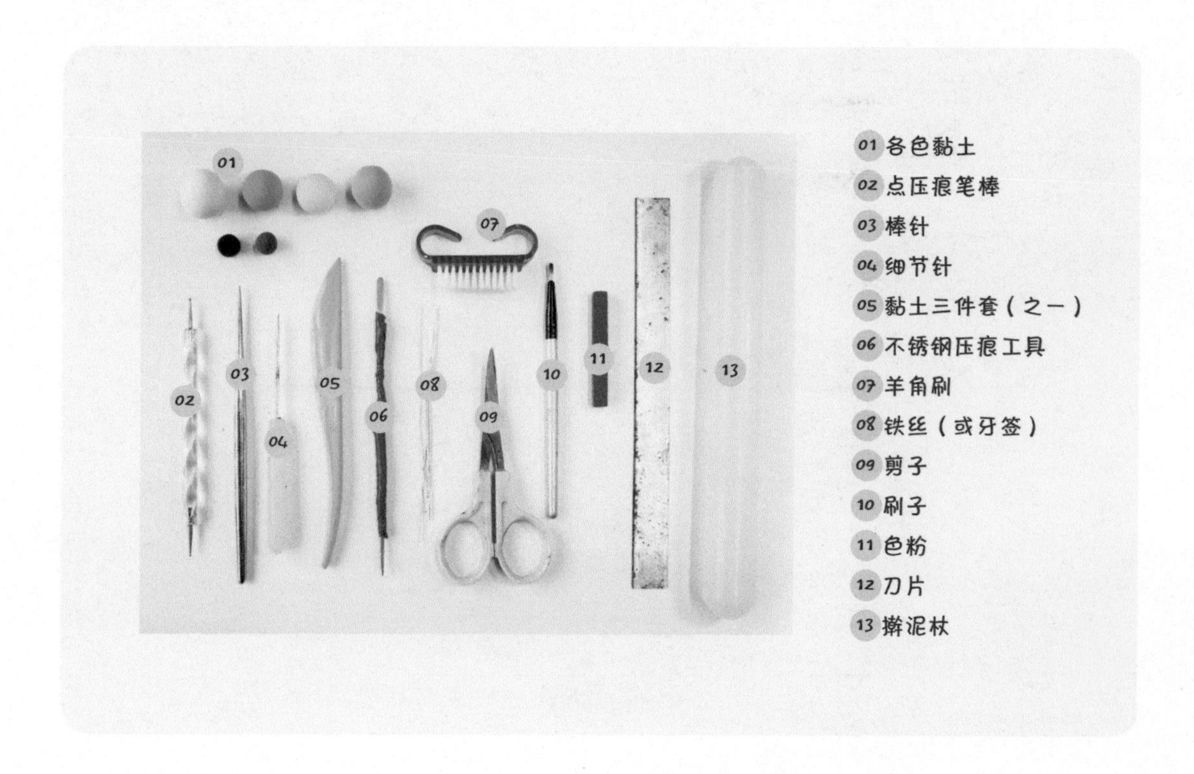

01 各色黏土
02 点压痕笔棒
03 棒针
04 细节针
05 黏土三件套（之一）
06 不锈钢压痕工具
07 羊角刷
08 铁丝（或牙签）
09 剪子
10 刷子
11 色粉
12 刀片
13 擀泥杖

制作

制作小王子的头部

01 卡通脸：揉、压、捏

将肉色黏土揉成圆球，轻轻压扁，捏出脸型大致的样子。用双手食指压出小王子的眼窝，推出小鼻子。用压痕工具压出嘴巴（小王子的脸正面看形状很像一颗爱心）。

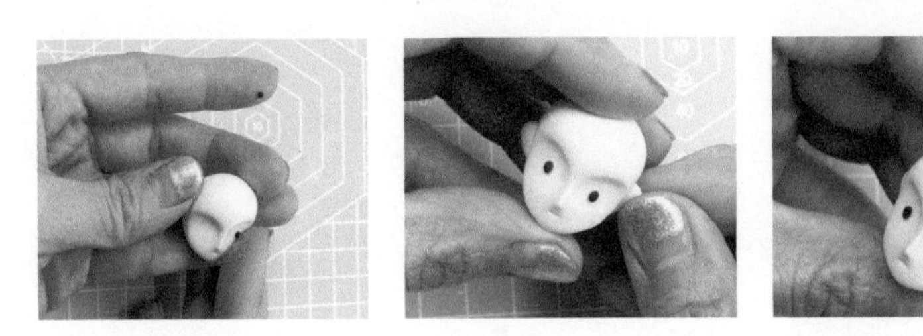

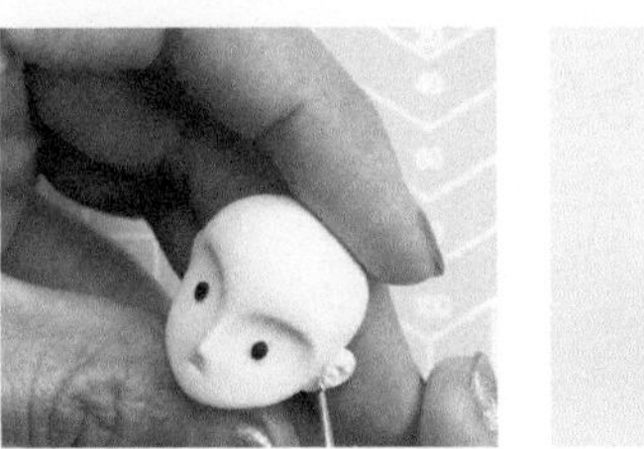

02 眼睛、耳朵：揉、压

给小王子揉两个圆形的黑色眼睛。做两个半圆形粘在脸两侧当小王子的耳朵，并且用压痕工具压出耳蜗。

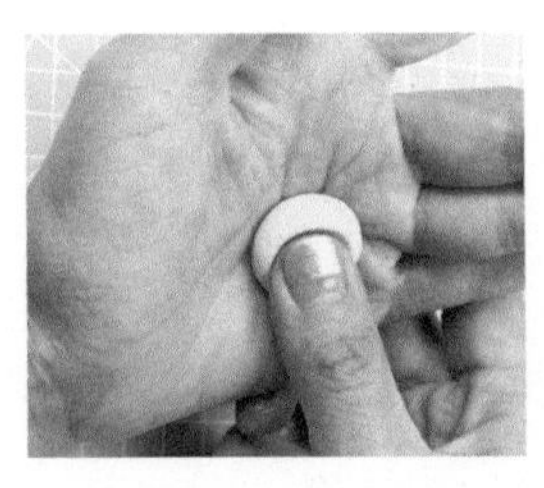

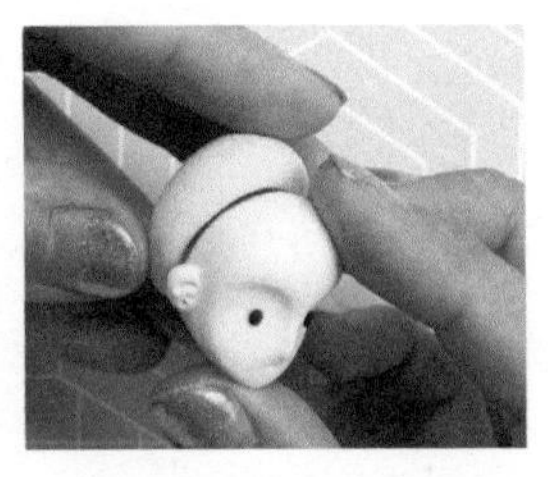

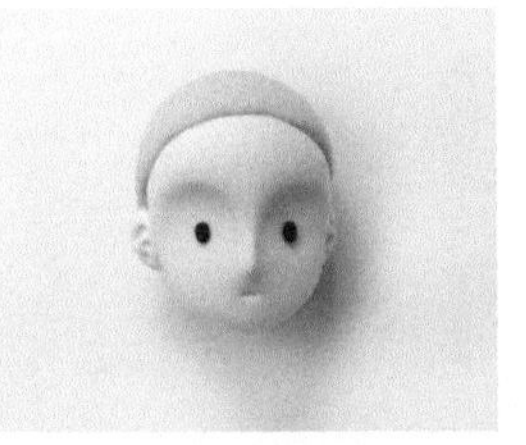

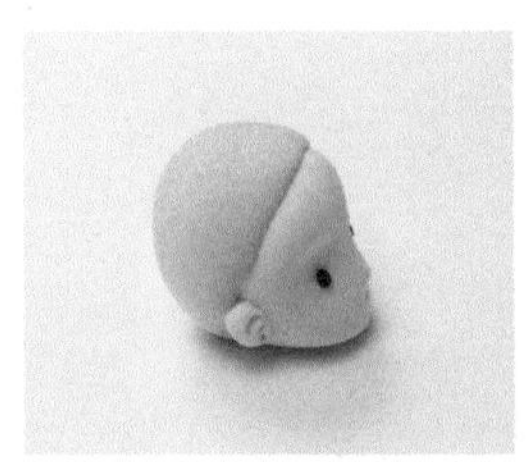

03 头发打底：揉、压、捏

将黄色黏土揉成圆球，中间用拇指压出个凹槽，粘在脸上做后脑勺，要捏牢。

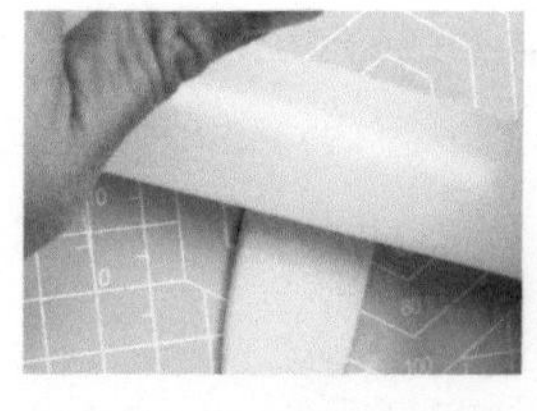

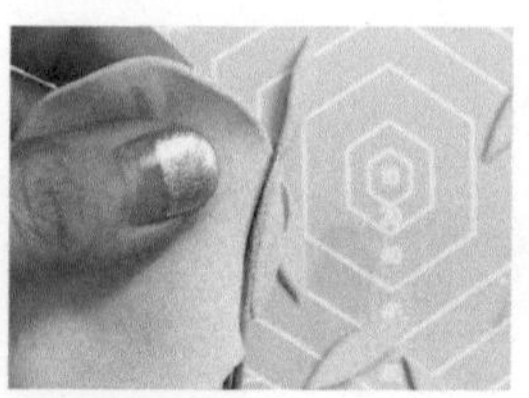

04 头发：擀、剪

将黄色黏土擀皮，用剪刀剪出如图所示的树叶形，用来做头发。

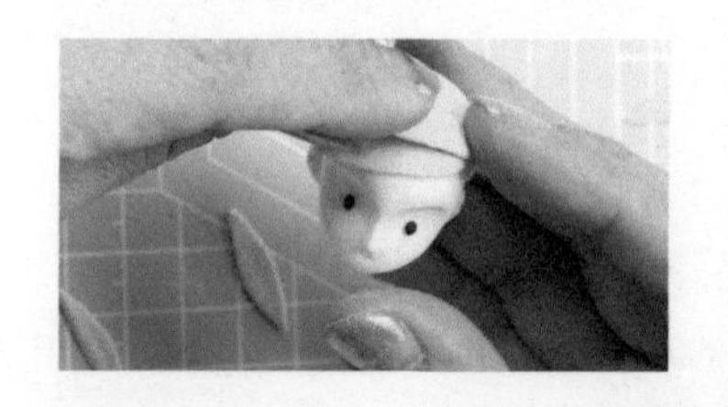

05 头发粘贴：第一层刘海

头发先从前面刘海开始贴。

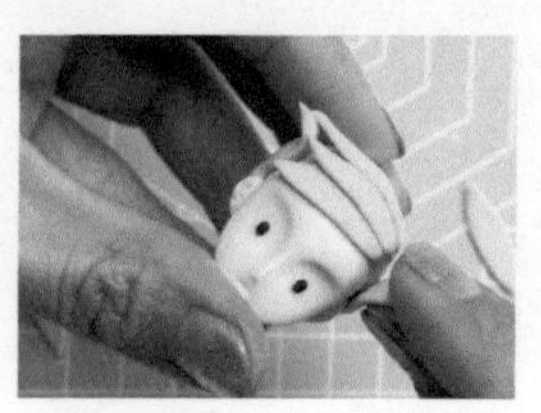
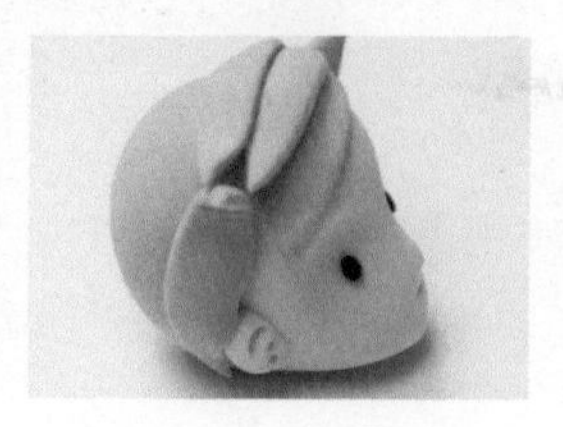

06 头发粘贴：第二层鬓角

耳朵后面两侧的头发从下往上贴。

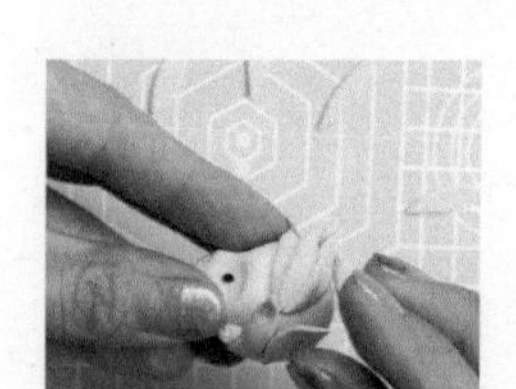
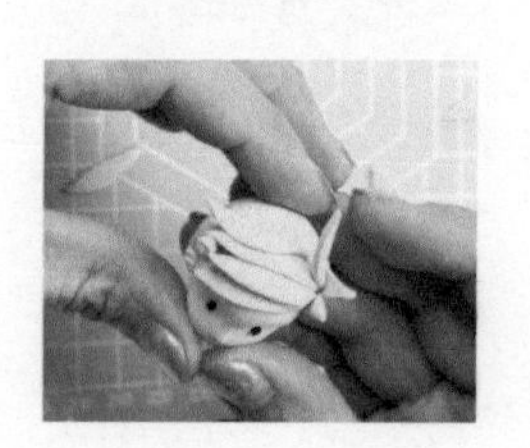

07 头发粘贴：第三层

把后面头顶的头发从下往上贴一圈。

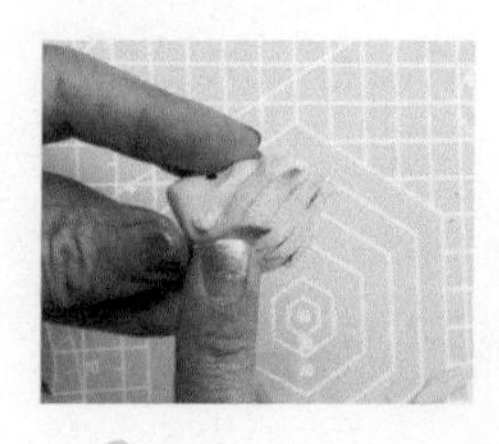
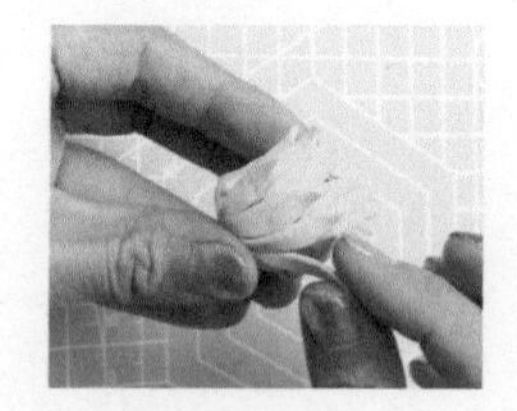
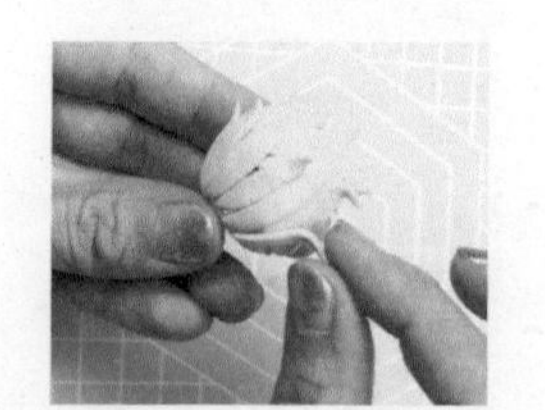

08 头发粘贴：第四层

从下往上贴中间的一层，最后贴最下面的一层。

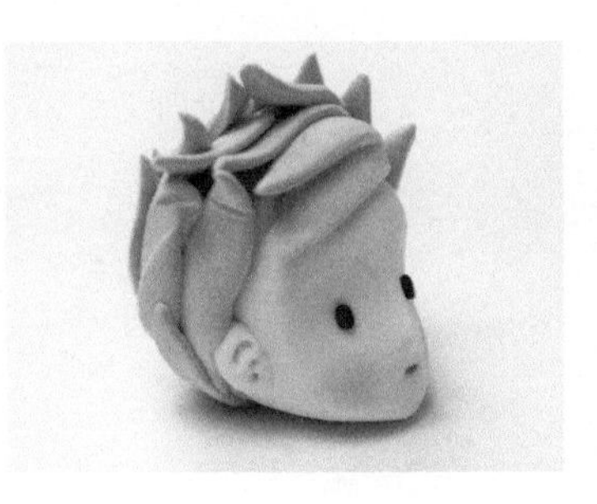

09 腮红、嘴巴涂色

给小王子涂上红色的嘴巴和腮红。

制作小王子的身体

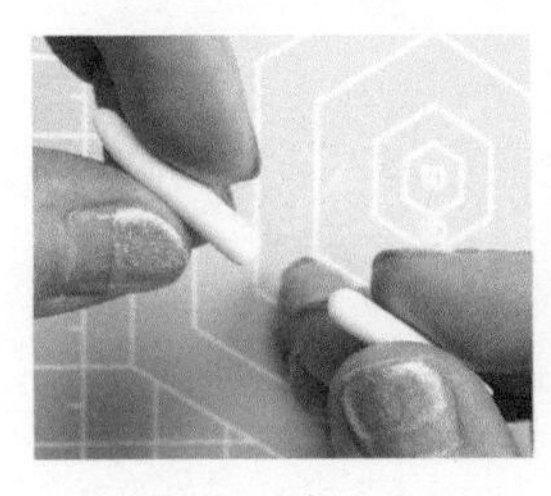

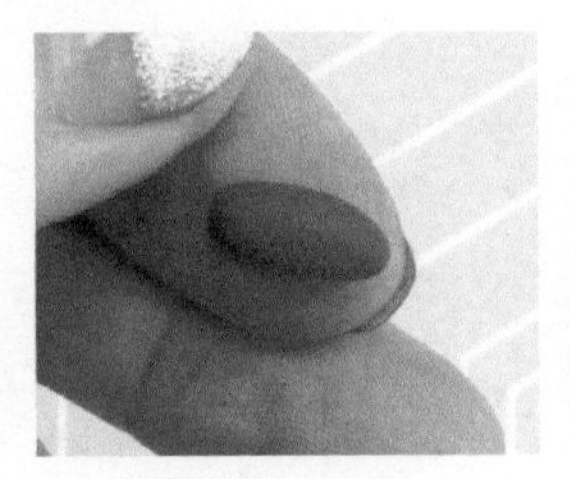

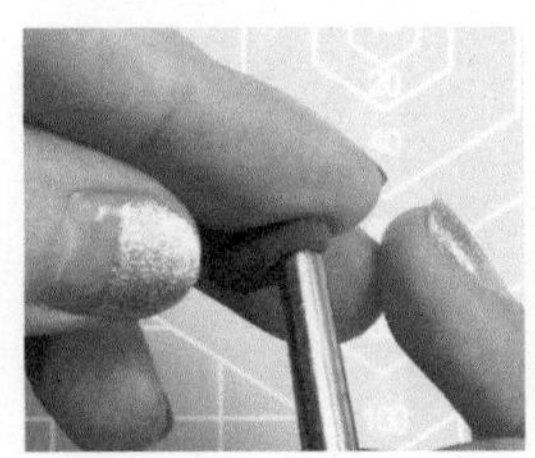

10 脚：搓、压

揉黏土搓细条做王子的小脚踝。揉一个椭圆形压一个凹槽做出王子的鞋子，将它们粘在一起。

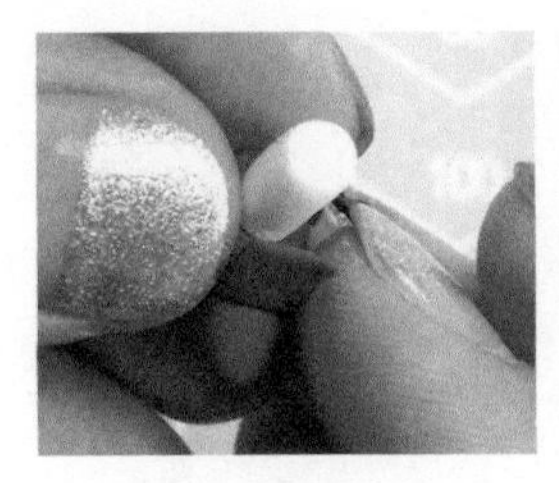

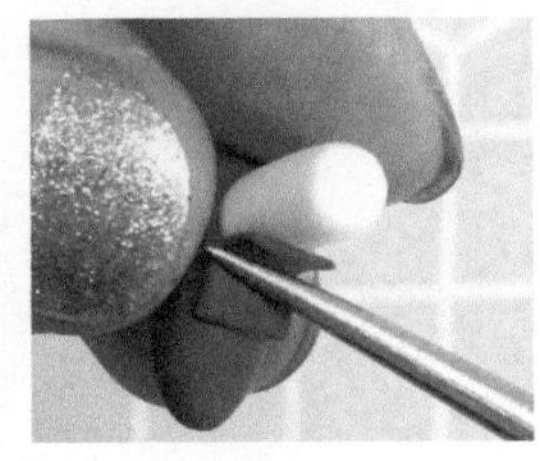

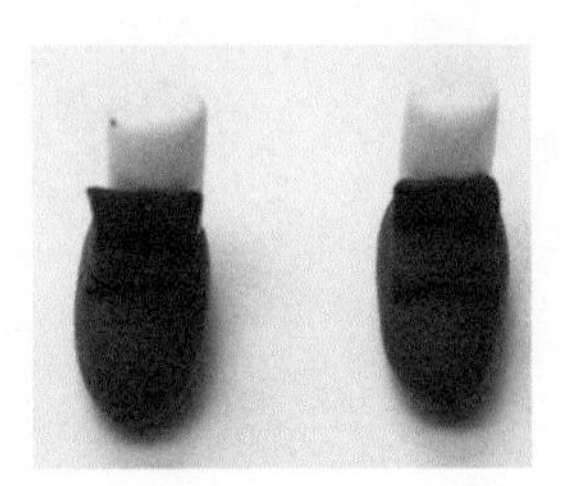

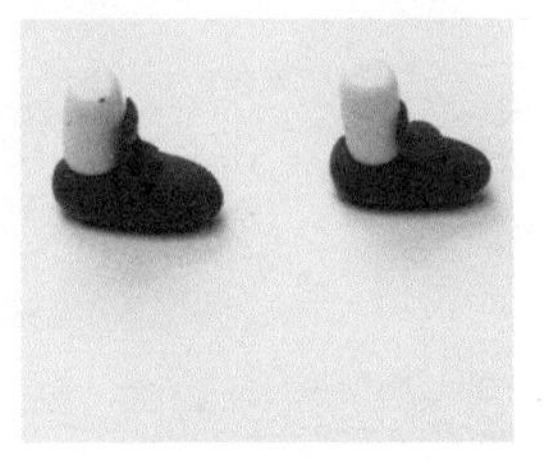

11 鞋：擀、压

擀一个薄片放在鞋子正面做鞋舌护垫，在中间压一下。

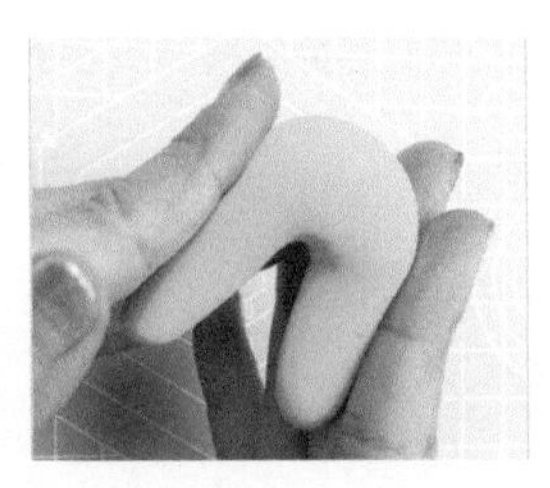

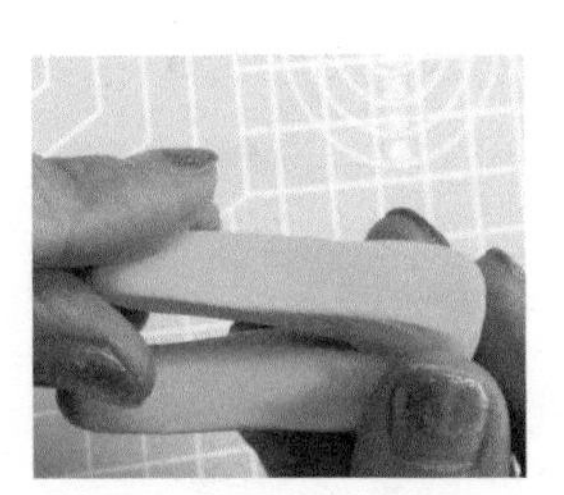

12 腿：揉、搓、捏

将绿色黏土揉成圆球，再搓成长条，对半掰弯，捏出如图所示的形状。反复调整，做出小王子的裤子，裤子需要捏出棱线。

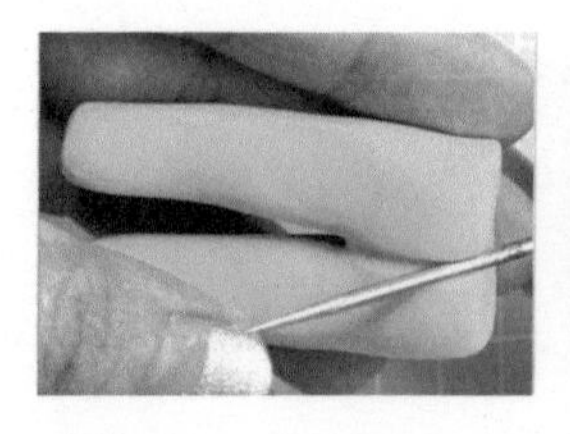 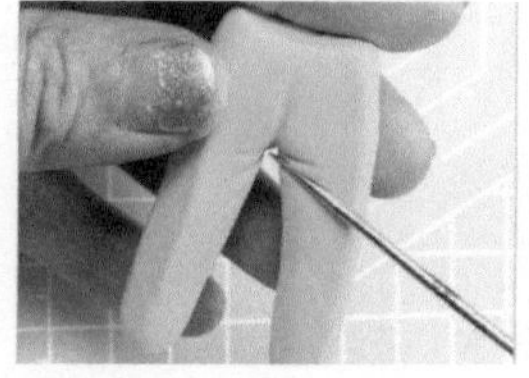  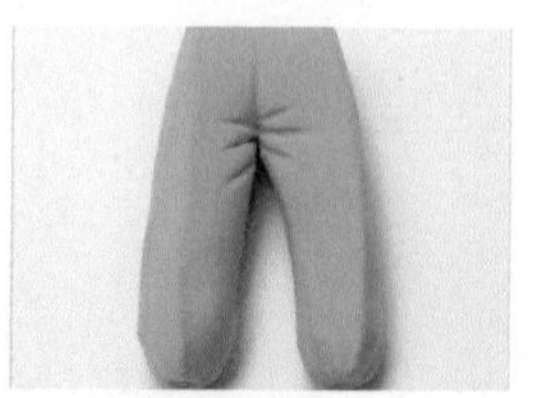

13 腿：压

裤子做好基本形状后，用工具压出裤子上的褶皱。

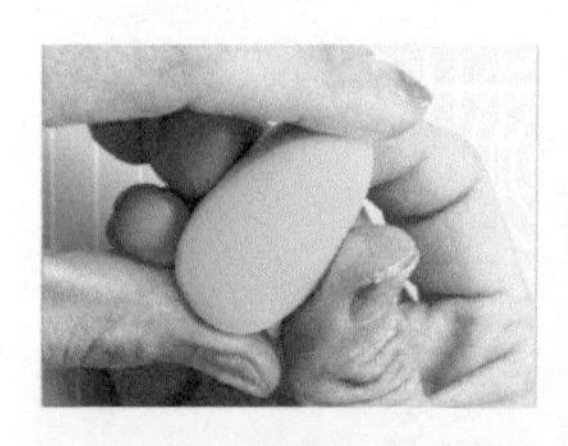 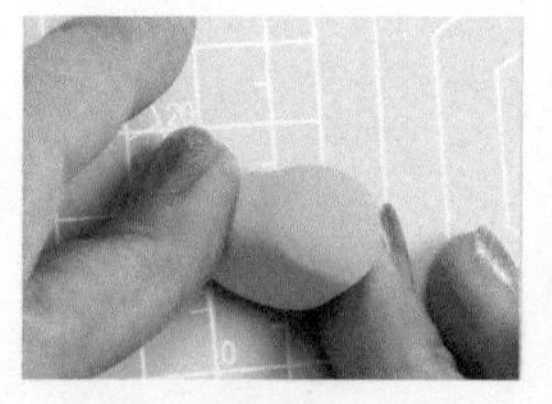 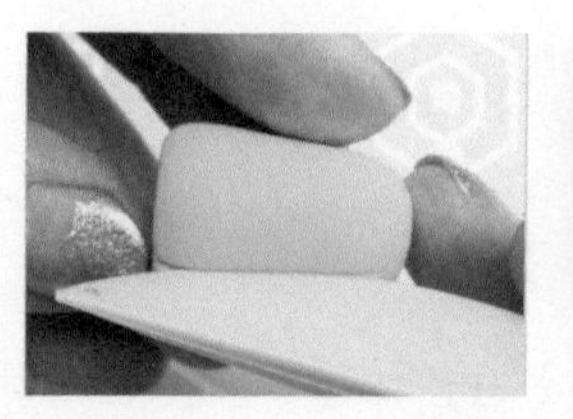 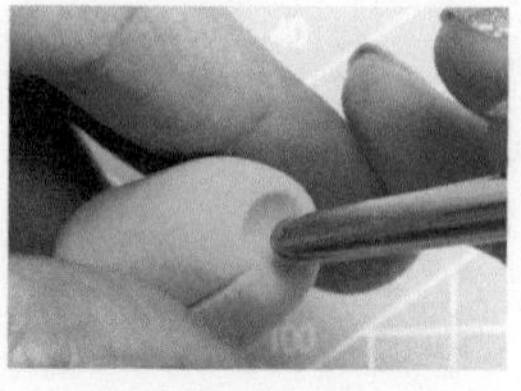

14 躯干：揉、压

如图所示先揉一个圆柱形，再慢慢调整成平滑的方形，从中间压一条线做出小王子的躯干。躯干顶部用工具压出脖子的位置。

 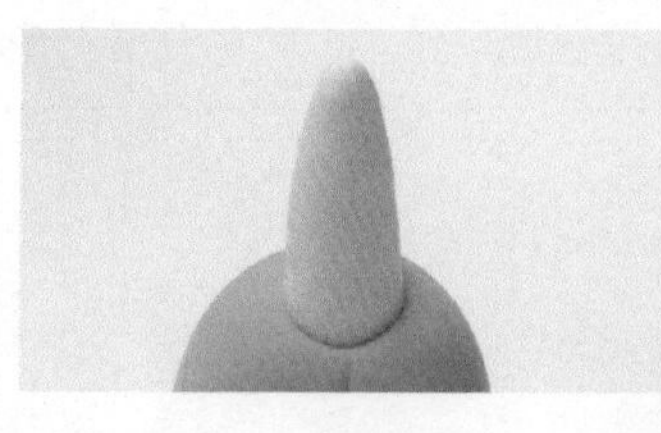

15 脖子：揉

揉个圆锥形做出脖子。与躯干粘在一起。

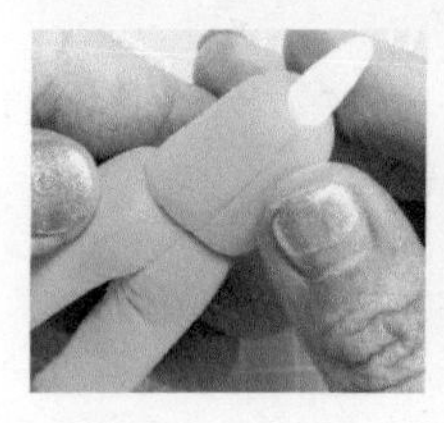 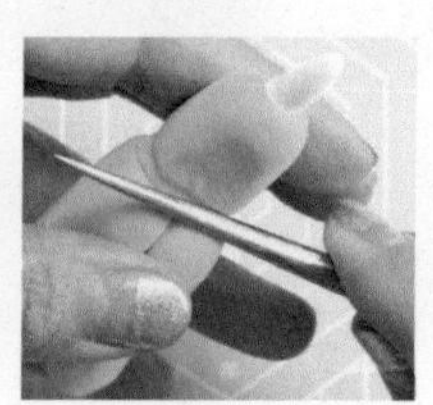 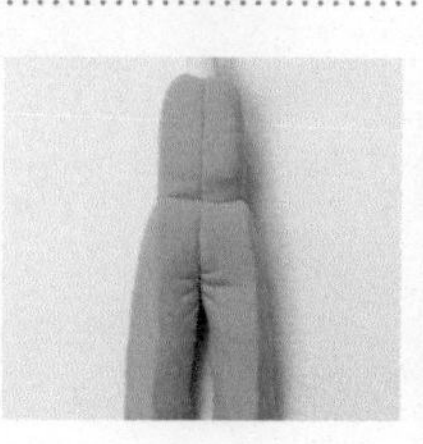 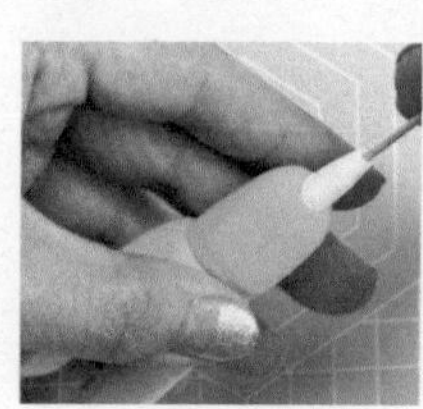 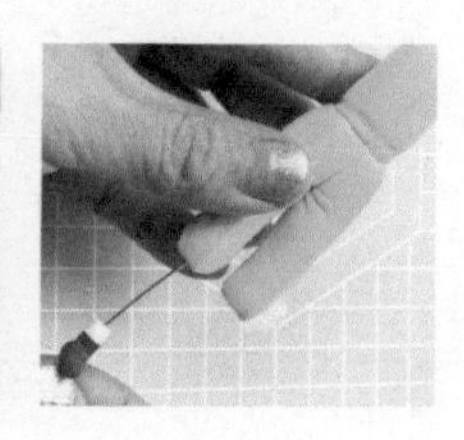

16 组合

把做好的上半身和下半身连接到一起。用铁丝将脚固定到腿下边。

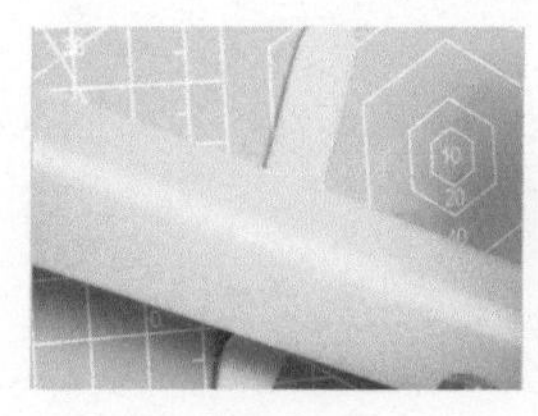  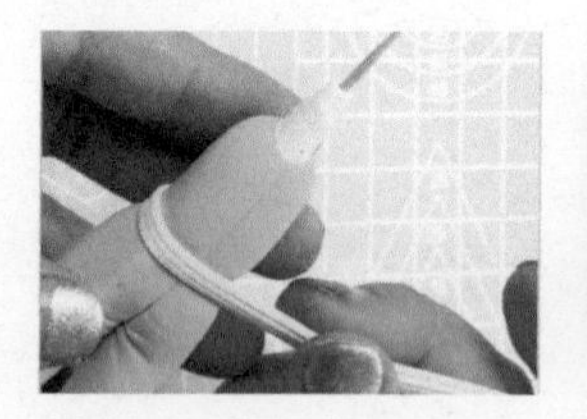 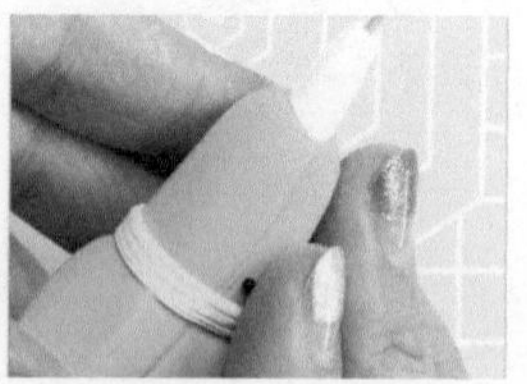

17 腰带：擀、压、切

将黄色黏土擀长条、压扁、切条，做小王子的腰带。

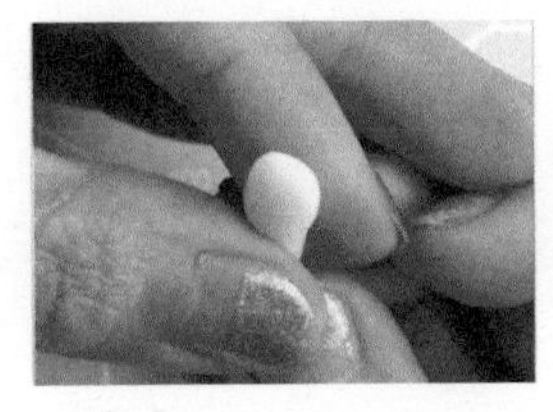
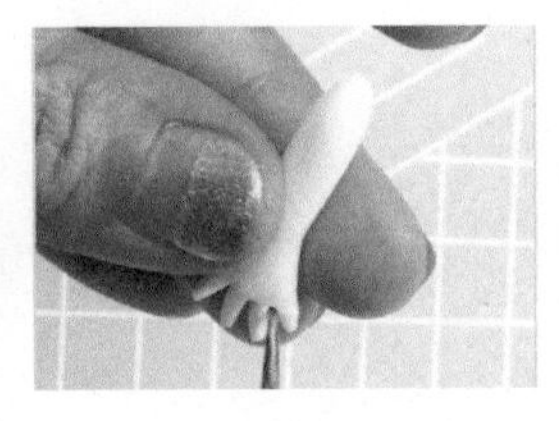
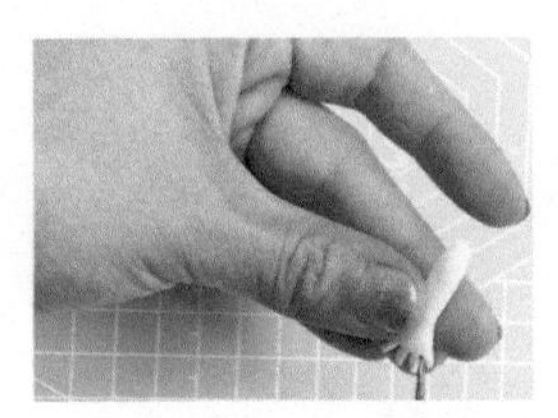
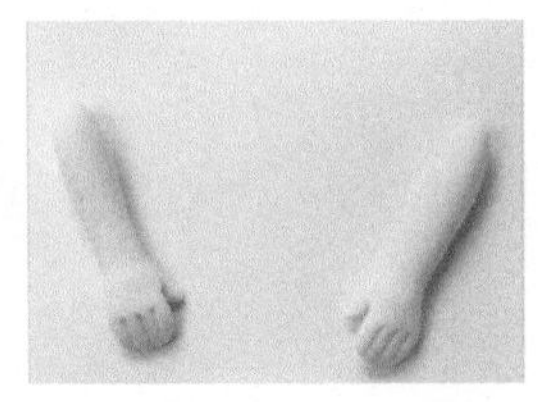

18 手：搓、捏、剪

将肉色黏土搓长条，慢慢捏出如图所示手掌的样子，用剪刀剪出手指。

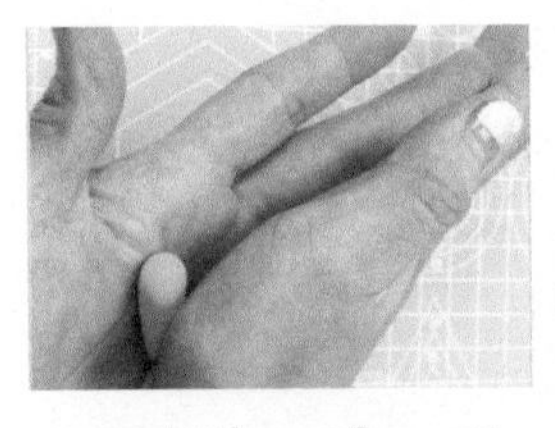
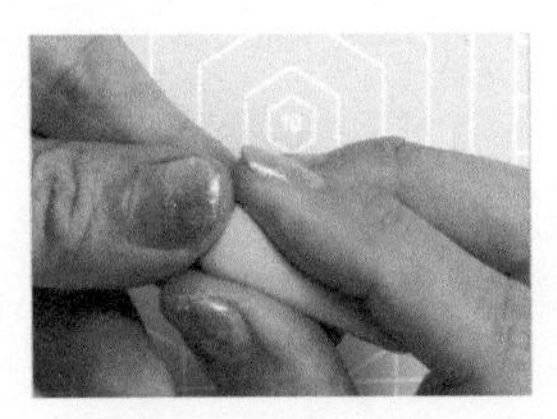

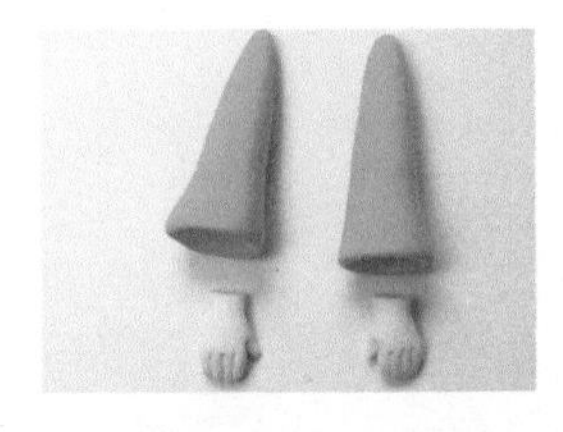

19 胳臂：揉、压

用绿色黏土揉成长水滴形做胳膊，用丸棒在袖口压个凹槽。

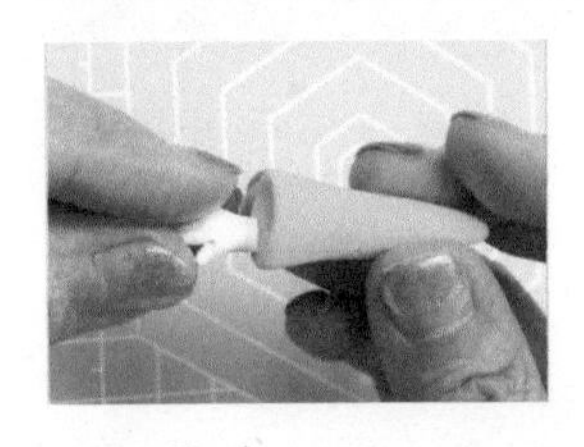
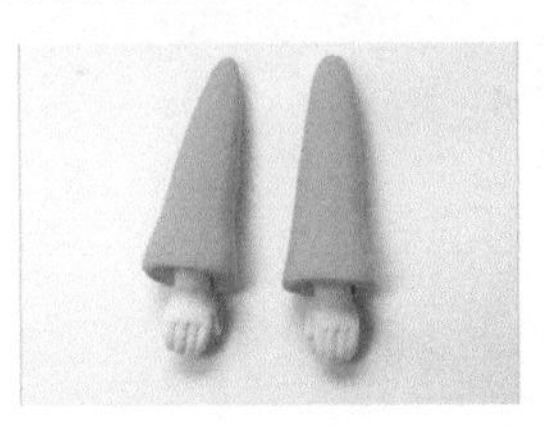

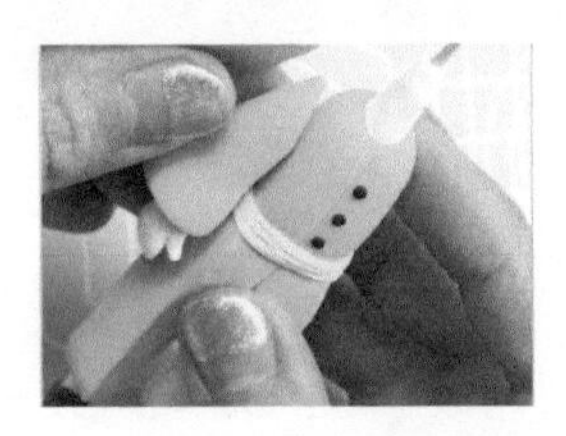

20 组合

把做好的胳膊和手连接到一起，再粘到身体上。

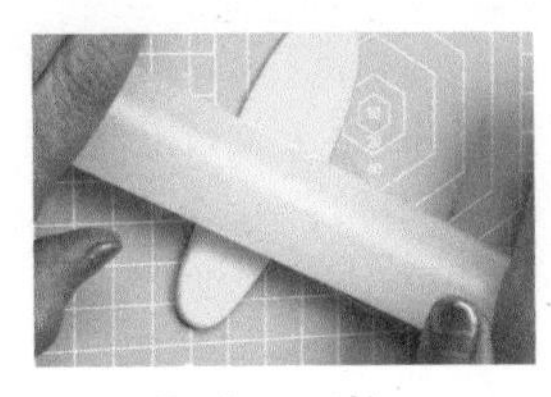

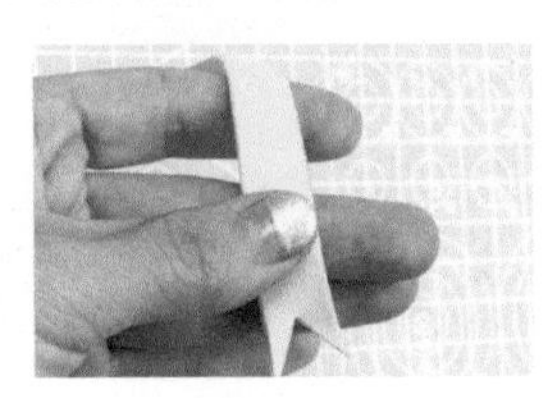
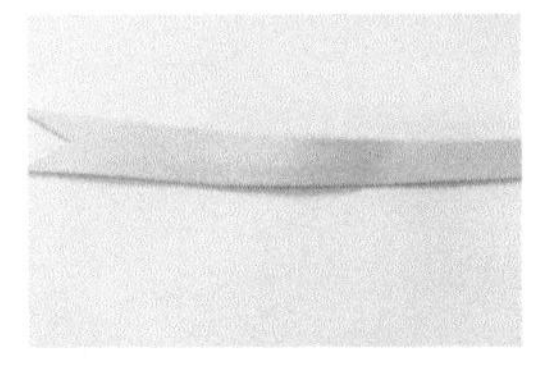

21 围巾：擀、切、剪

将黄色黏土擀片，切长条，在一端剪出“丫”形，做出一条围巾。

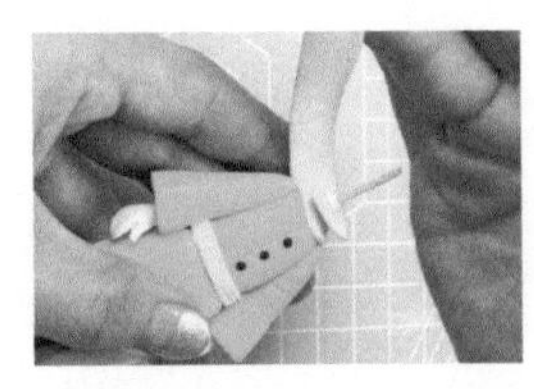
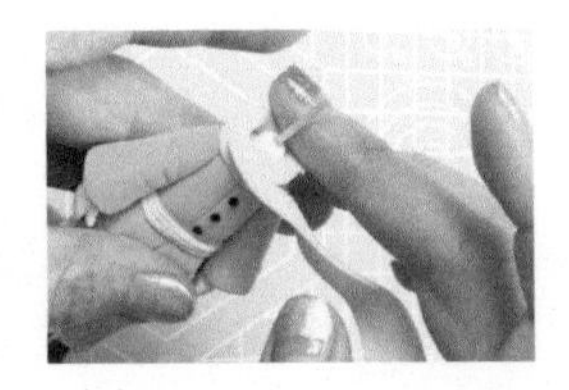
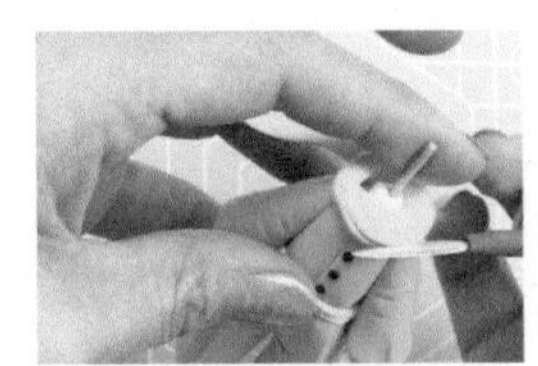

22 围巾：压

将围巾粘在脖子上，压出一些褶皱。没有粘上的部分做出要飘动起来的样子。

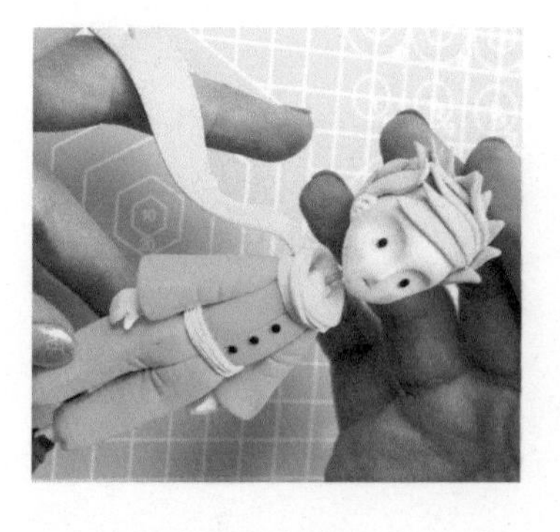

23 组合

把做好的头部装到身体上，小王子组合完成。

制作场景

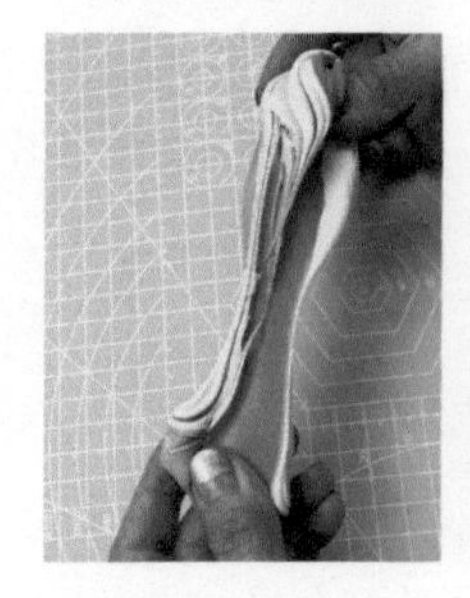

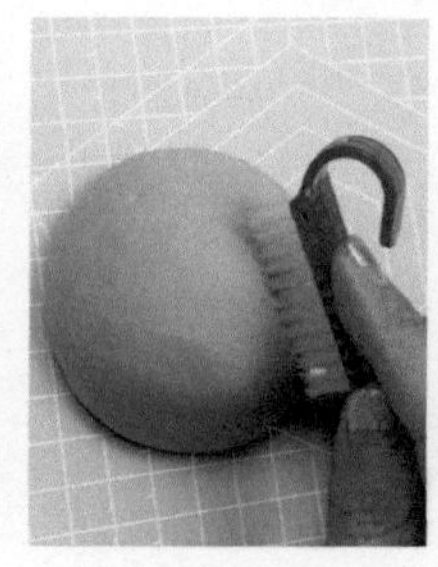

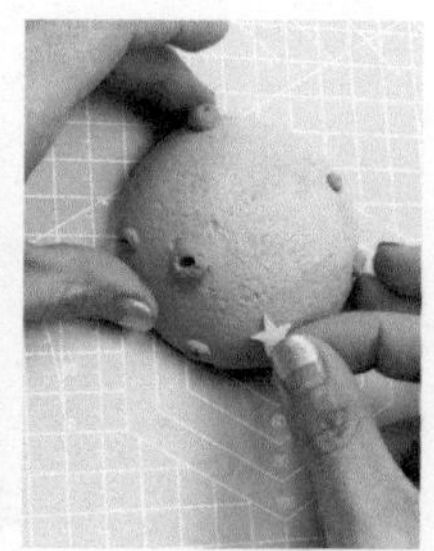

24 星球：揉、压

用蓝、白色黏土混色做一个半圆球，用羊角刷压出肌理，做一个星球底座。可以再加一颗星星。

25 组合

把小王子插在底座上就制作完成了。

雪初音

准备材料

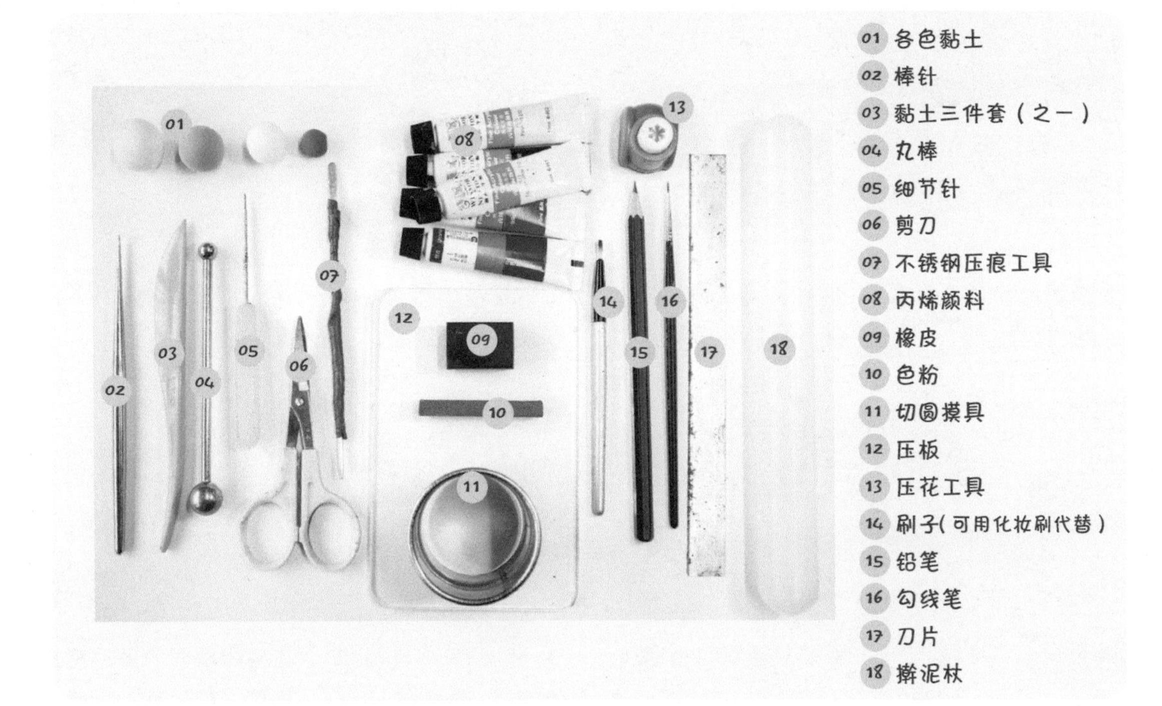
01 各色黏土
02 棒针
03 黏土三件套（之一）
04 丸棒
05 细节针
06 剪刀
07 不锈钢压痕工具
08 丙烯颜料
09 橡皮
10 色粉
11 切圆模具
12 压板
13 压花工具
14 刷子(可用化妆刷代替)
15 铅笔
16 勾线笔
17 刀片
18 擀泥杖

制作

制作雪初音的头部

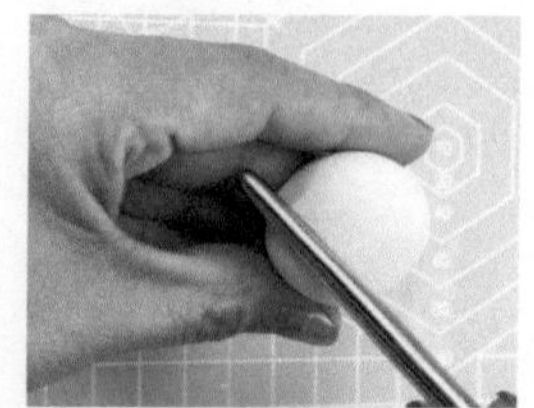

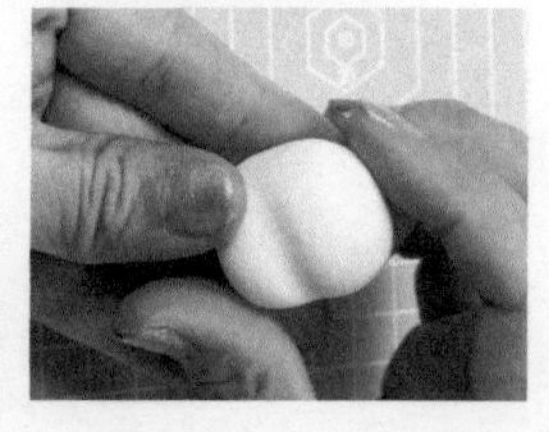
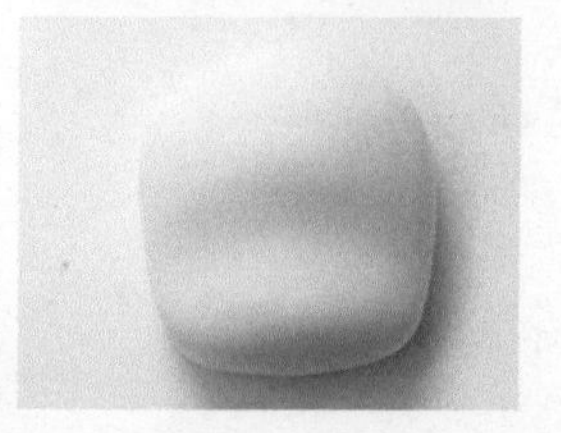

01 包子脸：揉、压、捏

用肉色黏土揉成圆球，轻轻压扁，调整出大致的脸型。用工具在头部二分之一靠下处定出眼睛的位置。然后慢慢把压痕调整圆滑，捏出脸型（如图所示），等脸干了之后就可以画五官了。

02 五官：描画

先用铅笔勾画出五官的轮廓线。

用白色颜料在眼睛底部涂色，干后再涂一层浅蓝色。

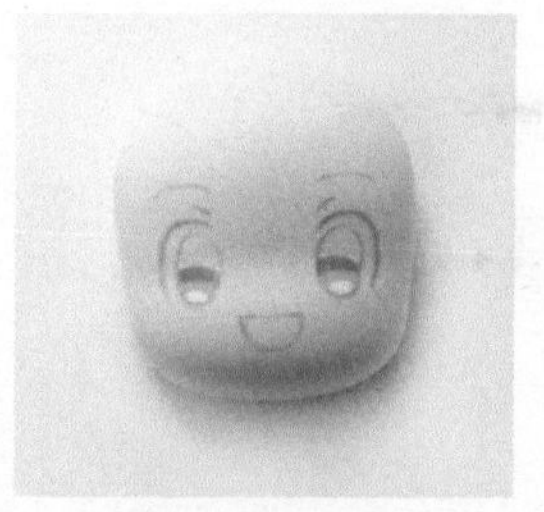
在浅蓝色上边添加稍微深一点的蓝色。

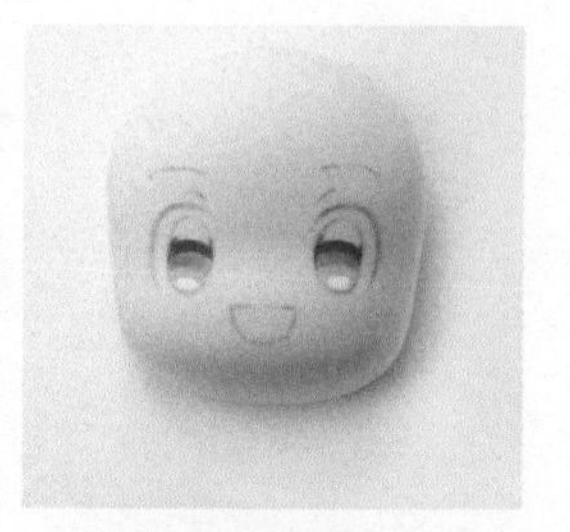
再继续往上画一层深蓝色。

用黑色颜料画瞳孔。

用黑色颜料勾出眼线。

用深棕色颜料画出眉毛。

在眼睛里面的上边画上蓝色，下边画上白色。

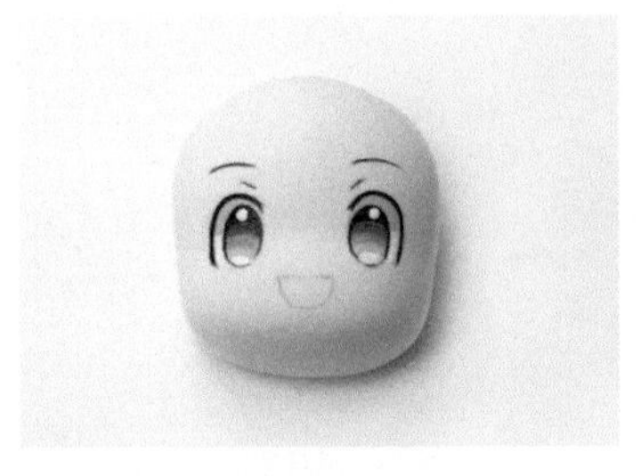

在画好的眼睛上点上高光。

将嘴巴平涂上红色颜料。

最后给嘴巴勾一圈深红色的线。

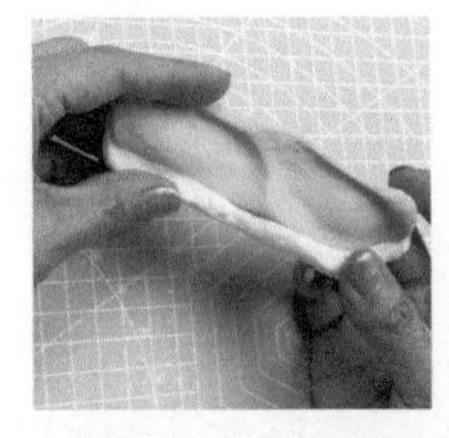
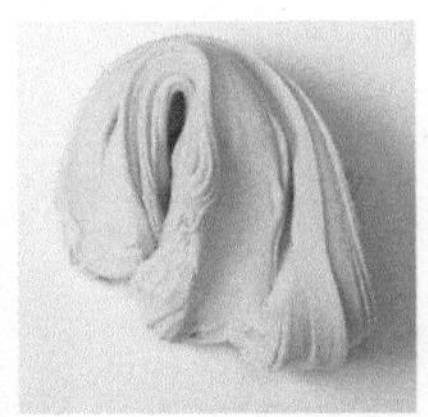
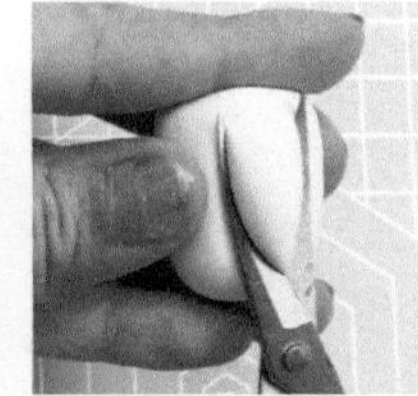

03 头发：揉、剪、压

用蓝、白色黏土混色调出浅蓝色黏土，再揉成圆球。用剪刀剪出前边的刘海。用三件套压痕工具在头发上压出痕迹。

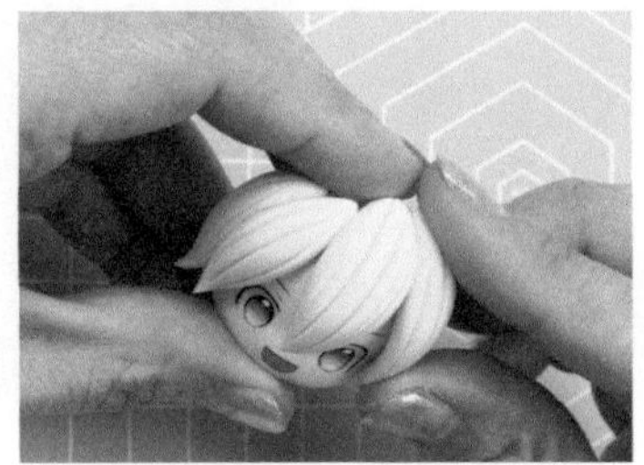

04 头发粘贴：第一层刘海

如图中所示把刘海贴在头部。

05 头发粘贴：第二层刘海

再用剪刀剪出细一些的刘海，贴在第一层刘海的间隙。

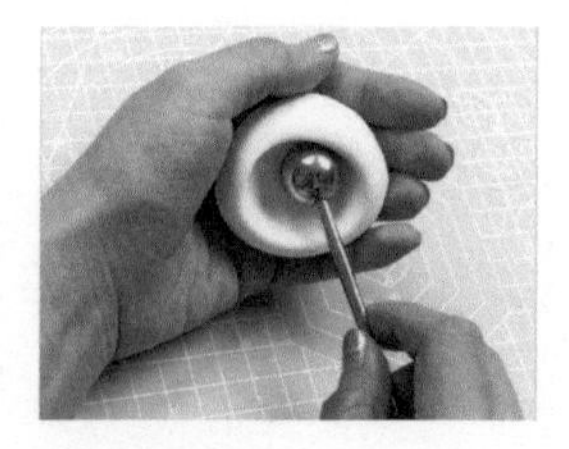

06 帽子：揉、压

将白色黏土揉成圆球，中间压出凹槽，用丸棒调整凹槽形状。

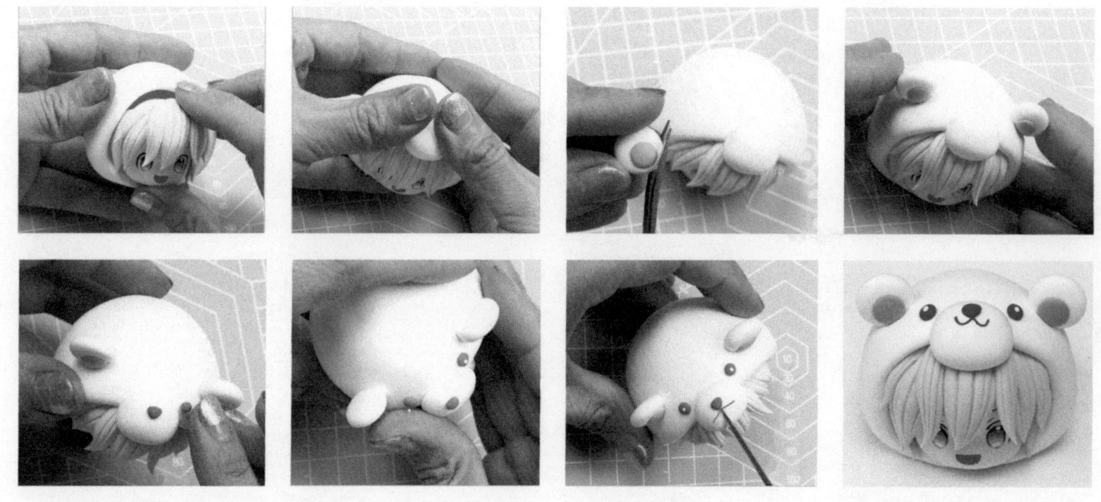

07 小熊帽子组装：捏、揉、压、剪

把做好的脸装进白色黏土的凹槽中。用白色黏土捏一个半圆做小熊的鼻子。揉两个小圆球压扁，中间粘上蓝色黏土，用剪刀把底端剪平做小熊的耳朵，粘在帽子顶端。依次给小熊粘上眼睛、鼻子和嘴巴。

制作雪初音的身体

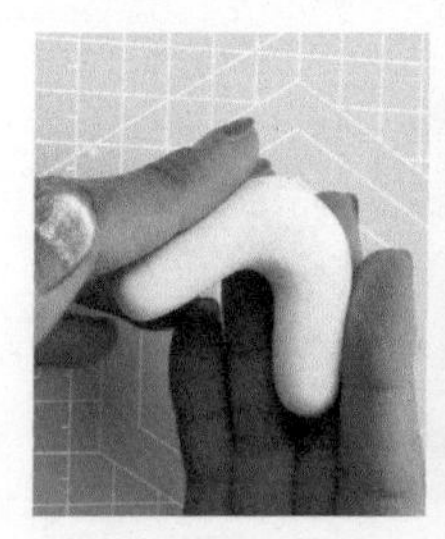
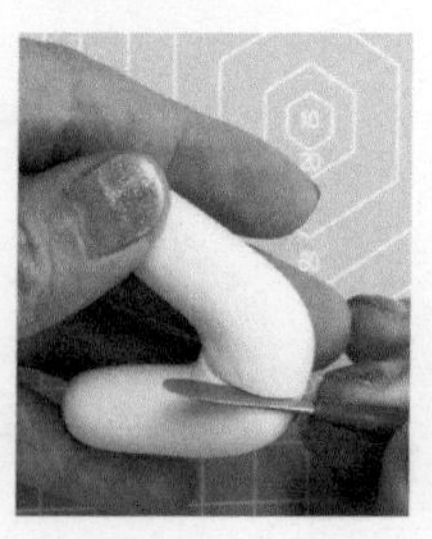
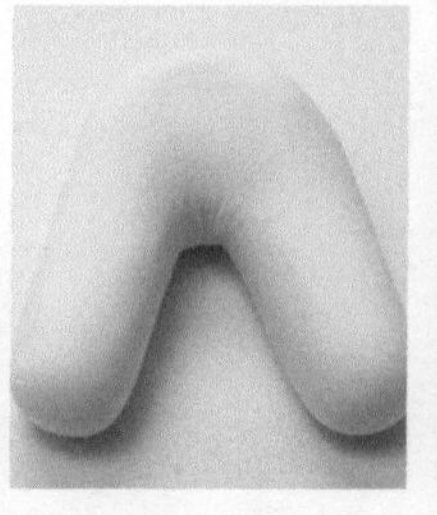

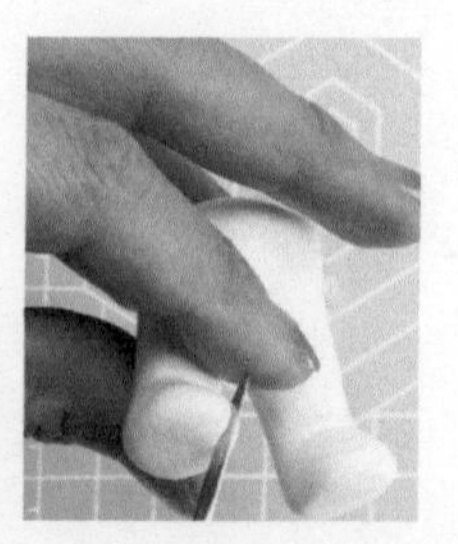

08 腿：搓、捏、压、揉

将黏土搓成长条，从中间掰弯，用压痕工具在中间压一下，做初音的双腿。把脚的位置压平，再揉细脚踝的位置，做出熊掌的样子。裤子上用压痕工具压出褶皱。最后在脚掌上用压痕工具划出脚趾。

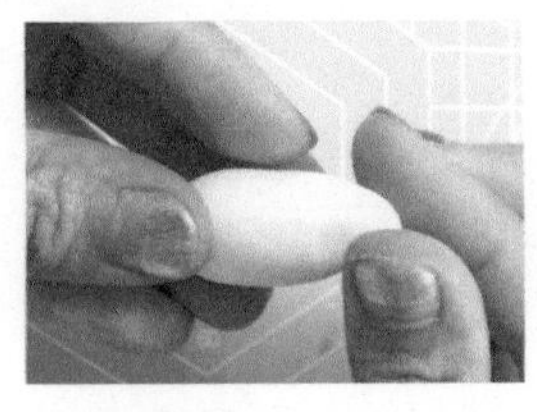
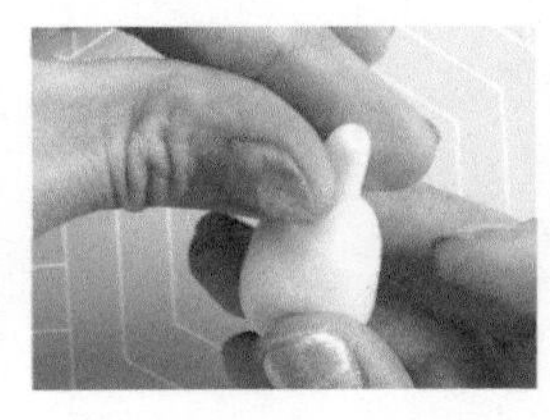
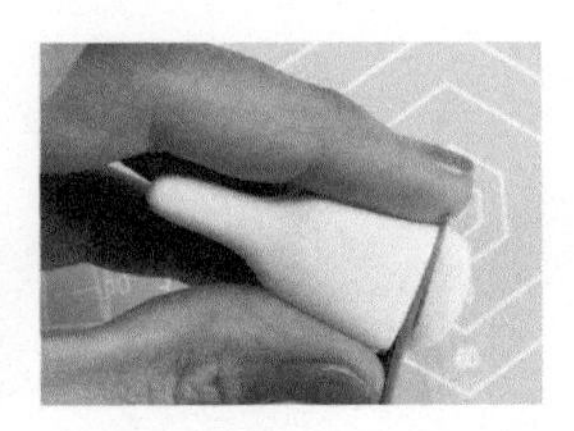
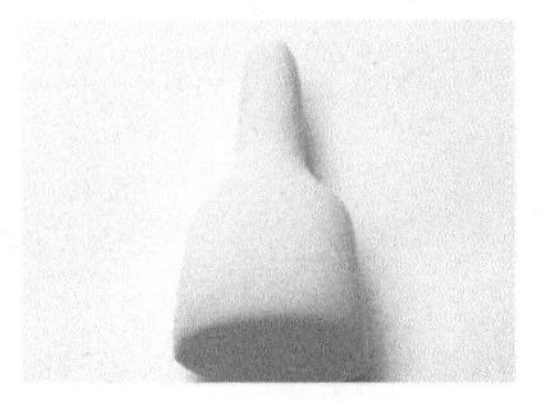

09 躯干：揉、捏、剪

将肉色黏土揉成圆柱形，再捏出脖子，稍微调整一下厚度，剪去下方多余的部分，做躯干。

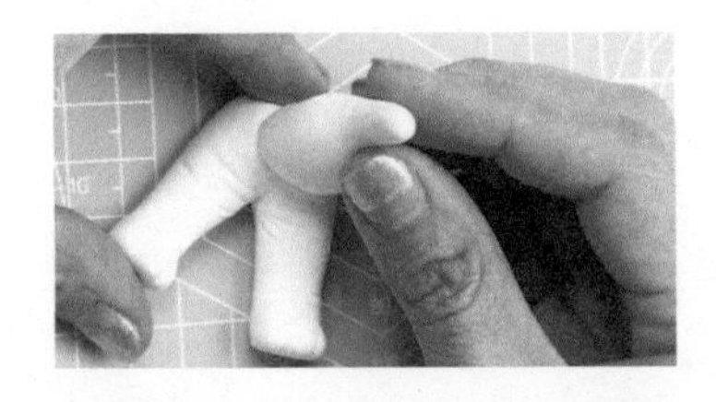
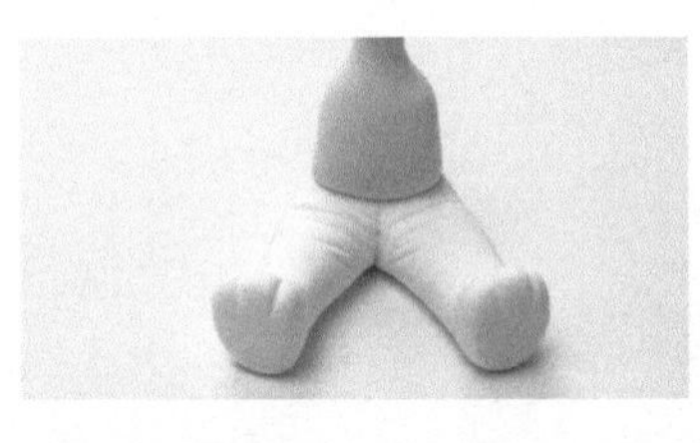

10 身体组合

把做好的身体连接到一起。

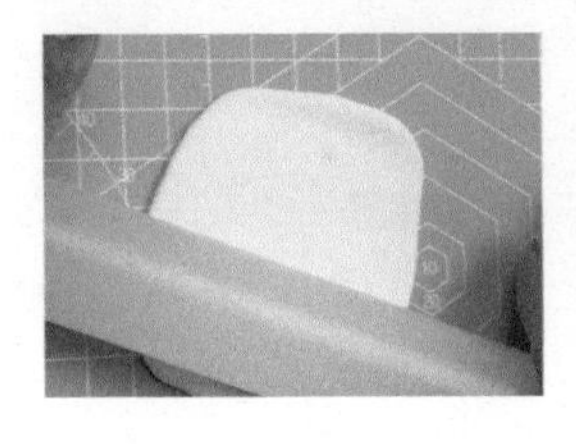

11 裙子：擀、切

将白色黏土擀片，用圆形切模工具切一个圆形，中间再切掉一个小圆形。

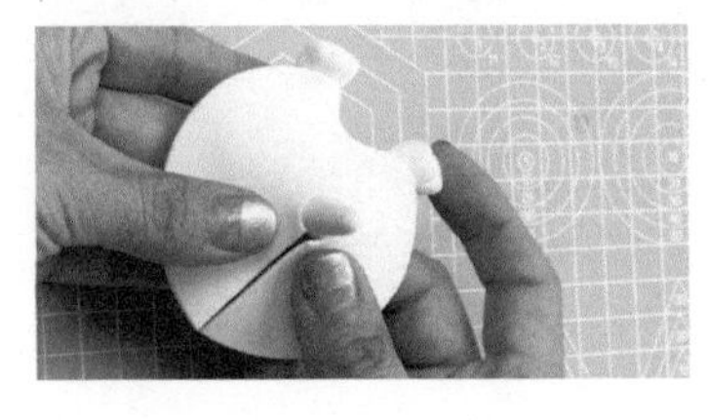
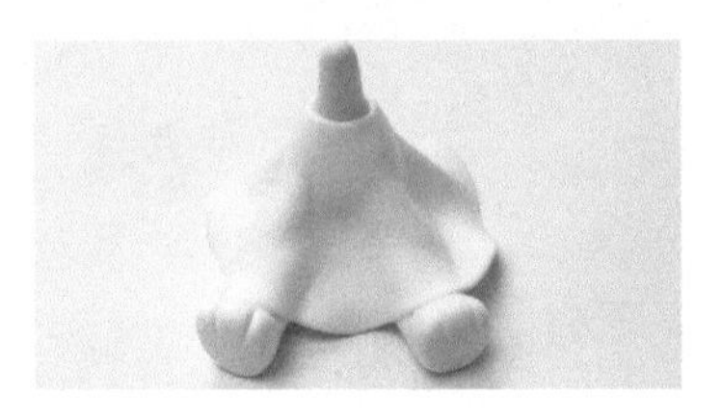
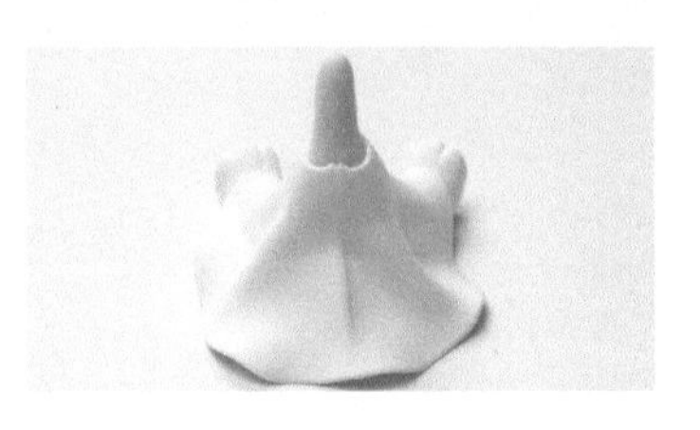

12 裙子组合：剪、捏

如图所示把做好的圆形薄片围在初音的身体上，剪去多余的部分，交汇处捏牢，再捏出衣褶。

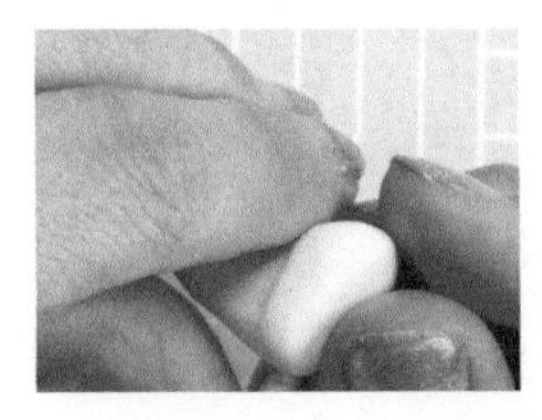
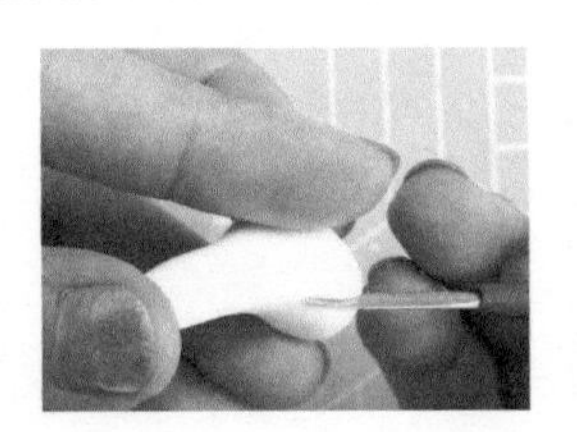

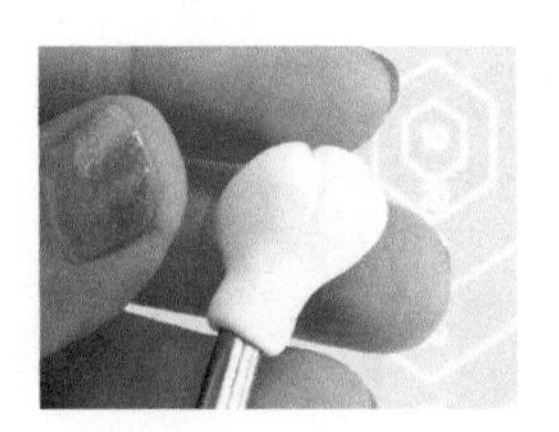

13 手：捏、压、剪

用白色黏土捏一对熊掌的外形，压出脚趾，再将上端剪整齐。做四个熊掌，两个直接粘在腿上，两个备用，用于连接手臂。

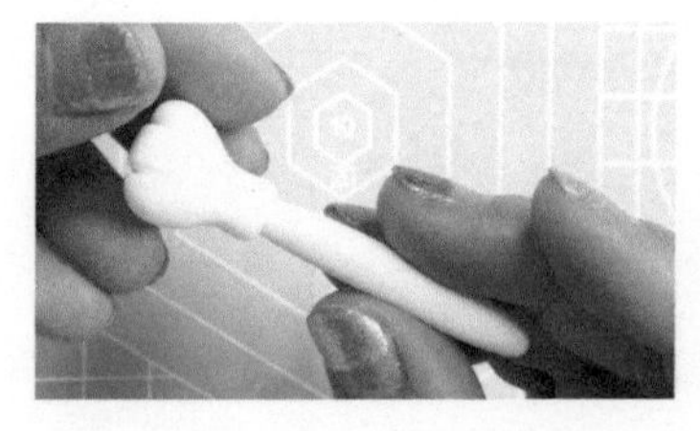
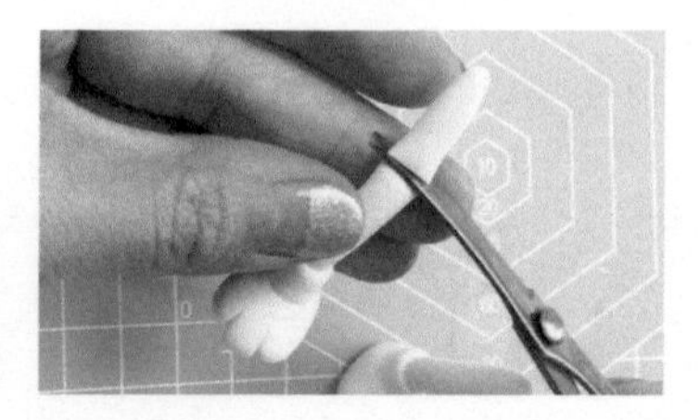
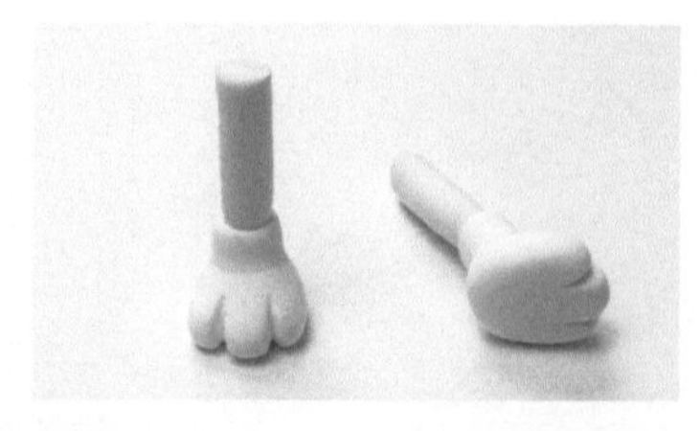

14 手：搓、剪

用肉色黏土搓成长条做胳膊，和做好的熊掌粘在一起，剪去多余的部分。

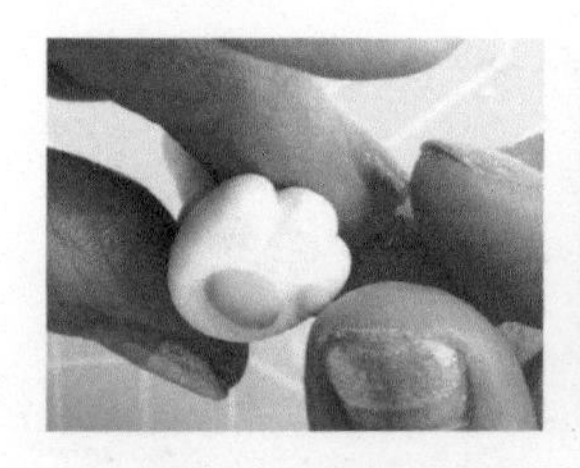
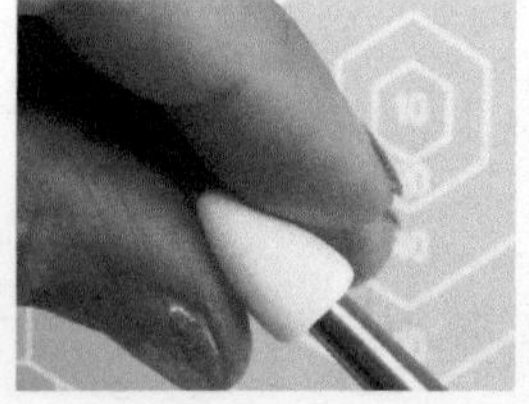
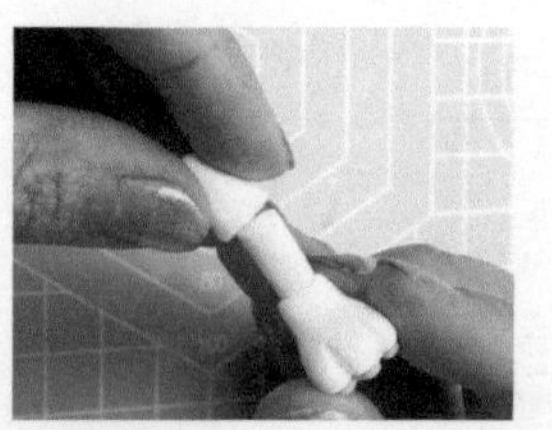
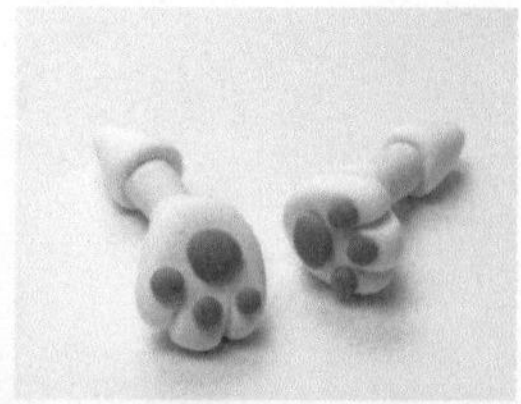

15 手臂组合：揉、压

在熊掌上粘上揉好的蓝色圆球，稍微压扁些做软软的肉垫。揉出白色的水滴形，中间压一个凹槽当袖子，和做好的胳膊连接到一起。

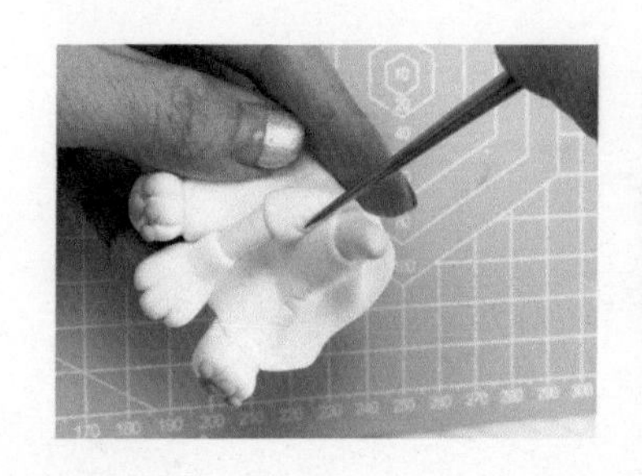
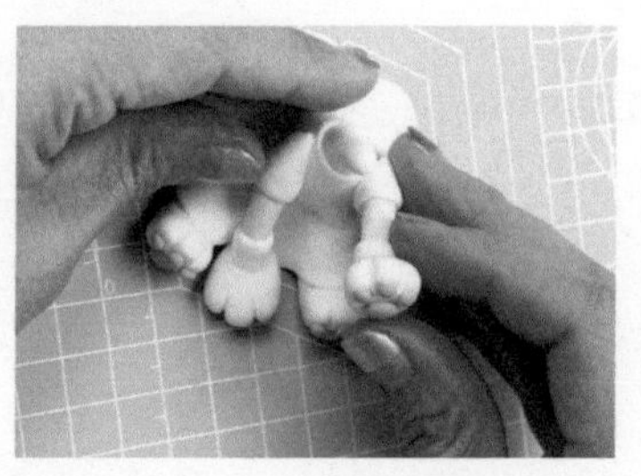
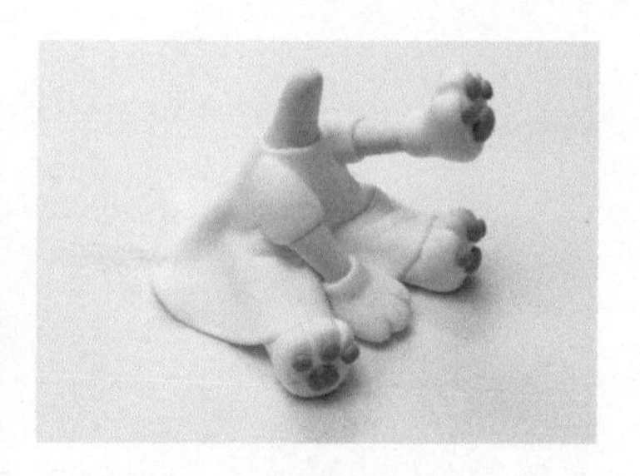

16 组合

把胳膊粘到身体上，压出衣服上的褶皱。

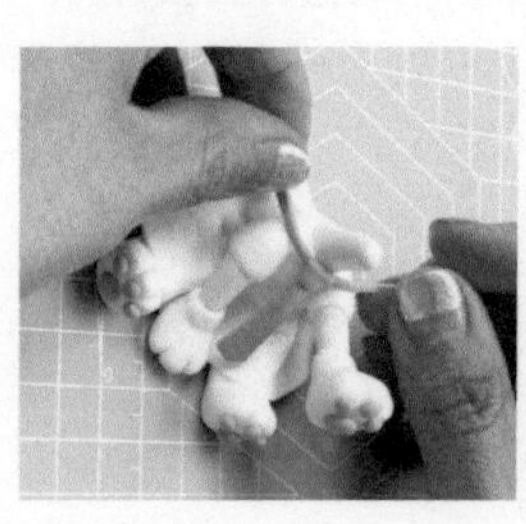
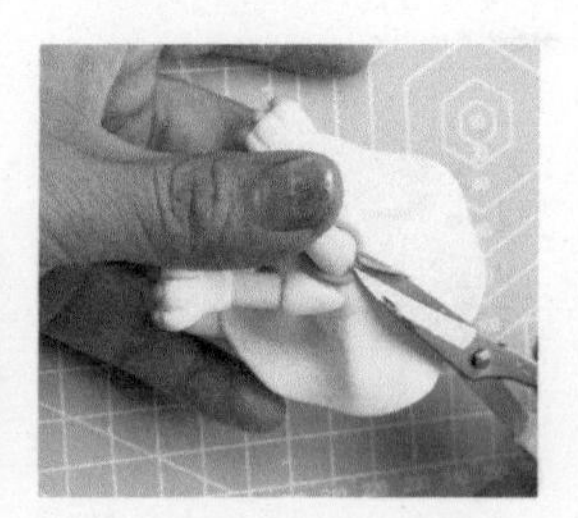
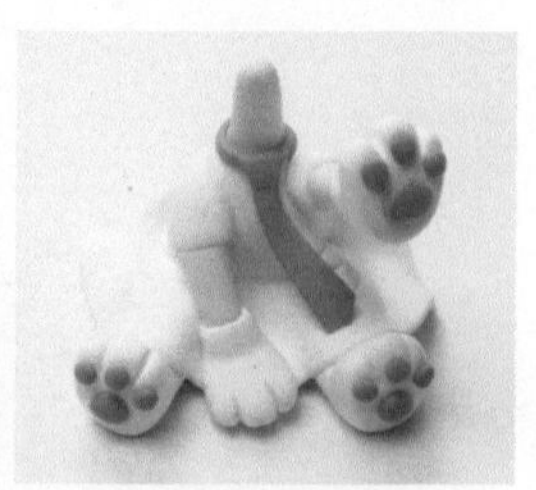

17 领带：擀、剪

擀出蓝色薄片，剪出领带各元素形状并粘合，系在雪初音的脖子上。

18 组合

用牙签把头和身体组合在一起。

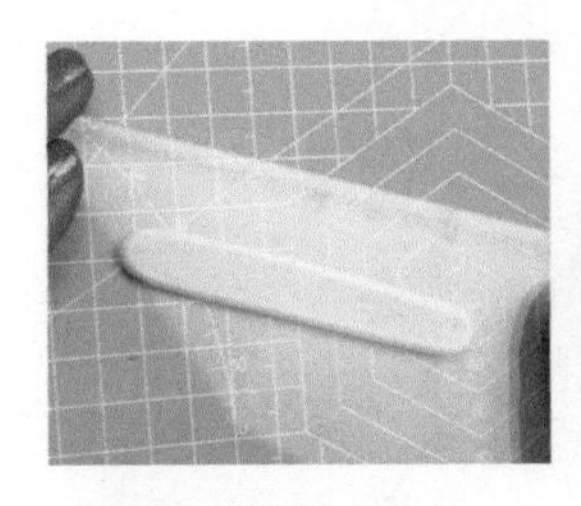
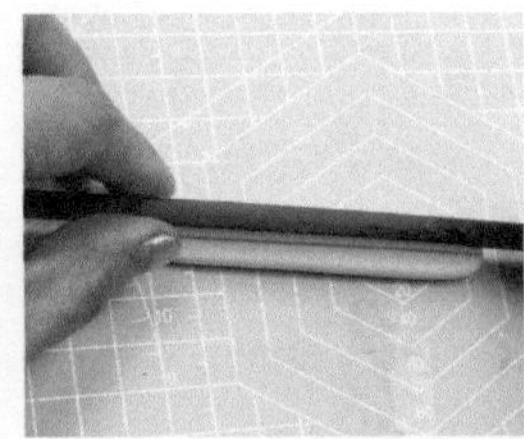

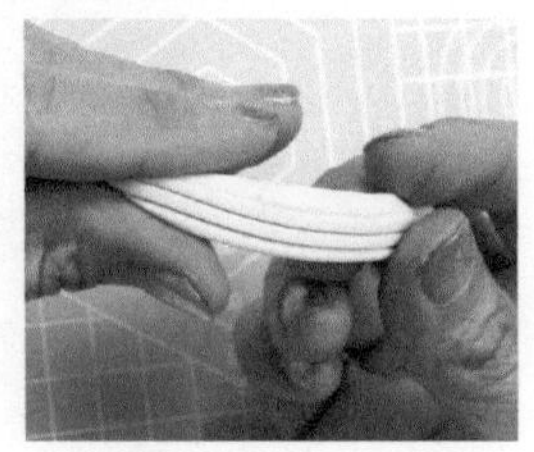

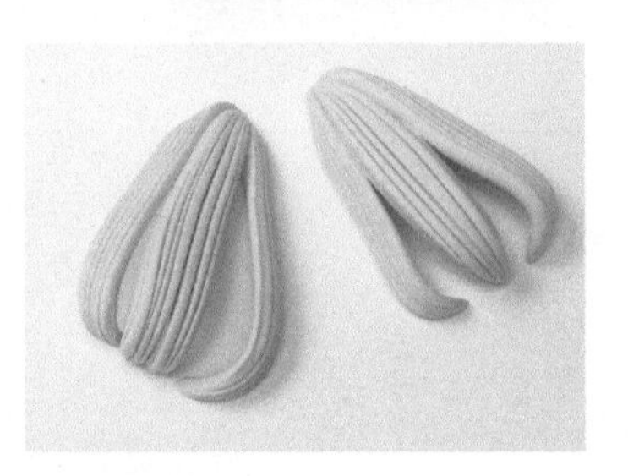

19 马尾：搓、压、剪、捏

将浅蓝色黏土搓长条后压扁，用长刀片压出纹路，两端剪尖，做雪初音的双马尾辫。可以做三到四个并捏合在一起。

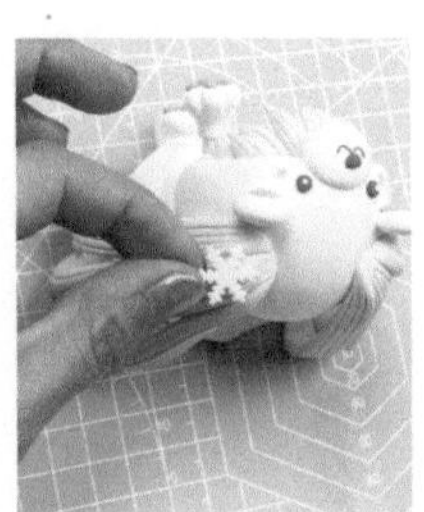

20 整体组合

把做好的辫子粘在头顶两侧，再刷上腮红。用压花工具压点小雪花装饰，雪初音就制作完成了！

准备材料

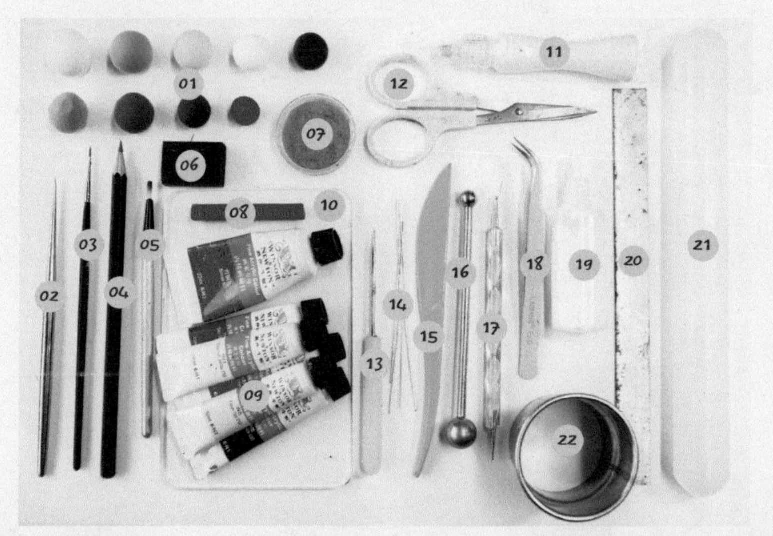

01 各色黏土
02 棒针
03 勾线笔
04 铅笔
05 刷子
06 橡皮
07 草粉
08 色粉（可用眼影代替）
09 丙烯颜料
10 压板
11 仿真果酱（奶油黏土）
12 剪刀
13 细节针
14 铁丝
15 黏土三件套（之一）（可用其他压痕工具代替）
16 丸棒
17 点压痕笔棒
18 镊子
19 白乳胶
20 刀片
21 擀泥杖
22 切圆模具

制作

制作爱丽丝的头部

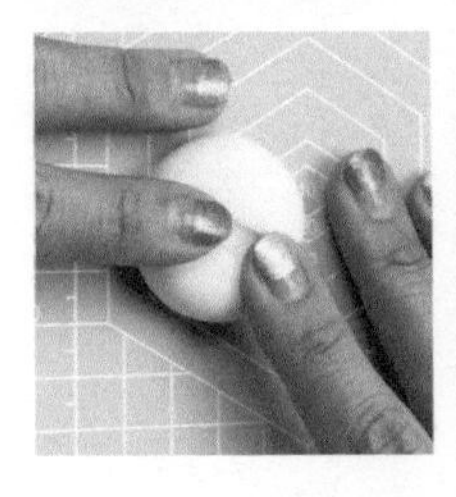
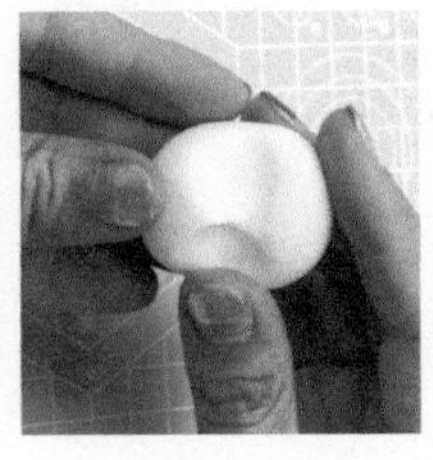

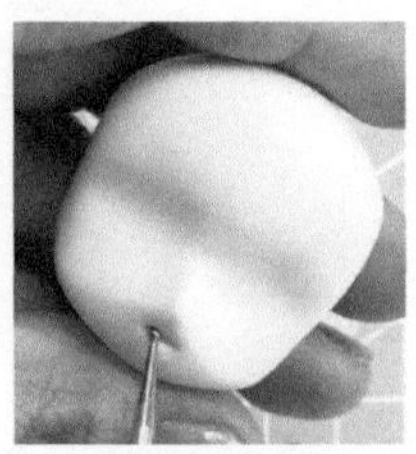

01 卡通脸：揉、压、捏

将肉色黏土揉成圆球再压扁，定出眼睛的位置，用食指压出眼窝并向中间推，捏出鼻子。用压痕工具压出嘴巴的形状。

02 五官：描画

先用铅笔勾画出五官的轮廓线。

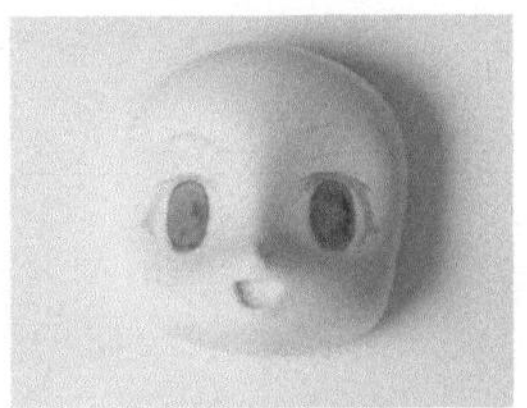
用绿色丙烯颜料为眼睛打底。

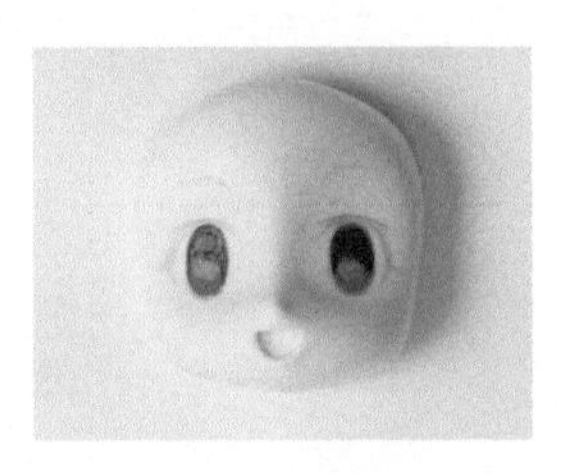
用深绿色在眼睛上方涂第二层。

用黑色勾画出眼睛的轮廓线。

眼睛中间画上黑色瞳孔。

用黑色勾画出眼线。

画出眼白的部分。

用白色画上高光。

用深棕色画上眉毛。

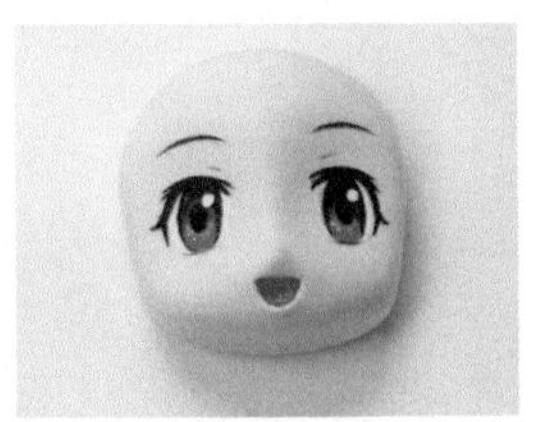
嘴巴涂上粉红色。

打上腮红。

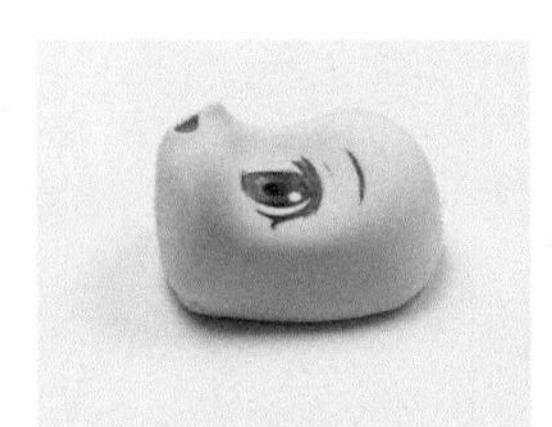
脸的侧面效果。

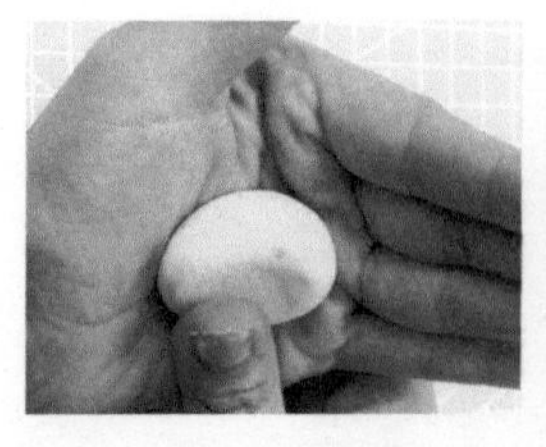

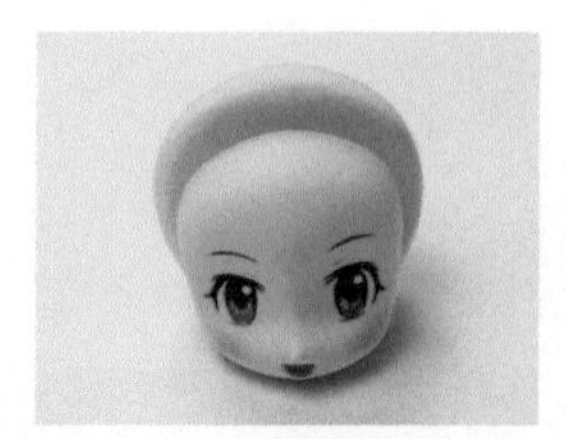

03 头发打底：揉、压

将黄色黏土揉圆球，中间压个凹槽包在脸后，做出后脑勺。

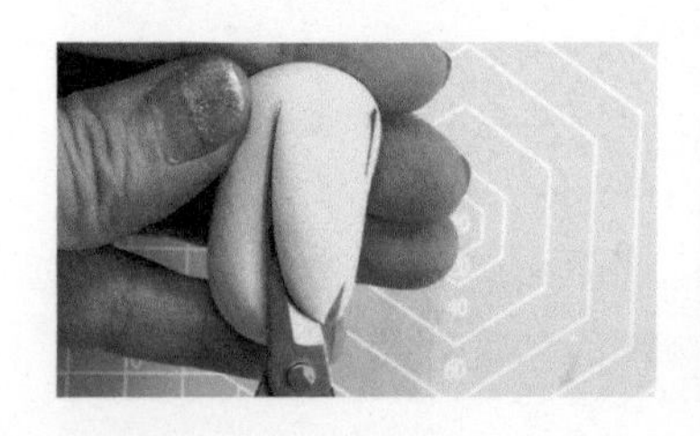

04 刘海儿：揉、剪、压

用黄色黏土揉成圆球，剪出树叶形的刘海，并压出发丝痕迹。

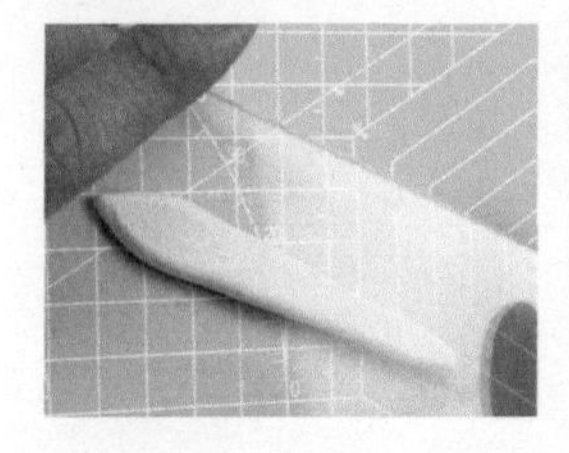
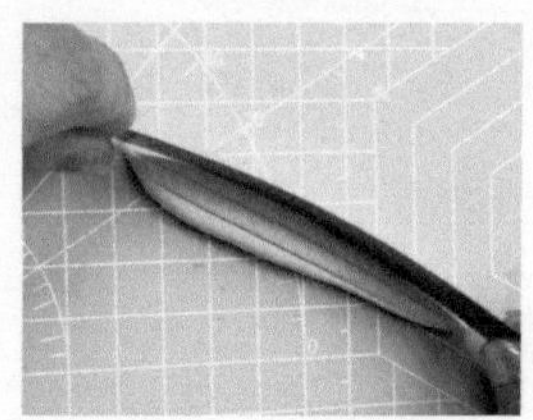

05 长发：搓、压

先搓长条，再用压板压平，用刀片压出痕迹。

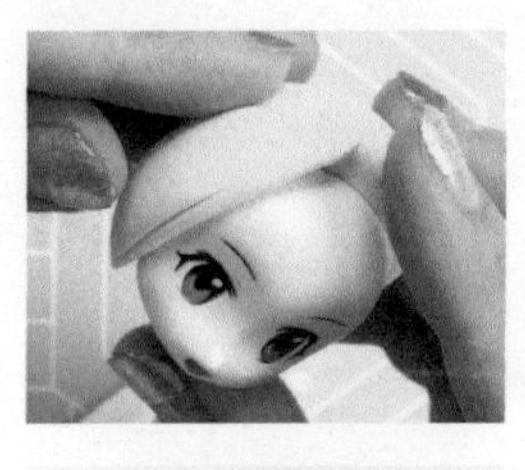

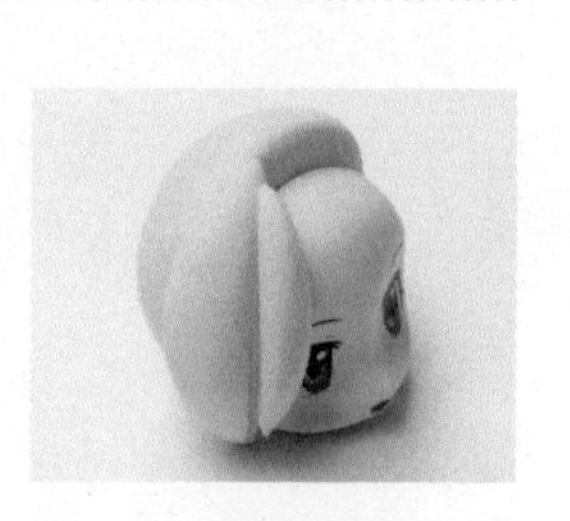

06 头发粘贴：第一层刘海

如图所示先贴前边的刘海儿。

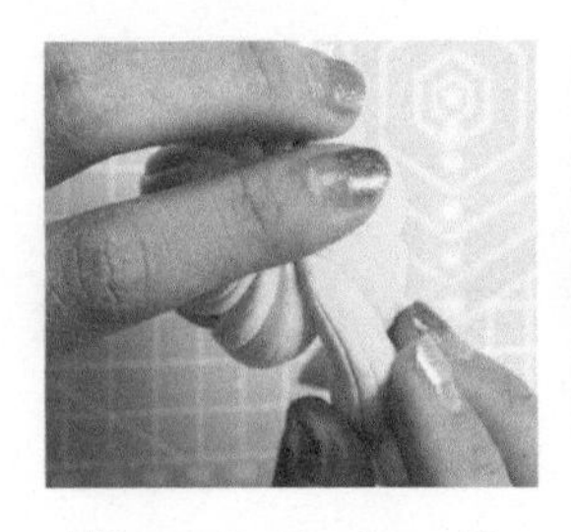

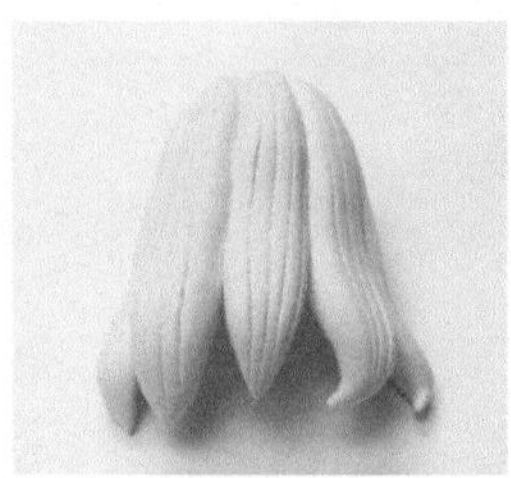

07 头发粘贴：第二层

在后脑勺上贴后边的头发。

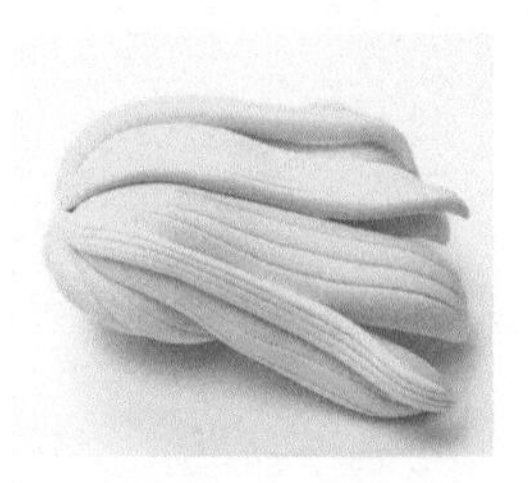

08 头发粘贴：第三层

做些细一点的长发，贴在长发的间隙。

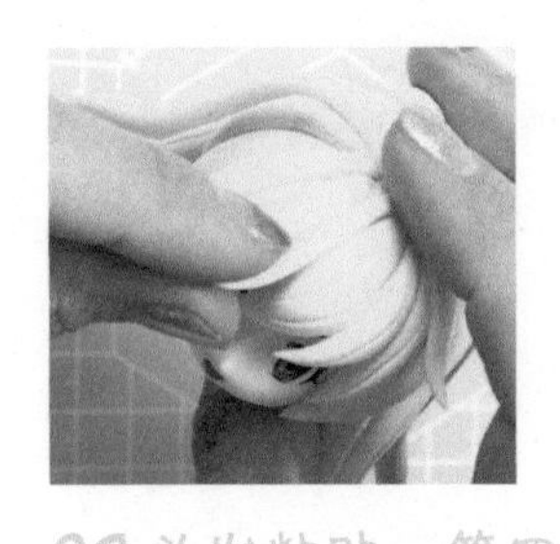

09 头发粘贴：第四层

最后做点小短头发粘在最上层。

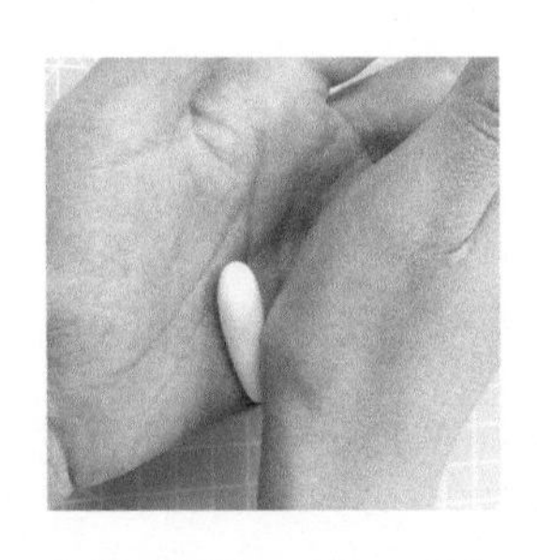
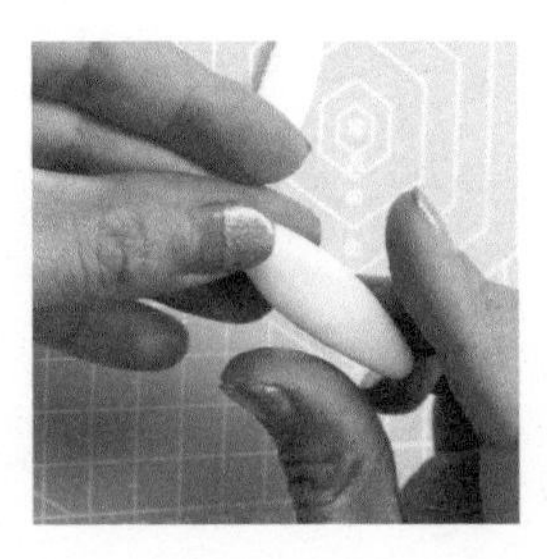
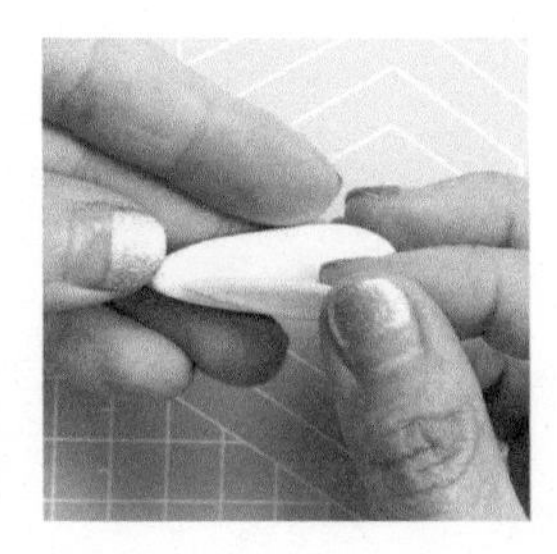

10 兔耳：搓、压、切

将白色黏土搓一个长长的水滴状，中间压扁贴上粉红色黏土。再切一个长条。

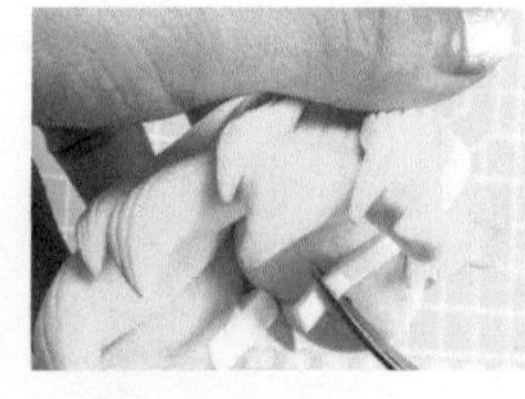
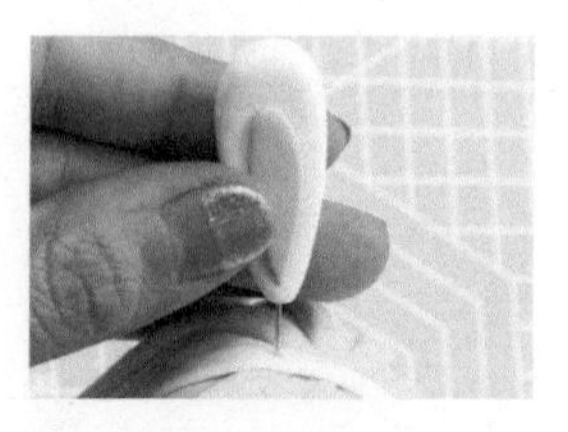

11 兔耳组装

把做好的兔子耳朵发卡粘在爱丽丝的头上。

制作爱丽丝的腿

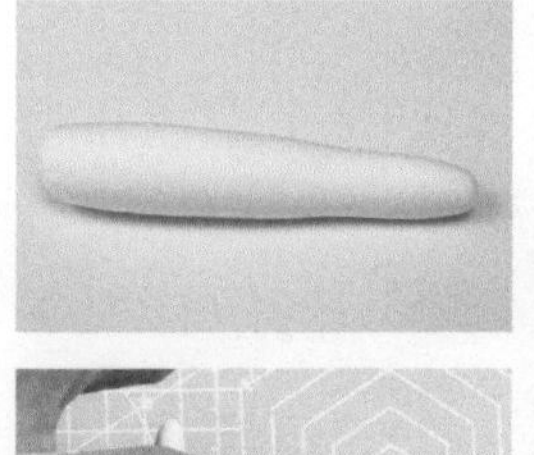
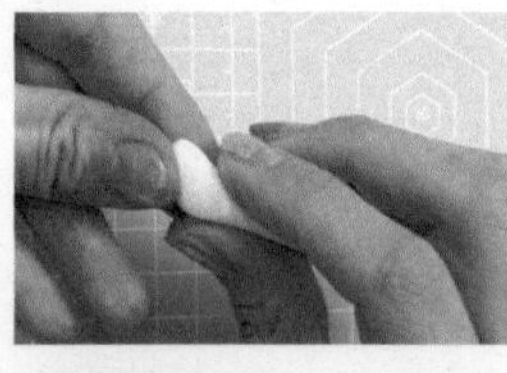
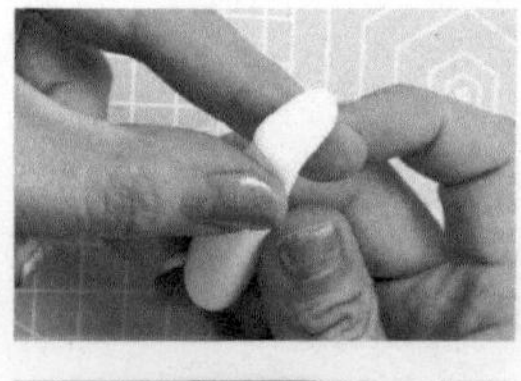
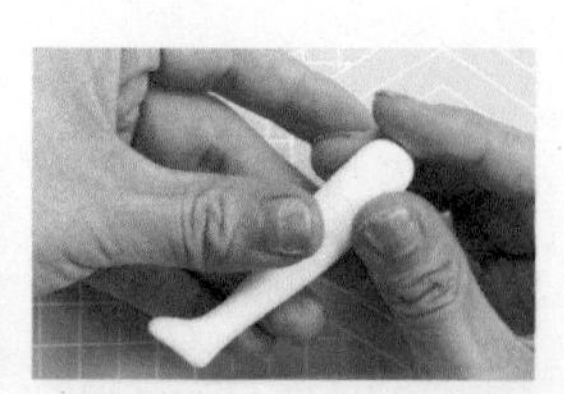
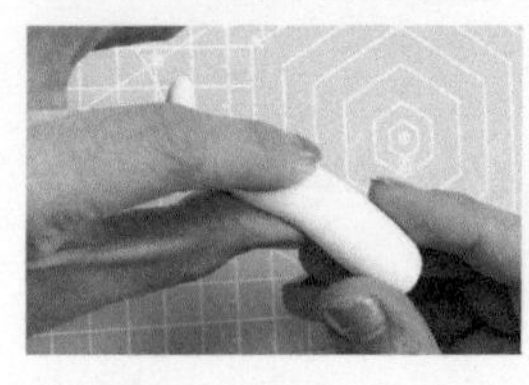
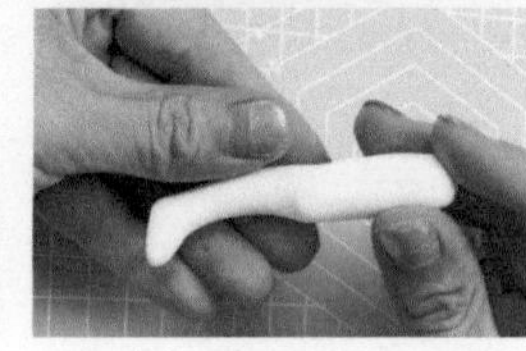
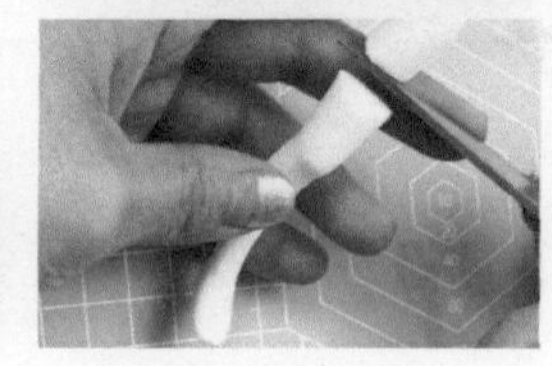
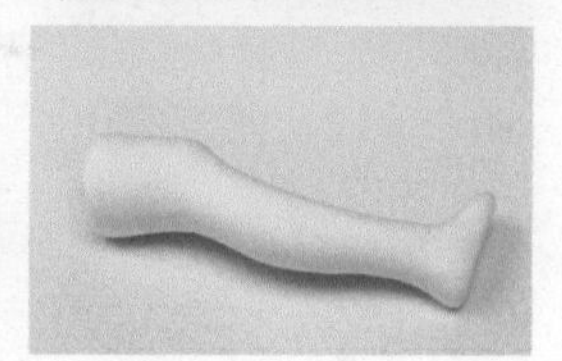

12 搓、捏、剪

如图所示将白色黏土搓成长条，捏出脚的样子，调整出腿型，捏出膝盖，继续调整出大腿和小腿。如图所示将多余的部分剪掉。

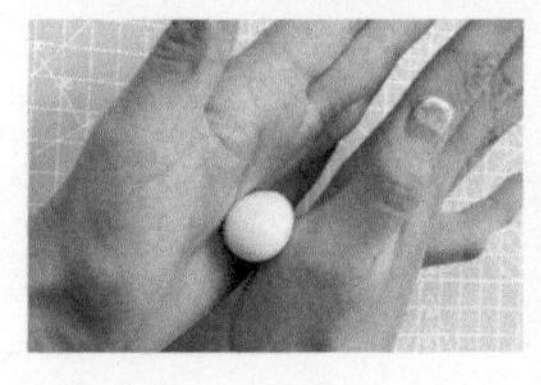

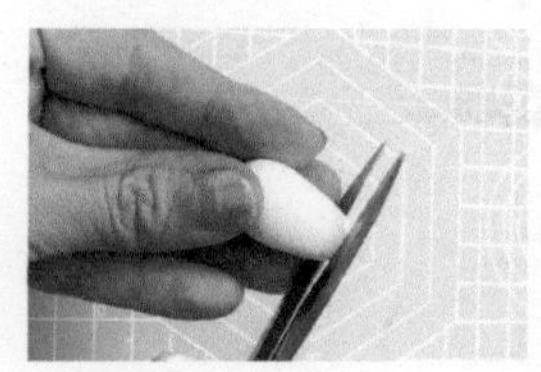
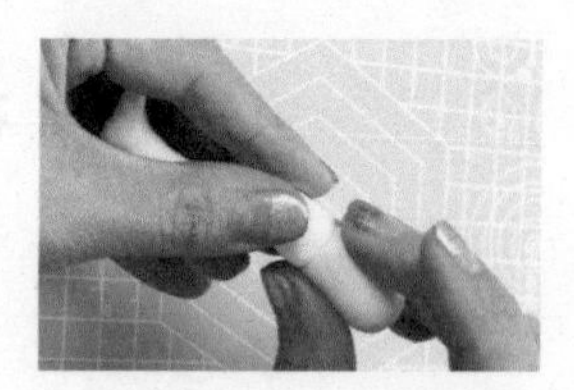

13 揉、剪

将肉色黏土揉出如图所示的形状，剪平细的一端，粘在做好的腿上。

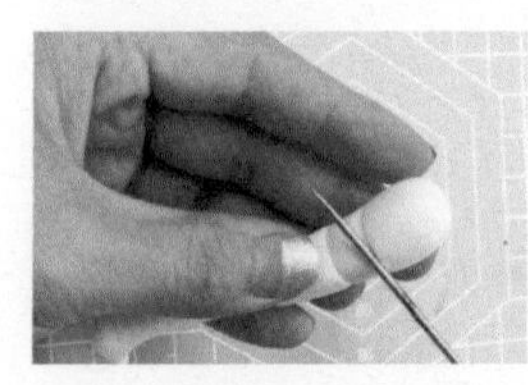
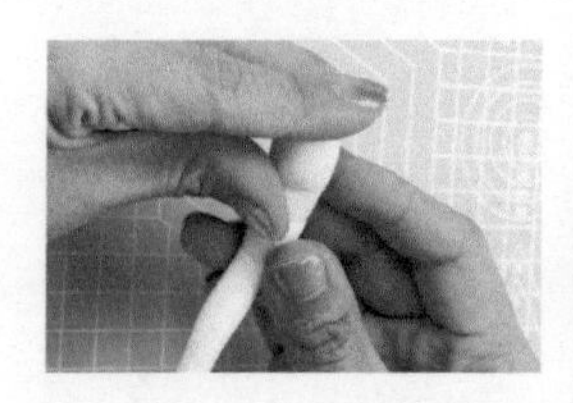
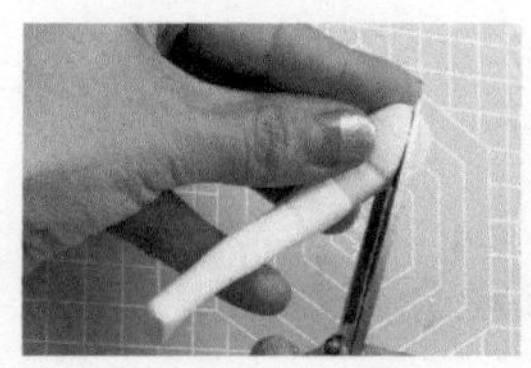
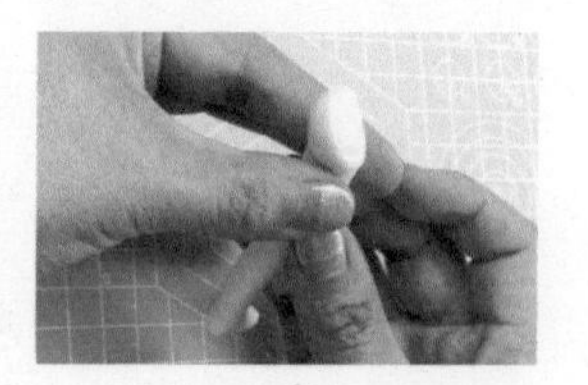

14 压、捏、剪

在肉色部分压出臀部外形，再捏出臀部形状，由内侧向外侧剪一个斜面。

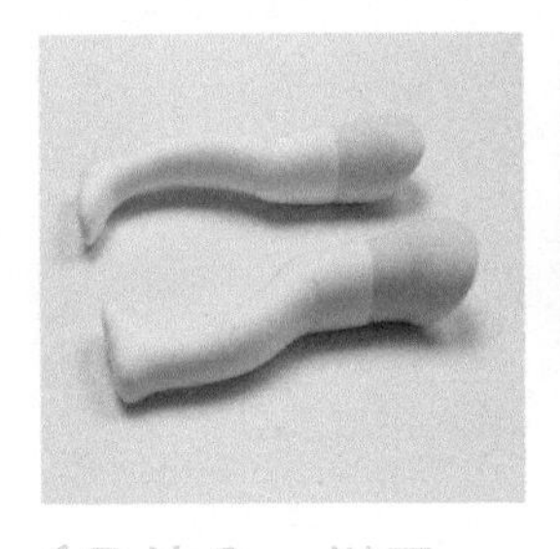
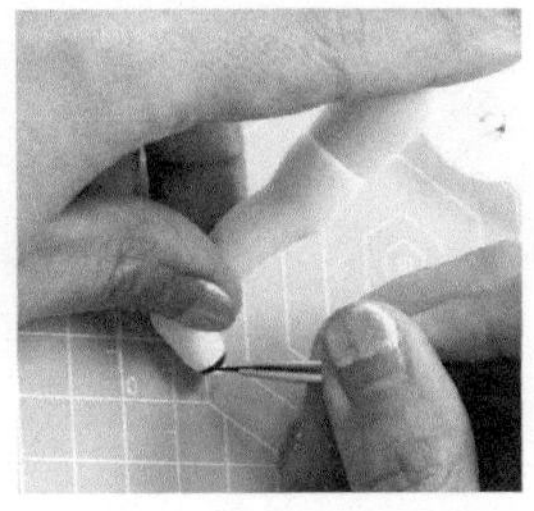

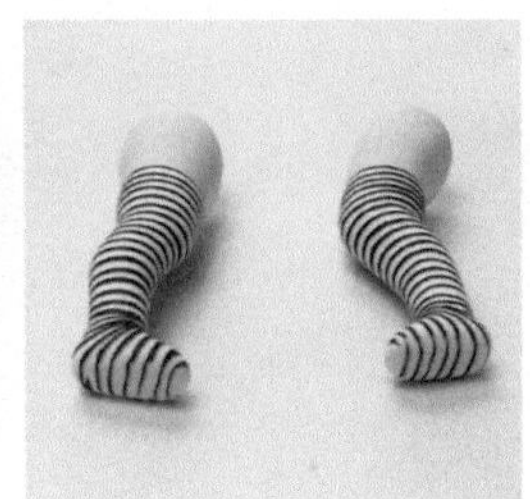

15 袜子：描画

用黑色丙烯颜料画出黑白条纹的袜子。

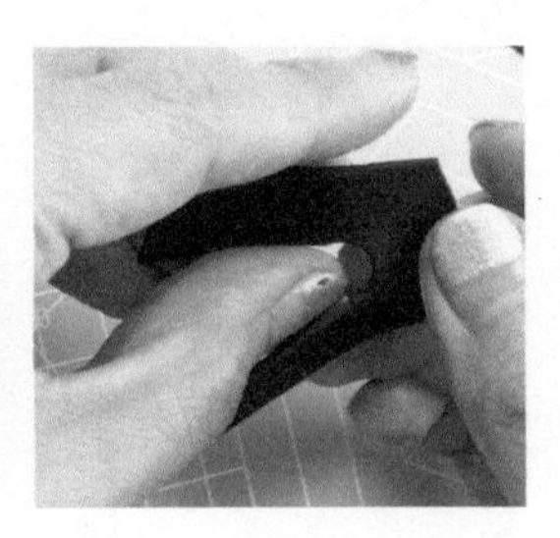
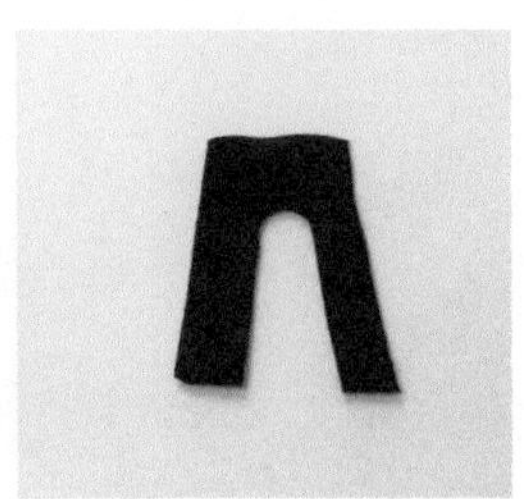

16 鞋子：擀、切

将黑色黏土擀片，切出如图所示的样子，用来做鞋子。

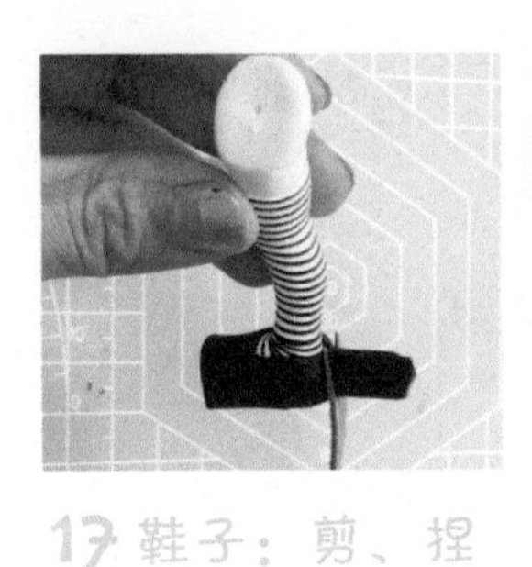
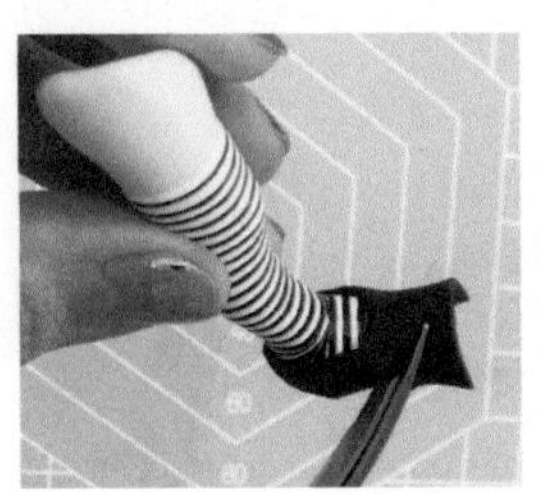
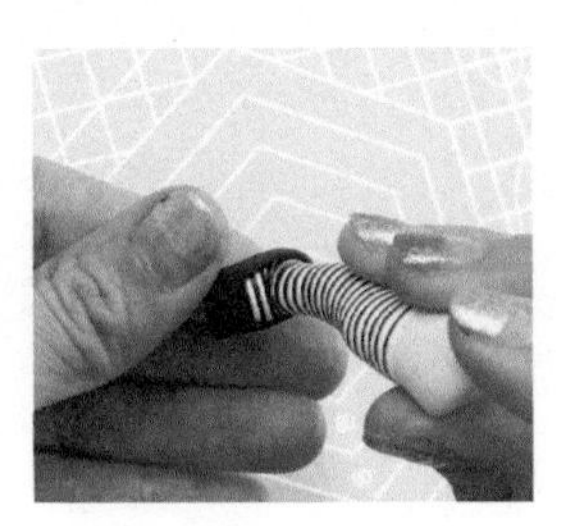
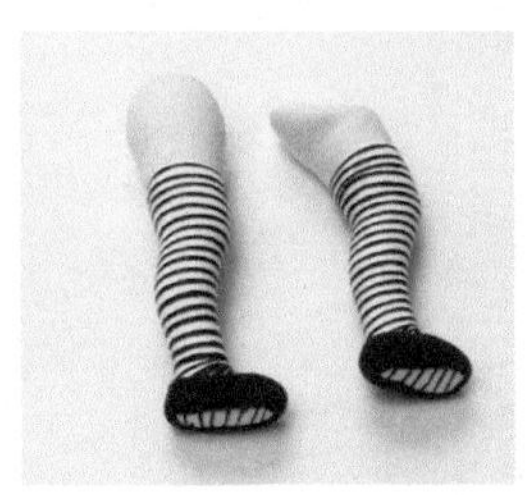

17 鞋子：剪、捏

把做好的薄片贴在脚背上，多余的部分剪掉，再捏牢。

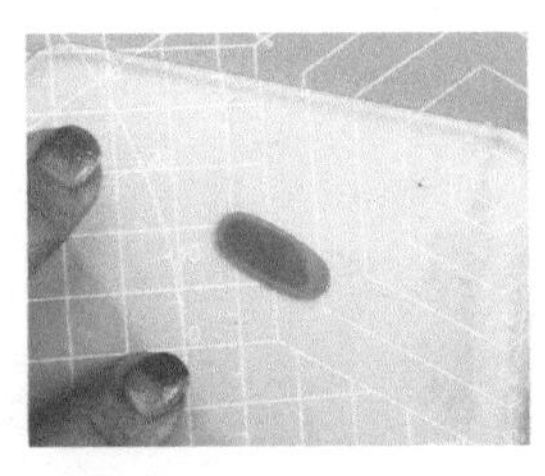

18 鞋子：压

将黑色黏土压扁粘在脚的底部，做鞋底。再给鞋子粘上带子。

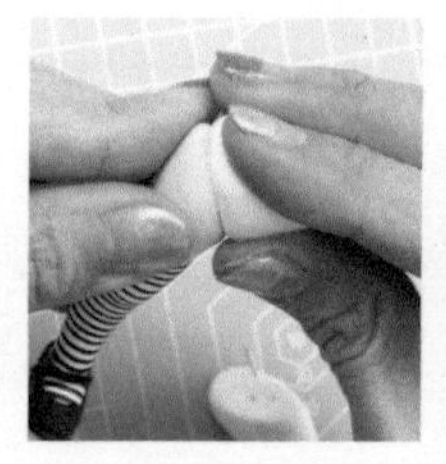
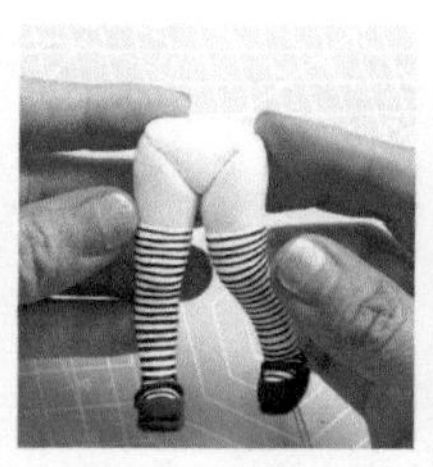

19 臀部组合：捏、压

用白色黏土捏个三角形，连接双腿。压出爱丽丝的臀部。

制作爱丽丝的裙子

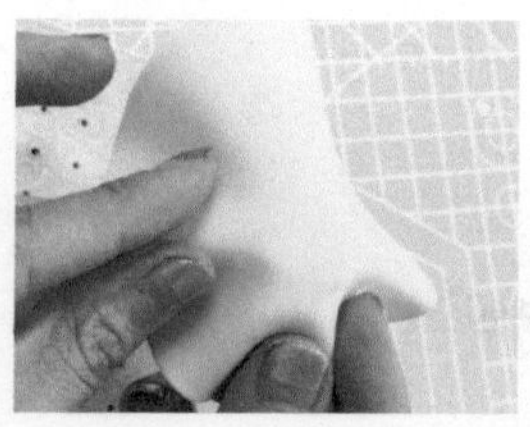

20 擀、切、捏

将蓝色黏土擀薄片，圆形切模工具切出一个圆，放在做好的下半身上，捏成裙摆。

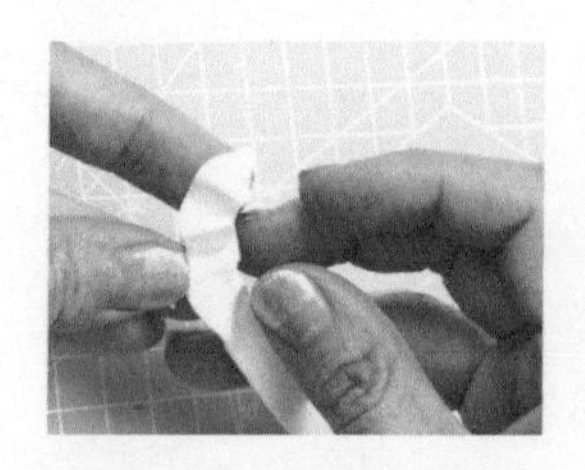

21 捏

用白色长条薄片做一个花边，粘在蓝色裙边下。

制作爱丽丝的躯干

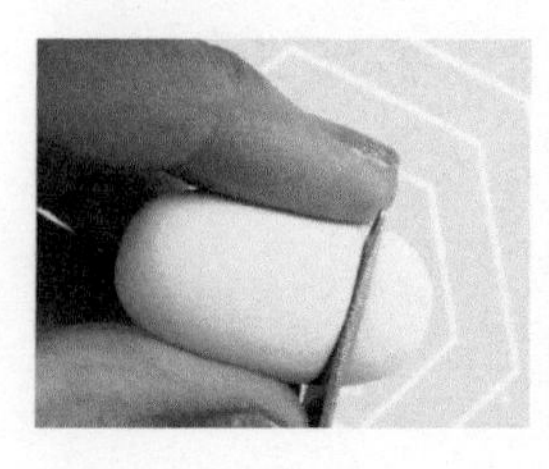
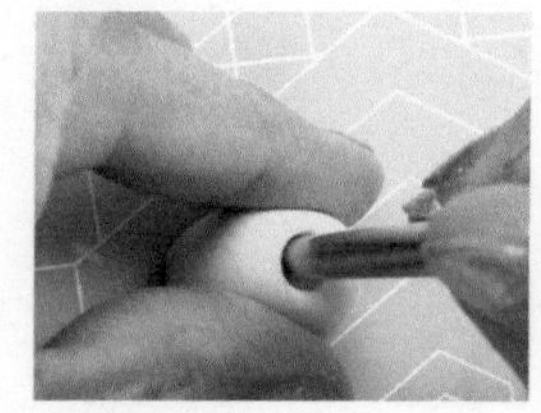
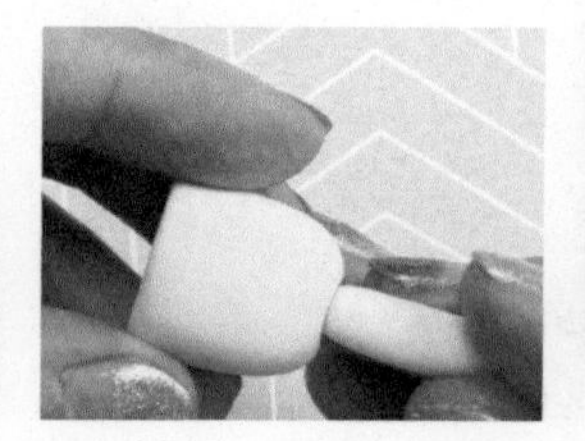

22 揉、剪、压

将蓝色黏土揉一个圆柱形，剪掉下端多余的部分，上端压一个洞粘上脖子。

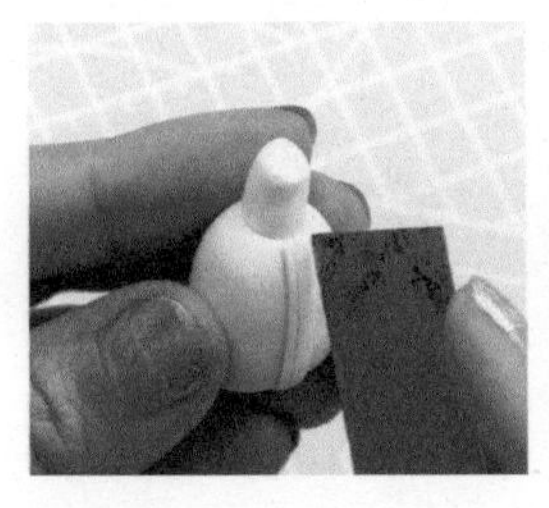
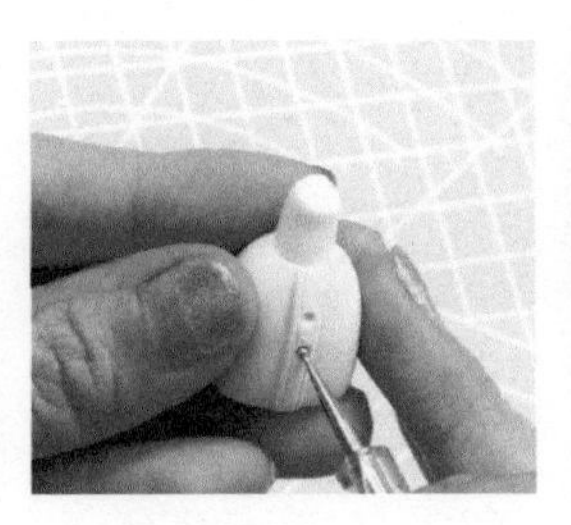
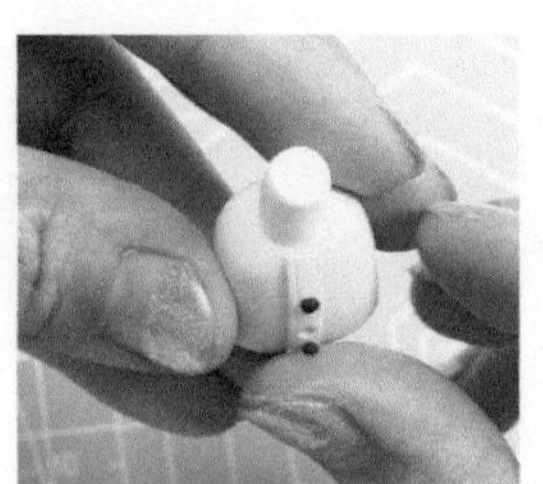

23 压、揉

压出衣服门襟的痕迹以及扣子的位置，揉两个黑色的小圆球，粘在相应位置做扣子。

制作爱丽丝的围裙

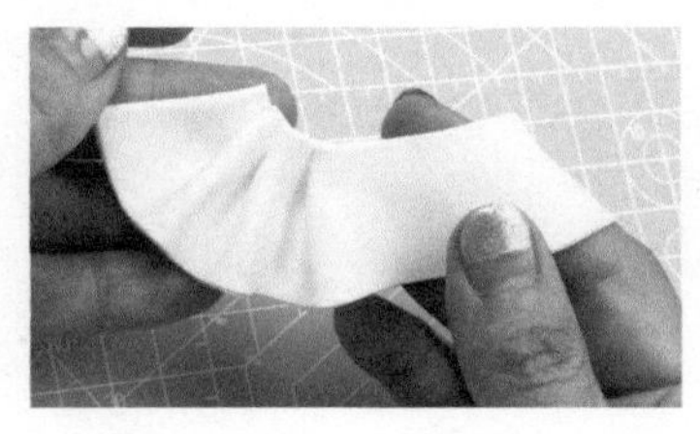

24 擀、切、捏

将白色黏土擀片，切弧形。再捏出如图所示的百褶形状，做爱丽丝的围裙。

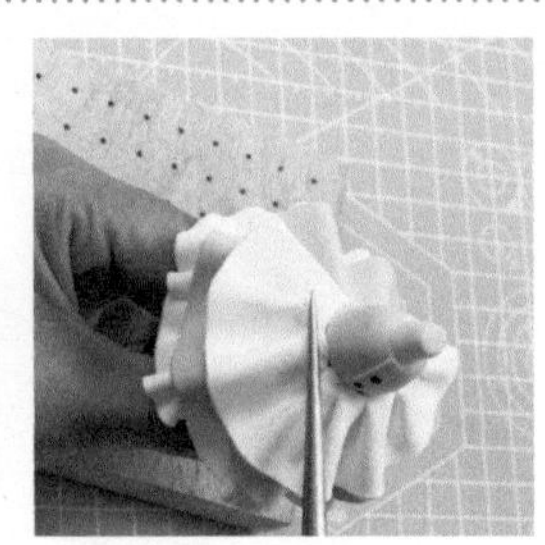

25 捏

把躯干和下半身连接起来，做好的围裙粘在正面，连接处粘合牢固。

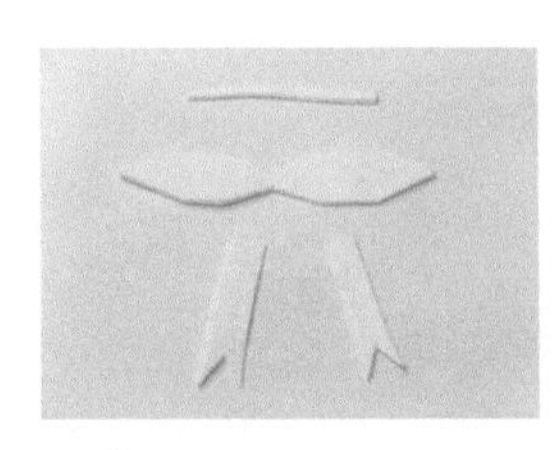
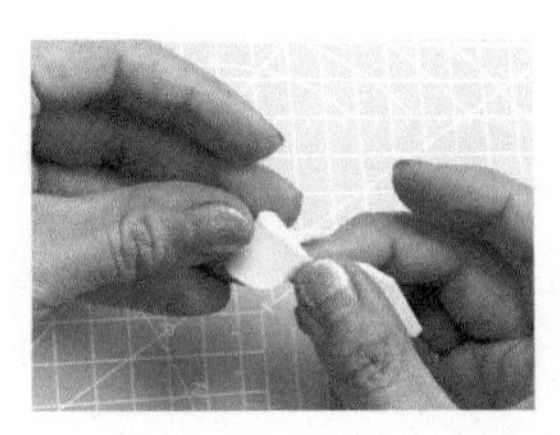
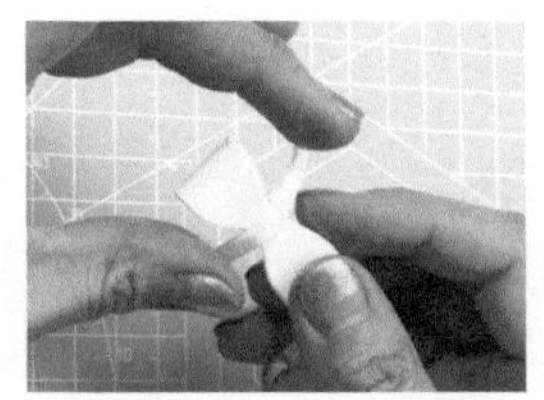
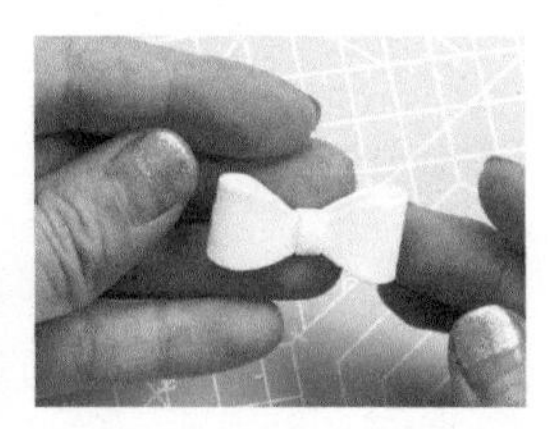

26 擀、切、捏

擀白色薄片，切出如图所示的各元素外形，做一个大蝴蝶结。

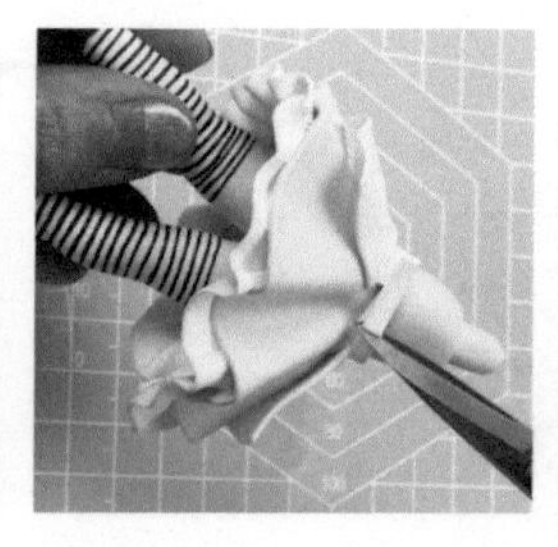
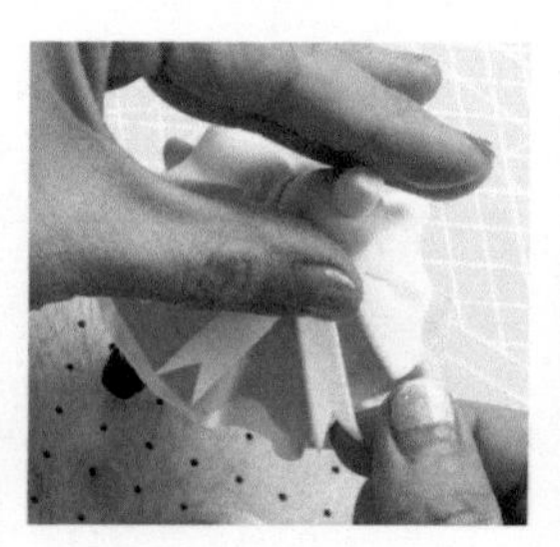
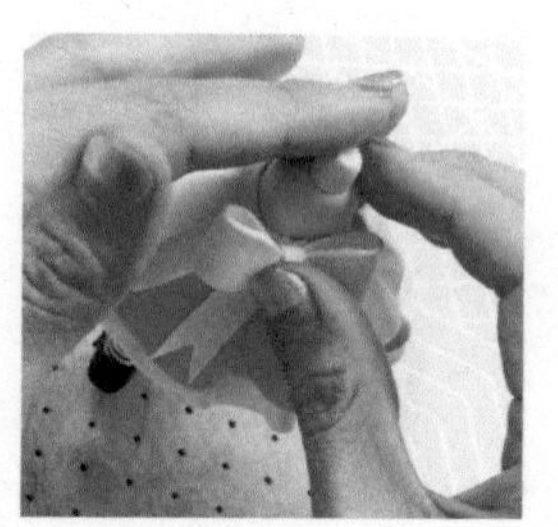

27 剪、压

腰间围一条白边，多余部分剪掉，把做好的蝴蝶结粘在裙子后边，捏压牢固。

制作爱丽丝的手

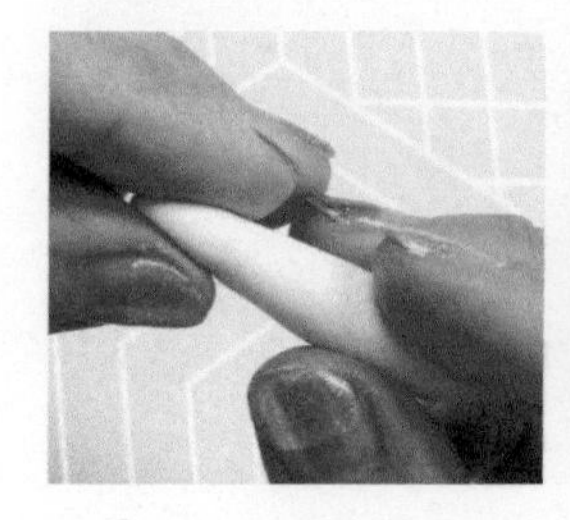
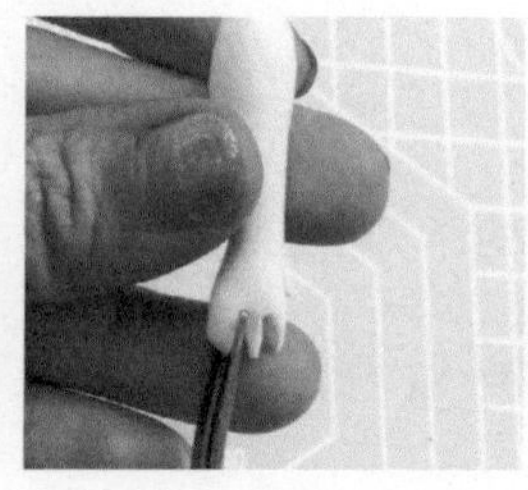
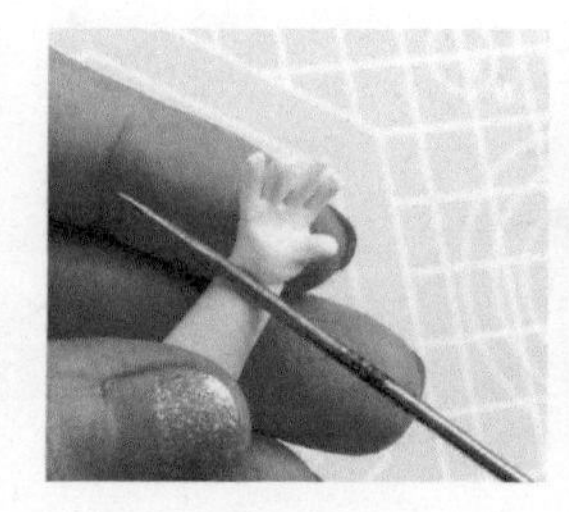
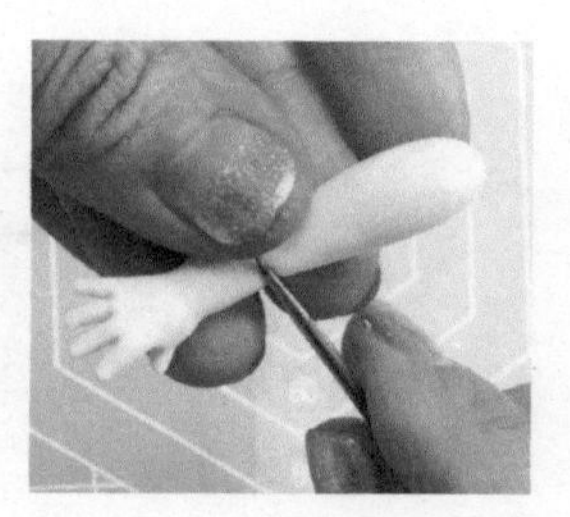

28 捏、剪、压

用肉色黏土捏出胳膊和手掌，用剪刀剪出手指。

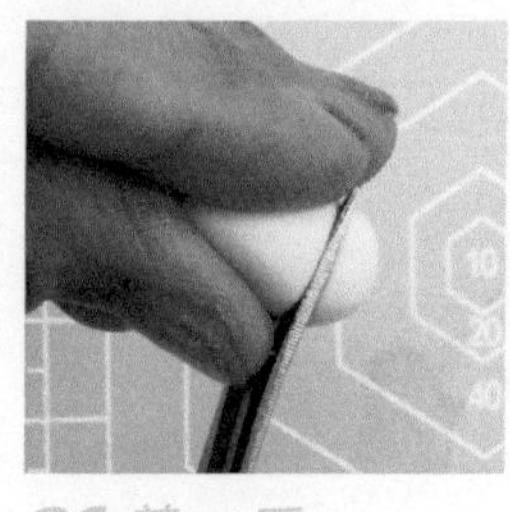
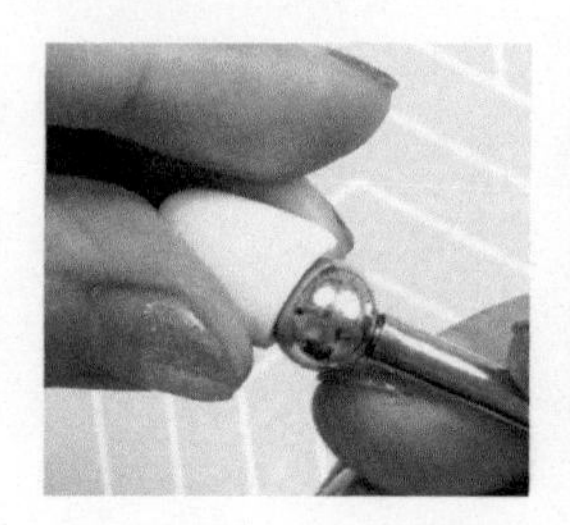

29 剪、压

用蓝色黏土做两个圆锥形，将底端剪平做袖子，中间用丸棒压个凹槽。

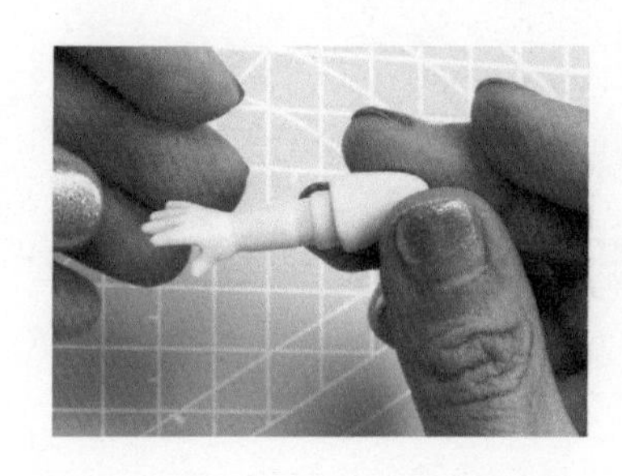
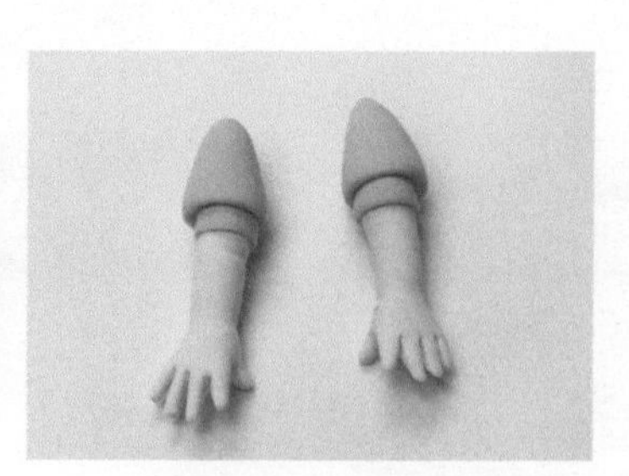

30 组合

把胳膊和袖子连接在一起。

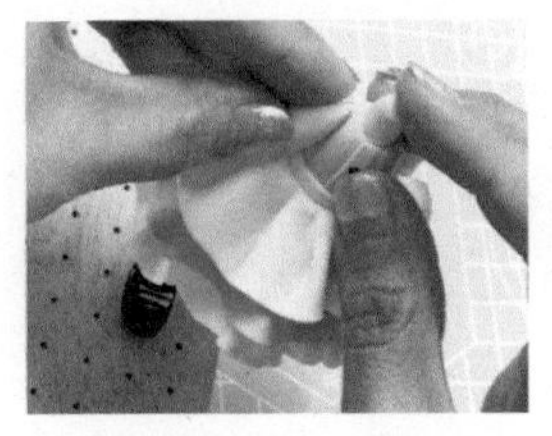

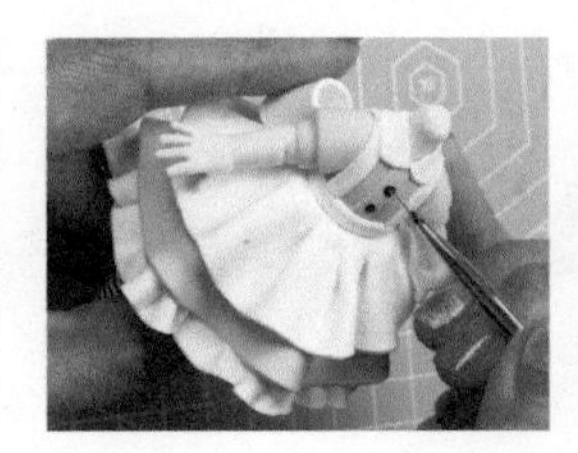
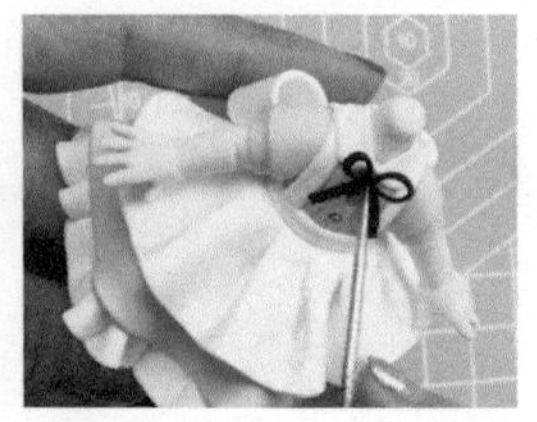

31 组合

把做好的胳膊粘在爱丽丝的身体上。再粘上衣服的白色领子、白色围裙的带子和黑色的蝴蝶领结。

32 组合

用牙签把身体和头部连接到一起，组合完成。

制作兔子

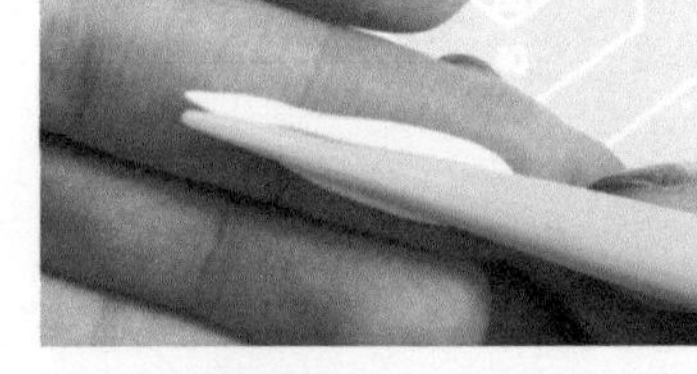

33 头部

将白色黏土揉圆，再压出眼窝，做兔子的头部。将长水滴压扁做小兔的耳朵，耳朵里用色粉涂上粉红色。用画笔画上眼睛和嘴巴，涂上腮红。

34 躯干

揉圆球做小兔胖胖的身体，再如图所示粘上兔子的小脚和尾巴。

35 组合

用牙签把身体和头部连接在一起。

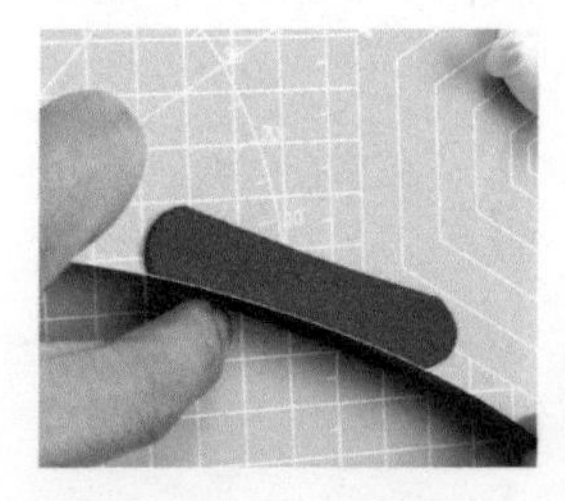

36 衣服、帽子

将深红色黏土擀皮，边缘切整齐做小兔的衣服。再粘上前腿。给小兔的衣服画上花纹，加顶帽子。

制作怀表

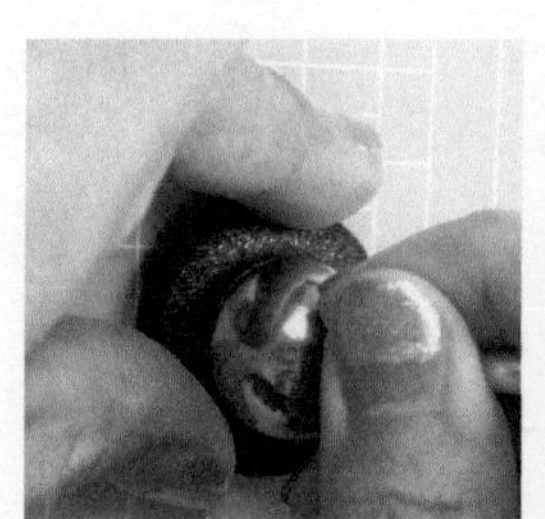
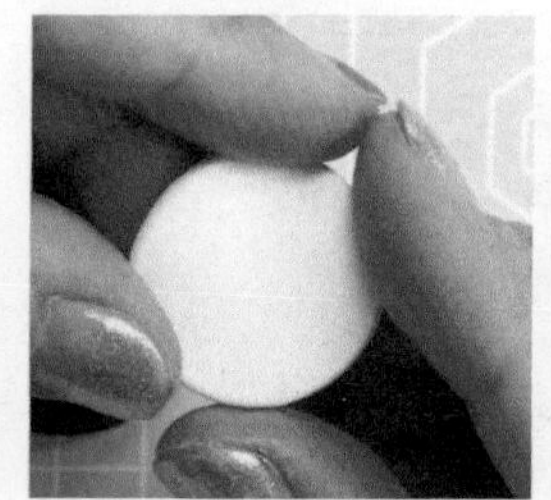

37 将黑色黏土揉圆球、压扁，中间压个凹槽，填上白色黏土。

38 在做好的钟表上写上数字。用金色丙烯颜料给怀表上色。再做一条怀表的链子。

制作相框

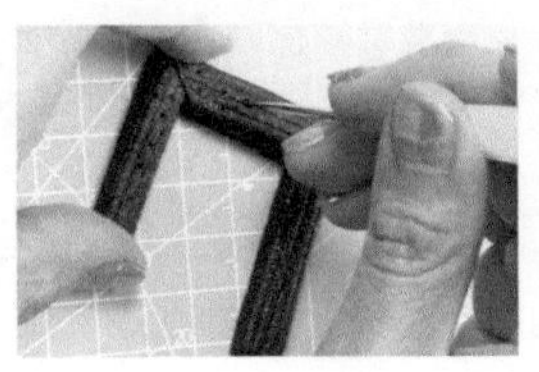

39 用黑色黏土薄片做出一个相框，涂成古铜色。

制作玫瑰花

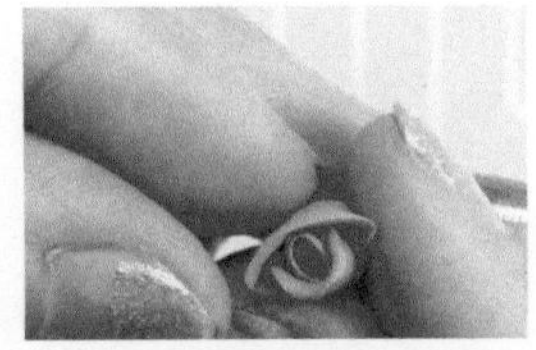
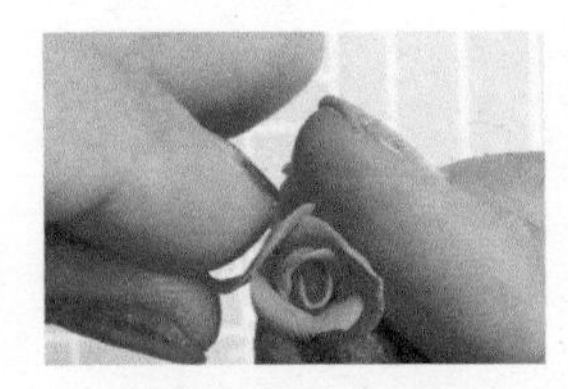

40 将红色黏土揉圆再压扁，做玫瑰花瓣，花瓣由小到大层层包裹。花瓣可向外捏一下形成弯曲的造型。

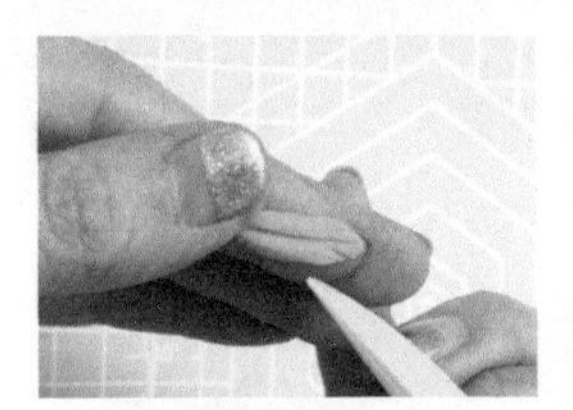

41 给做好的玫瑰花粘几片绿色的叶子。

制作茶壶

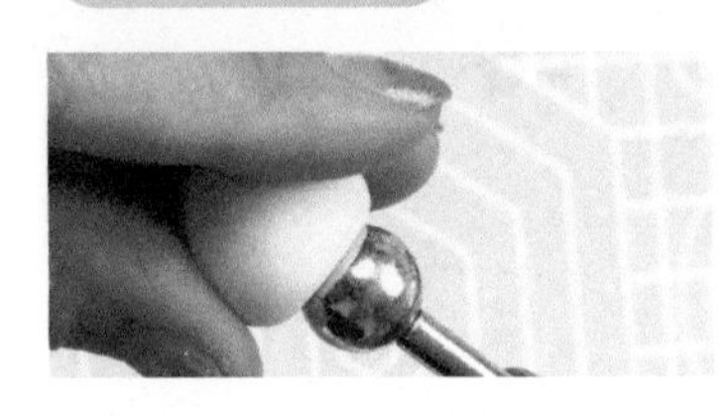

42 茶壶、茶杯基础外形

将白色黏土揉圆，用丸棒压出凹槽（如图所示），做出茶壶的壶身。

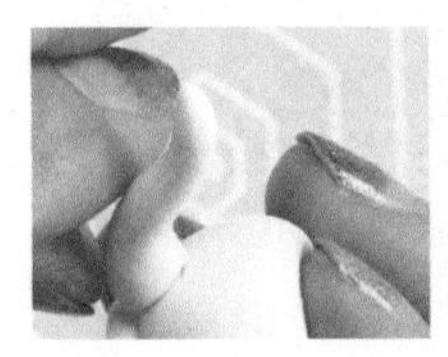
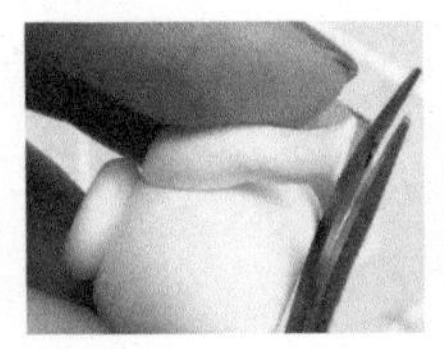

43 壶嘴、壶把儿、壶盖

加上壶嘴。搓长条给茶壶粘上壶把儿。在半圆形上面粘一个小圆球做出盖子。

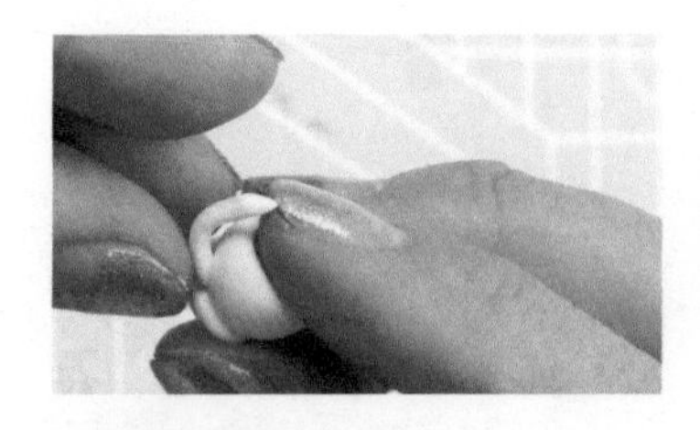
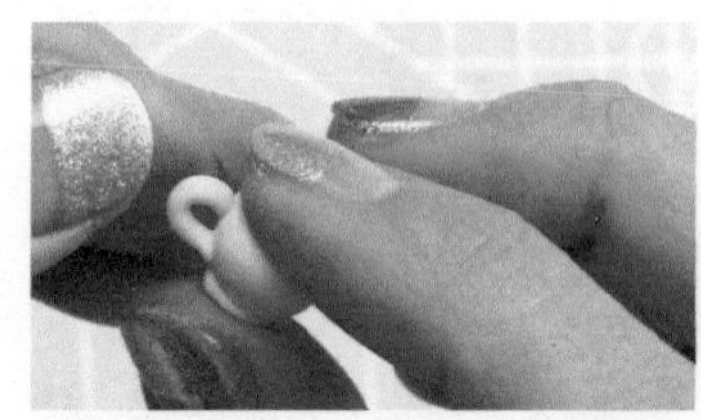

44 茶杯

如图所示做个小茶杯。

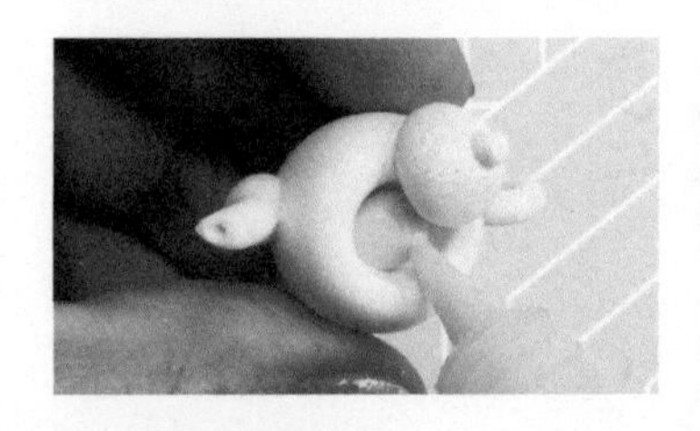

45 分别在茶壶和茶杯里加入仿真奶油果酱。

搭建场景

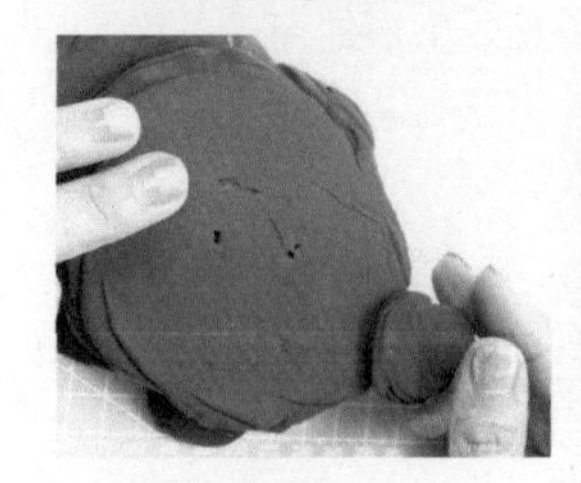
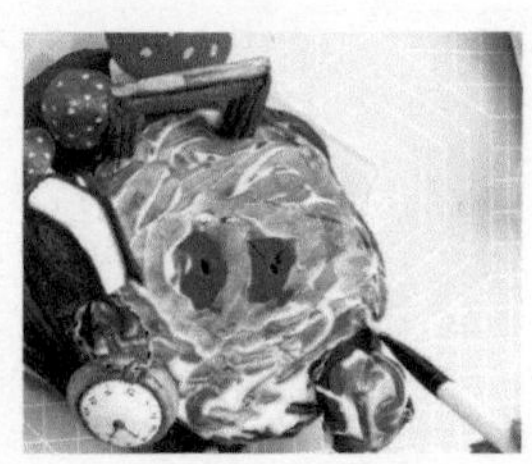

46 将黑色黏土压扁，做出石头的样子，把做好的小配饰装在底座上。其余地方涂抹上白乳胶，撒上草粉。

47 组合

把爱丽丝、小花和小兔也固定到底座上。爱丽丝就制作完成了！